新形态系列教材



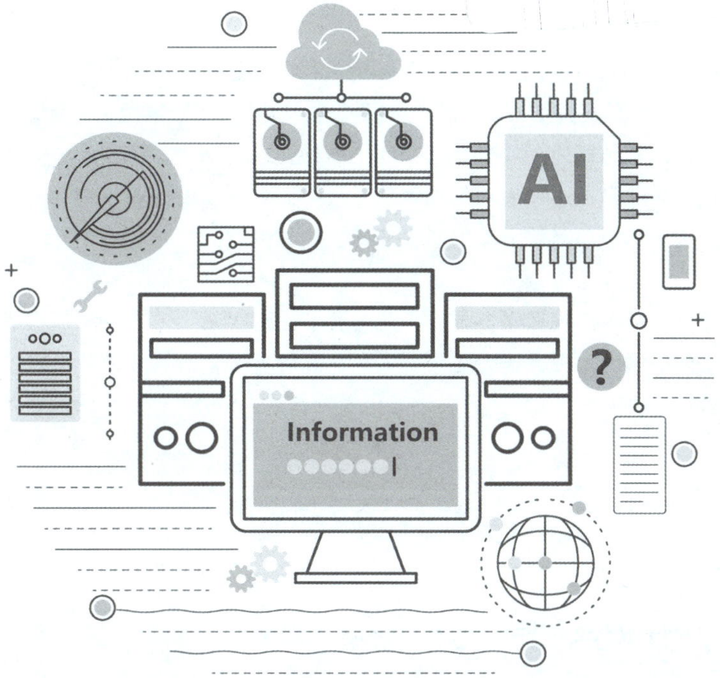


# 信息技术应用基础 第2版

Windows 10 +Microsoft Office 2016+WPS Office拓展+人工智能实践应用

微课版

主　编　吴　丰　王艺颖　韩苏苏
副主编　陈文静　李　倩　雷鸣科

学思结合，突出职业实践操作，探索人工智能通识教育

配套资源丰富（微课+PPT+素材+授课计划+教学设计），支持混合教学

模块化设计，立体化教学，循序渐进提升信息素养

黄河水利出版社
·郑　州·

## 内容提要

本书以Windows 10+Microsoft Office 2016为基础进行内容组织，分为信息技术基础篇和信息技术拓展篇两部分，并以拓展内容形式介绍WPS Office应用技巧，以及人工智能相关的具体应用。信息技术基础篇包括核心素养与计算机基础概述、文档处理、电子表格处理、演示文稿制作和信息检索，主要提升的是信息化办公操作技术。信息技术拓展篇包括信息安全、大数据、云计算、物联网与现代通信技术、数字媒体与虚拟现实、人工智能与区块链、大学生应用技巧，以及人工智能应用实践，主要是对前沿技术知识的通识教育。

本书在配套资源上除提供常规教学资源外，还配套“微课视频”以方便教师在新时代网络教学环境下进行各类教学模式的探索。本书可作为应用型本科、高职高专，以及其他各类院校非计算机专业的计算机基础或信息技术课程教材，也可作为各类计算机爱好者的入门读物。

**图书在版编目（CIP）数据**

信息技术应用基础：微课版 / 吴丰，王艺颖，韩苏苏主编. --2版. --郑州：黄河水利出版社，2024.8.--
ISBN 978-7-5509-3924-0

Ⅰ. TP3

中国国家版本馆CIP数据核字第2024116G9L号

---

出 版 社：黄河水利出版社
地址：河南省郑州市顺河路黄委会综合楼14层　　邮政编码：450003
发行单位：黄河水利出版社
发行部电话：0371-66026940、66020550、66028024、66022620（传真）
E-mail：hhslcbs@163.com
承印单位：河南匠心印刷有限公司
开本：787 mm×1 092 mm　1/16
印张：17.25
字数：380千字　　印数：1—8 000
版次：2024年8月第2版　　印次：2024年8月第1次印刷

---

定价：49.60元

# 前　言

信息技术已经成为经济社会转型发展的主要驱动力，增强个体在信息社会的适应力与创造力，对当今社会发展具有重大意义。本书紧密契合当前教育改革要求，以实际工作案例为依托，通过理实一体化教学设计，拓展学生对信息技术的理解。

本书以Windows 10+Microsoft Office 2016为基础形成相应章节，分为信息技术基础篇和信息技术拓展篇两部分，并以拓展内容形式介绍WPS Office应用技巧，以及人工智能相关的具体应用。信息技术基础篇包括核心素养与计算机基础概述、文档处理、电子表格处理、演示文稿制作和信息检索，主要提升的是信息化办公操作技术。信息技术拓展篇包括信息安全、大数据、云计算、物联网与现代通信技术、数字媒体与虚拟现实、人工智能与区块链、大学生应用技巧，以及人工智能应用实践，主要是对前沿技术知识的通识教育。

本书可作为应用型本科、高职高专，以及其他各类院校非计算机专业的计算机基础或信息技术课程教材，也可作为各类计算机爱好者的入门读物。本书语言通俗易懂，实践性案例讲解到位，主要具有以下特色：

（1）本书所涉及的知识点、技能点均依托具体应用场景循序渐进，是解决实际工作案例所涉问题过程中不可或缺的学习元素。

（2）本书提供全套源文件、PPT课件、课时授课计划和学期授课计划，读者可以从出版社网站（www.yrcp.com）下载。

（3）本书配套的微课资源与本书相辅相成，方便教师采用“翻转课堂”等线上线下相结合的教学模式。

参加本书编写的作者有韩苏苏（第1章和第4章）、王艺颖（第2章）、李倩（第3章）、雷鸣科（第6章、第8章、第11章和第12章）、陈文静（第5章、第7章、第9章和第10章）、吴丰（第13章）。由于时间仓促，书中难免有错误和疏漏之处，希望广大读者朋友批评、指正。

本书在编写过程中得到了许多教师的帮助和支持，他们提出了许多宝贵意见和建议，在此一并感谢。

**编　者**

**2024年8月**

# 目　录

## 信息技术基础篇

**第1章　核心素养与计算机基础概述 …… 1**

1.1　了解核心素养 …… 2
1.2　初识计算机 …… 4
1.3　Windows 10操作基础 …… 16
1.4　文件管理基础操作 …… 27
1.5　系统管理与设置 …… 31

**第2章　文档处理 …… 36**

2.1　认识Word 2016 …… 37
2.2　文档编辑的基本操作 …… 40
2.3　文档版式布局 …… 53
2.4　图文混排 …… 70
2.5　表格应用 …… 83

**第3章　电子表格处理 …… 95**

3.1　认识Excel 2016 …… 96
3.2　工作表和单元格的基本操作 …… 98
3.3　工作表的数据运算（公式与函数） …… 116
3.4　工作表中数据的处理 …… 134
3.5　工作表中图表的应用 …… 143

**第4章　演示文稿制作 …… 149**

4.1　认识PowerPoint 2016 …… 150
4.2　演示文稿的高级操作 …… 158

**第5章 信息检索 ······ 167**

5.1 信息检索的基础知识 ······ 168

5.2 信息检索的实践应用 ······ 170

## 信息技术拓展篇

**第6章 信息安全 ······ 174**

6.1 信息安全基础知识 ······ 175

6.2 信息安全意识 ······ 177

6.3 防火墙的基本知识 ······ 179

6.4 信息安全的应用实践 ······ 182

6.5 课堂思考 ······ 187

**第7章 大数据 ······ 188**

7.1 大数据概述 ······ 189

7.2 大数据应用 ······ 194

7.3 大数据可视化 ······ 198

7.4 课堂思考 ······ 200

**第8章 云计算 ······ 201**

8.1 云计算概述 ······ 202

8.2 云计算的服务模式 ······ 204

8.3 云计算的部署模式 ······ 206

8.4 云计算关键技术 ······ 206

8.5 了解云计算的主流产品和应用 ······ 207

8.6 课堂思考 ······ 208

**第9章 物联网与现代通信技术 ······ 209**

9.1 物联网基础知识 ······ 210

9.2 我国物联网发展的典型应用 ······ 213

9.3 现代通信技术基础知识 …… 216
9.4 现代通信的主要技术 …… 217
9.5 我国5G技术的发展概况 …… 219
9.6 课堂思考 …… 220

**第10章 数字媒体与虚拟现实 …… 221**

10.1 数字媒体基础知识 …… 222
10.2 数字媒体技术的应用与实践 …… 223
10.3 虚拟现实基础知识 …… 226
10.4 虚拟现实的行业应用 …… 230
10.5 课堂思考 …… 232

**第11章 人工智能与区块链 …… 233**

11.1 人工智能基础知识 …… 234
11.2 人工智能的核心技术 …… 235
11.3 人工智能技术的应用与风险 …… 238
11.4 区块链基础知识 …… 240
11.5 区块链技术的典型应用场景 …… 243
11.6 课堂思考 …… 245

**第12章 大学生应用技巧 …… 246**

12.1 WPS Office概述 …… 247
12.2 在线收集信息 …… 248
12.3 多人协作编辑 …… 250
12.4 毕业论文查重 …… 250
12.5 使用思维导图梳理课程知识点 …… 251
12.6 PDF文档格式转换 …… 253
12.7 快速制作优质简历 …… 254
12.8 WPS AI应用 …… 255
12.9 课堂思考 …… 256

**第13章 人工智能应用实践 ······ 257**

13.1 AI应用场景概述 ······ 258

13.2 大模型产品分类 ······ 258

13.3 AI搜索 ······ 260

13.4 AI对话 ······ 261

13.5 AI PPT ······ 262

13.6 AI数据分析 ······ 263

13.7 AI绘画 ······ 264

13.8 AI语音 ······ 265

13.9 AI视频 ······ 266

13.10 课堂思考 ······ 267

**参考文献 ······ 268**

信息技术基础篇

Chapter 01

# 第1章　核心素养与计算机基础概述

## 【本章导读】

当前，信息化浪潮席卷全球，技术更新持续加速，促使人才需求也不断更新。在这种大环境下，针对明确信息的获取、分析、评价和使用能力在人们生活中就显得尤为重要。本章主要以核心素养相关概念作为铺垫，引导读者树立信息意识，为今后职业发展奠定思想基础和技术基础。

## 【思维导图】

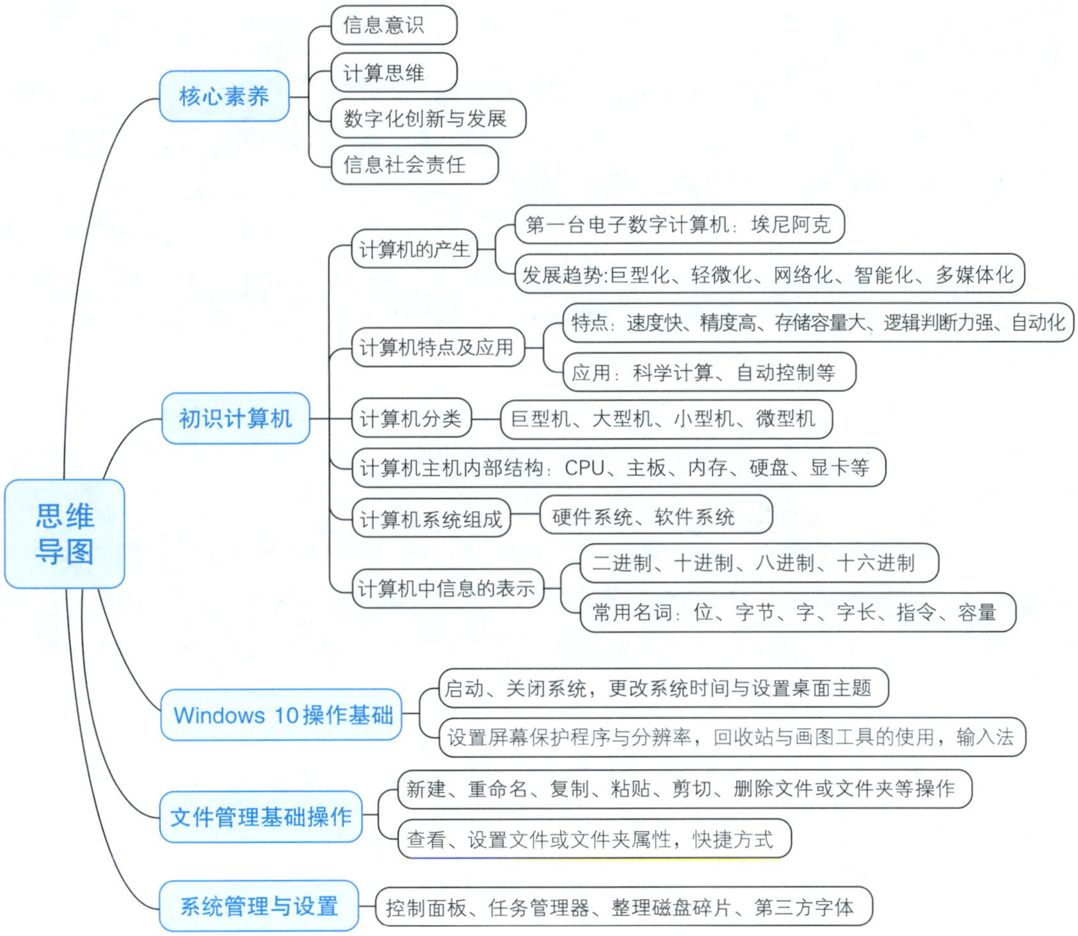

# 1.1 了解核心素养

## 1.1.1 核心素养的概念

核心素养是指学生应该具备的，能够适应终身发展和社会发展需要的相关知识和技能，以及逐步形成的正确价值观、必备品格和关键能力。而对核心素养的指标遴选，以及内涵界定等问题，已经成为教育领域的热点研究。

当前，我国已经将信息素养遴选为核心素养框架中的重要指标和关键成分，明确了信息素养既是个人成功适应信息社会的时代需求，又是个人自主发展的关键支撑素养。

结合信息技术课程，本书所描述的核心素养主要从信息素养进行诠释，主要包括信息意识、计算思维、数字化创新与发展、信息社会责任四个方面，示意图如图1-1所示。

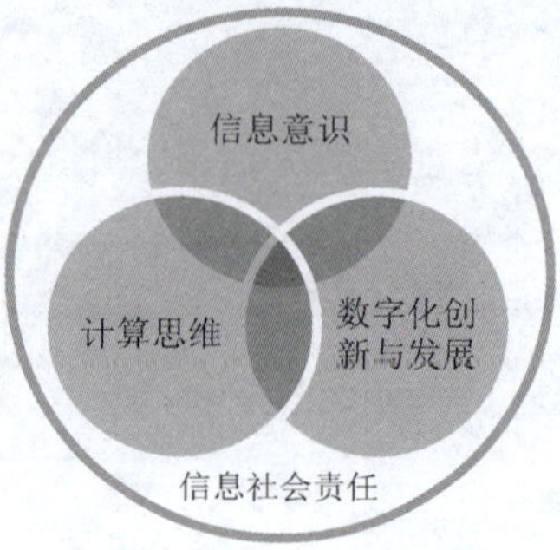


图1-1 核心素养示意图

### 1. 信息意识

信息意识是指个体对信息的敏感度和对信息价值的判断力。它的具体表现为人们对关心事物的信息敏感力、分析能力、判断能力以及创新能力。通俗地讲，它就是人们面对自己不懂的问题，能够积极主动地寻求答案的能力。

当下已经是信息时代，从生活到工作，人们可以从诸多途径（例如天猫、抖音、今日头条、微博等）获取信息。面对这些突如其来的信息以及获取信息的方法，如果读者自身跟不上时代潮流，也终将被时代淘汰。那么如何才能从漫天的信息当中做出正确的判断呢？这就需要逐步培养信息意识。

### 2. 计算思维

计算思维是指个体在问题求解、系统设计的过程中，运用计算机科学领域的思想与实践方法所产生的一系列思维活动。

随着信息时代的到来，计算思维作为一种解决问题、设计系统、理解人类行为的综合性思维方式，已备受关注。从1996年第一次初步界定计算思维的内涵，到当下我国出台相关的指导意见，无不认为计算思维是解决复杂问题的一种必备的认知工具，不仅可以用来处理专业技术问题，也适合用来解决日常问题。

### 3. 数字化创新与发展

数字化创新与发展是指个体综合利用相关数字化资源与工具，完成学习任务并具备创造性地解决问题的能力。

云端办公、线上教学、数字货币和数字博物馆等数字化应用，为人们的生活提供了极大便利。可以说，数字化生产力已经成为衡量一个国家核心竞争力的重要标志。在信息资源开发和共享不断加强的多元化社会，要培养将信息技术与所学专业相融合的能力，以及养成数字化学习与实践创新的习惯，就必须脚踏实地地从点滴做起。

4．信息社会责任

信息社会责任是指在信息社会中，个体在文化修养、道德规范和行为自律等方面应尽的责任。

在信息社会中，虚拟空间与现实空间并存，人们在虚拟实践、交往的基础上，发展出了新型的社会经济形态、生活方式以及行为关系。针对某个个体而言，信息社会责任又衍生出三个方面：

① 具备敏锐的信息安全意识，能掌握一定的信息保护的方法。

② 遵守信息社会的法律法规、伦理道德。

③ 尊重多元信息文化，辩证看待网络信息，具备良好的信息道德。

对读者信息社会责任的培养既是社会良性发展的需要，也是读者健康成长的前提。

## 1.1.2　提升信息素养的必要性与建议

信息素养的提升对知识获取和内在创新都有促进作用。这里以初学者的角度阐述其必要性，并给出相关学习建议。

1．必要性

① 提升信息素养是“互联网+”时代对社会人才的核心素养要求。

随着时代的发展，信息素养的概念和内涵也在不断丰富和完善。尤其在各个行业领域信息化迅猛发展的“互联网+”时代，信息素养水平在较大程度上影响了人们综合能力的发展和创新能力的提升。其中，信息意识是先决条件，计算思维是逻辑基础，数字化创新与发展是核心内容，信息社会责任是道德保障。这四个方面能力相辅相成，共同决定了信息素养水平，同时体现了人才培养的基本要求。

② 提升信息素养是促进个体全面发展的关键能力要求。

当前，信息技术已经广泛应用于各行各业，且具有较高的产业附加价值。对各行业工作人员来讲，信息素养能力也较大程度地影响专业技术能力的提升。因此，信息素养能力的提升对于读者专业知识获取、技能提升、技术创新及职业发展等至关重要。

2．建议

对于如何提高自身的信息素养，这里给出几点建议。

① 应该注重信息技术学习应用和创新能力的积累，积极参加国家和省市举办的学习交流与技能大赛活动，进而提高自身信息技术应用水平。

② 应该充分利用好在线资源平台、虚拟仿真等学习条件，主动提高学习认知和信息捕捉能力，不断提升自身分析判断、问题解决和思维创新的能力。

③ 应该用心参与课堂实践，在实践过程中逐渐强化计算思维，养成严谨的逻辑思维习惯，规避对智能化设备精准推荐策略过分依赖，从而导致自我认知和独立思考能力降低的风险。

④ 自觉抵制不良信息，降低对信息滥用和误用的可能性，逐步升华自身的道德品质，增强社会责任意识。

由前文可知，提升个体的信息技术和素养，对个人的生活、学习和工作，以及全面建设社会主义现代化国家都具有重大意义。那么，本书后续内容将从计算机认知开始，向读者讲解文档处理、电子表格处理、演示文稿制作、信息检索，以及大数据和云计算等新一代信息技术的内容。

## 1.2　初识计算机

最初的计算机只是为了解决大量烦琐的计算问题，但到了今天，计算机的应用远不止于科学计算，它的应用已经扩展到人类社会的各个方面，对社会经济、教育、文化、生活和生产等方面都产生着巨大影响。

### 1.2.1　计算机的产生与发展

#### 1．计算机的产生

1946年2月世界上第一台电子数字计算机“埃尼阿克（EMIAC）”在美国宾夕法尼亚大学诞生，它标志着科学技术的发展进入了新的时代——电子计算机时代。

从第一台电子计算机诞生到现在，运算速度大大提高，功能也极大增强，而功耗、体积和价格在不断下降，计算机的种类也由原来的巨型机、大型机发展到现在应用于各种领域的多种机型。整体来讲，计算机的发展经历了四代。

（1）第一代计算机（1946～1958年）

第一代计算机的主要特征是：采用电子管作为逻辑元件；使用机器语言和汇编语言；应用领域主要局限于科学计算和军事领域。这一代计算机运行速度只有每秒几千次至几万次，由于体积大、功耗大，而且价格昂贵，因此很快被新一代计算机代替。图1-2所示的就是第一代电子管计算机。

（2）第二代计算机（1958～1964年）

第二代计算机的主要特征是：使用晶体管取代电子管；软件技术上出现了算法语言和操作系统；技术应用从单纯的科学计算扩展到数据处理。这一代计算机运算速度已经达到每秒几万次至几十万次，体积和功耗也有所减小。

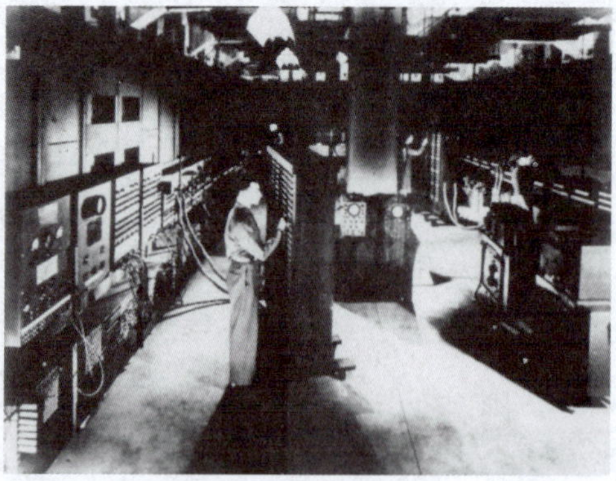

图1-2　电子管计算机

（3）第三代计算机（1964～1971年）

第三代计算机的主要特征是：普遍采用集成电路，体积和功耗显著减小，可靠性大大提高；运算速度已达每秒几十万次至几百万次；软件技术与外围设备迅速发展，应用领域不断扩大。

（4）第四代计算机（1971年至今）

第四代计算机的主要特征是：采用大规模和超大规模集成电路；运算速度从MIPS（每秒$10^6$条指令）提高到GIPS（每秒$10^9$条指令）乃至TIPS（每秒$10^{12}$条指令）的水平。大规模和超大规模集成电路技术的发展，进一步减小了计算机的体积和功耗，同时计算机的功能和性能极大增强；系统软件的发展不仅实现了计算机运行的自动化，而且正在向工程化和智能化迈进。

#### 2．计算机的发展趋势

目前，以超大规模集成电路为基础，未来的计算机朝着巨型化、轻微化、网络化、智能化和多媒体化的方向发展。

（1）巨型化

随着科学技术的不断发展，在一些尖端领域，要求计算机有更快的速度、更大的存储量和更高的可靠性，从而促使计算机向巨型化方向发展。

（2）轻微化

随着计算机应用领域的不断扩大，对计算机的要求也越来越高。人们要求计算机体积更小，重量更轻，价格更低，能够应用于各种领域和各种场合。为了满足这种需求，出现了超极本和平板电脑等，都是轻微化方向上的发展。

（3）网络化

网络化指使计算机组成更广泛的网络，以实现资源共享和信息交换。

（4）智能化

智能化指计算机可模拟人类的思维能力，如推断、判断和感知等。

（5）多媒体化

数字化技术的发展能进一步改进计算机的表现能力，使人们拥有图文并茂、有声有色的信息环境，这就是多媒体计算机技术。多媒体计算机技术使现代计算机及图形、图像、声音、文字为一体，改变了传统的计算机处理信息的基本方式。传统的计算机是人们通过键盘、鼠标和显示器对文字和数字进行交互，而多媒体技术使信息处理的对象和内容发生了深刻的变化。

### 1.2.2 计算机的特点及其应用

#### 1．计算机的特点

- 运算速度快：全世界运算速度最快的计算机，其运算速度已超过十亿亿次/秒。一般的微型计算机的运算速度也在五十亿次/秒以上。这使得过去需要几年甚至几十年才能完成的工作，现在只要几天、几小时，甚至更短的时间就可以完成，极大地提高了工作效率。

• 计算精度高：计算机的内部数据采用二进制，数据位数为64位，可精确到15位有效数字。经过处理，计算机的数据可以达到更高的精度。

• 存储容量大：计算机具有极强的数据存储能力，特别是通过外存储器，其存储容量可以无限增大。

• 具有逻辑及判断能力：在相应程序的控制下，计算机具有判断"是"与"否"，并根据判断做出相应处理的能力。

• 工作自动化：计算机内部的操作运算都是在程序控制下自动完成的，人们只要按要求编写正确的程序，存入计算机，机器运行相应的程序就可以自动完成任务，不需要人的外部干预。

2. 计算机的应用

• 科学计算：在科研和实际生产中，经常有大量的计算工作，需要计算机来完成。随着计算机科学和技术的发展，计算机的计算能力不断增强，速度不断加快，计算精度不断提高，计算机被广泛地应用于各种高科技领域，例如：天气预报、地质勘探、宇宙探索、航天飞机的轨道设计、导弹的弹道设计等。

• 自动控制：计算机常用于连续不断地监测、检测、控制整个实验或生产过程。在军事上，导弹飞行后的目标捕获、炸弹引爆等都是在计算机的控制下自动完成的。利用计算机进行产品的设计，可以直观地展现设计的整体效果，方便地进行产品的更新与改造，加快了产品设计的速度。人工智能机器人的发明是计算机自动控制的一个典型例子。

• 数据处理：计算机具有逻辑判断与数据处理能力，可以存储大量的信息，并进行分析处理，例如银行管理系统、财务管理系统、人事管理系统等，从而节约了大量的人力、物力，提高了管理质量和管理效率。

• 辅助设计（CAD）：计算机可以帮助人们进行各种工程技术设计工作。在船舶、飞机、汽车等机械制造及建筑方面使用计算机进行辅助设计，可以提高设计质量，缩短设计周期，提高自动化水平。

• 辅助教育（CAI）：利用计算机中的文字、声音、音像和动画创造丰富多彩的教学环境，使教学模式变得生动有趣、形象直观，辅助教师提高教学效果；利用计算机可以自动生成考卷、自动阅卷，实现"无纸化考试"；此外，还可以利用计算机网络进行远程教学、网上招生等工作。

• 信息传输和检索：计算机网络可以实现软硬件资源共享，大大加快了地区间、国际间的联系，使人与人之间更接近，交流更方便。通过互联网络，可以浏览信息、下载文件、收发电子邮件、召开远程会议等。利用计算机网络还可以从海量的网络信息中，检索出人们所需要的信息，并对其进行分类和整理，从而实现网络信息的快速共享。

• 人工智能技术：利用计算机模拟人脑的部分功能，使计算机对知识具有"推理"和"学习"的功能，让计算机可以为人们的决策提供帮助，如专家系统、智能机器人等。

• 网络应用：计算机网络是计算机技术和通信技术互相渗透、不断发展的产物。利用一定的通信线路，将若干个计算机相互连接，形成一个网络以达到数据共享和数据通信的目的，这是计算机应用的一个重要方面。各种计算机网络，包括局域网和广域网的形成，将加速社会信息化的进程。目前应用最多、最广泛的是因特网（Internet）。

## 1.2.3 计算机的分类

根据处理能力和规模可分为巨型计算机、大型计算机、小型计算机和微型计算机。

### 1．巨型计算机

巨型计算机与通常所说的超级计算机含义相同，它指的是那些由数百数千甚至更多的处理器组成的、能完成普通计算机和服务器不能完成的运算任务的电子计算机。该类计算机主要在气象、军事、能源、航天、探矿等领域承担大规模、高速度的计算任务。

全球超级计算机评估组织TOP500.org公布的最新榜单显示，截至2021年12月全球名列第一的超级计算机是日本的“Fugaku（富岳）”，如图1-3所示，其浮点运算能力达到了442Pflop/s（44.2亿亿次/秒）；我国的超级计算无锡中心的“神威太湖之光”超级计算机，其浮点运算能力为93Pflop/s（9.3亿亿次/秒），位居全球第四，如图1-4所示。

图1-3 Fugaku超级计算机

图1-4 “神威太湖之光”超级计算机

### 2．大型计算机

大型计算机在输入能力、输出能力、非数值计算能力、稳定性和安全性方面具有显著优势，主要应用在银行、政府、大企业等部门，也可以将大型计算机称为“企业级”计算机，如图1-5所示。

大型计算机与超级计算机之间的区别在于：大型计算机擅长数据处理，超级计算机擅长科学计算；大型计算机使用专用指令系统，超级计算机使用通用处理器或类UNIX操作系统；大型计算机主要用于商业领域（如银行和电信），而超级计算机用于尖端科学领域，特别是国防领域。

### 3．小型计算机

小型计算机是指采用8～32颗处理器，性能和价格介于微型计算机和大型计算机之间的一种高性能计算机，具有高可靠性、高可用性、高服务性的特点，广泛应用于工业自动控制、大型分析仪器、医疗设备中的数据采集等方面，如图1-6所示。

4．微型计算机

微型计算机是由大规模集成电路组成的、体积较小的电子计算机。该类计算机更新速度很快，其特点是体积小、灵活性大、价格便宜、使用方便。微型计算机根据用途的不同又可以分为笔记本电脑、台式机和平板电脑等多种类型，如图1-7所示。

图1-5　IBM大型计算机

图1-6　曙光第二代小型计算机

图1-7　家用微型计算机

## 1.2.4　计算机主机及其内部结构

随着市场的细化，计算机以多种形式的外观存在于工作和生活中，如图1-8所示。

(a) 台式机　　(b) 笔记本电脑　　(c) 平板电脑

图1-8　常见的计算机

无论何种外观的计算机，只是在硬件的包装设计方面有所差别，而在软件功能的使用方面几乎完全相同，可以采用相同的操作系统和应用软件。下面以台式机为例进行介绍。

1．台式机的常见组成

(1) 主机箱

主机箱指的是微型计算机主机的外壳，对主板、硬盘、电源和光盘驱动器等部件起承托作用，并为整个系统提供散热、防静电、防尘、抗干扰等方面的保护。

主机箱前置面板中，通常有电源开关按钮、复位按钮、电源指示灯、硬盘指示灯、USB插孔和光驱面板，如图1-9所示。

(2) 电源

电源是计算机系统的供电设备，其主要作用是将普通的220伏交流电转换为正负12伏以内的直流电。常见的电源外观如图 1-10 所示。

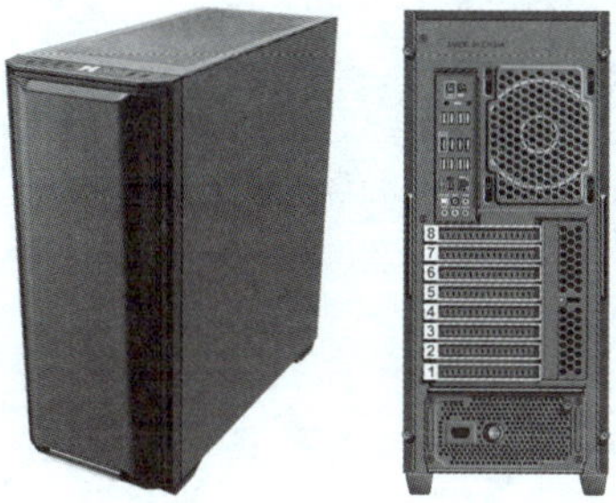

图 1-9　主机箱正面与背面

图 1-10　电源

（3）主板

主板是计算机关键部件之一，其外观是一块长方形印刷电路板，上面集成了 CPU 插座、芯片组、内存插槽、显卡插槽、鼠标键盘插座，以及各种连接线插座等相关器件。图 1-11 所示的是某品牌主板外观，图 1-12 所示的是主板侧面各种 I/O 接口（常见于机箱背面）。

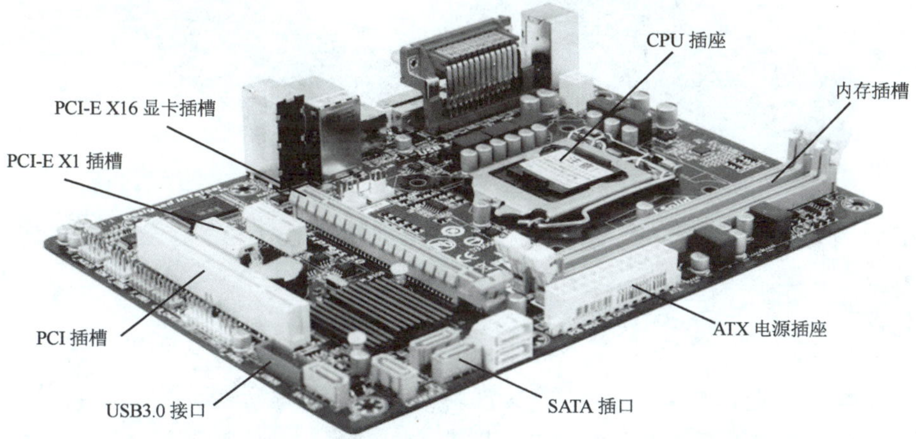


图 1-11　主板

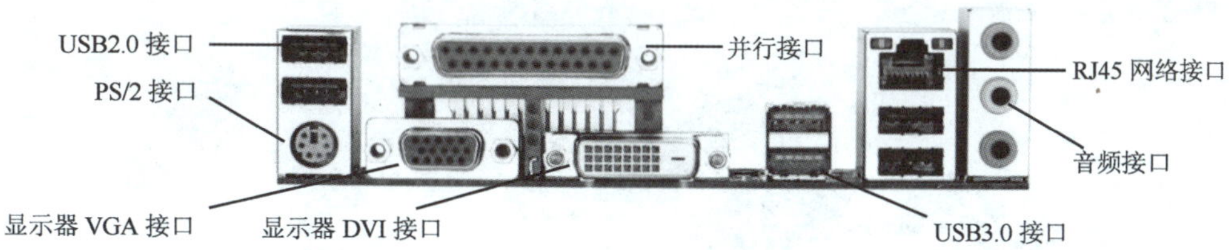


图 1-12　主板侧面 I/O 接口

（4）CPU

中央处理器（Central Processing Unit，CPU）是一台计算机的运算核心和控制核心，其主要作用是解释计算机指令以及处理计算机软件中的数据，如图 1-13 所示。

图1-13　Intel某型号CPU正反面外观

目前市面上流行的CPU有Intel和AMD两大品牌，其中又包含酷睿i9、酷睿i7、酷睿i5、酷睿X和锐龙7、锐龙5、锐龙3等诸多系列。

（5）内存

内存是内存储器的简称，它是与CPU进行沟通的桥梁，是用来暂时存放程序和数据的记忆装置。根据内存类型的不同，市面上主流内存可分为DDR4和DDR3，其外观如图1-14所示。

（a）金士顿16GB DDR4 3200型内存（台式机）　（b）金士顿8GB DDR4 2666型内存（笔记本电脑）

图1-14　内存条外观

（6）硬盘驱动器

硬盘驱动器简称硬盘，是计算机最主要的存储介质。硬盘内部由一个或多个碟片组成，碟片外覆盖有铁磁性材料，并且被永久性地密封固定在硬盘驱动器中。

此外，还有一类使用固态电子存储芯片阵列而制成的硬盘，称为固态硬盘。由于固态硬盘中没有可以旋转的盘状结构，所以读取速度相对机械硬盘更快。图1-15（a）所示是某品牌机械硬盘的正反面，图1-15（b）所示是不含外壳的固态硬盘。

（a）台式机机械硬盘的正反面　（b）不含外壳的固态硬盘

图1-15　硬盘驱动器

(7) 显卡

显卡的全称是显示接口卡（Video card，Graphics card），其作用是将计算机系统需要显示的信息进行转换，并控制显示器正确显示，它是人机互交的重要设备之一，如图1-16所示。

图1-16　显卡的正反面

(8) 光盘驱动器

光盘驱动器俗称光驱，是一种读取光盘信息的设备，如图1-17所示。由于光盘存储量大，价格便宜，并且保存时间长，通常将大量数据通过光盘驱动器刻录到光盘中。目前，由于硬盘存储更加方便，光盘存储使用较少。

图1-17　光盘驱动器

(9) 声卡

声卡是多媒体技术中最基本的组成部分，是实现声波信号和数字信号相互转换的一种硬件，如图1-18所示。一般情况下，计算机主板上已经集成了声卡组件，用户无需再购买。

图1-18　声卡

2. 计算机常见的外部设备

(1) 显示器

显示器是一种将特定的电子文件（数字信息）通过传输设备显示到屏幕上的显示工具，属于计算机的输出设备。目前流行的显示器主要为液晶显示器（LCD），如图1-19所示。

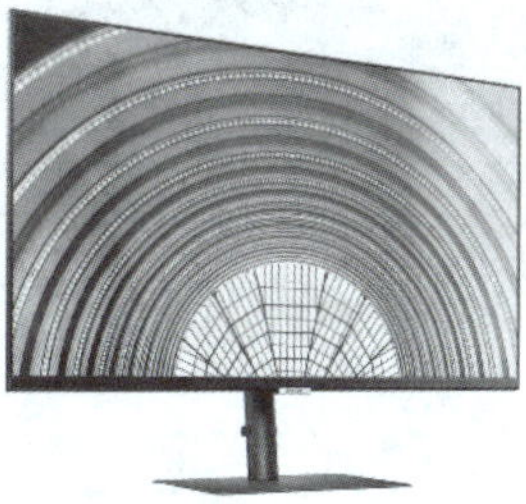

图1-19　液晶显示器

(2) 键盘

键盘是计算机系统的重要输入设备，如图1-20所示。目前常见的键盘有84键键盘和104键键盘，而那些键位数较多的键盘（如118键键盘），无非是增加一些“多功能键”。常用的键盘接口有USB接口（目前主流）和PS/2接口（已经淘汰），如图1-21和图1-22所示。此外，使用蓝牙技术传送数据的无线键盘现在越来越流行。

图1-20　机械有线键盘

图1-21　USB接口

图1-22　PS/2接口

（3）鼠标

鼠标同样是不可缺少的输入设备，可以完成多种操作。从工作原理上来分，可以分为机械鼠标、光电鼠标和轨迹球鼠标；从连接方式上来分，可以分为有线鼠标和无线鼠标；从鼠标接口方式上来分，可以分为USB接口鼠标和PS/2接口鼠标，如图1-23所示。

（a）有线机械鼠标底部（已淘汰）　（b）无线光电鼠标底部　（c）轨迹球鼠标　（d）有线光电鼠标

图1-23　鼠标

（4）打印机

打印机的主要功能是将计算机处理的文字或图像结果输出到其他介质中。根据打印原理的不同，常见的打印机可分为针式、喷墨式和激光式3种，如图1-24所示。

（a）针式打印机　（b）喷墨式打印机　（c）激光式打印机

图1-24　打印机

（5）扫描仪

扫描仪是计算机外部输入设备之一，通过扫描仪用户可以将图片、纸质文档、图纸、底片，甚至三维物体扫描到计算机中，并将其转换成可编辑、可储存和便于输出的资源。根据设计类型的不同，最为常见的扫描仪可以分为平板式扫描仪和馈纸式扫描仪，如

图 1-25 所示。

（a）平板式扫描仪　　（b）馈纸式扫描仪

图 1-25　扫描仪

## 1.2.5　计算机系统的组成

目前世界上普遍使用的计算机，都沿用了冯·诺依曼结构。从计算机系统的组成来看，计算机系统由硬件系统和软件系统两大部分构成。

这里的硬件指的是计算机系统中由电子、机械和光电元件组成的各种计算机部件和设备的总称，即实际的物理设备。而软件系统则是指在计算机上运行的各种程序和数据，以及相关文档的总称。

计算机硬件与软件系统是相辅相成的，其中硬件是基础，软件是建立在硬件之上的。硬件系统与软件系统必须有机结合在一起，才能发挥计算机的作用。

此外，软件系统又可划分为系统软件和应用软件，系统软件指的是维护计算机资源的软件，包括操作系统、语言处理程序、数据库管理软件等；应用软件指的是利用计算机来解决实际问题的各类专业软件。计算机系统的组成如图 1-26 所示。

- 计算机系统
  - 硬件系统
    - 主机
      - 中央处理器（CPU）
      - 内存储器（随机：RAM，只读：ROM）
      - 总线
    - 外部设备
      - 输入设备（键盘、鼠标）
      - 输出设备（显示器、打印机）
      - 外存储器（硬盘、光盘、U 盘）
  - 软件系统
    - 系统软件
      - 操作系统（Windows 10、Windows 11）
      - 语言处理程序（机器语言、汇编语言、C 语言）
      - 数据库管理软件（Access、MySQL）
    - 应用软件（Word、Excel、Photoshop 等）

图 1-26　计算机系统的组成

1．计算机硬件系统

计算机硬件系统由运算器、控制器、存储器、输入设备和输出设备五大部分组成，即计算机的经典结构——冯·诺依曼结构，如图1-27所示。其中运算器和控制器结合在一起，就构成了计算机的核心部件——中央处理器（CPU）。

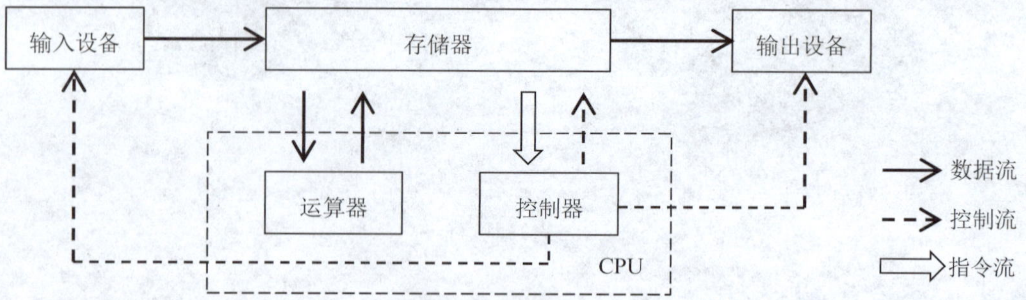


图1-27　冯·诺依曼结构

- 运算器：是计算机中执行各种算术和逻辑运算操作的部件。运算器的基本操作包括加、减、乘、除四则运算，与、或、非、异或等逻辑操作，以及移位、比较和传送等操作。
- 控制器：由程序计数器、指令寄存器、指令译码器、时序产生器和操作控制器组成，它是计算机的指挥中心，负责决定执行程序的顺序。
- 存储器：有两种类型，分别叫作内存储器和外存储器。内存储器从使用功能上分，有随机存储器（RAM）和只读存储器（ROM）。内存储器又常称为主存储器，属于主机的组成部分。外存储器又常称为辅助存储器。
- 输入设备：指的是将数据、程序、文字符号、图像和声音等信息输送到计算机中的设备，常见的有键盘、鼠标和图像扫描器以及各种传感器等。
- 输出设备：指的是将计算机的运算结果或者中间结果打印或显示出来的设备，常见的有显示器、打印机和绘图仪等。

2．计算机软件系统

- 系统软件：指的是控制、协调计算机资源的软件，是无需用户干预的各种程序的集合。系统软件主要指的是各类操作系统，如Windows 11、Windows 10、Unix和Linux等，其主要功能就是管理计算机系统中各种独立的硬件，使得它们可以协调工作。常见分类有操作系统、语言处理程序和数据库管理软件等。
- 应用软件：指的是利用计算机解决某类问题而设计的程序集合，如Office办公软件、杀毒软件、图像处理软件、音视频播放软件、助学贷款管理软件等。

## 1.2.6　计算机中信息的表示

数制又称计数制，是指用一组固定的数字和统一的规则来表示数值的方法。

### 1．十进制、二进制、八进制、十六进制

（1）十进制

日常生活中最常见的计数方法是十进制，即用十个不同的符号来表示：0、1、2、3、4、5、6、7、8、9，称为代码，采取“逢十进一”的计数方法。每个代码所代表的数值的大小与该代码所在的位置有关。

（2）二进制

二进制只有两个代码0和1，所有的数据都由它们的组合来实现。二进制数在进行运算时，遵循“逢二进一，借一当二”的原则。约定在数据后加上字母“B”表示二进制数据。

（3）八进制和十六进制

计算机的数据均以二进制形式存储，但当数比较大时，用二进制形式表示位数较多，不便于书写和校对。我们在书写时，总是将二进制数据以八进制或十六进制的形式表达，并在八进制数据后加英文字母“O”，在十六进制数据后加英文字母“H”，以示区分。

八进制按“逢八进一”的原则计数，使用0、1、2、3、4、5、6、7共八个代码；十六进制按“逢十六进一”的原则计数，采用0到9和A、B、C、D、E、F六个英文字母一起构成十六个代码。

十进制、二进制、八进制、十六进制数据对照表如表1-1所示。

**表 1-1　十进制、二进制、八进制、十六进制数据对照表**

| 十进制 | 二进制 | 八进制 | 十六进制 | 十进制 | 二进制 | 八进制 | 十六进制 |
|---|---|---|---|---|---|---|---|
| 0 | 0000 | 0 | 0 | 8 | 1000 | 10 | 8 |
| 1 | 0001 | 1 | 1 | 9 | 1001 | 11 | 9 |
| 2 | 0010 | 2 | 2 | 10 | 1010 | 12 | A |
| 3 | 0011 | 3 | 3 | 11 | 1011 | 13 | B |
| 4 | 0100 | 4 | 4 | 12 | 1100 | 14 | C |
| 5 | 0101 | 5 | 5 | 13 | 1101 | 15 | D |
| 6 | 0110 | 6 | 6 | 14 | 1110 | 16 | E |
| 7 | 0111 | 7 | 7 | 15 | 1111 | 17 | F |

### 2．计算机常用名词

- 位：计算机中所有的数据都是以二进制来表示的，一个二进制代码称为一位，记为bit。位是计算机中最小的信息单位。
- 字节：在对二进制数据进行存储时，以8位二进制代码为一个单元存放在一起，称为一个字节，记为Byte。字节是计算机中最小的存储单位。
- 字：一条指令或一个数据信息，称为一个字。字是计算机信息交换、处理、存储的基本单元。
- 字长：字长是CPU能够直接处理的二进制的数据位数，它直接关系到计算机的精

度、功能和速度。字长越长，处理功能就越强。目前，常见的微机字长为32位和64位。字长是衡量计算机性能的一个重要的技术指标。

- 指令：指挥计算机执行某种基本操作的命令称为指令。一条指令规定一种操作，由一系列有序指令组成的集合称为程序。
- 容量：容量是衡量计算机存储能力时常用的一个名词，主要是指存储器所能存储信息的字节数。内存容量指内存储器中能够存储信息的总字节数，外存容量一般指硬盘的容量。常用的单位有B、KB、MB、GB、TB、PB，它们之间的关系是：1KB=1024B，1MB=1024KB，1GB=1024MB，1TB=1024GB，1PB=1024TB。

### 1.2.7 随堂思考与练习

1. 简述提升信息素养的做法。
2. 简述计算机发展的历程。
3. 计算机硬件主要由什么组成？
4. 仔细观察鼠标和键盘的接口是何种类型。
5. 访问“太平洋电脑网”，在网站主页上找到“自助装机”入口，在体验模拟购机的过程中，了解计算机所需的各种配件。

## 1.3 Windows 10操作基础

操作系统（Operating System，简称OS）是服务用户、管理和控制计算机软硬件资源的系统软件。在计算机的发展过程中，出现过许多不同的操作系统，其中最为常用的有DOS、Mac OS、Windows、Linux和Unix等。这里介绍Windows 10操作系统的相关使用方法。

### 1.3.1 Windows 10的启动、关闭和环境介绍

#### 1. 启动系统

① 按下主机箱前置面板中的电源开关。

② 此时，计算机将对主板BIOS、CPU、内存和硬盘等设备进行自检。待自检完成以后，将自动引导Windows 10，并出现登录界面。输入登录密码，即可进入系统。

#### 2. 关闭系统

① 关闭已经打开的所有软件，如Word、浏览器和各类软件等。

② 在Windows 10桌面环境下，单击桌面左下角的“开始”菜单按钮，在弹出的菜单中单击“电源”按钮，在其子菜单中单击“关闭”按钮即可。此外，对于“电源”选项内的其他操作含义如下。

➢ 睡眠：系统处于等待状态，可以节约电能，当再次按下机箱中的电源开关时，系统即可恢复到桌面状态。

➢ 重新启动：系统将保留该次Windows 10的所有设置，并将驻留在内存中的信息写入硬盘，然后自动重新启动计算机。

### 3．熟悉Windows 10的桌面环境

正确启动Windows 10后，整个屏幕称为桌面，如图1-28所示。

图 1-28　Windows 10 桌面环境

(1) 图标

Windows 10的各种组成元素，如文件、文件夹、程序等称为对象，而图标则是代表这些对象的小图像，当双击图标或选中图标后单击Enter键，即可打开图标所对应的程序或文件。

(2) "开始" 菜单

"开始" 菜单中包含了Windows 10的全部控制命令，是运行应用程序的入口，也是执行程序的最常用方式。

(3) 任务栏

任务栏默认状态下处于Windows 10桌面的底部，当打开程序、文档或窗口时，在任务栏中就会出现一个对应的按钮。单击任务栏中的按钮，可以在多个运行着的程序间任意切换。

(4) 窗口

在操作系统中，每当用户开始运行一个应用程序时，应用程序就创建并显示一个窗口，当用户操作窗口中的对象时，程序会做出相应的反应。因此，窗口是用户与计算机交互中最重要的界面。双击桌面上 "此电脑" 图标，即可打开如图1-29所示的 "此电脑" 窗口，这里以该窗口为例介绍一般窗口界面基本元素构成、功能及相关操作方法。

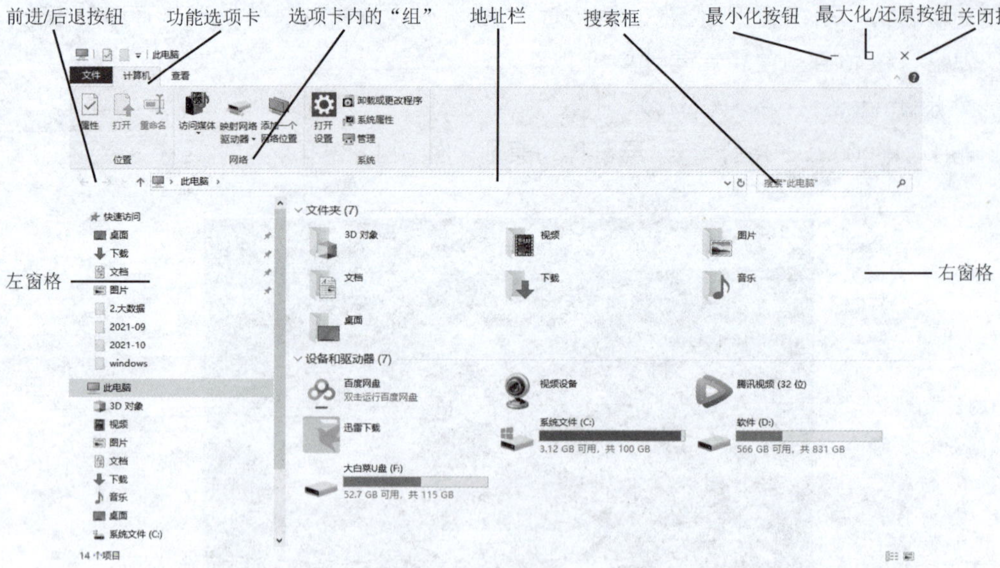


图 1-29 “此电脑”窗口

- 前进/后退按钮：单击此按钮可以快速访问之前浏览过的路径。
- 功能选项卡：集成了常用的工具，可以在多个选项卡之间进行切换。每个选项卡内部又根据不同的功能将多个命令和按钮分为不同的“组”。
- 地址栏：用于显示当前目录所处的位置，其中的各项均可单击，以便帮助用户直接定位到相应的层次。
- 搜索框：在此文本框中输入关键字，即可快速检索。
- 最小化按钮：单击该按钮，窗口缩小到任务栏中。
- 最大化/还原按钮：单击最大化按钮，窗口占满整个屏幕，此时最大化按钮变为还原按钮，单击还原按钮，窗口又恢复到最大化以前的状态。
- 关闭按钮：单击此按钮，即可关闭该窗口。

（5）对话框

对话框也是系统与用户进行交流的界面，通常出现于设置对象属性、输入信息等环境，如图1-30所示。

- 标题栏：用于显示当前对话框的名称，位于对话框的顶部。
- 选项卡：用户可以通过选择不同的选项卡，在不同类别对话框中切换，从而有效地节约了对话框所占屏幕的空间。
- 文本框：用于输入文本信息的矩形区域。
- 复选框：为用户提供了同时选中多项选项的功能，当被选中时，方框中出现“✓”标记，再次单击复选框，即可取消该选择。
- 单选按钮：单选按钮对象用于一组互相排斥的值，也就是用户只能从选项列表中选择一项。

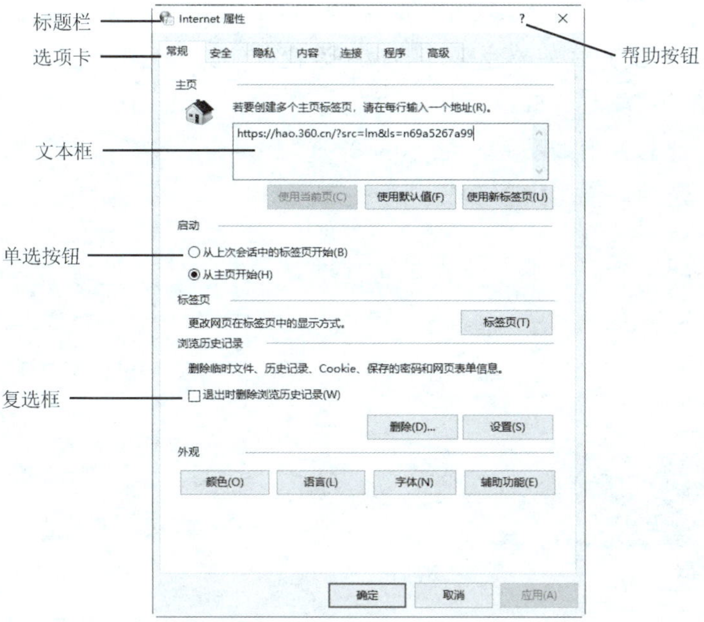


图1-30　典型对话框

## 1.3.2　认识鼠标和键盘

鼠标和键盘是计算机使用率最高的外部设备，几乎所有的操作都需要用到鼠标和键盘。

### 1．认识鼠标

鼠标的种类和外观多样，这里以最常见的鼠标为例向读者介绍鼠标的操作方法，如图1-31所示。

(1) 鼠标左键

鼠标左键主要用于选定对象，在Windows系统中若要选定某个对象，只需要单击鼠标左键即可。

单击左键后，间隔1秒，再单击左键则可以修改对象名称，例如更改文档的文件名；若快速双击左键，即可打开选定的对象。

(2) 鼠标右键

在Windows系统中，鼠标右键主要用于显示所选对象的特性，根据所选对象类型的不同，一般会弹出二级菜单，用户可以在二级菜单中进行操作。

(3) 中键（滚轮）

在长文档中，上下滚动鼠标中键能够使屏幕内容上下滑动；在某些看图软件中，上下滚动鼠标中键能够进行放大或缩小操作。

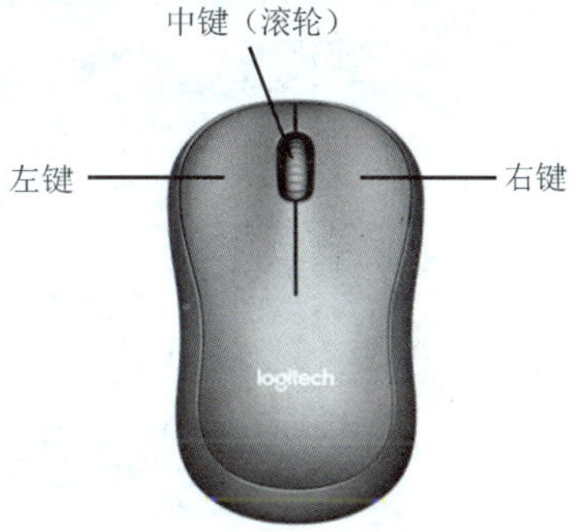


图1-31　鼠标的结构

（4）鼠标的设置

用户可以通过自定义的方式来改变鼠标的相关设置，使其符合用户的使用习惯。

① 在系统左下角的搜索栏中输入“控制面板”，打开“控制面板”窗口。然后，选择“硬件和声音”选项，此时弹出如图1-32所示的“硬件和声音”窗口。

② 单击“鼠标”选项，弹出如图1-33所示的对话框。

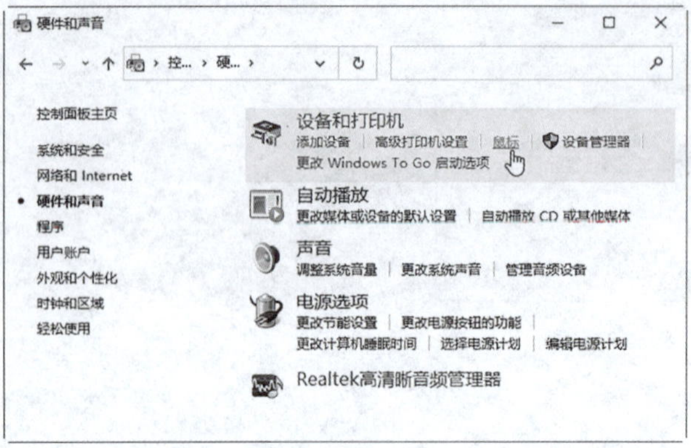


图1-32 “硬件和声音”窗口

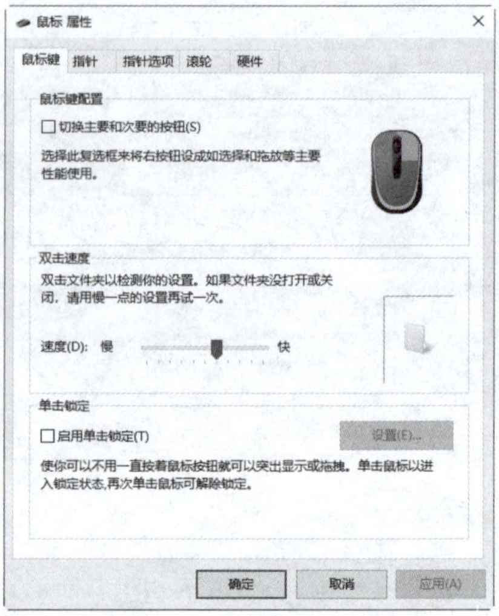


图1-33 “鼠标属性”对话框

➢ 鼠标键配置：系统默认鼠标左键为主要键，但为了满足左手用户的习惯，可以勾选此选项进行切换。

➢ 双击速度：拖动滑块以调整双击速度，右侧文件夹用于检验设置的速度是否习惯。

➢ 单击锁定：若勾选此复选框，则可以在移动某个文件时不用一直按着鼠标键，反之亦然。

对于鼠标的其他设置，由于篇幅所限，这里不再赘述。

### 2．认识键盘

常见键盘结构如图1-34所示，它主要由主键盘区、功能键区、数字键区和编辑键区组成。有关键盘的指法内容，详见本章后续章节。

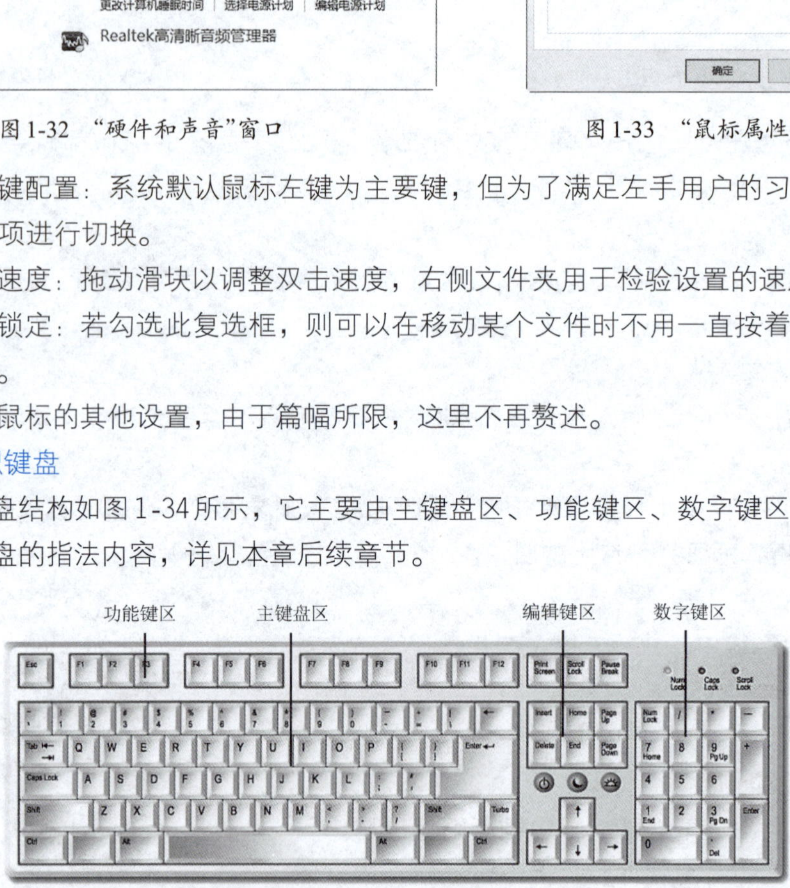


图1-34 常见键盘结构

- Enter键：又称为回车键，其作用是使所输入的命令生效，在文档编辑中，用于换行。
- Backspace（或←）键：又称退格键，按下此键，光标左移一格，用于删除光标前的字符，光标后的字符自动向左侧前进一格。
- Caps Lock键：大写字母锁定键，用于大写字母与小写字母的切换。
- Shift键：也称为上位键，用于键盘中上部字符的输入。另外一个功能就是临时改变大小写，在大写状态下按下该键的同时按下字母键，可以输入小写字母。反之，在小写状态下按下该键的同时按下字母键可以输入大写字母。
- Tab键：又称为制表键，按下该键，光标向右移若干个字符或跳到下一输入区。
- Delete（或Del）键：又称删除键，用于删除光标所在位置后面的字符，且光标位置不动。
- Num Lock键：小键盘上的数字/控制功能转换键，在小键盘上大多数键都有两个功能，该键用于在两种状态间切换。
- Esc键：又称为退出键，用于取消或放弃当前操作。
- Alt与Ctrl键：这两个键是功能组合键，一般不单独使用。
- Insert键：插入键，文本状态插入与改写状态切换键。
- Page Up与Page Down键：翻页键，每按下该键一次，屏幕显示内容向前或向后翻动一屏。
- Home与End键：用于控制光标移至当前行的行首或行尾。

## 1.3.3　更改系统时间与设置桌面主题

### 1．更改日期和时间

在Windows 10桌面右下角，系统会实时显示当前的日期和时间，若需要校准当前日期和时间则可以进行以下操作。

① 在“开始”菜单中选择“设置”选项，在弹出的界面中选择“时间和语言”选项，如图1-35所示。跟随系统提示，即可进入日期的详细设置界面。

② 若需手动调整日期，则单击“更改”按钮，在弹出的对话框内进行设置即可，如图1-36所示。

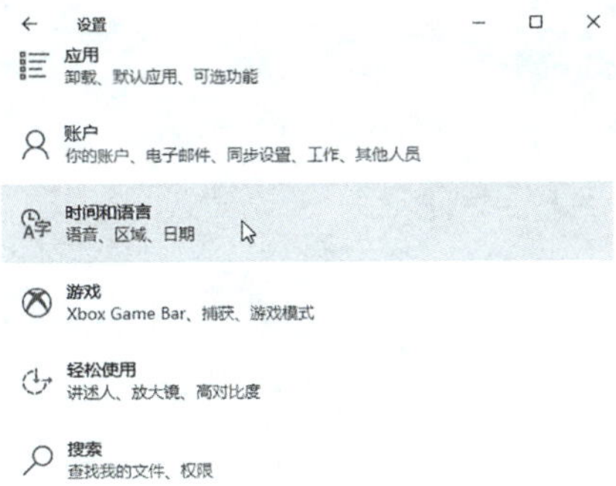


图1-35　Windows设置

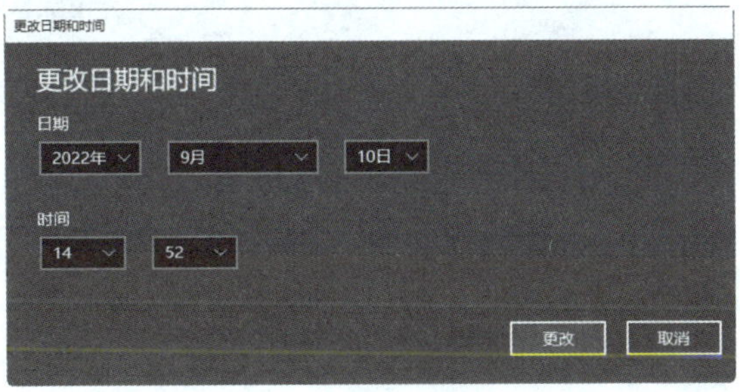


图1-36　更改日期和时间

### 2．设置桌面主题（个性化主题）

Windows 10的主题指的是计算机上Windows 10操作系统下的所有图片、颜色和声音的组合，它包括桌面背景、屏幕保护程序、窗口边框颜色和声音方案。此外，某些主题也可能包括桌面图标和鼠标指针等外观方案。设置桌面主题的操作步骤如下：

① 在Windows 10桌面上单击鼠标右键，在弹出的右键菜单中选择“个性化”命令，如图1-37所示。随后，弹出如图1-38所示的窗口。在该窗口左侧选择“主题”选项，即可在右侧窗口中对主题进行修改。

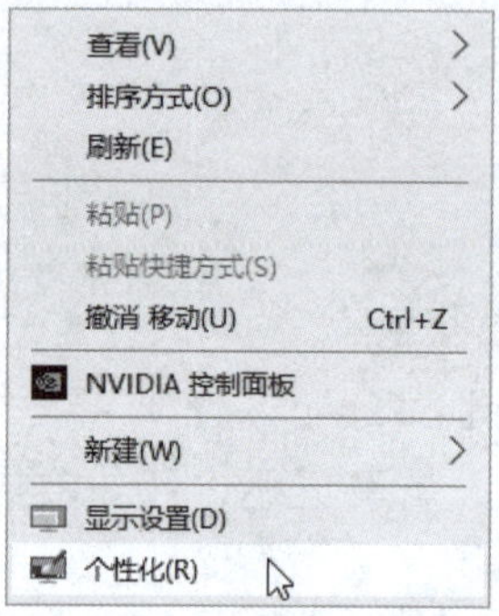


图1-37　右键菜单

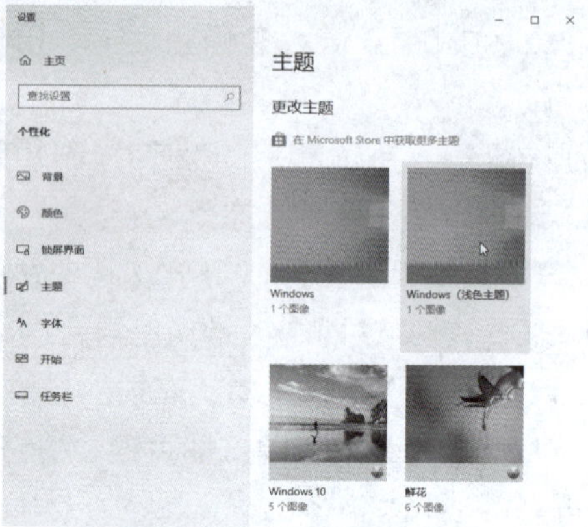


图1-38　设置桌面主题

② 在当前窗口左侧选择“背景”选项，在右侧窗口中单击“浏览”按钮，即可自定义设置桌面背景图片，如图1-39所示。

图1-39　更改桌面背景

## 1.3.4　设置屏幕保护程序与屏幕分辨率

### 1．设置屏幕保护程序

屏幕保护程序用于保护用户的显示器。在电脑使用的间歇，若显示屏长时间显示不变的画面，会使屏幕发光器件疲劳变色，所以通过设置屏幕保护程序能够让显示器受到保护。

具体操作是：在图1-39中，单击左侧窗口中的“锁屏界面”选项。然后，在右侧窗口中单击“屏幕保护程序设置”文字链接。此时弹出如图1-40所示的对话框。在此对话框中，用户可以为系统设置屏幕保护程序。

2. 设置屏幕分辨率

屏幕分辨率指的是屏幕上显示的像素个数，例如分辨率1920×1080的意思是水平像素数每行1920个，垂直像素数每列1080个。分辨率越高，像素的数目越多，感应到的图像越精密，而在屏幕尺寸一样的情况下，分辨率越高，显示效果就越精细和细腻。

① 在Windows 10桌面上单击鼠标右键，在弹出的右键菜单中选择“显示设置”命令，随后弹出如图1-41所示的窗口。

② 在此窗口中，单击“显示分辨率”下拉菜单，在其中选择适合的分辨率，最后单击“确定”按钮，即可完成更改屏幕分辨率的操作。

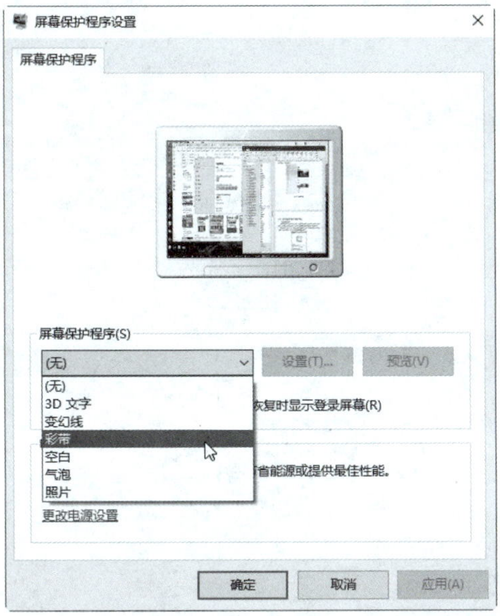


图1-40　设置屏幕保护程序

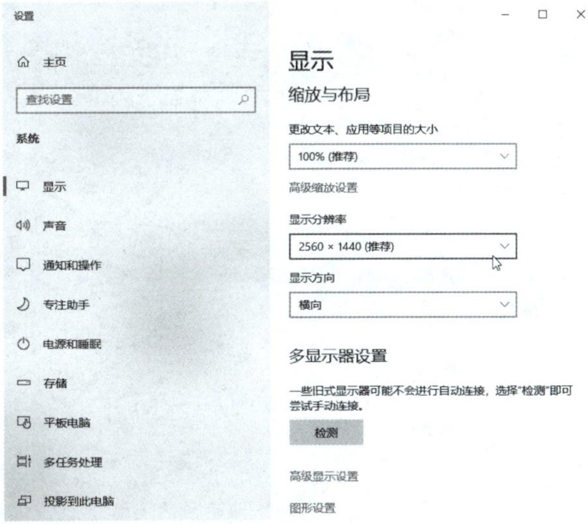


图1-41　设置屏幕分辨率

## 1.3.5　回收站与画图工具的使用

1. 回收站

回收站保存着用户暂时删除的文件、文件夹、图片等项目，主要是为用户提供一个删除文件的缓冲。假如用户因误操作删除了某些文件，就可以从回收站中进行恢复。

① 使用鼠标左键选择某个文件，按下键盘的【Delete】键，被选中的文件即可被删除，并存放于回收站中。

② 在系统桌面上，鼠标双击回收站，即可进入回收站内部。单击鼠标右键选择被删除文件，在弹出的二级菜单中执行“还原”命令，如图1-42所示，即可将误删的文件还原至原有位置。在二级菜单中若选择“删除”选项，则该文件就会被彻底删除。

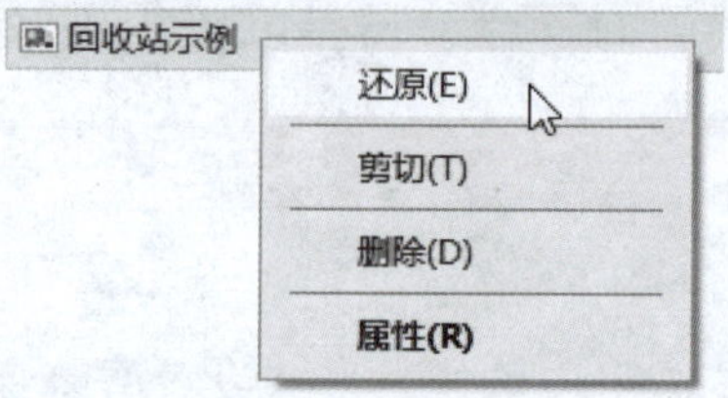


图1-42　还原误删除的文件

③ 在系统桌面上，单击鼠标右键选择回收站，执行二级菜单中的“属性”命令，即可弹出如图1-43所示的对话框。在此对话框中，用户可以根据需要设置回收站容量大小，或进行其他相关设置。

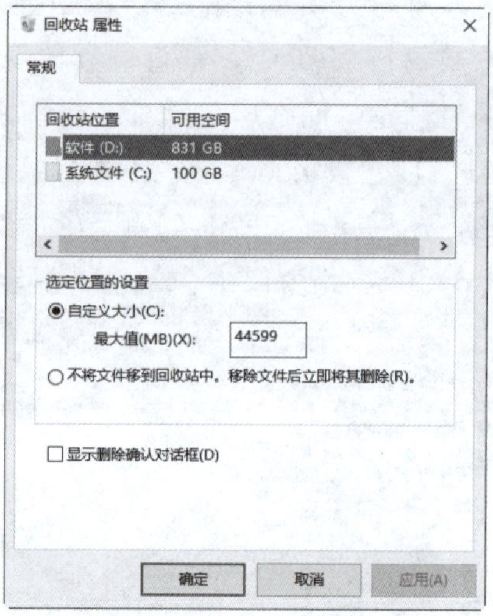


图1-43　“回收站”属性对话框

此外，在删除文件时，若同时按下Shift键，即选择好文件后，按【Shift+Del】组合键，则被删除的文件不再放入回收站，将被直接删除。

2. 系统附件之画图工具的应用

Windows系统提供了一个简易的画图工具，用户可以使用它提供的各种工具来创建、编辑和打印图形。

在系统的“开始”菜单中执行“Windows附件”→“画图”命令，即可打开画图工具，其主窗口如图1-44所示。

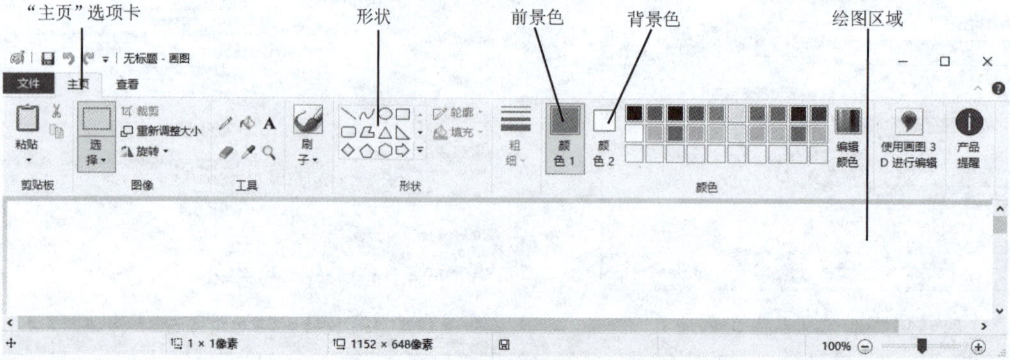


图1-44　“画图”窗口

(1) 绘制直线

① 保持前景色（颜色1）或背景色（颜色2）选中状态，在旁边“颜色”色卡中选择需要的颜色。

② 在“形状”区域中选择“直线”工具，单击“轮廓”按钮，在弹出的列表中选择直线的外形，如图1-45所示，再单击“粗细”按钮，在弹出的列表中选择线条的粗细

类型。

③ 将鼠标移到绘图区域，按住鼠标不放拖拽鼠标，一条柔性线随即从起点延伸到鼠标所在的位置。若在绘制过程中不满意绘制效果，在没有释放用以画线的鼠标按键之前，可以单击另一个鼠标按键取消这条线。

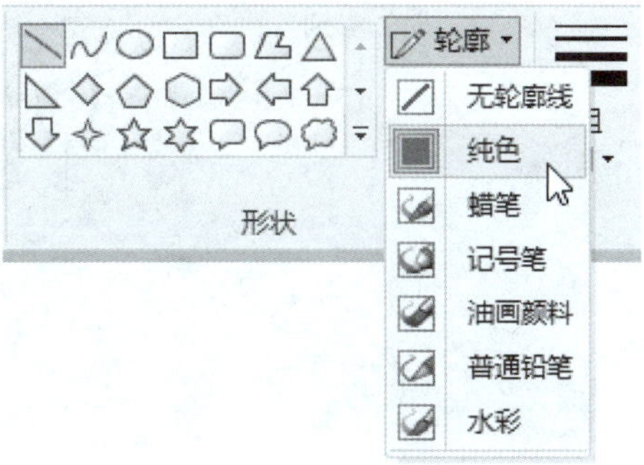

图1-45　设置线条属性

特别说明，当按下鼠标左键拖拽时，使用的是前景色（颜色1）画线；当按下鼠标右键拖拽时，使用的是背景色（颜色2）画线。

（2）绘制曲线和图形并插入文字

① 绘制曲线和图形的操作方法与绘制直线完全一样，这里不再赘述。

② 在“工具”功能区域，选择“文字”工具，并设置好前景色和背景色，然后将鼠标指针移至需要输入文字的位置，按住鼠标左键不放并拖拽出一个矩形框，这时就可以在矩形中输入文字了。

（3）保存

图像绘制完成后，单击“画图”按钮，在弹出的菜单中选择“另存为”选项，即可根据需要选择JPEG、PNG和GIF等图像格式进行保存。

## 1.3.6　输入法

安装Windows 10操作系统后，系统自带微软拼音输入法。如果用户习惯使用其他输入法（如搜狗拼音、百度拼音和五笔输入法等），则可以直接下载安装。无论何种输入法，在使用时有以下两个操作较为通用。

➢ 按下【Ctrl+Shift】组合键在英文和多种输入法之间进行切换。

➢ 按下【Ctrl+Space】组合键在当前输入法的中文和英文之间切换。

正确的输入指法有助于提高输入速度。当用户处于打字准备状态时，双手放在A、S、D、F、J、K、L键和；键上，而这8个键称为基准键位。其中，F键和J键称为定位键，其作用是将左右食指分别定位在F键和J键上，其余三指依次放下就能找到基准键位。基准键位的手指分工如图1-46所示。键盘指法分区如图1-47所示，凡两斜线范围内的字键，都必须由规定的手指管理。

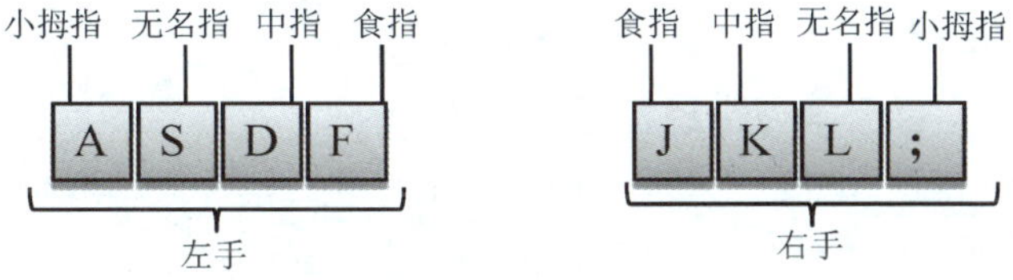

图1-46　基准键位

图1-47　键盘指法分区

在操作电脑时，应保持正确的姿势，注意以下几点：

- 座椅高度合适，坐姿端正自然，两脚平放，全身放松，上身挺直并稍微前倾。
- 两肘贴近身体，下臂和腕向上倾斜，与键盘保持相同的斜度。
- 手指略弯曲，指尖轻放在基准键位上，左右手的大拇指轻轻放在空格键上。
- 按键时，手抬起，伸出要按键的手指按键，按键要轻巧，用力要均匀。
- 稿纸宜置于键盘的左侧或右侧，便于视线集中在稿纸上。

## 1.3.7　随堂思考与练习

1．将桌面背景设置为纯蓝色。

2．设置屏幕保护程序，等待时间为5分钟。

3．查找资料，了解常见液晶显示器的分辨率。

4．输入以下字符，反复练习击打基准键：

add add add add all all all all dad dad dad dad
ask ask ask ask sad sad sad sad fall fall fall fall
add all dad ask fall alas flask add ask lad sad fall

5．输入以下字符，反复练习击打I、E键：

fed fed fed fed eik eik eik eik lid lid lid lid
desk desk desk desk jade jade jade jade less less
said said said said leaf leaf leaf leaf fade fade

6．输入以下字符，反复练习击打G、H键：

gall gall gall gall fhss fhss fhss fhss fhgl fhgl
hasd hasd hasd hasd sgds sgds sgds sgds hkga hkga
glad glad glad glad half half half half shds shds

7．输入以下字符，反复练习击打R、T、U键：

gart gart gart gart fuss fuss fuss fuss furl furl
hard hard hard hard suds suds suds suds lurk lurk
rual rual rual rual adult adult adult adult altar

8. 输入以下字符，反复练习击打W、Q、O、P键：

ford ford ford ford blow blow blow blow spqg spqg

cout cout cout cout swle swle swle swle quest quest

ough ough ough ough toward toward toward toward

9. 输入以下字符，反复练习击打V、B、M、N键：

vest vest vest vest time time time time alms alms

verb verb verb verb mine mine mine mine value value

10. 输入以下字符，反复练习击打C、X、Y键：

rich rich rich rich text text text text xrox xrox

quch quch quch quch xfar xfar xfar xfar

exec exec exec exec frenzy frenzy frenzy frenzy

11. 输入以下英文短文，综合练习键盘指法：

Without question, many of us have mastered the neurotic art of spending much of our lives worrying about variety of things--all at once. We allow past problems and future concerns to dominate your present moments, so much so that we end up anxious, frustrated, depressed, and hopeless. On the flip side, we also postpone our gratification, our stated priorities, and our happiness, often convincing ourselves that "someday" will be much better than today. Unfortunately, the same mental dynamics that tell us to look toward the future will only repeat themselves so that 'someday' never actually arrives. John Lennone once said, "Life is what is happening while we are busy making other plans." When we are busy making 'other plans', our children are busy growing up, the people we love are moving away and dying, our bodies are getting out of shape, and our dreams are slipping away. In short, we miss out on life.

## 1.4 文件管理基础操作

文件是操作系统中用来存储和管理信息的基本单位，指的是记录在存储介质上的一组相关信息的集合。在计算机中大部分数据都是以文件的形式存在的，而文件又可以存放于文件夹中。当需要时，用户只要指定文件名，操作系统就可以快速、准确地找到所记录的程序或数据信息。

### 1.4.1 新建、选择、重命名

#### 1. 新建文件夹

在系统中创建文件夹是最为常见的操作。通常，将C盘作为系统盘，专门用于安装操作系统，而将其他盘作为非系统盘，如D盘、E盘或F盘等，用来安装应用软件或存储数据等。

① 在Windows 10桌面中，双击“此电脑”图标，打开“此电脑”窗口。

② 在此窗口中双击“D盘”，进入D盘窗口。在任意空白处单击鼠标右键，在其右键菜单中执行“新建”→“文件夹”命令即可。

③ 输入拟新建文件夹的名字，然后按下Enter键即可完成文件夹的创建。

### 2. 选择文件或文件夹

在对文件或文件夹操作之前，首先需要选定文件或文件夹，这里介绍常用的选取操作：

(1) 选择单个文件或文件夹

用鼠标单击需要选定的文件或文件夹即可完成选取操作。

(2) 选择多个连续的文件或文件夹

先单击需选定的第一个文件或文件夹，然后按下Shift键不放，再单击需选定的最后一个文件或文件夹，或者在空白处单击鼠标左键不放，拖拽一个矩形区域，该区域所包含的对象全部被选中，如图1-48所示。

(3) 选择多个不连续的文件或文件夹

先单击需选定的第一个文件或文件夹，然后按住Ctrl键不放，单击另外需选定的文件或文件夹，如图1-49所示。

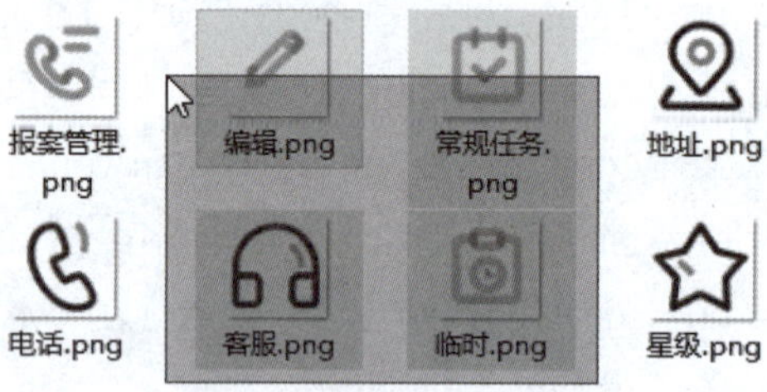

图1-48　选择多个连续的文件

图1-49　选择多个不连续的文件

(4) 选择全部文件

直接按下【Ctrl+A】组合键，即可选定当前窗口中所有的文件和文件夹。

### 3. 重命名文件或文件夹

使用鼠标右键单击需要重命名的文件或文件夹，在右键菜单中执行“重命名”命令，这时文件名处于可编辑状态，输入新的文件名后按回车键即可完成重命名操作。

需要说明的是，使用鼠标左键在频率较低的状态下，单击文件或文件夹两次，同样可以实现文件或文件夹的重命名操作。

## 1.4.2　复制、粘贴、剪切和删除

### 1. 复制与粘贴

复制与粘贴是一对连贯的操作。通过这一连贯操作，可以使得某个文件或文件夹以副本的形式存储在多个位置。常用方法有以下两种。

方法一：选择目标文件，按下【Ctrl+C】组合键，然后将鼠标定位到目标位置，按下【Ctrl+V】组合键即可完成复制与粘贴操作。

方法二：右键单击目标文件，在弹出的菜单中选择“复制”命令，然后将鼠标定位到目标位置并单击右键，在弹出的菜单中选择“粘贴”命令，即可完成操作。

### 2．剪切

剪切指的是将某个文件或文件夹移动到另一个文件夹中，原文件夹下内容消失的过程。常用方法有以下两种。

方法一：选择目标文件，按下【Ctrl+X】组合键，然后将鼠标定位到目标位置，按下【Ctrl+V】组合键即可。

方法二：右键单击目标文件，在弹出的菜单中选择“剪切”命令，然后将鼠标定位到目标位置并单击右键，在弹出的菜单中选择“粘贴”命令，即可完成操作。

### 3．删除

删除指将已经不需要的文件或文件夹从系统的目录清单中删掉，以腾出磁盘空间给其他文件存储。常用方法有以下几种。

方法一：选择目标文件，按下【Delete】键。

方法二：右键单击目标文件，在弹出的菜单中选择“删除”命令。

方法三：使用鼠标选中目标文件，并将其拖拽到桌面“回收站”图标上，释放鼠标左键即可。

此外，若想一次性彻底删除文件或文件夹，可以通过按下【Shift+Delete】组合键来完成。

## 1.4.3　查看并设置文件或文件夹属性

文档的属性是操作系统对文档类型做的一种标记，以便进行分类管理。查看或设置某文件或文件夹属性的常用方法有以下几种。

方法一：右键单击目标文件，在其右键菜单中选择“属性”命令。

方法二：按下Alt键的同时，双击目标文件。

方法三：选择目标文件，在当前窗口的“主页”选项卡中，单击“属性”按钮即可，如图1-50所示。

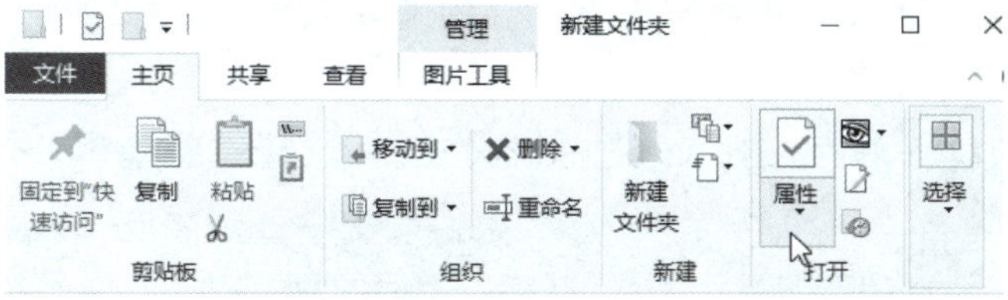


图1-50　“主页”选项卡的“属性”按钮

无论采用上述何种操作方法，系统都会弹出如图1-51所示的“属性”对话框，其中包括该文件或文件夹的类型、位置、大小、创建时间和当前属性等信息。根据需要，可以更改其中的设置内容。最后，单击“确定”按钮，即可保存当前设置。

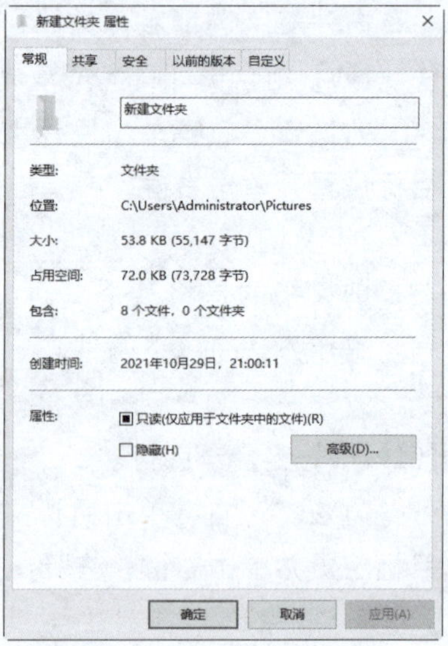


图 1-51 “属性”对话框

## 1.4.4 显示或隐藏文件或文件夹

当某个文件或文件夹属性被设置为“隐藏”时，在系统默认状态下是不会显示此类文件或文件夹的，具体操作如下。

① 选中某个文件，在当前窗口的“查看”选项卡中，单击“隐藏所选项目”按钮。之后，该文件就“消失”在当前文件夹中。反之亦然。

② 若要让系统中被隐藏的文件显示出来，勾选“隐藏的项目”复选框即可，如图1-52所示。

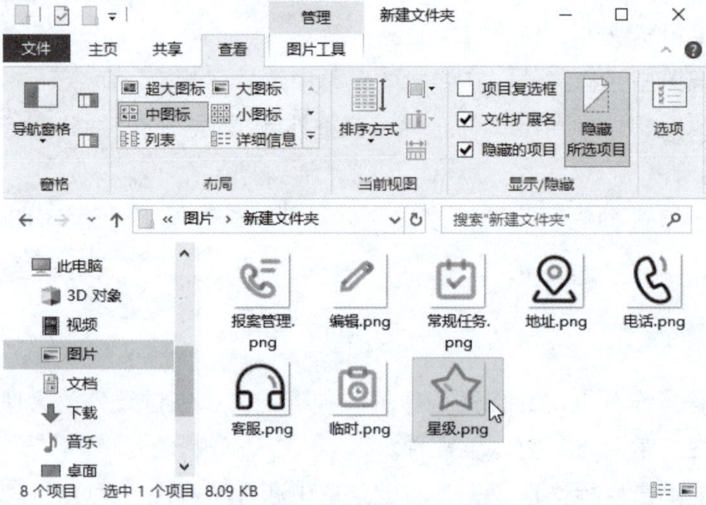


图 1-52 设置显示或隐藏

## 1.4.5 创建快捷方式

用户可以为文件和程序等创建快捷方式。当文件夹被创建为快捷方式后，就可以通过该图标快速访问指定文件夹。

① 在文件夹内的任意空白处，单击鼠标右键，选择“新建”→“快捷方式”命令，如图1-53所示。

② 此时，弹出“创建快捷方式”对话框。单击“浏览”按钮，在弹出的对话框中选择程序所在的位置，如图1-54所示。

③ 单击“下一步”按钮，根据系统提示完成对应设置，最后单击“完成”按钮，即

可创建快捷方式。

此外，用户可以根据需要，移动该快捷方式于任何目录。

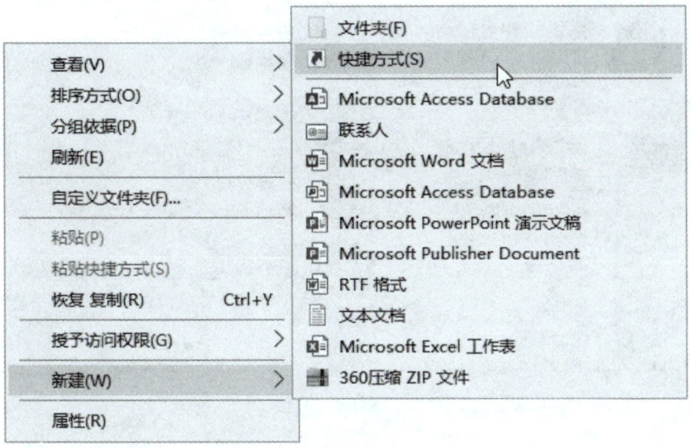


图1-53 新建快捷方式菜单

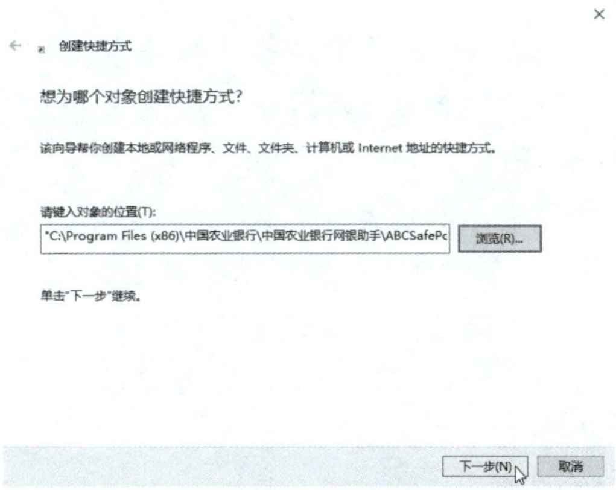


图1-54 “创建快捷方式”对话框

## 1.4.6 随堂思考与练习

1．查看C盘的属性，看一看计算机中C盘的总容量有多大，还有多少空间可以使用。

2．复制、剪切和粘贴的快捷键是什么?

3．如何从“回收站”中还原被删除的对象?

4．在D盘中创建“个人资料”文件夹，并在其中创建两个文件：一是名为“个人信息（1）”的文本文件，二是名为“个人信息（2）”的文本文件。

5．在D盘中创建“资料汇总”文件夹，将“个人资料”文件夹中所有文档复制到“资料汇总”文件夹，并在桌面创建“资料汇总”文件夹快捷方式和“个人信息（1）”文件快捷方式。

# 1.5 系统管理与设置

计算机在日常使用过程中，除基本操作外，通常需要借助某些软件来完成特定的任务，以达到快捷管理计算机的目的。

## 1.5.1 控制面板与设置

在Windows 10中，系统为用户提供两种对计算机进行设置的途径：一种是适合PC端操作的“控制面板”，另一种是适合平板电脑操作的“Windows设置”。

（1）控制面板

控制面板是Windows操作系统的控制中心，用户从控制面板中可以对计算机进行基本的系统设置和控制，如添加硬件、添加/删除软件、控制用户账户、更改辅助功能选项、外观设置、声音设置、打印机设置等，都可以在控制面板中找到设置入口。

在系统左下角的搜索栏中输入“控制面板”，打开“控制面板”窗口，如图1-55所示。在此窗口中，系统将同类设置分别集中在8个类别中，用户可以通过分类情况快速找到相关设置，或者单击“查看方式”右侧的下拉按钮，选择“类别”、“大图标”和“小图标”来切换显示效果。

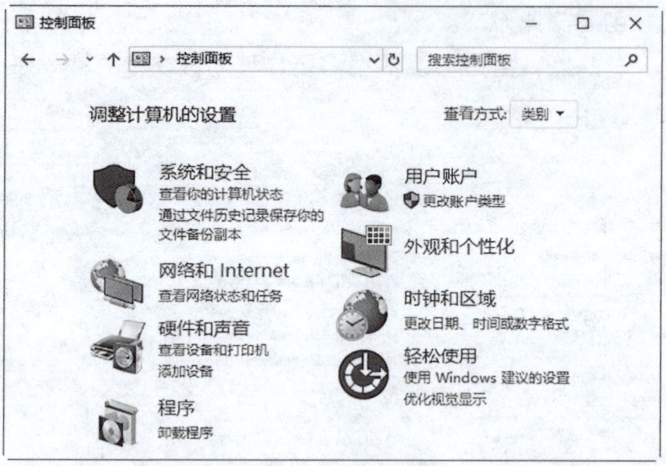

图1-55 “控制面板”窗口

（2）Windows设置

单击系统桌面左下角的“开始”按钮，在弹出列表中单击“设置”按钮，即可打开“Windows设置”窗口，如图1-56所示。用户可以在顶部搜索栏中输入关键词来查找相关设置。

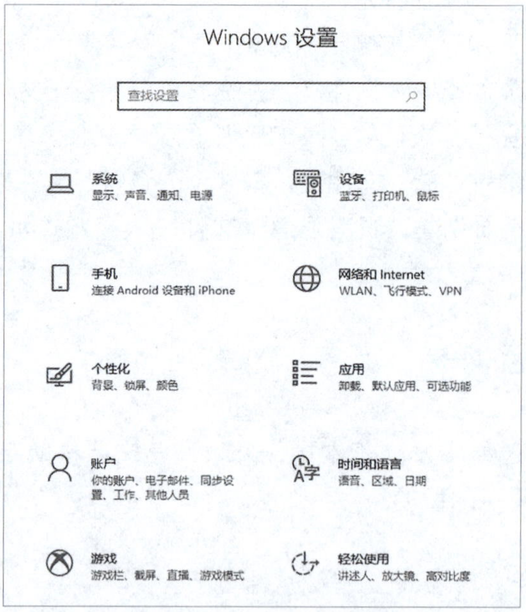

图1-56 “Windows设置”窗口

## 1.5.2 任务管理器

Windows任务管理器提供了有关计算机性能的信息，并显示了计算机上所运行的程序和进程的详细信息。

① 在Windows 10环境下，按下组合键【Ctrl+Shift+Esc】，即可打开任务管理器，如图1-57所示。“进程”选项卡显示了所有当前正在运行的进程；“性能”选项卡显示了计算机性能的动态概念，例如CPU和各种内存的使用情况；“用户”选项卡显示了当前已登录和连接到本机的用户数和标识等信息。

② 在“进程”选项卡中，选择其中的某个任务，单击“结束任务”按钮，即可将当前任务关闭。

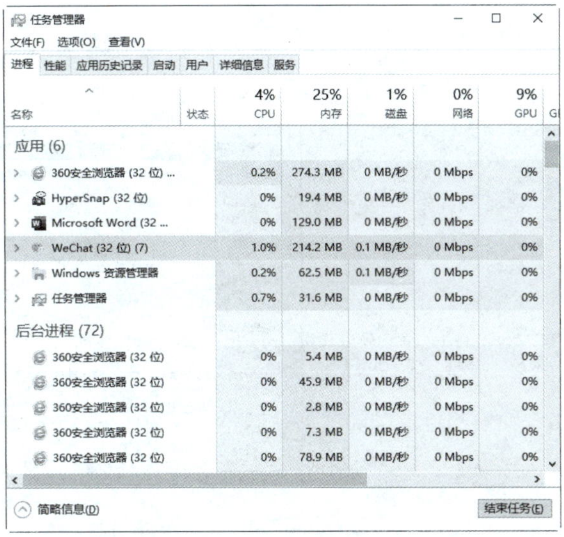


图1-57　任务管理器

## 1.5.3　整理磁盘碎片

### 1．什么是磁盘碎片

磁盘碎片指的是硬盘读写过程中产生的不连续文件。系统中磁盘碎片会加长硬盘的寻道时间，影响系统效能。

### 2．磁盘碎片是怎么产生的

磁盘碎片产生的原因有多种，主要原因是运行着的应用程序所需要的物理内存，在不能满足需要时，操作系统就会在硬盘中产生临时交换文件，并将其占用的硬盘空间虚拟成内存，此后虚拟内存管理程序对该文件频繁读写，这时就产生大量的磁盘碎片。

### 3．磁盘碎片会影响计算机性能吗

虽然说磁盘碎片对于正常工作影响并不大，但是会显著降低硬盘的运行速度，这主要是由于硬盘读取文件需要在多个碎片之间跳转，增加了等待盘片旋转到指定扇区的潜伏期和磁头切换磁道所需的寻道时间，久而久之就会降低磁盘运行的速度，计算机整体性能也会随之下降。

### 4．如何整理磁盘碎片

① 单击“开始”按钮，在“开始”菜单中选择“Windows管理工具”→“碎片整理和优化驱动器”命令，这时打开如图1-58所示的窗口。

② 选择需要进行磁盘碎片整理的磁盘，然后单击“分析”按钮，系统会自动分析当前磁盘是否需要进行碎片整理。

③ 待分析结束后，如果需要碎片整理，用户只需单击“优化”按钮，即可对当前磁盘中的碎片进行整理。

需要特别提醒的是，磁盘碎片整理时间需要根据当前磁盘分区大小、碎片多少视情况而定。

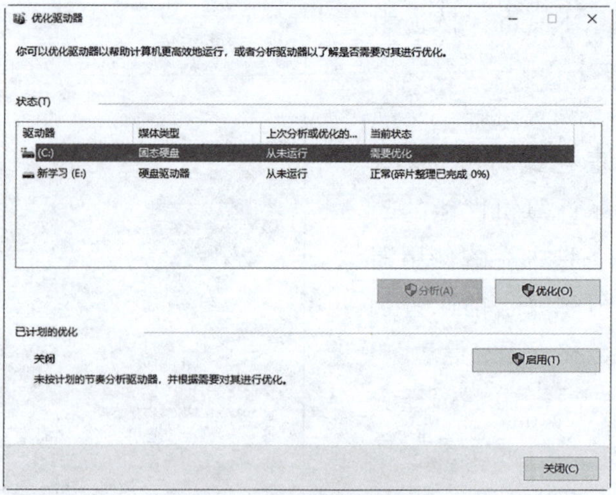


图1-58 “优化驱动器”窗口

## 1.5.4 安装并使用第三方字体

第三方字体指的是除操作系统自带字体（如宋体、黑体和楷体等）外的字体，这些字体在文档编辑时较为常用，图1-59所示的是使用第三方字体编辑出的文字效果。要使用第三方字体，需要先从网络上下载，安装后才能使用。

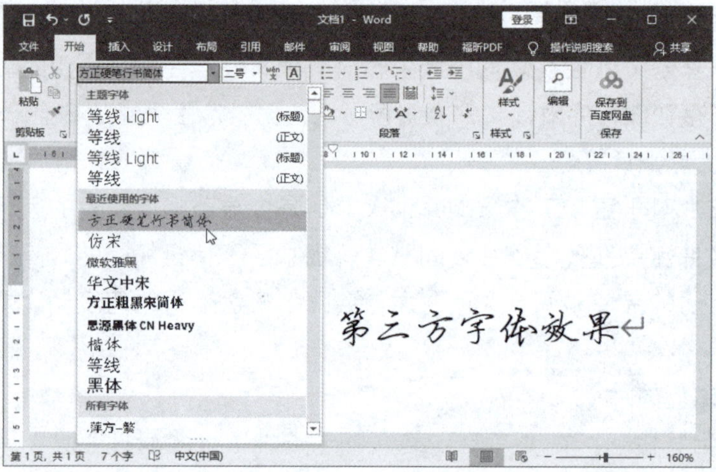


图1-59 应用第三方字体后效果

下面介绍一下使用第三方字体的方法：

① 访问网站（https://www.zijia.com.cn），根据情况选择喜欢的第三方字体并下载。

② 下载完成后解压缩，此时会看到文件后缀名为“.ttf”的文件，该文件就是第三方字体文件。需要说明的是，后缀名为“.ttf”的文件仅是字体文件的一种，“.pfm”和“.ttc”等文件都是字体文件。

③ 打开控制面板，选择“字体”文字链接，此时打开“字体”窗口。复制刚才下载

的“.ttf”文件，将其粘贴在“字体”窗口内，即可完成字体安装，如图1-60所示。

④ 随后，打开Word或其他文字编辑软件，就可以使用第三方字体了。

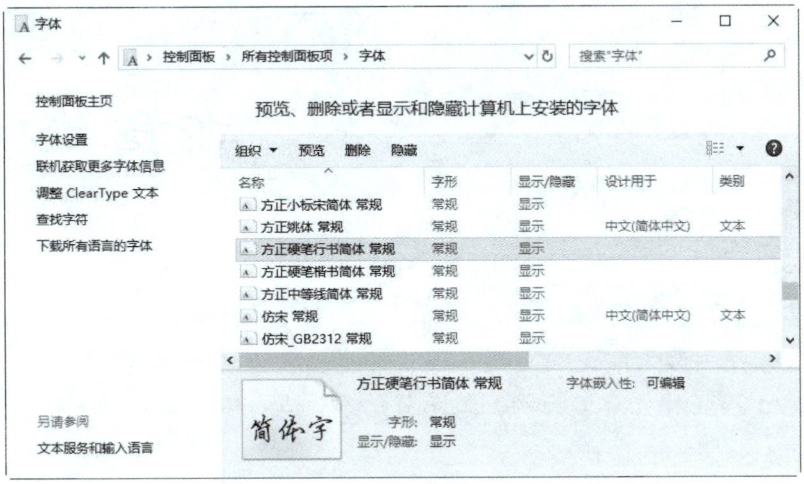


图1-60 成功安装第三方字体

## 1.5.5 随堂思考与练习

1．查看本地计算机使用的操作系统版本，其中，处理器信息中“2.8GHz”代表什么含义？

2．简述磁盘碎片的产生原因及其整理方法。

3．当打开的程序长时间无响应时，使用什么方法能够结束该程序？

4．在网络上下载某款第三方字体，完成安装。打开文字编辑软件，使用下载的第三方字体。

Chapter 02

# 第2章 文档处理

## 【本章导读】

文档处理是信息化办公的重要组成部分，广泛应用于人们日常生活、学习和工作的方方面面。目前，使用最为广泛的文档处理软件是微软公司开发的Microsoft Word应用程序。本章以Word 2016操作环境为例，向读者介绍文档的基本编辑、排版、图片与表格编辑等内容。

## 【思维导图】

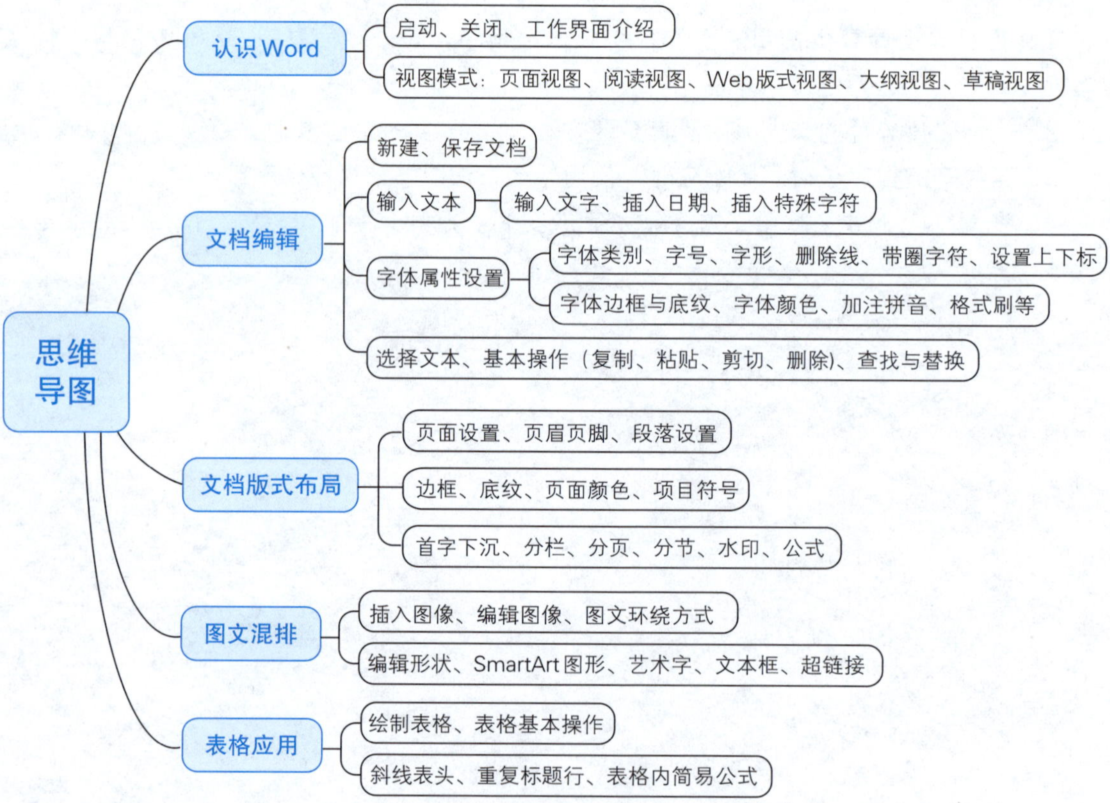

# 2.1 认识Word 2016

认识Word

Word具有强大的文字处理功能，包括文字编辑、表格制作、图文混排，以及Web文档制作等各项功能。

## 2.1.1 启动与界面介绍

### 1. 启动

(1) 通过桌面快捷方式

在Microsoft Word 2016正常安装后，一般会在桌面自动添加一个Word 2016桌面快捷图标，用鼠标双击该图标，便可启动Word 2016。

(2) 通过“开始”菜单

在系统桌面左下角，单击“开始”按钮，在弹出的“开始”菜单中单击“Word 2016”图标，即可启动软件。

### 2. 工作界面介绍

成功启动Word 2016后，软件的工作界面如图2-1所示。其界面主要由快速访问工具栏、标题栏、状态栏、各类型选项卡，以及选项卡中各种功能按钮等组成。

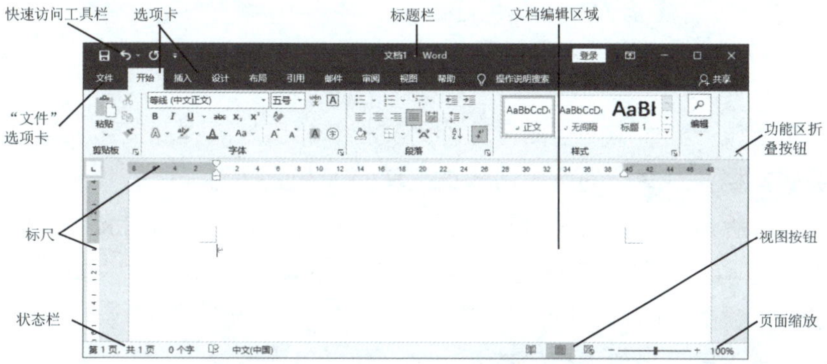


图2-1 Word 2016工作界面

- 标题栏：在软件窗口的顶部，用于显示当前正在编辑的文档名。
- 快速访问工具栏：快速访问工具栏是使用频率较高的工具栏，里面包含“保存”按钮、“撤销清除”按钮和“重复键入”按钮等。此外，单击快速访问工具栏右侧的“自定义快速访问工具栏”按钮，弹出如图2-2所示的下拉菜单，可以进一步添加或删除快速访问按钮。
- “文件”选项卡：位于界面的左上角，单击后可以展开相对应的二级菜单，如图2-3所示。

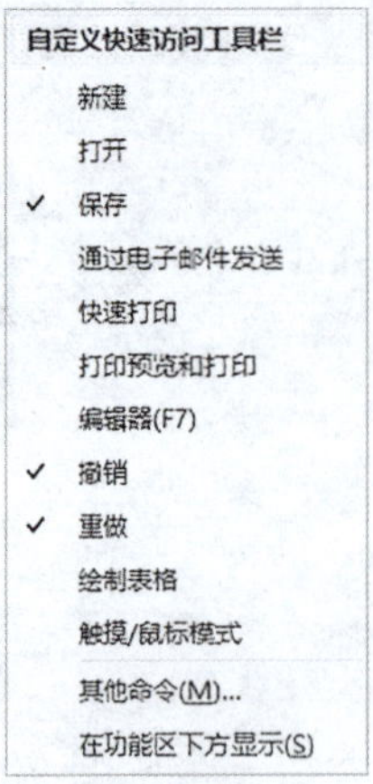


图2-2　自定义快速访问按钮

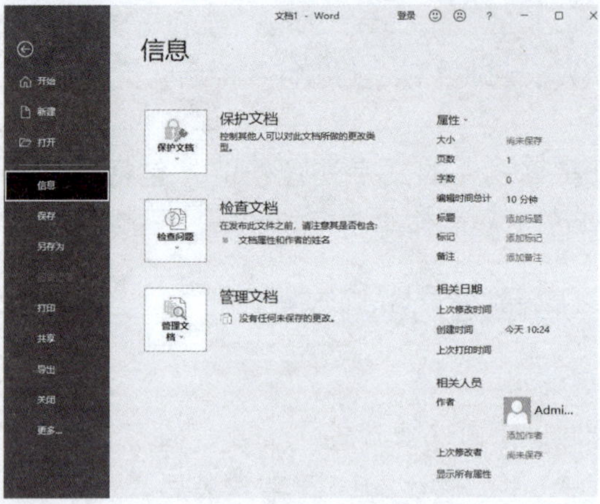


图2-3　“文件”选项卡

➢ 选项卡：为了便于用户分类操作，软件在上部区域分类别对各功能按钮进行划分，每个选项卡又细化为多个组，每个组中又包含许多功能按钮，如图2-4所示。

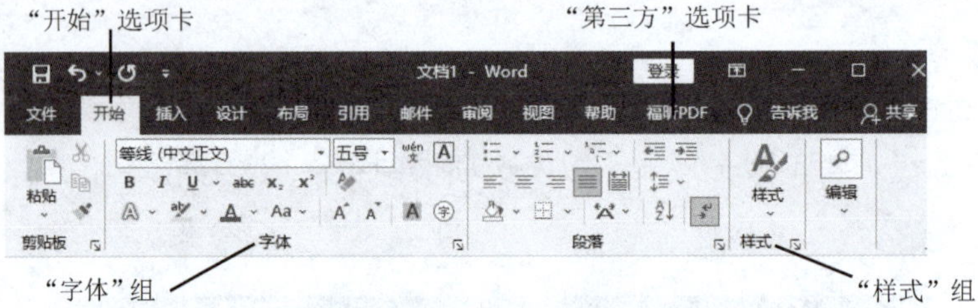


图2-4　选项卡和组

➢ 文档编辑区域：界面中的空白区域称为文档编辑区域。在此区域，用户可以输入文字和编辑文档，对文档的各类操作结果将呈现在此区域当中。

➢ 标尺：在排版过程中，有时需要将版面的尺寸或元素的位置设置在某些位置，这时标尺能够为用户提供一个很好的参考。在“视图”选项卡的“显示”组中，勾选“标尺”复选框，即可打开标尺。

➢ 状态栏：用于显示当前文档的基本信息，包括页面数量、当前页数、字数、校对错误、语言状态等内容。

➢ 视图按钮：用于在多个视图模式之间进行切换。具体每个视图的使用环境，详见后续内容。

➢ 页面缩放：用于显示当前文档的显示比例，用户可以拖动控制滑块来自定义缩放比例，默认显示比例为100%。

## 2.1.2　关闭

### 1．使用系统菜单正常退出

在软件主窗口左上角，单击“文件”选项卡，在弹出的菜单中选择“关闭”按钮。如果当前文档是未经保存的新文档，则系统会弹出对话框要求用户对文档进行保存，待用户跟随系统提示完成保存过程后，即可正常关闭Word 2016。

2．使用“关闭”按钮

在软件主窗口右上角，单击“关闭”按钮，即可退出Word 2016。

3．使用快捷键

在软件窗口被激活状态下，按下组合键【Alt+F4】，即可退出Word 2016。

## 2.1.3　视图模式

视图模式指的是文档的显示模式。在Word 2016中软件为用户提供了五种视图模式：页面视图、阅读视图、Web版式视图、大纲视图和草稿视图，这些视图之间可以相互切换。同一篇Word文档，在不同视图模式下所呈现的版面布局是不同的，下面分别介绍不同视图模式的特点与应用场景。

1．页面视图

页面视图是一种使用最频繁的视图方式，用于显示文档所有内容在整个页面的分布状况和整个文档在每一页上的位置，并可对其进行编辑操作，具有真正的“所见即所得”的显示效果。在页面视图中，屏幕上看到的页面内容就是实际打印的真实效果。

在软件工作界面的“视图”选项卡中，单击“视图”组中的“页面视图”按钮，或者在工作界面右下角区域单击“页面视图”按钮，即可切换到页面视图，如图2-5所示。

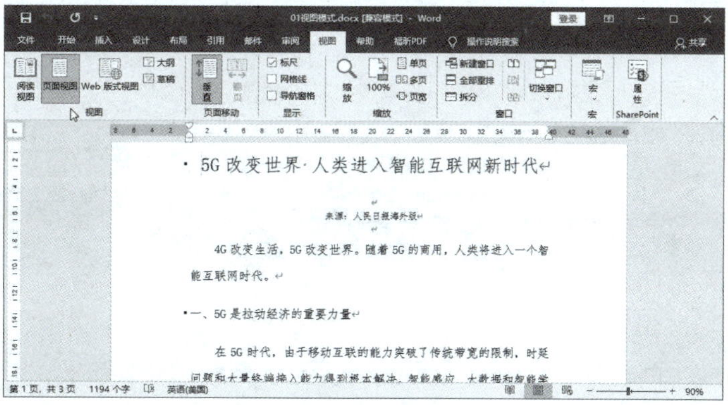


图2-5　页面视图

在页面视图中，用户可进行编辑排版，设置页眉页脚、多栏版面，还可以处理文本框、图文框和检查文档的最后外观。

2．阅读视图

阅读视图能够将当前文档以图书分栏的样式外观进行显示，如图2-6所示，此时“文件”按钮、功能区等窗口元素均被隐藏起来。切换至阅读视图的方法与页面视图类似，只需要单击“视图”组中的“阅读视图”按钮即可。

在此视图模式下，通过页面两侧的左右箭头按钮可以实现前后翻页，按下【Esc】键即可退出当前视图。

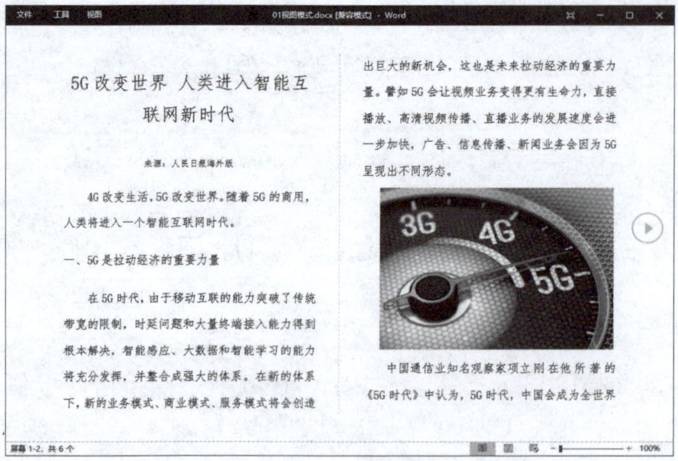


图 2-6　阅读视图

### 3. Web版式视图

Web版式视图能够模拟当前文档在Web浏览器中显示的外观。在Web版式视图方式下，无论Word 2016工作界面窗口大小如何变化，其文档内容都会自适应窗口变化而变化。

### 4. 大纲视图

大纲视图主要用于设置和显示标题的层级结构，并可以方便地折叠和展开各种层级的文档。因此，大纲视图适合对长文档进行快速浏览和编辑，如图2-7所示。

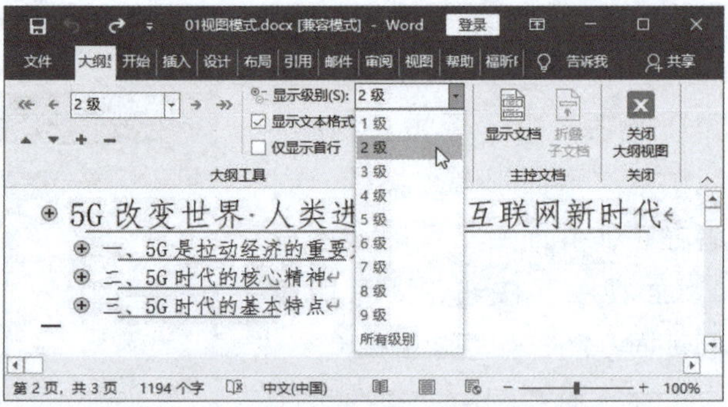


图 2-7　大纲视图

### 5. 草稿视图

草稿视图是一种最节省计算机系统硬件资源的视图方式。该视图模式下，页面布局取消了页面边距、分栏、页眉页脚和图片等元素，仅显示标题和正文。

文档编辑的基本操作

## 2.2　文档编辑的基本操作

### 2.2.1　新建文档

#### 1. 新建空白Word文档

① 通过“开始”菜单启动Word 2016，随后弹出如图2-8所示的窗口。

② 在左侧列表中选择“新建”选项，在右侧窗格中单击“空白文档”按钮，即可完成新建空白文档的过程。

此外，假如用户已经在某个文档的编辑状态，此时若要新建文档，按下组合键【Ctrl+

N】可快速创建空白文档。或者，在当前工作界面顶部区域选择“文件”选项卡，在左侧列表中选择“新建”选项，然后单击“空白文档”按钮，同样可以创建空白文档。

### 2. 使用模板创建文档

Word为用户提供了一大批模板，用户可以通过模板来快速创建应用于不同场合的文档。在图2-8所示的“新建空白文档”窗口中，向下滚动页面即可看到软件默认的模板，这里选择“蓝色球简历”模板，如图2-9所示。

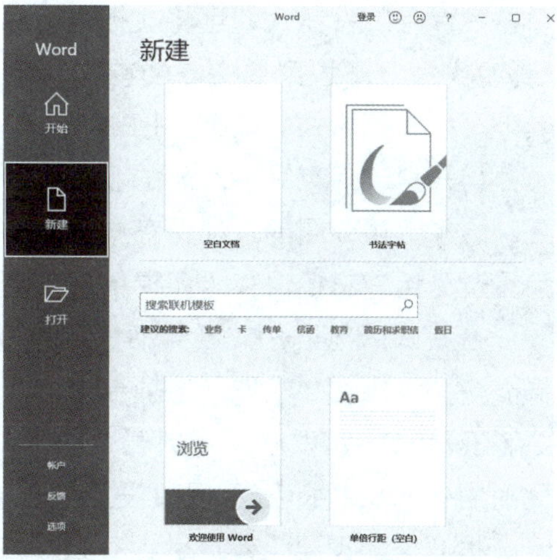


图2-8　新建空白文档

随后，跟随软件提醒单击“创建”按钮，等待联网下载该模板后，即可完成基于模板文档的创建过程。用户只需在模板指定位置修改对应的文字，即可快速完成文档编辑。

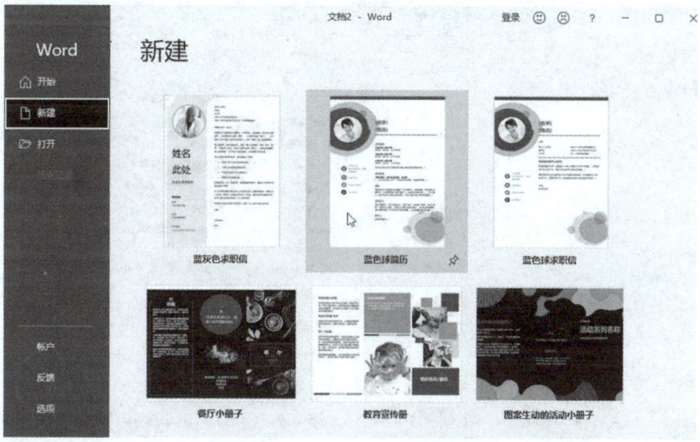


图2-9　使用模板创建文档

## 2.2.2　保存文档

在文档编辑过程中，应该时刻注意保存文档，避免编辑过程中的一些突发情况（如停电、死机等）造成文档编辑进度丢失。保存文档的方法有多种，具体内容如下：

（1）使用组合键

在文档编辑过程中，按下组合键【Ctrl+S】是最简单、最便捷的保存文档的方法。

（2）使用“保存”按钮

在快速访问工具栏中，单击“保存”按钮，即可将文档保存。

（3）另存为

之前介绍的两种方法，都是在已有文档的基础上进行保存的。假如在编辑的文档还未取文件名，则在首次存盘时，软件会进入“另存为”界面，如图2-10所示。单击“浏览”按钮，为拟保存文档选择存放路径，最后

图2-10　另存为

单击“保存”按钮，即可将文档进行保存。此外，在“保存类型”下拉菜单中，当前文档还可以被另存为其他多种文档形式，如图2-11所示。

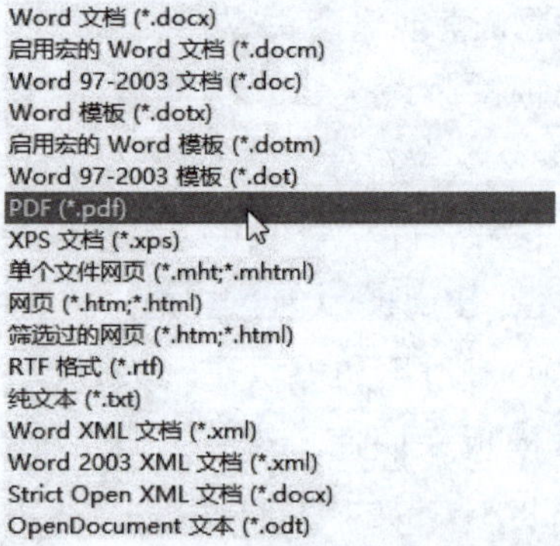


图2-11　保存类型

（4）自动保存间隔时长的设置

除了上述介绍的几种保存文档的方法，软件自身为了避免用户忘记保存，还提供了自动保存的功能。

在默认情况下，文档自动保存的间隔时间为5分钟。用户可以在“文件”选项卡中，执行“选项”命令，在弹出的对话框左侧列表中选择“保存”类别，此时右侧对话框即显示相关设置内容，如图2-12所示。根据实际需要，勾选“保存自动恢复信息时间间隔”复选框，并在后面的文本框中设置需要间隔的时长即可。

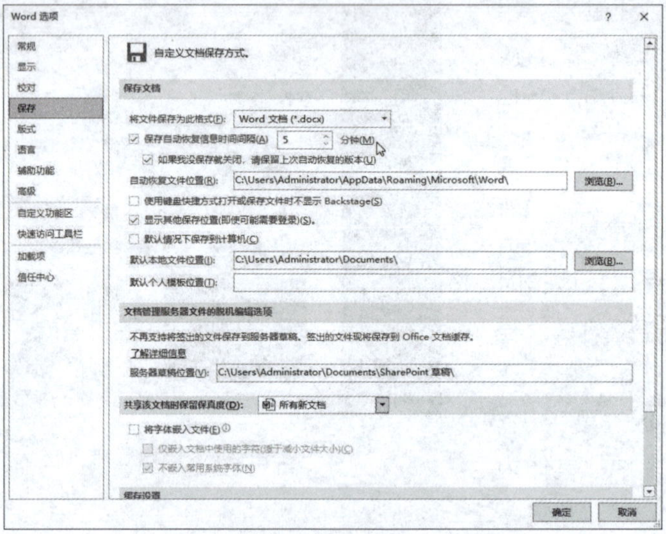


图2-12　设置自动保存间隔时长

## 2.2.3　输入文本

### 1．输入文字

在Word环境下输入文字，首先按下【Ctrl+Shift】组合键将输入法切换到中文状态，选择适合自己的输入法。然后，将光标放置在文档编辑区域，每输入一个文字或字符，光标就会向后移动，当一行输满后，文字会自动换行。若要新增段落，按下【Enter】键，即可另起新的段落，如图2-13所示。

### 2．插入日期

在文档编辑过程中，经常遇到插入日期的需求，这里介绍两种插入日期的方法，可以快速实现该操作。

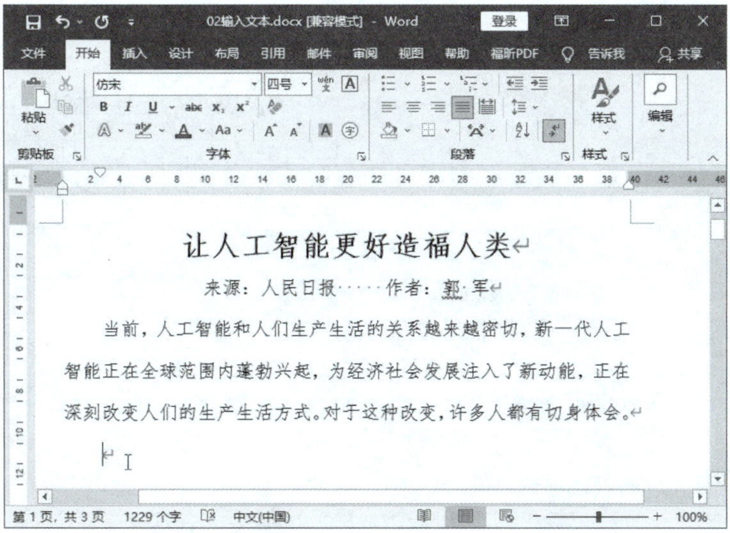

图2-13 输入文本

① 在文档中，将光标定位在要插入日期的位置上。

② 若直接输入当前年份但还未输入完成时，系统会自动弹出悬浮提示，按下【Enter】键即可插入当前日期，如图2-14所示。

图2-14 插入日期

③ 在“插入”选项卡的“文本”组中，单击“日期和时间”按钮，弹出如图2-15所示的对话框。根据实际需要，在“可用格式”列表框中选择合适的日期和时间显示格式。

④ 如果勾选“自动更新”复选框，则该日期和时间将以域的形式插入到文本中，该日期和时间为一个变量，即它可以跟随打印的日期和时间的改变而改变；若取消“自动更新”复选框，则插入的日期和时间为当前固定日期和时间，不再是变化的值。

### 3. 插入特殊字符

在文档编辑时不仅有中文和英文，还可以在文档中插入一些特殊的或专业领域的字符，例如“®”、“Ш”和“♬”等，具体操作如下。

① 在文档中，将光标定位在要插入特殊字符的位置。

② 在“插入”选项卡的“符号”组中，单击“符号”按钮，选择二级菜单中的“其他符号”选项，这时弹出“符号”对话框，如图2-16所示。用户可以通过滚动纵向滑块查找特殊字符。

③ 在特殊字符列表框中，选中某个字符，单击“插入”按钮，即可将对应的字符插入到光标所在位置。

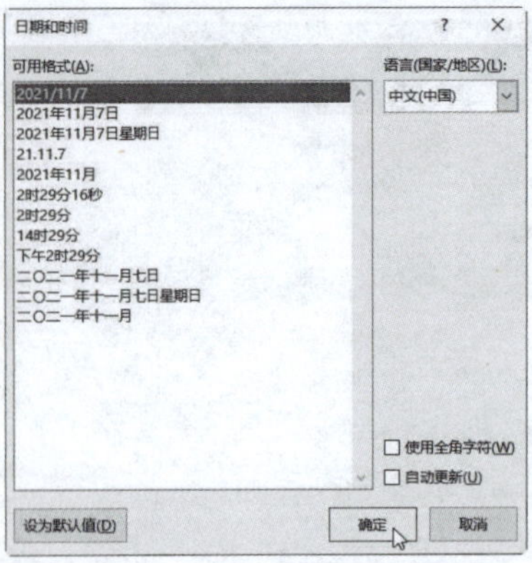


图2-15 “日期和时间”对话框

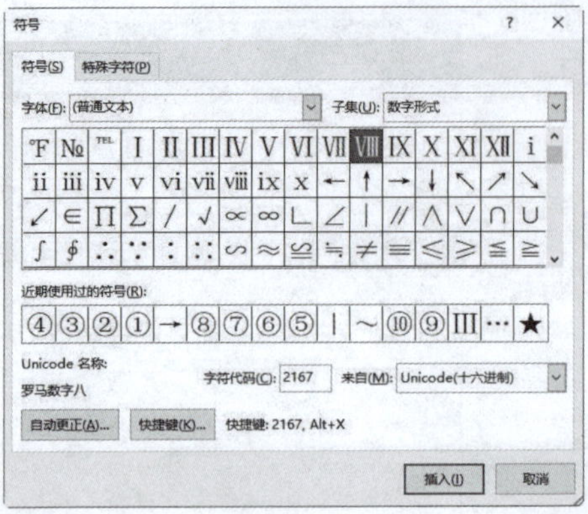


图2-16 “符号”对话框

## 2.2.4 字体属性的设置

字体属性的设置

在Word文档中完成文字的输入后，还需要进一步对字体属性进行设置，以便使整个版面规范、美观。

在Word 2016中，对字体属性进行设置有多种操作方法，最为直观的方法是使用“开始”选项卡中的“字体”组，如图2-17所示。下面就主要的设置方法向读者讲解。

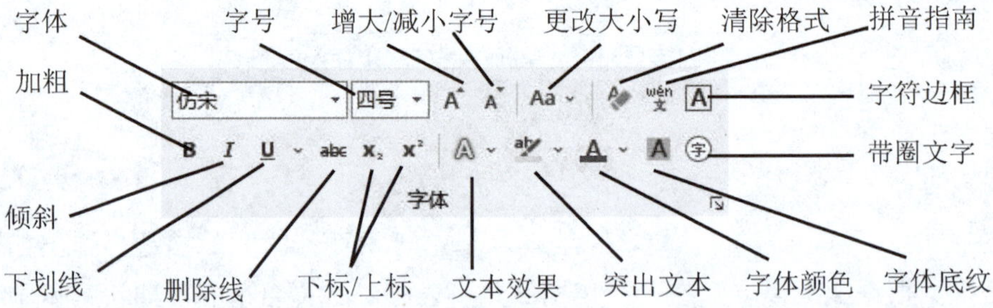


图2-17 “字体”组

### 1. 设置字体类别

字体分为中文和英文两大类，常见的中文字体有“黑体”“宋体”“仿宋”“微软雅黑”“隶书”等；常见的英文字体有“Arial”“Times New Roman”“Calibri”等。设置字体的具体操作如下：

① 选择拟改变字体类别的文字。

② 在“开始”选项卡中的“字体”组中，单击“字体”下拉菜单，如图2-18所示。

③ 在弹出的列表窗内选择某一字体即可，例如这里将文档标题设置为“仿宋”。

### 2. 设置字体字号

字号指的是文字的大小，它是一种度量单位。在对文档进行排版时，通过文字在大小方面的变化，可以区分层次，标明重点。

在Word中，以“字号”为单位时，字号越大文字越小，即从“初号”到“八号”文字依次减小；以“磅”为单位时，磅值越大文字越大，在系统默认环境下从“5磅”到“72磅”文字依次增大。

特别说明，如果在“字号”文本框中直接输入大于72磅的数值，同样能够增大字号，此种方式通常在特殊时刻需要制作巨型文字时使用。设置字体字号的具体操作如下：

① 选择拟改变字体大小的文字。

② 在“开始”选项卡中的“字体”组中，单击“字号”下拉菜单，如图2-19所示。

③ 在弹出的列表窗内选择某一字号即可。

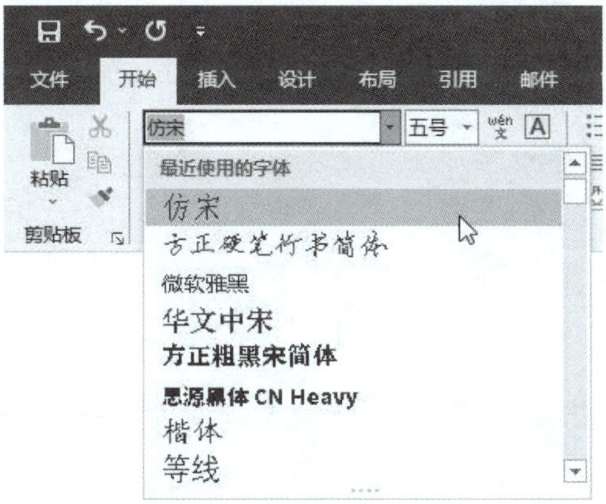


图2-18　设置字体类别

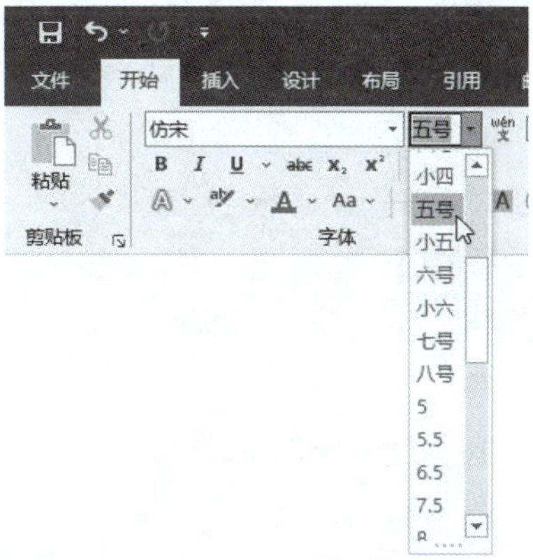


图2-19　设置字体字号

### 3. 设置字体字形

字形指的是在书写或印刷时字的不同的美术风格。Word为用户提供了常规、粗体、斜体和下划线四种字形。编辑文档时，默认使用常规字形，用户可以按照下面的操作方法对文本进行设置。

① 选择拟改变字体字形的文字。

② 在“开始”选项卡中的“字体”组中，单击“加粗”按钮即可将对应文字显示为粗体。若依次单击“加粗”“倾斜”“下划线”按钮，则文字效果叠加显示，如图2-20所示。

图2-20　设置字体字形

### 4. 添加删除线

删除线用于标记文档中被删除的文字，起到突出显示作用。添加删除线的步骤如下：

① 选择拟添加删除线的文字。

② 在“开始”选项卡中的“字体”组中，单击“删除线”按钮，即可为当前文字添加

删除线，如图2-21所示。

~~让人工智能更好造福人类~~

图2-21　添加删除线

### 5. 设置带圈字符

① 选择拟添加带圈字符的一个文字。

② 在“开始”选项卡的“字体”组中，单击“带圈字符”按钮，弹出如图2-22所示的对话框。在该对话框中简要设置，即可为当前文字添加带圈效果，如图2-23所示。

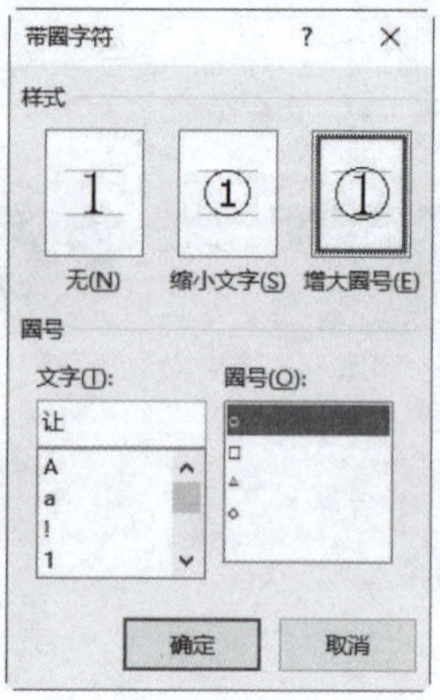


图2-22　“带圈字符”对话框

图2-23　带圈字符效果

### 6. 设置上标和下标

设置上标和下标是文档编辑过程中经常遇到的情况，例如参考文献、数学符号等。

① 选择拟设置上标或下标的文字。

② 在“开始”选项卡中的“字体”组中，单击“上标”或“下标”按钮，即可将被选择的文字设置为上标或下标，如图2-24所示。

$$2^{10}=1024$$

$$C_{15}H_{16}O_5$$

图2-24　设置上标和下标

### 7. 设置字体边框与底纹

① 选择拟设置边框或底纹的文字。

② 在“开始”选项卡中的“字体”组中，单击“字符边框”或“底纹”按钮，即可对被选择的文字进行设置，如图2-25所示。

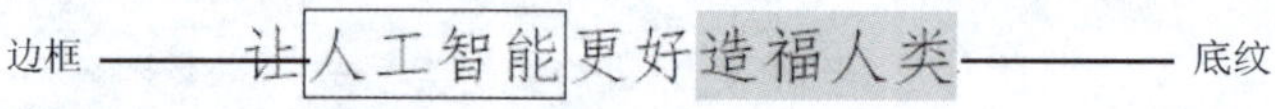


图2-25　设置字体边框与底纹

### 8. 设置字体颜色

在编辑文档过程中，设置字体颜色，一方面有美化版面的作用，另一方面主要是为了引起其他修改者的注意。

① 选择拟设置字体颜色的文字。

② 在“开始”选项卡的“字体”组中，单击“字体颜色”按钮旁边的下拉菜单，即可在弹出的颜色列表中选择合适的颜色，如图2-26所示。此外，假如当前颜色列表中没有合适的颜色，还可以单击“其他颜色”选项，在“颜色”对话框中选择需要的颜色，如图

2-27 所示。

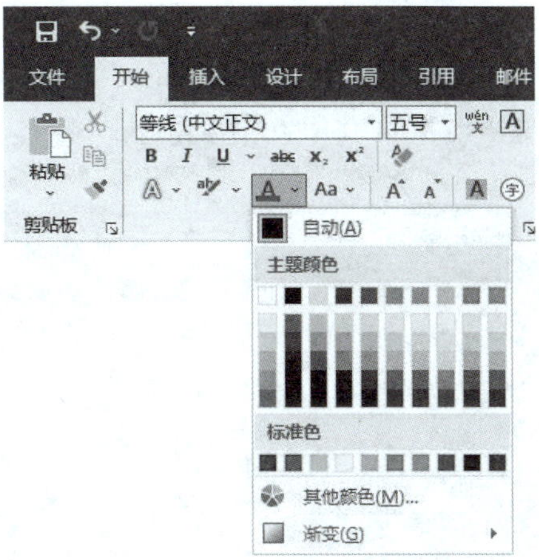


图 2-26　设置字体颜色

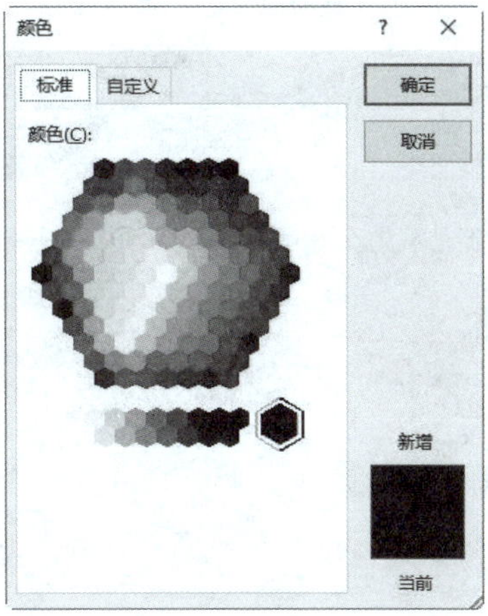


图 2-27　“颜色”对话框

## 9. 加注拼音

Word 2016 能够为某些特殊用途的字体快速添加拼音效果，具体操作如下：

① 选择拟添加拼音的文字。

② 在“开始”选项卡中的“字体”组中，单击“拼音指南”按钮，弹出如图 2-28 所示的对话框。

③ 此时，Word 已经自动为文字加注了拼音效果，用户可以根据需要对拼音的对齐方式、字号和字体等常见属性进行设置。

④ 设置完成后，单击“确定”按钮，即可完成对指定文字的拼音添加。

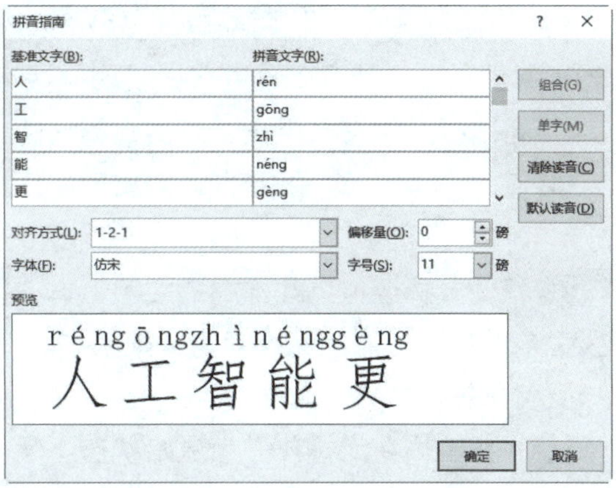


图 2-28　“拼音指南”对话框

## 10. 使用对话框设置字体属性

除上述介绍的使用“字体”组中的各类按钮对文本进行设置外，还可以使用“字体”对话框来设置文字的字体、字形、字号等属性，具体操作如下：

① 选择拟设置字体属性的文字。

② 在“开始”选项卡中“字体”组的右下角，单击“ ”按钮，弹出如图 2-29 所示的对话框。

③ 在“字体”对话框的“字体”选项卡内部可以对字体、字号、字形等多种效果进行设置；在“高级”选项卡内部，还可以对字符间距和 OpenType 功能进行设置，如图 2-30 所示。由于篇幅所限，这里不再对每个选项进行展开讲解，请读者自行练习。

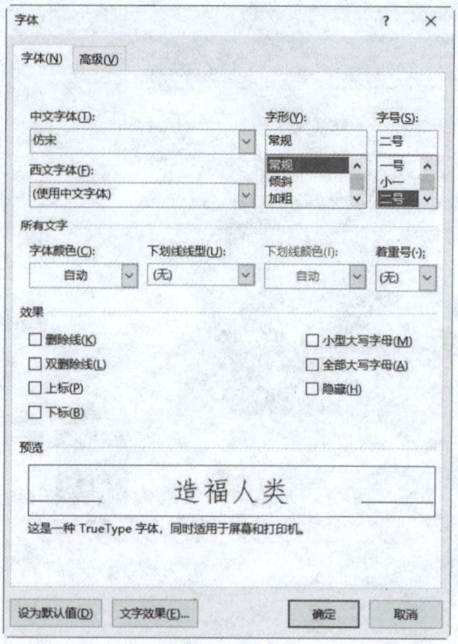


图2-29 “字体”对话框——“字体”选项卡

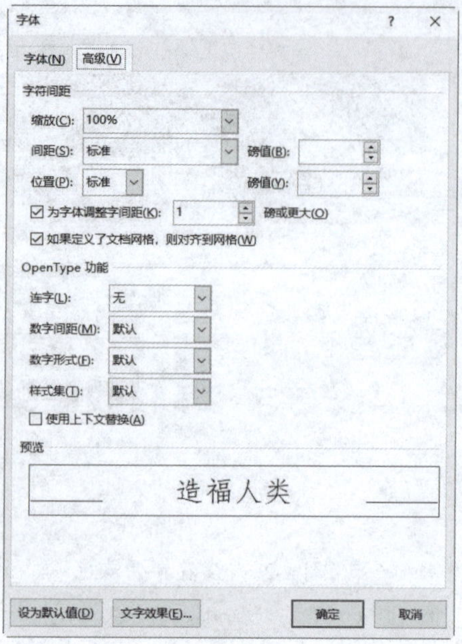


图2-30 “字体”对话框——“高级”选项卡

### 11．使用“格式刷”设置字体属性

在文档编辑时，文档内部有许多位置不同，但字体属性相同的文字，只要某一处文字进行了属性设置，就可以通过“格式刷”快速实现对其他部位文本的字体属性复制。

① 将鼠标定位在已经设置好格式属性的文字中间。

② 在“开始”选项卡的“剪贴板”组中，单击“格式刷”按钮，此时光标变为“”。

③ 移动鼠标至拟更改样式的文字上方，按下鼠标左键涂刷文字，被涂刷的文字即被设置为之前的属性，随即光标变为原始状态。

要特别说明的是，如果双击“格式刷”按钮，则可以多次在不同位置涂刷文字，直到按下【Esc】键后，光标才变为原始状态。

## 2.2.5 选择文本

选择文本是对文档编辑的第一步操作，任何文档编辑都是针对被选中对象执行的。在Word 2016中可以通过多种方式的选择，来满足用户的需求。

### 1．快速选择文档中的一句话

在文档编辑时，通常需要选择其中的一句话，而在中文语境下，一句话是以“。”为结束标记的。快速选择文档中的一句话时，只需要按下【Ctrl】键不放，再使用鼠标左键单击某句话即可快速完成选择，被选中的文本背景呈蓝色，如图2-31所示。

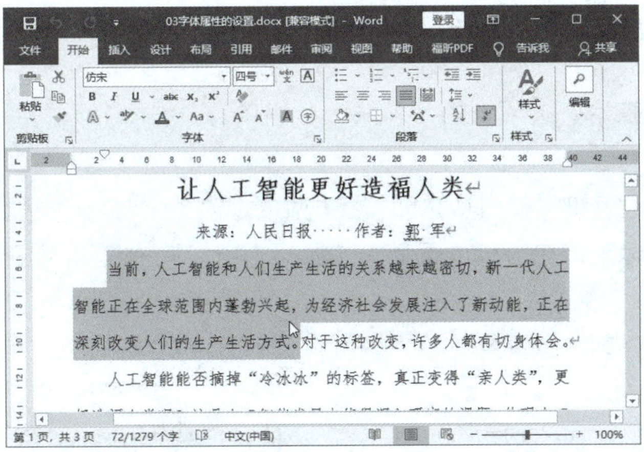


图 2-31　快速选择文档中的一句话

### 2. 快速选择一行

在文档编辑时，将鼠标移动到文本行的最左边，此时鼠标指针变为右倾的箭头“↗”，此时单击鼠标左键，即可选择当前文本行。

### 3. 快速选择一个自然段

一个自然段通常以“↵”作为结束标记。有两种方法可以快速选择一个自然段：一是将鼠标移动到文本行的最左边，当鼠标变为“↗”时，双击鼠标左键即可；二是将光标定位在拟选择自然段内部任意位置，三击鼠标左键即可。

### 4. 快速选择整个文档

一是将鼠标移动到文本行的最左边，当鼠标变为“↗”时，三击鼠标左键即可。二是按下组合键【Ctrl+A】，同样可以快速选择整个文档。

### 5. 快速选择任意区域

在编辑时，有些时候选取的内容跨越多个页面，若要一直按下鼠标左键拖拽进行选择，操作起来不太方便，这时可以配合【Shift】键来完成操作。

首先，需要将光标定位在拟选择文本的第一个字前面，然后滚动页面至拟选择文本的结尾处，最后按下【Shift】键的同时，单击鼠标左键，即可完成选择操作。

## 2.2.6　复制、粘贴、剪切和删除文本

### 1. 复制文本

有多种方式可以完成复制文本的操作，文本被复制后，暂存在系统的剪贴板内部。

方法一：选择拟复制的文字，在“开始”选项卡的“剪贴板”组中，单击“复制”按钮即可。

方法二：选择拟复制的文字，按下组合键【Ctrl+C】即可。

方法三：选择拟复制的文字，单击鼠标右键，在右键菜单中选择“复制”选项。

方法四：选择拟复制的文字，按下【Ctrl】键不放的同时，单击鼠标左键，将文字以

拖拽的形式复制到目标位置。释放鼠标后，即可完成复制操作。

2．粘贴文本

方法一：在“开始”选项卡的“剪贴板”组中，单击“粘贴”按钮，即可将复制文本粘贴在目标位置。

方法二：按下组合键【Ctrl+V】即可完成粘贴。

方法三：将鼠标定位在目标位置，单击鼠标右键，在右键菜单中选择“粘贴”选项。

3．剪切文本

方法一：选择拟剪切的文字，在“开始”选项卡的“剪贴板”组中，单击“剪切”按钮即可。

方法二：选择拟剪切的文字，按下组合键【Ctrl+X】即可。

方法三：选择拟剪切的文字，单击鼠标右键，在右键菜单中选择“剪切”选项。

4．删除文本

使用【Del】键可以删除光标右侧的一个字或一个字符；使用【Backspace】键可以删除光标左侧一个字或一个字符；在已经选择文本块的前提下，使用【Del】键则可以删除文本块的整个内容。

## 2.2.7 撤销之前的操作

当发现编辑错误，需要撤销之前的操作时，可以利用Word 2016编辑窗口快速访问工具栏上的“撤销键入”按钮恢复到之前的状态。

撤销之前的操作有两种方法：一是按下组合键【Ctrl+Z】；二是在界面左上角快速访问工具栏中单击“撤销键入 ”按钮。需要说明的是，每执行一次撤销操作，仅仅是撤销上一步操作，若要撤销之前多步操作，只需要反复执行撤销即可。

## 2.2.8 查找和替换

使用Word 2016的查找功能，可以帮助用户在文档中快速搜索所需要的字词或符号，并对搜索结果高亮显示；通过替换功能还能够将文档中同类型词语批量替换，可以极大地提高文本编辑的效率。

查找与替换

1．查找

有两种方式可以实现查找操作。

(1) 使用“导航”窗格完成查找

① 打开待编辑的文档。

② 在“开始”选项卡的“编辑”组中，单击“查找”按钮，即可在软件界面左侧打开“导航”任务窗格。

③ 在“导航”任务窗格文本框内输入要查找的文字内容，Word会自动进行查找。这里输入“人工智能”，此时系统会在右侧文档编辑区域内自动查找“人工智能”的词语，并

且以高亮的形式进行展示，如图2-32所示。

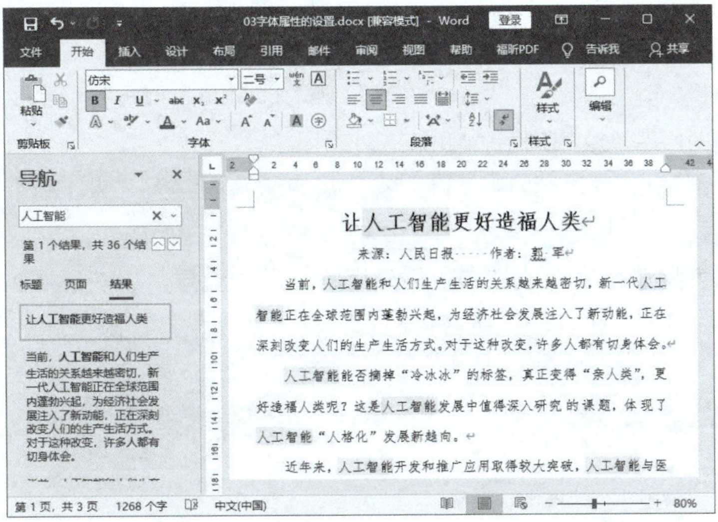


图2-32 查找

④ 单击“导航”任务窗格右上角的“×”号，即可关闭任务窗格。若要再次开启，只需要在“视图”选项卡的“显示”组中勾选“导航窗格”复选框即可。

(2) 使用“查找和替换”对话框完成查找

① 打开待编辑的文档。

② 在“开始”选项卡的“编辑”组中，单击“查找”按钮旁边的下拉菜单，选择其中的“高级查找”选项，这时弹出如图2-33所示的对话框。

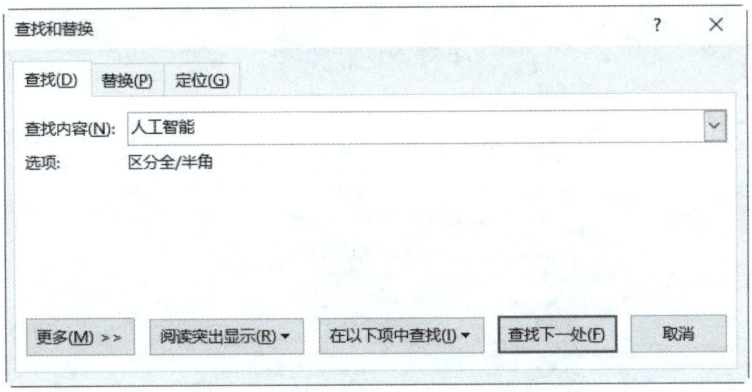


图2-33 “查找和替换”对话框

③ 在“查找内容”文本框中输入待查找的关键字“人工智能”，然后单击“查找下一处”按钮，系统即可从光标所在位置开始查找指定内容，并突出显示。

### 2. 替换

替换功能是在查找功能基础上的延伸操作，该功能能够帮助用户快速替换文档中指定的内容，使用起来特别方便。

① 打开待编辑的文档。

② 在“开始”选项卡的“编辑”组中，单击“替换”按钮，此时弹出“查找和替换”对话框。

③ 选择“替换”选项卡，在“查找内容”文本框中输入拟被替换的文字内容，在“替换为”文本框内输入要替换的文字，如图2-34所示。

④ 单击“全部替换”按钮，Word将查找文档中所有内容为“人工智能”的关键字，直接替换为目标文字。

⑤ 为了避免大批量替换造成文档前后语序不通顺的现象，用户还可以单击“查找下一处”按钮，Word将逐个查找。确认要替换时，单击“替换”按钮即可。

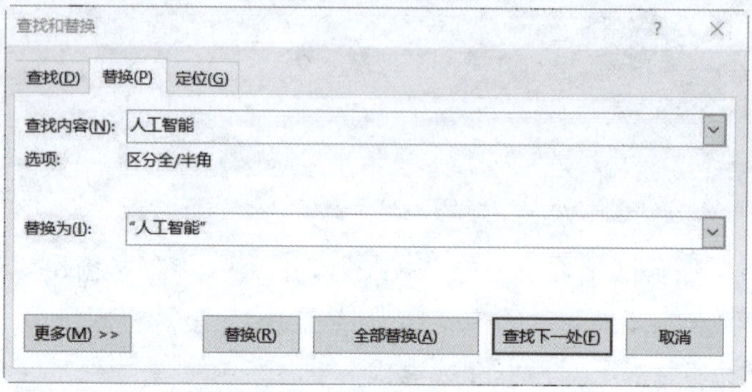


图2-34　替换

## 2.2.9　跟着做——招聘启事的制作

以编排招聘启事为主题，完成下列操作，最终效果如图2-35所示。

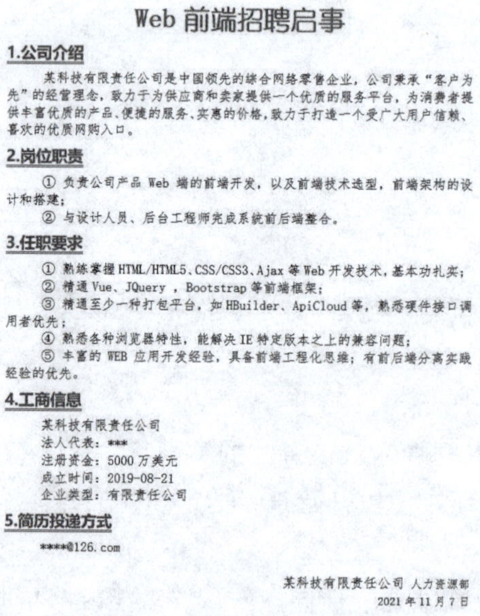

Web 前端招聘启事

**1.公司介绍**

某科技有限责任公司是中国领先的综合网络零售企业，公司秉承“客户为先”的经营理念，致力于为供应商和卖家提供一个优质的服务平台，为消费者提供丰富优质的产品、便捷的服务、实惠的价格，致力于打造一个受广大用户信赖、喜欢的优质网购入口。

**2.岗位职责**

① 负责公司产品 Web 端的前端开发，以及前端技术选型，前端架构的设计和搭建；

② 与设计人员、后台工程师完成系统前后端整合。

**3.任职要求**

① 熟练掌握HTML/HTML5、CSS/CSS3、Ajax 等 Web 开发技术，基本功扎实；

② 精通 Vue、JQuery ，Bootstrap 等前端框架；

③ 精通至少一种打包平台，如 HBuilder、ApiCloud 等，熟悉硬件接口调用者优先；

④ 熟悉各种浏览器特性，能解决 IE 特定版本之上的兼容问题；

⑤ 丰富的 WEB 应用开发经验，具备前端工程化思维；有前后端分离实践经验的优先。

**4.工商信息**

某科技有限责任公司

法人代表：***

注册资金：5000 万美元

成立时间：2019-08-21

企业类型：有限责任公司

**5.简历投递方式**

****@126.com

某科技有限责任公司 人力资源部

2021 年 11 月 7 日

图2-35　“招聘启事”最终排版效果

① 在D盘新建名为“招聘启事”的文件夹，并在文件夹内创建名为“Web前端招聘启事”的Word文档。

② 在新建的Word文档内部，输入图2-35所示的文字内容。

③ 将标题设置为小一、幼圆、标准色红色、加粗、居中。

④ 将文档内所有标题设置为四号、微软雅黑、蓝色、加粗，并增加双下划线效果。

⑤ 将正文内容设置为小四、仿宋，通过增加空格，使得段落开始有2个汉字的距离。

⑥ 在落款处插入能够自动更新的日期。

⑦ 操作完成后，以原文件名保存文档。

### 2.2.10 随堂思考与练习

1. Word的视图模式有哪些？应用场景又有哪些？
2. 使用Word的“求职信”模板创建文档。
3. 如何将Word的自动保存间隔时长设置为3分钟？
4. 新建Word文档，在文档中插入以下特殊字符：“☯”“✈”“❄”“⊞”“☎”“◈”“➘”“◤”“⟲”“ϟ”“Ш”。
5. 如何为文字添加上标和下标？

## 2.3 文档版式布局

文档的编辑除了对文档的字体属性进行设置外，对整个版式和页面的设置也需要考虑。本节向读者重点介绍有关页面设置的知识，以及丰富版面的常见操作。

### 2.3.1 页面设置

页面设置

页面设置指的是对当前文档整个版面的设置，主要涉及纸张大小、纸张方向和页边距等内容。

#### 1．页边距与纸张方向

使用Word打开任意文本文档。在“布局”选项卡的“页面设置”组中，单击“”按钮，弹出如图2-36所示的对话框。

- 上：指的是当前页面中，文档的第一行文字距页面顶端的距离。
- 下：指的是当前页面中，文档的最后一行文字距页面底端的距离。
- 左：指的是当前页面中，文档无缩进正文左端距页面左边的距离。
- 右：指的是当前页面中，文档无缩进正文右端距页面右边的距离。
- 装订线：指的是要添加到页边距上以便进行装订的空间距离。
- 装订线位置：指的是装订线位于整个页面的左边还是右边。

- 纸张方向：指的是当前文档是纵向放置还是横向放置。
- 页码范围：包含多种选项，其中，“普通”表示单面打印；“对称页边距”表示双面打印，用于杂志、书籍等环境。
- 应用于：指的是上述设置在文档的应用范围，默认设置是“整篇文档”，根据需要也可以在下拉菜单中更改设置。

2. 纸张与布局设置

在图2-36所示的对话框中选择“纸张”选项卡，即可在“纸张大小”下拉菜单中找到对应的纸张类型，如图2-37所示。其中，“宽度”和“高度”指的是纸张的宽度和高度，根据实际需要可以自定义修改大小。

在“布局”选项卡中，可以对节的起始位置，以及“奇偶页不同”的页面进行设置，如图2-38所示。有关页眉页脚的知识将在后续内容讲解。

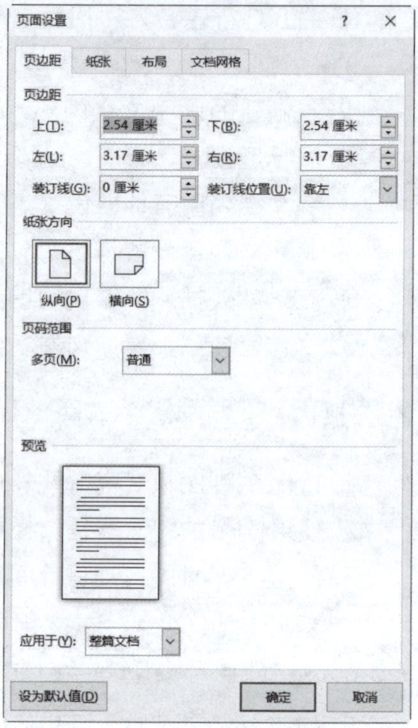


图2-36 “页面设置”对话框——页边距

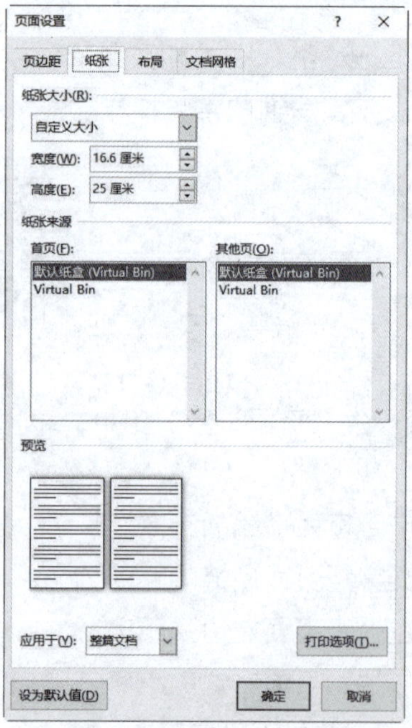


图2-37 “页面设置”对话框——纸张

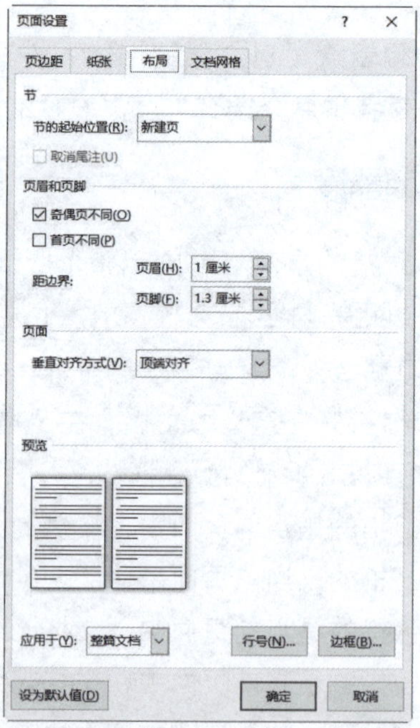


图2-38 “页面设置”对话框——布局

## 2.3.2 页眉与页脚

页眉与页脚

页眉与页脚常用于显示文档的附加信息，可以插入时间、图形、公司微标、文档标题、文件名或作者姓名等注释信息。每个页面的顶部区域为页眉，每个页面的底部区域为页脚。

### 1．编辑页眉

① 使用Word打开已有文档。

② 在“插入”选项卡的“页眉和页脚”组中，单击“页眉”按钮，此时弹出如图2-39所示的菜单。

③ 根据个人喜好，可以直接从系统内置的页眉版式中选择某个版式，也可以选择“编辑页眉”选项。随后，进入编辑页眉的状态。

④ 进入页眉编辑状态后，页眉区域显示一条虚线，该虚线限制了页眉内容的显示范围。将鼠标定位在页眉区域输入相应的文字内容即可，如图2-40所示。

⑤ 页眉编辑完成后，单击“关闭页眉和页脚”按钮，或者双击文档的正文区域即可返回文档的编辑状态。

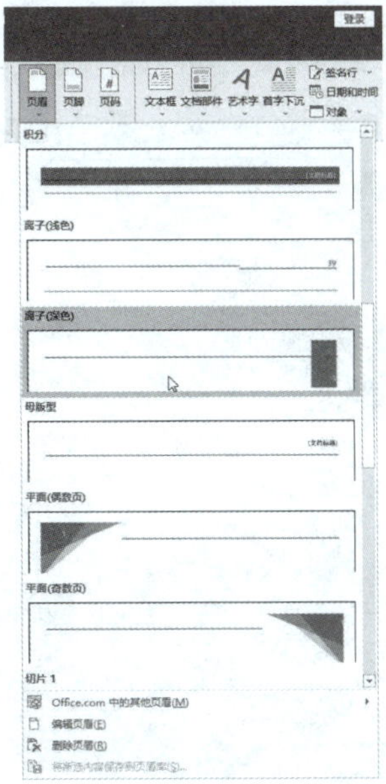

图2-39 页眉菜单

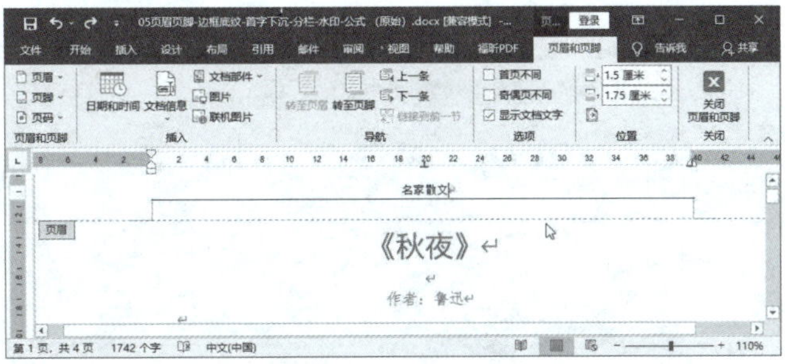


图2-40 编辑页眉

### 2．编辑页脚

① 在“插入”选项卡的“页眉和页脚”组中，单击“页脚”按钮，用户可以在内置的菜单中选择合适的页脚版式，这里选择“编辑页脚”选项，进入页脚编辑状态。

② 根据实际需要，可以为当前文档添加页脚，如图2-41所示。编辑完成后，单击“关闭页眉和页脚”按钮，即可退出编辑状态。

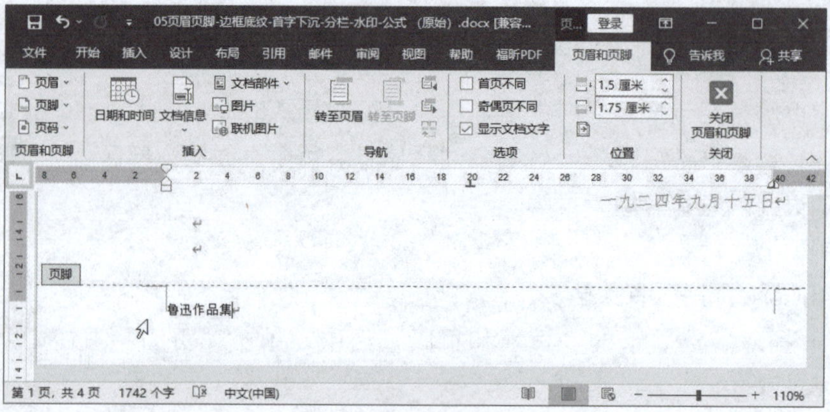

图2-41　编辑页脚

### 3．插入页码

① 在“插入”选项卡的“页眉和页脚”组中，单击“页码”按钮，在弹出的二级菜单中选择“页面底端”选项，在三级菜单中选择适宜的页码版式即可。

要特别说明的是，如果使用此操作方法，之前已有的页脚将会被页码版式所覆盖。若要在页脚区域添加页码，需要在弹出的二级菜单中执行“当前位置”命令，这里选择其中的“颚化符”选项，插入后的效果如图2-42所示。

② 单击“页码”按钮，在弹出的二级菜单中选择“设置页码格式”选项，此时弹出如图2-43所示的对话框。在此对话框中，根据需要可以对页码格式进行设置，或者设置起始页码。

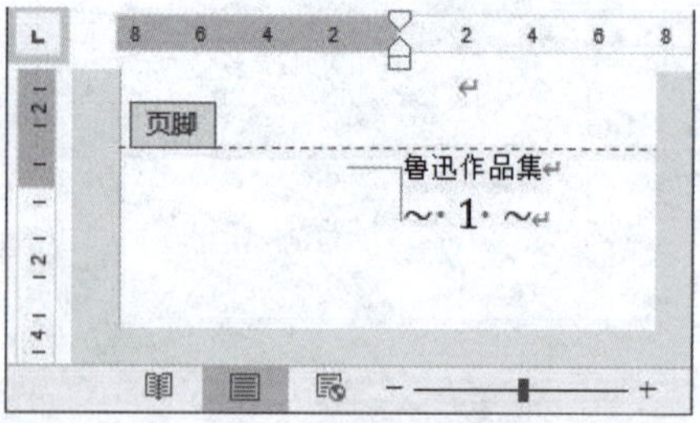

图2-42　插入“颚化符”样式的页码

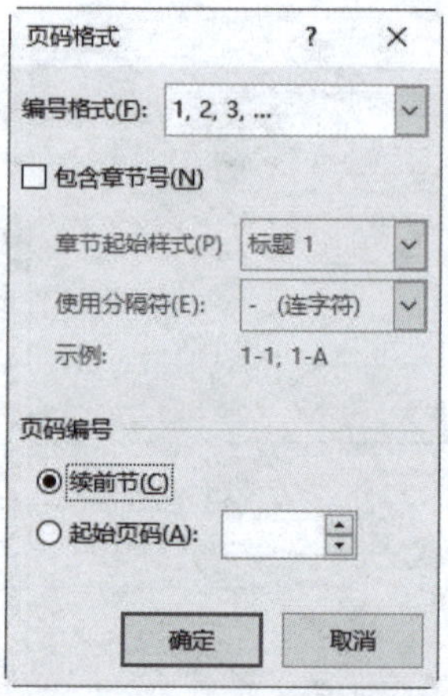

图2-43　设置页码格式

## 2.3.3　段落设置

文档编辑中，段落指的是一个自然段，可以包括文字、图形、表格等内容。对段落的设置也是文档编辑中常见的操作，图2-44所示的是“段落”组中的各类按钮。

段落设置

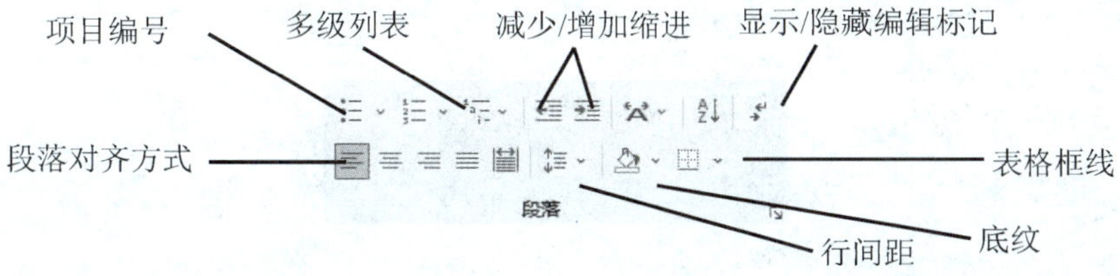


图2-44　“段落”组

## 1．段落对齐方式

段落设置中包含5种对齐方式，即左对齐、居中对齐、右对齐、两端对齐和分散对齐。具体操作如下。

① 将光标定位在需要编辑的段落文本内部。

② 在“开始”选项卡的“段落”组中单击“段落对齐方式”按钮即可，如图2-45所示。

- 左对齐：段落文字从左向右排列对齐。
- 居中对齐：段落文字居中放置。
- 右对齐：段落文字从右向左排列对齐。
- 两端对齐：同时将文字两端左右对齐，并根据需要增加字间距。
- 分散对齐：使段落两端同时对齐，并根据需要增加字间距。

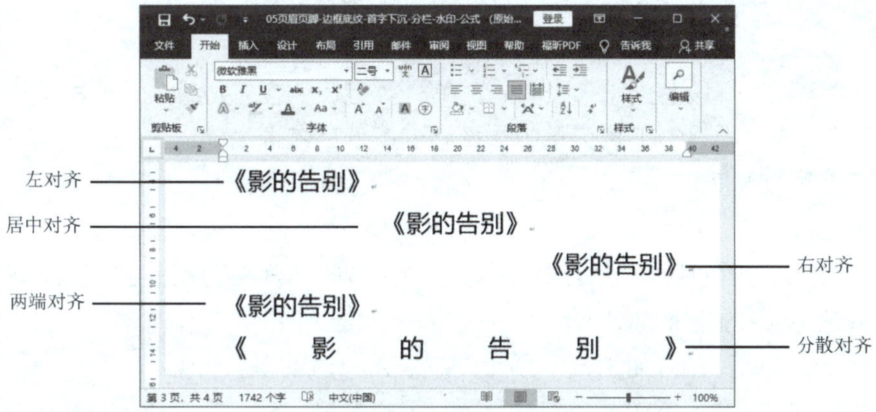


图2-45　段落对齐方式

## 2．缩进

缩进是指调整文本与页面边界之间的距离。在水平标尺上，有四个段落缩进滑块：首行缩进、悬挂缩进、左缩进以及右缩进，如图2-46所示。

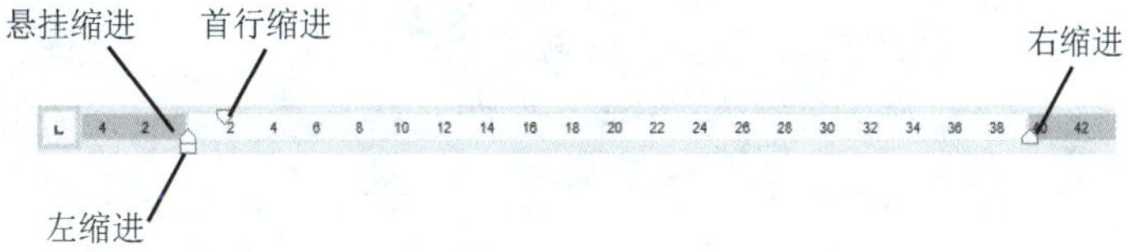


图2-46　标尺

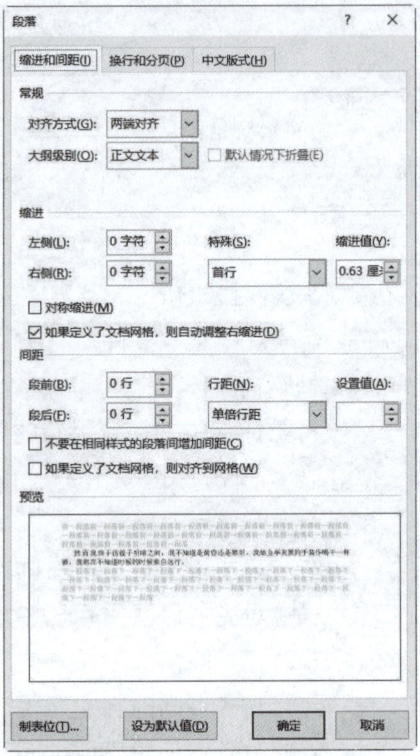

图2-47 “段落”对话框

➢ 左缩进：整个段落左边界的位置。

➢ 右缩进：整个段落右边界的位置。

➢ 悬挂缩进：段落的首行文本不加改变，而除首行以外的文本缩进一定的距离。悬挂缩进常用于项目符号和编号列表。悬挂缩进是相对于首行缩进而言的。

➢ 首行缩进：将段落的第一行从左向右缩进一定的距离，首行外的各行都保持不变，便于阅读和区分文章整体结构。

此外，将鼠标定位于某一段落之中，在“段落”组中单击“”按钮，弹出如图2-47所示的对话框。在此对话框中，“缩进”选项中的相关设置都是与缩进相关的，更改某项设置时，会在“预览”窗格中实时显示，有关“缩进”设置的具体含义如下。

➢ 左侧：输入的数值代表从左侧页边距缩进的距离。如果是负值，则当前段落文字会出现在左侧页边距的左侧。

➢ 右侧：输入的数值代表从右侧页边距缩进的距离。

➢ 特殊：可以选择段落的第一行具有的缩进类型，包含首行缩进和悬挂缩进。

➢ 缩进值：在“特殊”下拉菜单中选择缩进类型后缩进的磅值。

### 3．行间距与段落间距

(1) 行间距

行间距指的是段落中行与行之间的距离，通过调整行间距，能使文档显得“紧凑”或“疏松”。设置行间距的步骤如下。

① 参照之前步骤，打开如图2-47所示的“段落”对话框。

② 在“间距”设置区域中，找到“行距”下拉菜单，在其中选择一种即可。

➢ 单倍行距：所选择的文本的行间距为所使用文字大小的1倍行距。例如，对于文字大小为10磅的文字，其行距约为10磅。

➢ 1.5倍行距：所选择的文本的行间距为所使用文字大小的1.5倍行距。例如，对于文字大小为10磅的文字，其行距约为15磅。

➢ 2倍行距：所选择的文本的行间距为所使用文字大小的2倍行距。

➢ 最小值：用于设置行间距的最小值，当选择该选项时，可以在“设置值”文本框中输入对应的磅值。如果行中含有大的字符或图形，Word会相应地增加行间距；若输入的数值大于该行字符的磅值，则会在字符上方加相应的空白；若输入的数值小于该行中最大字符的磅值，则会自动将行距调整为该字符的磅值数，即“设置值”框中输入的数值不起作用。

➢ 固定值：以固定的数值规范行间距。

➢ 多倍行距：指的是行距按指定百分比增大或减小，默认值为3，单位是倍数。例如，将行距设置为1.2倍时，则行距将增加20%，而将行距设置为0.8倍时，则行距将缩小20%。将多倍行距设置为2时，与使用“2倍行距”的效果相同。

（2）段落间距

段落间距指的是段落与段落之间的距离。在图2-47所示的对话框中，“段前”和“段后”选项用于设置段落间距。其中，“段前”指的是在每个段落的第一行之上留出的一段距离；“段后”指的是在每个段落的最后一行后面留出的一段距离，如图2-48所示。

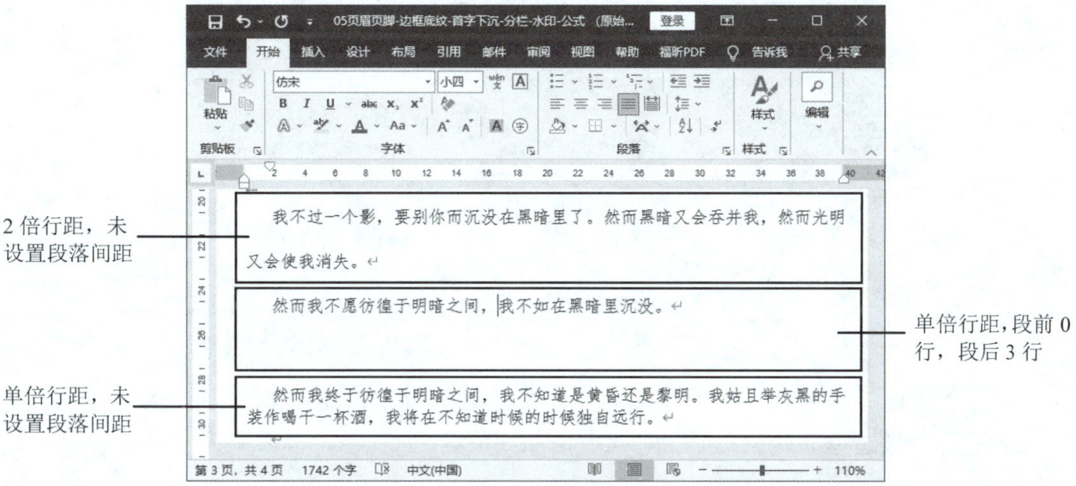


图2-48　行间距与段落间距

## 2.3.4　边框、底纹与页面颜色

边框、底纹与页面颜色

边框指的是为段落文字或整个版面四周绘制一条细线；底纹指的是为编辑对象填充不同的背景。对于边框和底纹的操作，也是文档编辑的常见操作。

### 1．边框

为文档添加边框效果，包含为文字添加边框、为段落添加边框，以及为整个版面添加边框三大类，具体操作步骤如下。

① 如果要为某部分文字添加边框，则选择某部分文字；若要为段落添加边框，则选择整段文字。

② 在“开始”选项卡的“段落”组中单击“边框”按钮，并在其中的下拉菜单中选择“边框和底纹”选项，这时弹出如图2-49所示的对话框。

③ 在对话框左侧“设置”列表中，可以选择边框的外观类型；在“样式”列表中，可以对边框具体的线型进行设置；“颜色”和“宽度”可以为边框增加特殊的属性；在“应用于”下拉菜单中可以指定当前设置的应用范围。

④ 若要为整个文档的版面添加边框，则需要选择“页面边框”选项卡，如图2-50所示。或者在“设计”选项卡的“页面背景”组中，单击“页面边框”按钮，同样可以打开此对话框。用户可以根据需要，在“艺术型”下拉菜单中选择艺术效果，其余设置与步骤③类同。

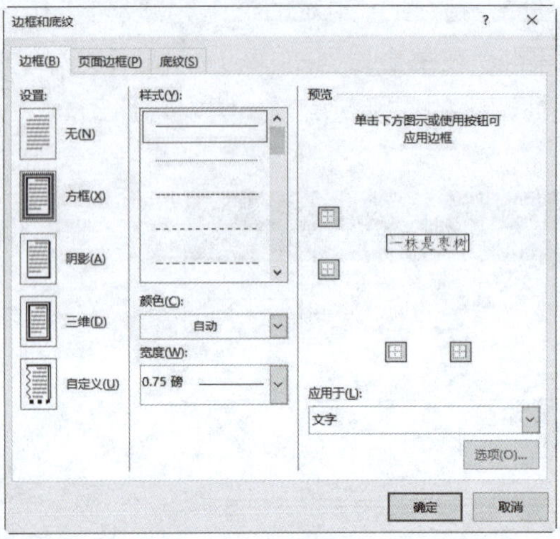


图2-49 “边框和底纹”对话框——边框

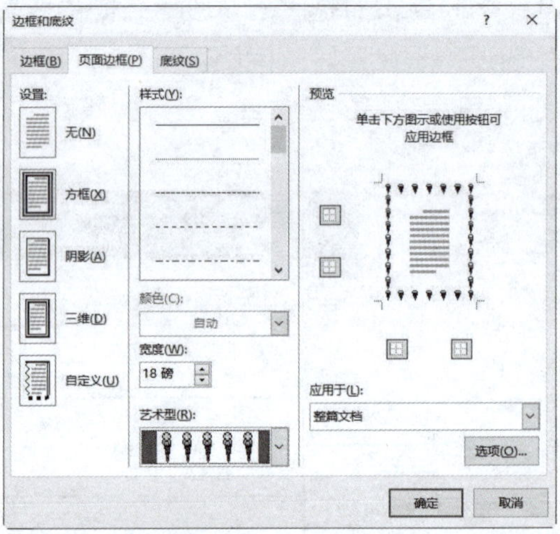


图2-50 “边框和底纹”对话框——页面边框

⑤ 设置完成后，单击“确定”按钮，即可完成边框的设置，如图2-51所示。

⑥ 需要清除边框时，只需在图2-49中的“设置”列表中，选择“无”即可。

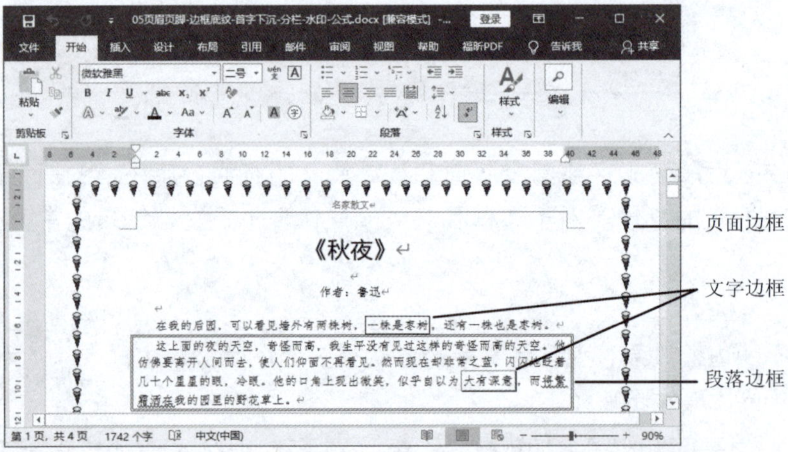


图2-51 为文字、段落和页面设置不同类型的边框

## 2. 底纹

为段落文字增加底纹操作步骤如下。

① 选择拟增加底纹的段落或部分文字。

② 在“开始”选项卡的“段落”组中单击“边框”按钮，并在其中的下拉菜单中选择“边框和底纹”选项，在弹出的对话框中选择“底纹”选项卡，如图2-52所示。

③ 在“应用于”下拉框内选择“段落”选项。

④ 在“填充”下拉列表中选择合适的颜色当作背景。

⑤ 在“图案”栏的“样式”下拉列表中选择底纹样式；在“颜色”下拉列表中选择喜欢的颜色。

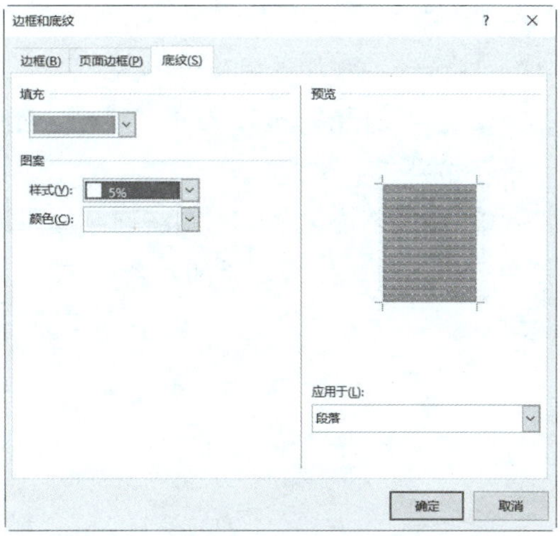


图2-52 “边框和底纹”对话框——底纹

⑥ 单击“确定”按钮，即可完成对文字或段落增加底纹，如图2-53所示。

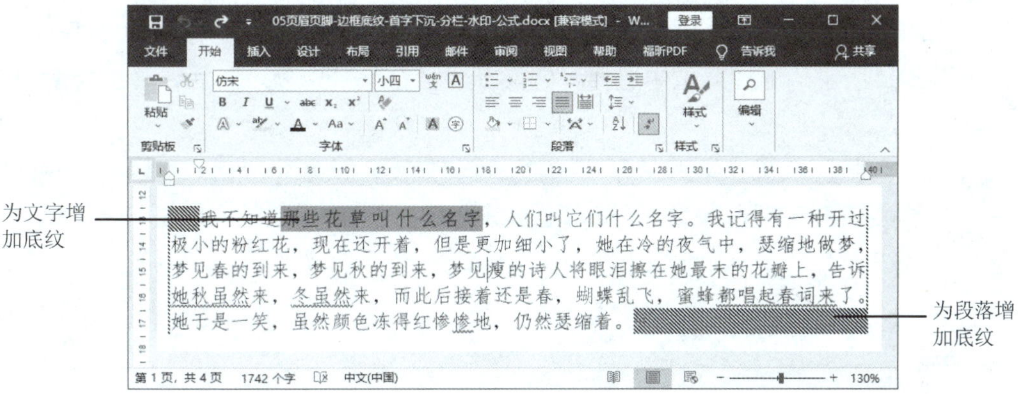


图2-53 底纹效果

### 3. 页面颜色

页面颜色指的是当前文档整个版面的背景颜色。设置页面颜色的步骤如下。

① 将鼠标定位在文档的任意位置。

② 在“设计”选项卡的“页面背景”组中，单击“页面颜色”下拉菜单，在其中选择需要的颜色即可。

## 2.3.5 项目符号与编号

文档编辑中，项目符号用于突出显示某类内容，项目编号则使得文字内容更有逻辑性。在文档内部出现诸如“●”“■”“◆”等的符号形状，叫作项目符号；在文档内部出现诸如“（一）”“（二）”“（三）”等的描述，叫作项目编号。

项目符号与编号

### 1．添加项目符号

① 选择拟添加项目符号的文本。

② 在“开始”选项卡的“段落”组中单击“项目符号”按钮，此时弹出如图2-54所示的下拉菜单。

③ 在该下拉菜单中，系统已经提供了常见的项目符号，根据需要用户只要选择某一个项目符号即可，如图2-55所示。

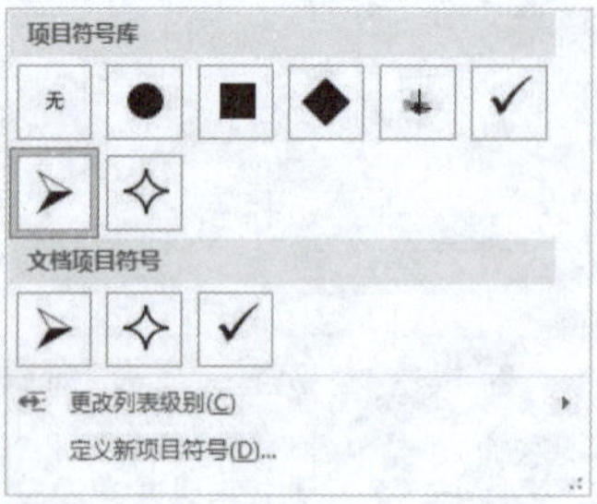


图2-54 “项目符号”下拉菜单

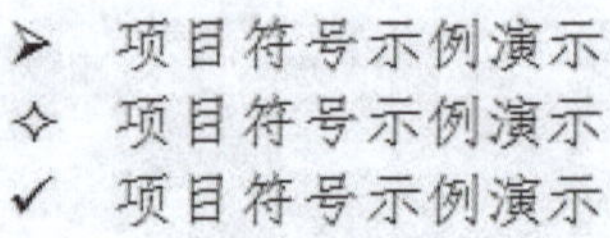


图2-55 项目符号应用效果

④ 假如用户在系统提供的项目符号中未找到满意的符号，或者想要修改符号的格式，还可以在图2-54所示的下拉菜单中选择“定义新项目符号”选项。随后，弹出如图2-56所示的对话框。

⑤ 单击“符号”按钮，弹出“符号”对话框，如图2-57所示。用户可以在此对话框中查找更多的形状符号，选择后单击“确定”按钮即可。

⑥ 此外，在图2-56所示的对话框中还可以将符号设置为图片符号，以及更换字体。由于篇幅所限，这里不再展开讲解，请读者自行练习。

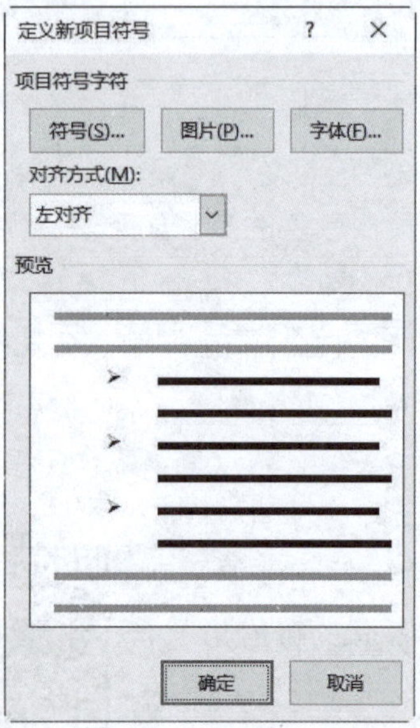


图2-56 “定义新项目符号”对话框

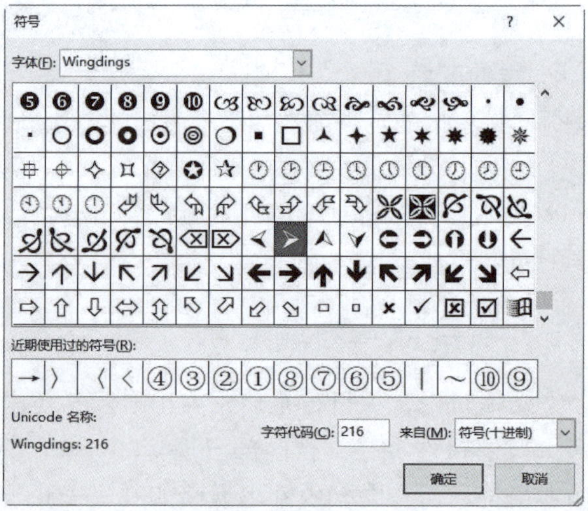


图2-57 “符号”对话框

### 2．添加项目编号

① 选择拟添加项目编号的文本。

② 在“开始”选项卡的“段落”组中单击“编号”按钮，此时弹出如图2-58所示的下拉菜单。

③ 在该下拉菜单中，系统已经提供了常见的项目编号，根据需要用户选择某个项目编号即可，如图2-59所示。

④ 假如用户在系统提供的项目编号中未找到需要的编号类型，还可以在图2-58所示的下拉菜单中选择“定义新编号格式”选项。随后，弹出如图2-60所示的对话框。

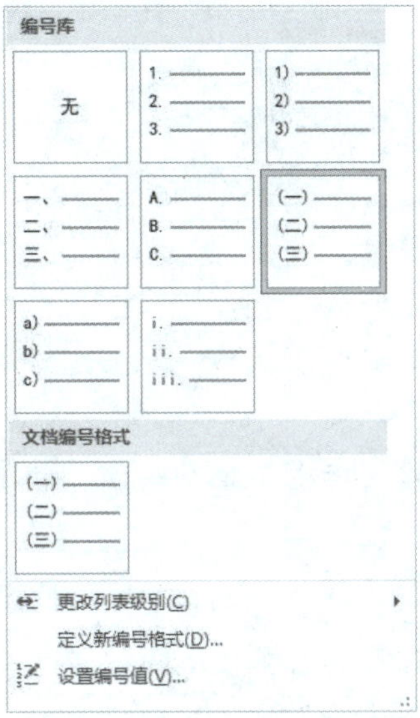


图2-58　“编号”下拉菜单

（一）　项目编号示例演示
（二）　项目编号示例演示
（三）　项目编号示例演示

图2-59　项目编号应用效果

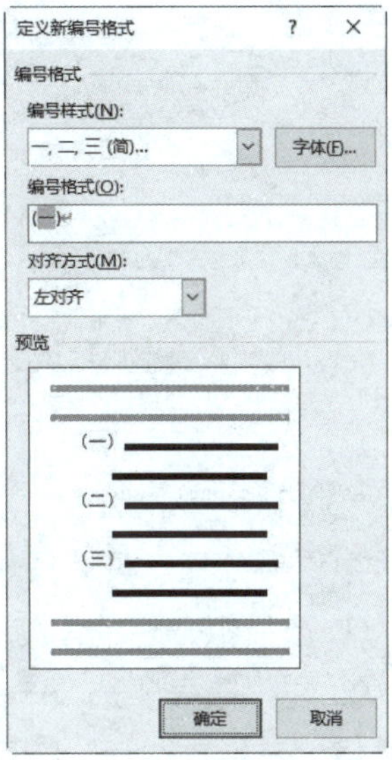


图2-60　“定义新编号格式”对话框

⑤ 在“编号样式”下拉菜单中有多种样式供用户选择，其余选项设置这里不再赘述。

## 2.3.6　首字下沉与分栏

### 1．首字下沉

首字下沉与分栏

首字下沉是一种西方书写排版的习惯，指的是段落的第一个字符或文字采用字号变大，并有下沉的外观样式。设置首字下沉的具体操作如下：

① 将鼠标定位在拟进行首字下沉的段落之中。

② 在“插入”选项卡的“文本”组中，单击“首字下沉”按钮，在下拉菜单中根据需要选择“下沉”或“悬挂”选项即可看到效果，如图2-61所示。

- 下沉：指的是文字在原有位置上，等高等宽字体变大，在下沉的首字的下一行文字依旧从左侧开始排版。
- 悬挂：指的是文字紧靠左侧，等高等宽字体变大，在悬挂的首字的下一行文字，会从悬挂的文字右侧起始，整体版面就像悬挂在段落外侧一样。

③ 在“首字下沉”的下拉菜单中，选择“首字下沉选项”，打开如图2-62所示的对话框。在此对话框中，用户可以具体设置首字下沉所选用的字体类型，或者设置下沉行数和距正文的距离。

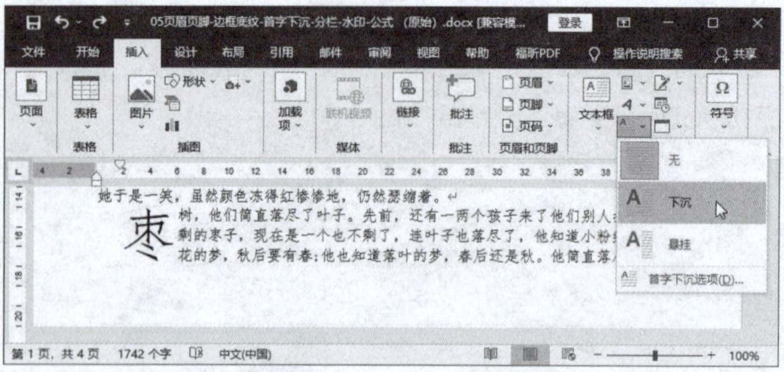


图2-61 “首字下沉”应用效果

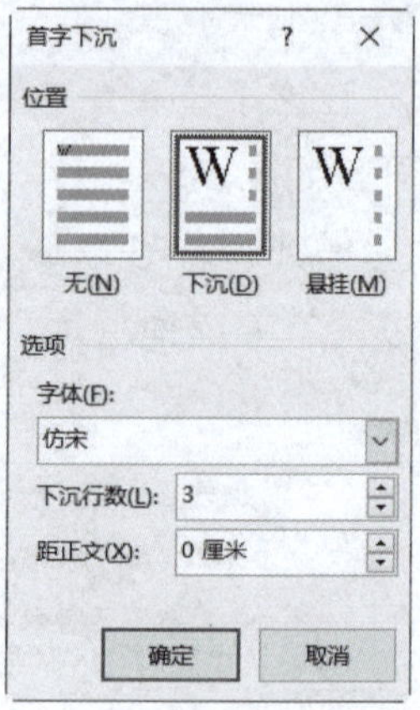


图2-62 “首字下沉”对话框

④ 设置完成后，单击“确定”按钮，即可完成首字下沉的排版。

## 2．分栏

在报刊类型的版面排版中，经常需要将整篇文章分成几栏，贯穿于整个版面，此类排版效果称为分栏。具体操作如下：

① 选择拟分栏的段落文本。

② 在“布局”选项卡的“页面设置”组中，单击“栏”按钮，在弹出的二级菜单中直接选择“三栏”选项。随后，被选中的文字自动分为三栏，如图2-63所示。

③ 在“分栏”按钮的二级菜单中，选择“更多栏”选项，弹出如图2-64所示的对话框。

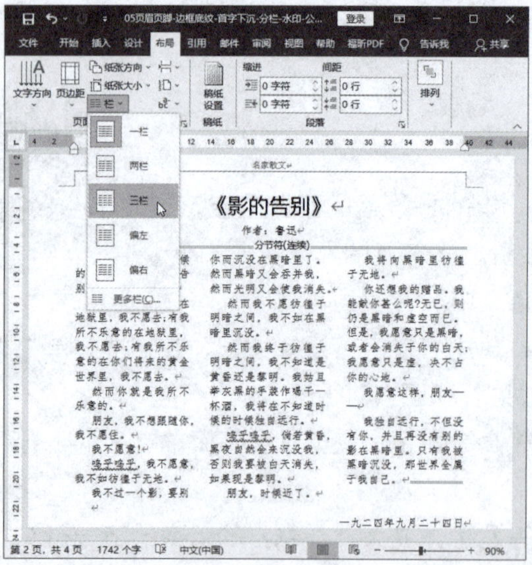


图2-63 分三栏效果

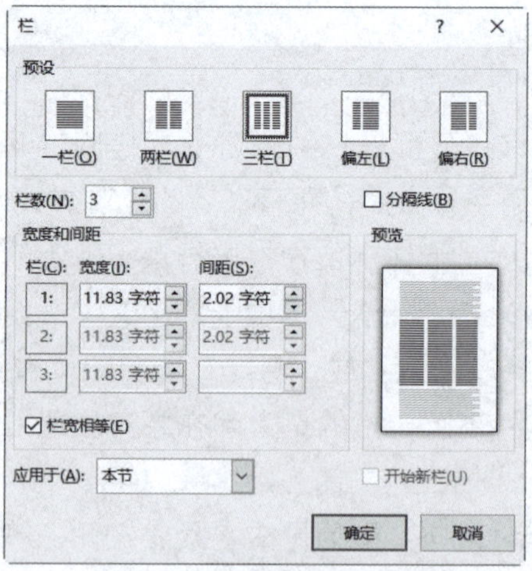


图2-64 “栏”对话框

➢ 预设：指的是Word为用户提供分栏的类型。
➢ 栏数：指的是分栏的数量，这里用户可以自定义分栏的数量。
➢ 宽度和间距：指的是每一栏的宽度，以及栏与栏之间的距离。
➢ 分隔线：勾选此复选框后，栏与栏之间除了有空隙，还显示有一条分隔线。
➢ 栏宽相等：勾选此复选框后，各分栏的宽度均相同。
➢ 应用于：用于指定当前分栏设置的应用范围。

④ 完成设置后，单击“确定”按钮，即可完成分栏操作。

## 2.3.7 分页与分节

### 1. 分页

“页”指的是当前文档页面被文字或图形填满后的版面。在打印时，每一页就占用一张纸。在Word文档中，“页”使用分页符标识，在不同视图模式下，分页符显示方式不尽相同。设置分页符的方法有两种。

(1) 自动分页

当文档内容填满一页时，Word会插入一个自动分页符并开始新的一页。在“页面视图”模式下，页与页之间的深灰色线条即为分页符。

(2) 手动分页

假如用户对分页效果不满意，而要在指定位置进行分页，则可以将光标定位在需要分页的位置，在“插入”选项卡的“页面”组中，单击“分页”按钮，或者按下组合键【Ctrl+Enter】即可完成分页。此时，页面中显示如图2-65所示的效果（若未看到此效果，请在“开始”选项卡的“段落”组中，将“显示/隐藏编辑标记”按钮打开）。

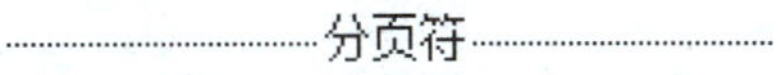


图2-65 插入分页符

### 2. 分节

节是文档的一部分。假如将整个Word文档视为一节，那么在整个文档中如果想要改变某些页面的页眉页脚、页边距等属性时，就要使用分节符将文档分为多个“节”，然后分别设置某一节的属性。例如，在之前讲授知识中如果把应用范围设置为“节”，则页面设置仅仅对当前节有效。添加分节符的操作如下。

① 将鼠标定位在要分节的文本段落中。

② 在“布局”选项卡的“页面设置”组中，单击“分隔符”按钮，此时弹出如图2-66所示的二级菜单。

③ 在菜单中选择某个类型的分节符即可。

➢ 下一页：添加分节符将把文档分为两页。

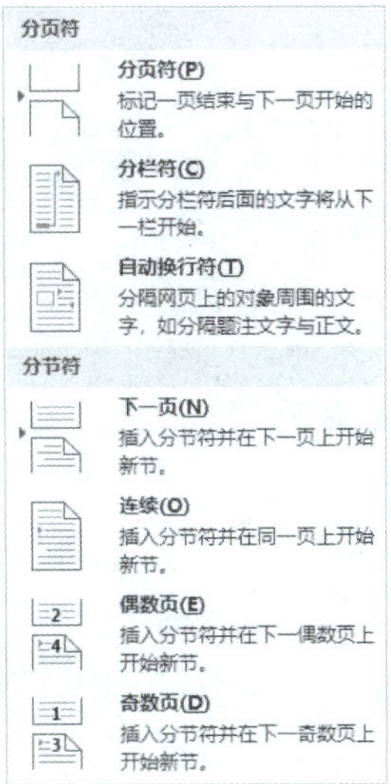


图2-66 “分节符”下拉菜单

- 连续：添加分节符后，前后内容不分页。
- 偶数页：添加分节符后，下一页的页面调整为偶数页。
- 奇数页：添加分节符后，下一页的页面调整为奇数页。

## 2.3.8 水印与公式

水印与公式

### 1. 水印

在Word中，系统为用户提供了一种增加防伪水印的功能，具体操作如下。

① 在“设计”选项卡的“页面背景”组中，单击“水印”下拉菜单，弹出如图2-67所示的二级菜单。在预览图中选择适合的一个，即可快速添加水印。

② 选择“自定义水印”选项，弹出“水印”对话框，如图2-68所示。在此对话框中，选择“图片水印”单选按钮，激活对应的设置选项，用户可以使用第三方图像当作水印；选择“文字水印”单选按钮，可以在“文字”文本框中输入任意内容的水印文字。

③ 设置完成后，单击“确定”按钮，即可为整个文档添加指定样式的水印。

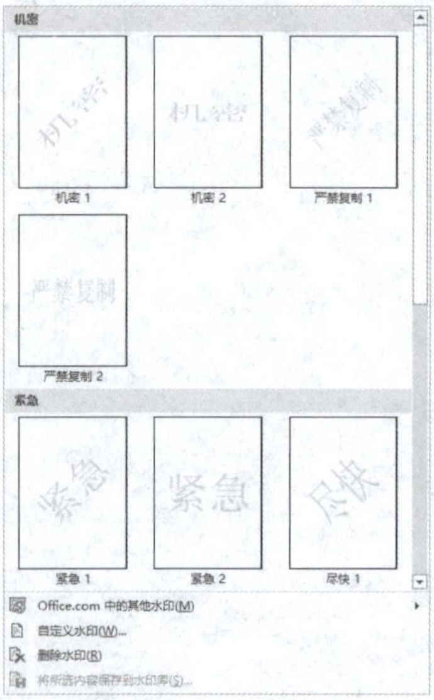


图2-67 “水印”二级菜单

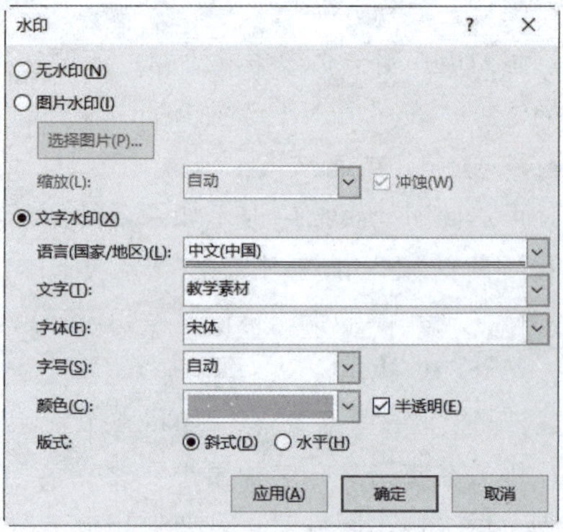


图2-68 “水印”对话框

### 2. 公式

在编辑数学类文档时，许多复杂的数学计算公式是不可缺少的元素。在Word中，可以使用公式编辑器来完成复杂数学公式的录入与编辑。具体操作如下。

① 将光标定位在拟插入公式的位置。

② 在“插入”选项卡的“符号”组中，单击“公式”下拉菜单，此时弹出如图2-69所示的二级菜单。

③ 在此菜单列表中，系统提供了常见的二项式定理、勾股定理、三角恒等式等公式。

选择某个公式后，即可插入对应的公式。

④ 假如用户在系统提供的公式中未找到适合的公式，还可以在菜单列表中选择“插入新公式”选项。

⑤ 此时，在Word顶部的选项卡栏中新增“公式”选项卡，该选项卡内部集成了许多公式按钮，如图2-70所示。

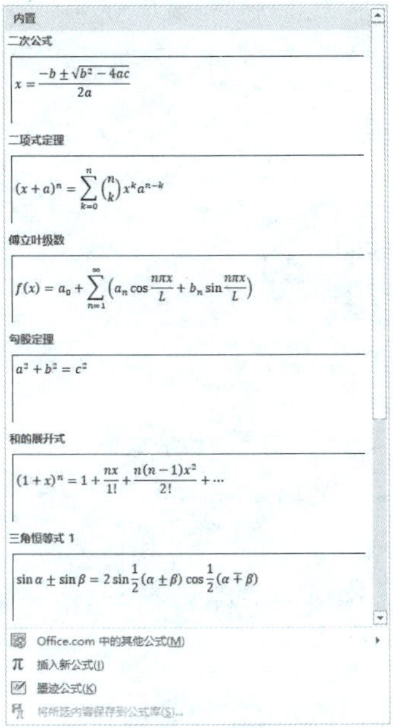


图 2-69　“公式”二级菜单

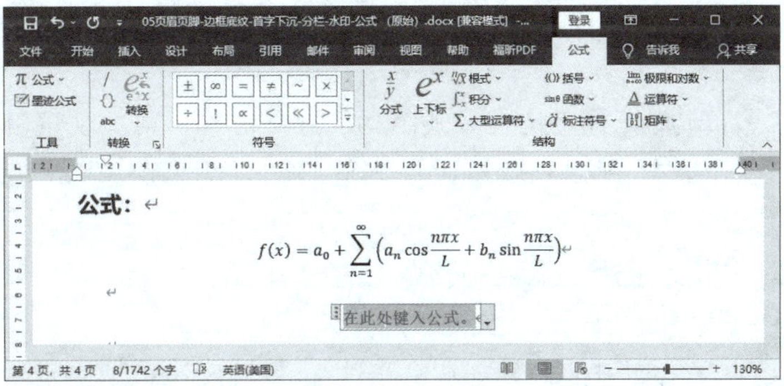


图 2-70　插入新公式

⑥ 仔细观察“公式”选项卡，其中除了包含编辑数学公式所用到的特殊符号，还有数学公式的格式和类型。

在“符号”组中包含许多数学符号，选中某个符号即可插入。

在“结构”组中包含分式类、根式类、极限和对数类、矩阵类等诸多类型的结构，每个按钮下方均有小箭头，可以展开更多的类型结构。

利用这些数学公式工具栏中的各类按钮，就可以在公式编辑窗口进行新公式的编辑。要特别说明的是，在制作新数学公式时，首先要从公式的结构开始制作，然后具化到某个具体的参数数值。

这里以下方给出的公式为例，向读者介绍插入公式的具体思路与制作步骤。

$$\Delta=\frac{\sqrt[3]{2}\Delta_1}{3a\sqrt[3]{\Delta_2+\sqrt{-4\Delta_1^3+\Delta_2^2}}}$$

具体步骤如下：

① 在“插入”选项卡的“符号”组中，单击“公式”按钮，在二级菜单中选择“插入

新公式”选项。随后，进入公式编辑状态。

② 在“公式”选项卡的“符号”组中依次选择“Δ”和“=”。

③ 观察目标公式的结构，发现在“=”右侧结构为分式结构，所以在“结构”组的“分式”下拉菜单中选择“分式（竖式）”结构，如图2-71所示。

④ 将光标定位在分式结构的分子位置，再次观察目标公式。目标公式的分子为“根式”和“上下标”结构的组合，所以在“结构”组的“根式”下拉菜单中选择“立方根”，将光标定位在根号内并输入2，然后将光标移至根号之外，再单击“上下标”按钮，填入对应的符号和数字，完成$\Delta_1$的输入，如图2-72所示。

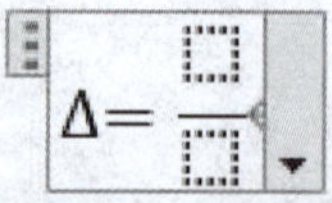

图2-71 “分式（竖式）”结构

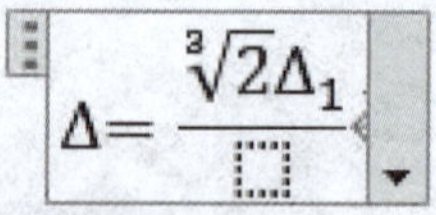

图2-72 “根式”与“上下标”

⑤ 将光标定位在分式结构的分母位置，再次观察目标公式。由于分母为嵌套的“根号”结构，所以先从外到内进行完善。这里输入“3a”后，在“结构”组的“根式”下拉菜单中选择“立方根”，如图2-73所示。

⑥ 将光标定位在分母的立方根内部，在“结构”组中选择“上下标”完成$\Delta_2$的输入，以及平方根的输入，如图2-74所示。

⑦ 以此类推，按照先分析结构，后进行细化的规律，即可完成公式的输入。

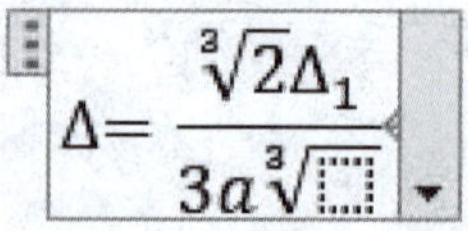

图2-73 分母的“立方根”

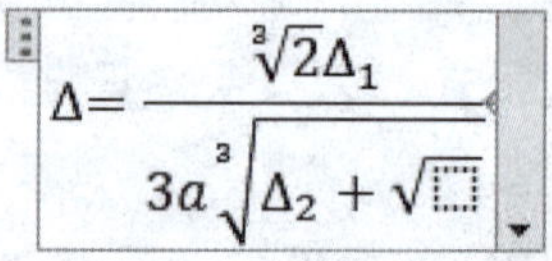

图2-74 分母的“上下标”与“平方根”

## 2.3.9 跟着做——科普宣传单

打开配套素材中“科普宣传单（原始）.docx”文件，完成下列操作，最终效果如图2-75所示。

① 将标题设置为小一、微软雅黑、红色、加粗、居中。

② 将正文段落文字设置为小四、仿宋，单倍行间距，所有段落缩进2个汉字的距离。为文档添加页眉，页眉文字为“挑战与思考”；为文档添加页码。

③ 将标题下方的注释文字，段前段后距离设置为1行。

④ 为标题的“云计算”三个汉字添加拼音效果，拼音的对齐方式为“居中”，字号为10磅。

⑤ 将正文第一个汉字设置为“首字下沉”效果。

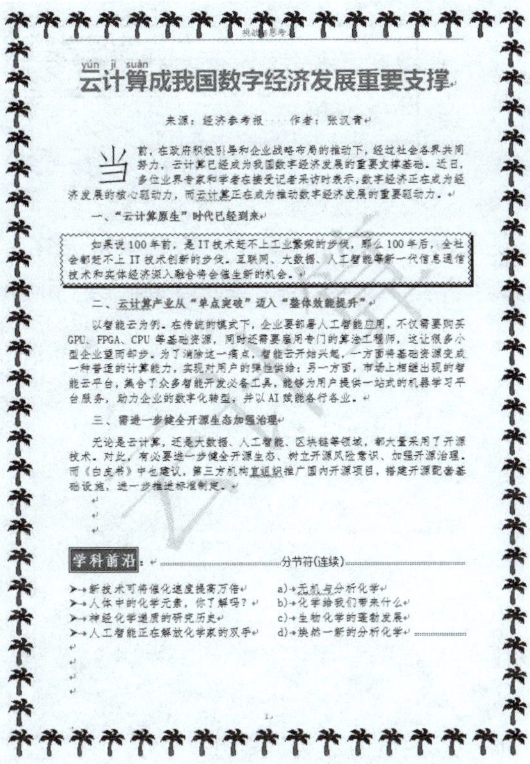

云计算成我国数字经济发展重要支撑

来源：经济参考报　作者：张汉青

当前，在政府积极引导和企业战略布局的推动下，经过社会各界共同努力，云计算已经成为我国数字经济发展的重要支撑基础。近日，多位业界专家和学者在接受记者采访时表示，数字经济正在成为经济发展的核心驱动力，而云计算正在成为推动数字经济发展的重要驱动力。

一、“云计算原生”时代已经到来

如果说100年前，是IT技术赶不上工业繁荣的步伐，那么100年后，全社会都赶不上IT技术创新的步伐。互联网、大数据、人工智能等新一代信息通信技术和实体经济深入融合将会催生新的机会。

二、云计算产业从“单点突破”迈入“整体效能提升”

以智能云为例。在传统的模式下，企业要部署人工智能应用，不仅需要购买GPU、FPGA、CPU等基础资源，同时还需要雇用专门的算法工程师，这让很多小型企业望而却步。为了消除这一痛点，智能云开始兴起，一方面将基础资源变成一种普适的计算能力，实现对用户的弹性供给；另一方面，市场上相继出现的智能云平台，集合了众多智能开发必备工具，能够为用户提供一站式的机器学习平台服务，助力企业的数字化转型，并以AI赋能各行各业。

三、需进一步健全开源生态加强治理

无论是云计算，还是大数据、人工智能、区块链等领域，都大量采用了开源技术。对此，有必要进一步健全开源生态、树立开源风险意识、加强开源治理。而《白皮书》中也建议，第三方机构宜组织推广国内开源项目，搭建开源配套基础设施，进一步推进标准制定。

学科前沿：

分节符(连续)

- 新技术可将催化速度提高万倍
- 人体中的化学元素，你了解吗？
- 神经化学递质的研究历史
- 人工智能正在解放化学家的双手

a) 无机与分析化学
b) 化学给我们带来什么
c) 生物化学的蓬勃发展
d) 焕然一新的分析化学

图2-75　“科普宣传单”最终效果

⑥ 将段落标题设置为小四、仿宋、加粗、蓝色。

⑦ 为正文的第二段文字增加粗细为0.75磅、带阴影的波浪线效果。

⑧ 选择“学科前沿”文字，为其增加蓝色“底纹”和“双实线”方框效果的边框。

⑨ 在为正文部分文字增加分栏效果的基础上，增加“项目符号”和“项目编号”。

⑩ 插入文字水印，文字为“云计算”，字体为“宋体”，字号为“自动”，颜色为“红色”。

⑪ 为整个宣传单添加“椰子树”艺术型边框。

⑫ 操作完成后，以原文件名保存文档。

## 2.3.10　随堂思考与练习

1. 在文档编辑时，如何自定义纸张类型？例如将A4版面改为B5版面。
2. 段落排版时，对齐方式有哪几类？
3. 什么是悬挂缩进？
4. 什么是行间距？什么是段落间距？
5. 如何为字体、段落和整个版面添加边框？
6. 什么是节？
7. 观察下列方程式，使用公式编辑器将其编辑出来。

$$x_1=\frac{1}{2}\sqrt{\frac{b^2}{2a^2}-\frac{4c}{3a}-\Delta-\frac{-\frac{b^3}{a^3}+\frac{4bc}{a^2}-\frac{11d}{a}}{4\sqrt{\frac{b^2}{4a^2}-\frac{2c}{3a}+\Delta}}}$$

8. 新建Word文档，从互联网摘录部分文字。根据喜好美化文档排版，要求排版时对首字下沉、分栏、水印、加注拼音、文字边框、段落间距、行间距进行设置。

## 2.4 图文混排

插入图像与编辑图像

### 2.4.1 插入图像

#### 1. 插入来自文件的图片

① 将光标定位在拟插入图像的位置。

② 在“插入”选项卡的“插图”组中，单击“图片”按钮。随后，打开“插入图片”对话框，如图2-76所示。

③ 在磁盘上找到之前存放图像的路径，单击“插入”按钮即可。

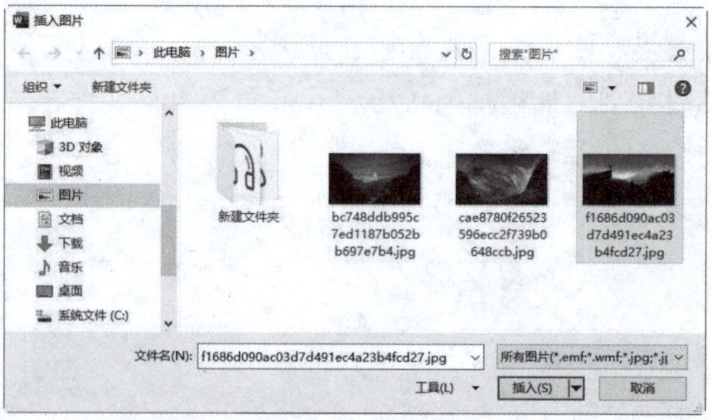


图2-76 “插入图片”对话框

#### 2. 插入联机图片

插入联机图片指的是直接从互联网来源中获得图片。

① 将光标定位在拟插入图像的位置。

② 在“插入”选项卡的“插图”组中，单击“联机图片”按钮。随后，打开“插入图片”对话框，如图2-77所示。

③ 在“必应图像搜索”栏中输入关键字，例如“5G”，单击“搜索”按钮。经过搜索，弹出如图2-78所示的对话框。

④ 选择满意的图片，单击“插入”按钮即可完成联机图片的插入操作。

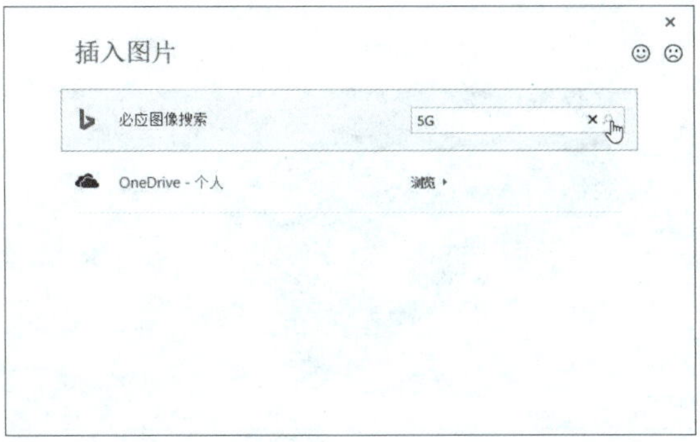


图2-77 “插入图片”对话框

图2-78 “必应搜索”对话框

## 2.4.2 编辑图像

在文档中选择某个图像时，Word的选项卡栏中就会增加“格式”选项卡。在此选项卡内部包含多种编辑图像用到的工具按钮，如图2-79所示。

图2-79 “格式”选项卡

用户通常使用这些工具按钮对图像进行简单的编辑，例如裁剪图像多余部分使其符合版面，调整图像颜色，增加图像的艺术效果等。下面向读者介绍如何对图像进行简单编辑。

### 1. 调整图像大小

原始图像被插入到文档后，因为图像大小并非定制的，所以可能不符合页面排版要求，此时就可以使用图像缩放功能进行调整，具体操作如下。

① 插入图像，并选中该图像。此时图像周围出现8个控制锚点，如图2-80所示。

② 将鼠标移动到“上下左右”的控制锚点上时，鼠标指针会变为“双向箭头”，此时按下鼠标左键不放，拖拽鼠标即可调整图像大小。

③ 将鼠标移动到“四个顶点”的控制锚点上时，按下鼠标左键不放，拖拽鼠标即可放大或缩小图像。要特别说明的是，为了保证图像调整大小时图像比例不失真，在缩放时按下【Shift】键可实现等比例缩放。

④ 将鼠标移动到顶部“旋转”杠杆时，按下鼠标左键不放，拖拽鼠标即可实现图像旋转效果，如图2-81所示。

⑤ 右键选择图像时，执行右键菜单中的“大小和位置”命令，弹出如图2-82所示的对话框。在此对话框中设置“缩放”选项内容，也可以按比例精确缩放图像。

图2-80　图像的控制锚点

图2-81　旋转图像

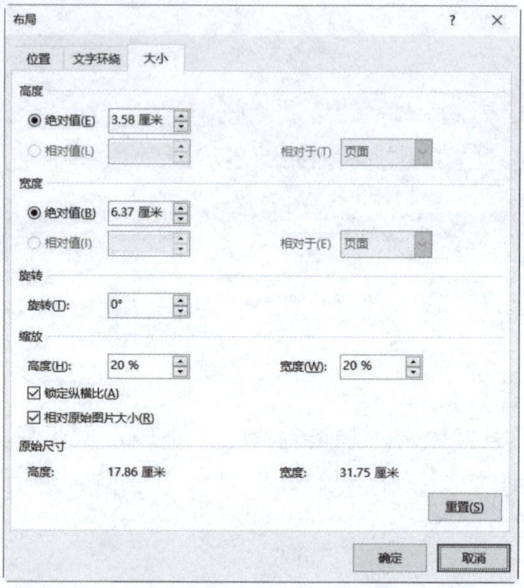


图2-82　“布局”对话框

### 2．裁剪图像

裁剪图像指的是将图像的某些区域“剪去”，这里的“剪去”并非真正意义上的删除，而是将图像的某一区域隐藏起来，使用户看起来像被“剪去”一样。假如对裁剪结果不满意，还能够恢复图像原貌。

① 插入图像，并选中该图像。

② 在“格式”选项卡的“大小”组中，单击“裁剪”按钮。此时，图像四周出现黑色控制柄。

③ 根据需要分别调整控制柄的位置，灰色区域代表被裁剪掉的内容，彩色区域代表原图像剩余的内容，如图2-83所示。

④ 单击“裁剪”按钮旁边的箭头，弹出“裁剪”的二级菜单。用户可以在此二级菜单中对裁剪的比例和图形进行高级设置。如图2-84所示就是使用菜单中“剪裁为形状”内的“缺角矩形”裁剪而成的。

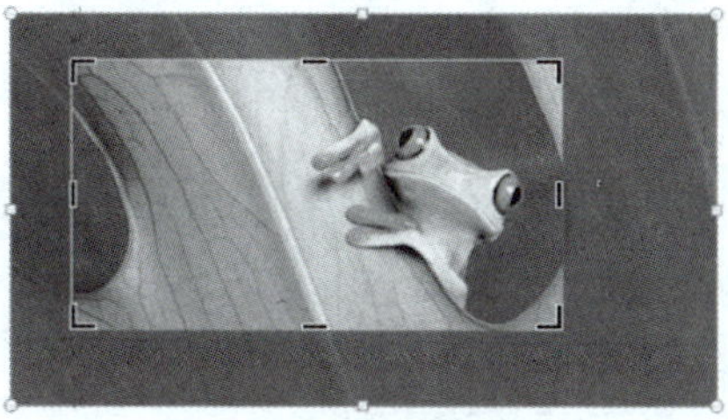

图2-83 裁剪图像

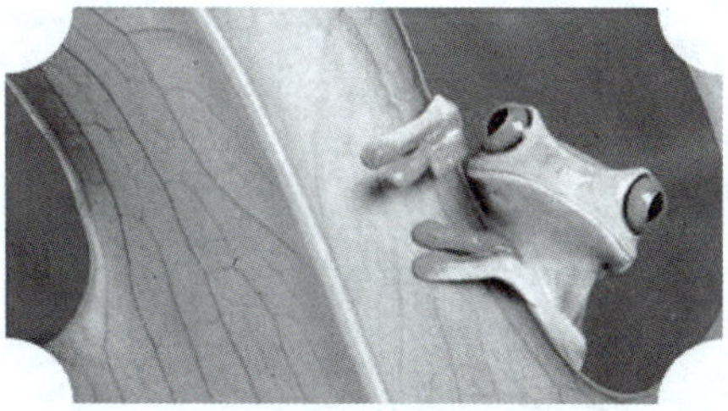

图2-84 裁剪为"缺角矩形"

### 3. 美化图像

在Word中选中某一图像，在"设计"选项卡中可以对图像的亮度、对比度、饱和度、色调、图像边框、图像效果进行美化。

① 插入图像，并选中该图像。

② 在"格式"选项卡的"图片样式"组中，单击"图片效果"按钮，在其下拉菜单中系统内置了"阴影""映像""发光""三维旋转"等多种图片效果，用户根据需要选择其中某一效果即可，如图2-85所示。

③ 在"格式"选项卡的"调整"组中，单击"更正"、"颜色"或"艺术效果"按钮，分别弹出二级菜单，用户根据软件提示可以对图片的亮度、对比度、饱和度等内容进行美化，如图2-86所示。

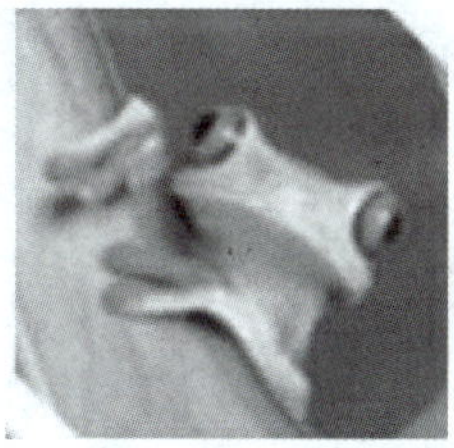

图2-85 添加图片样式后的效果

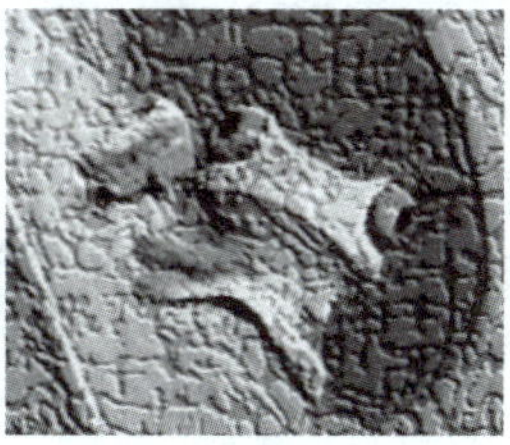

图2-86 为图片添加"混凝土"艺术效果

## 2.4.3 图像与文字的环绕方式

图像与文字的环绕方式

在对图像进行必要的剪裁和美化后，需要通过设置图像的环绕方式使其与文本段落融为一体，下面主要向读者介绍图像的环绕方式。

① 插入图像，单击鼠标左键选中该图像。

② 在"格式"选项卡的"排列"组中，单击"环绕文字"按钮，弹出"环绕方式"下拉菜单，如图2-87所示。或者，右键选择图片，在二级菜单中选择"环绕文字"选项，同样弹出"环绕方式"下拉菜单。

此外，右键选择图片，在二级菜单中执行"大小和位置"命令，在弹出的对话框中选择"文字环绕"选项卡，如图2-88所示，同样可以调整图像的环绕方式。

➢ 嵌入型：该环绕方式是Word默认的环绕方式，它将图像当作文本中的一个字符来处理，图像将跟随文本变动。

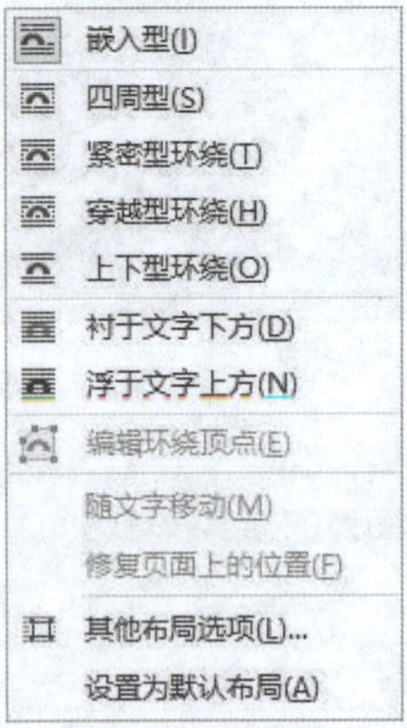


图2-87　环绕方式

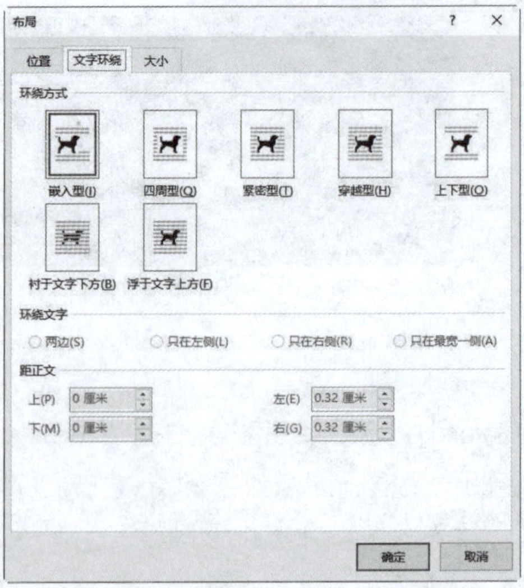


图2-88　"布局"对话框——文字环绕

- 四周型：文字以矩形方式环绕在图像四周，无论图像是不是矩形图像。
- 紧密型环绕：文字紧密贴合在实际图像的四周。
- 穿越型环绕：文字跟随环绕顶点进行环绕。
- 上下型环绕：文字在图像的上方和下方进行环绕。
- 衬于文字下方：图像衬于文字下方，即文字遮盖图像。
- 浮于文字上方：图像浮于文字上方，即图像遮盖文字。

④ 根据实际需要选择某种环绕方式即可，如图2-89所示。

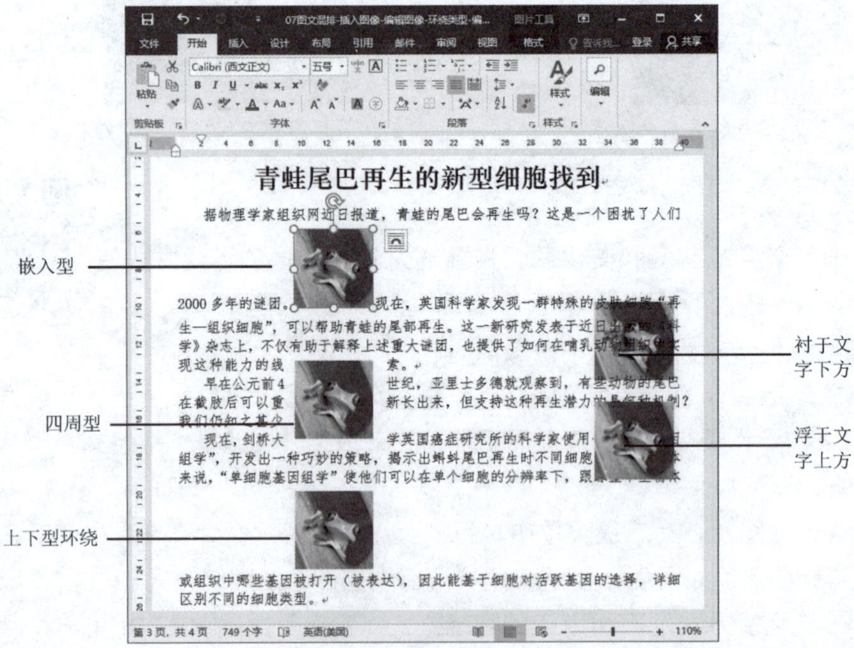


图2-89　常用图文环绕示例

需要特别说明的是，当文档中插入多幅图像时，有时图像之间会自动叠加在一起，这时就需要通过更改叠放次序来聚焦某些元素。

鼠标右键选择需要改变叠放次序的图像，在右键菜单中选择“置于顶层”或“置于底层”选项，在其中二级菜单内选择具体选项即可，如图2-90所示。

图2-90　图像的叠放次序

## 2.4.4　插入和编辑形状

在Word文档中还可以通过形状工具绘制各类图形。这些图形包括基本形状类、箭头类、流程图、星与旗帜类等。本节向读者介绍形状的插入方法及其编辑方法。

编辑形状

### 1．插入形状

① 将光标定位在拟插入形状的文档中。

② 在“插入”选项卡的“插图”组中，单击“形状”按钮。此时，弹出如图2-91所示的二级菜单。

③ 选择某个形状后，此时的光标变为绘制状态。在Word文档中单击鼠标并拖拽即可绘制对应的形状，如图2-92所示。

### 2．编辑形状

在插入形状后，Word还提供了对形状的简单编辑功能，用户根据需要可以对形状二次编辑，例如变更线条外观、增加艺术效果、添加文字等。

（1）编辑形状外观

不同外观的形状，在插入到文档后，形状自带的“调节

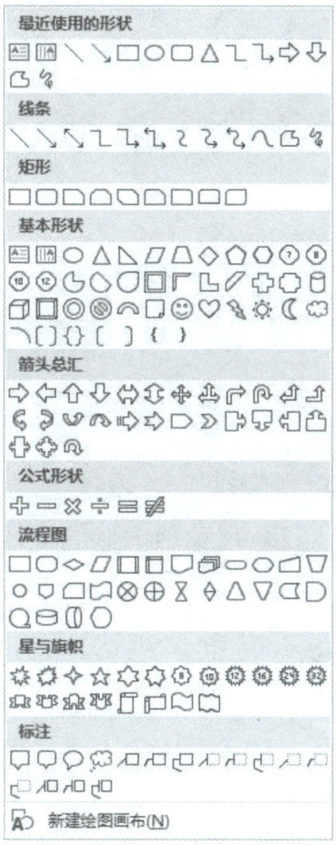


图2-91　“形状”二级菜单

图2-92　使用形状工具绘制的长方体

点”也不同，如图2-93所示。

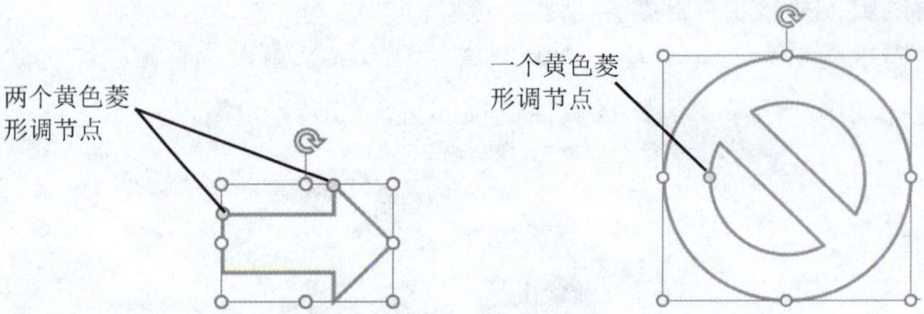


图2-93　不同的形状包含不同的“调节点”

选中某个“调节点”进行拖拽，此时会发现形状的某些属性也跟随变化，通过此种方式可以对形状外观进行编辑和修改，如图2-94所示。

需要特别说明的是，在选中形状后，在“格式”选项卡的“插入形状”组中，单击“编辑形状”→“编辑顶点”命令，可以更为细致地对形状的顶点进行编辑。在编辑顶点时，每个顶点都有两个“调节杠杆”，通过拖拽杠杆的位置可以改变线条的曲率，如图2-95所示。

(2) 为形状添加文字

在文档中插入某个形状。右键选择该形状，在其二级菜单中执行“编辑文字”命令，在其中输入文字即可，如图2-96所示。

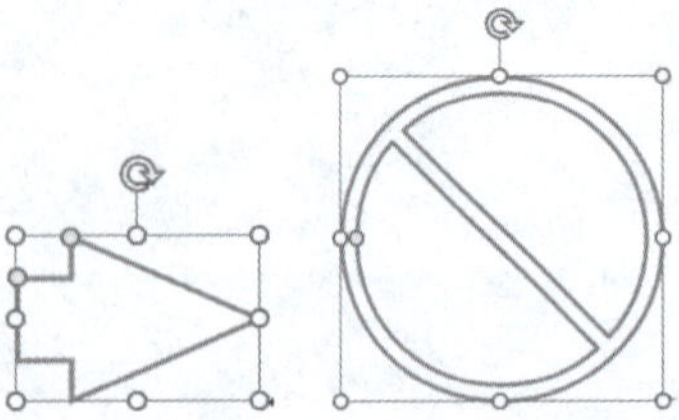

图2-94　改变“调节点”后的外观

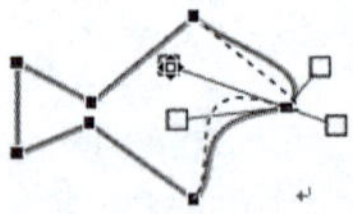

图2-95　编辑顶点

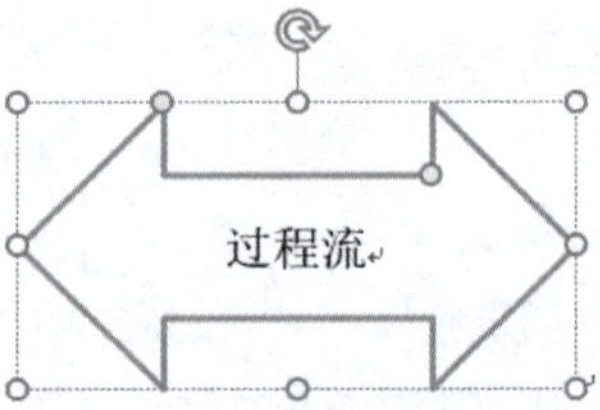


图2-96　为形状添加文字

(3) 更改形状样式

① 在文档中插入“笑脸”形状。

② 选中该形状，在“格式”选项卡的“形状样式”组中，单击“主题”下拉列表，此时弹出如图2-97所示的列表框。在该列表框中选择合适的主题，即可将当前形状快速美化。

③ 如果用户对系统自带的主题不满意，还可以在“形状填充”“形状轮廓”“形状效果”对应的下拉菜单中进行修改，如图2-98所示。

至于更改形状样式中的其他形状效果，例如“三维旋转”“柔化边缘”“棱台”等，由于篇幅所限这里不再一一列举。

图 2-97　“形状样式”组的“主题”列表

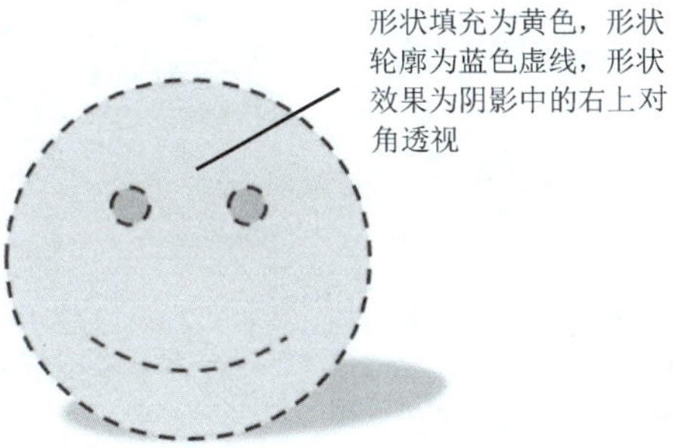


图 2-98　自定义修改形状属性

## 2.4.5　插入和编辑SmartArt图形

SmartArt图形是信息和观点的视觉表现形式，可以通过从多种不同布局中进行选择来创建SmartArt图形，从而快速、轻松、有效地传达信息。

插入SmartArt图形

在创建SmartArt图形时，系统将提示用户选择一种SmartArt图形类型，例如“流程”“层次结构”“循环”“关系”等，而每种类型包含不同的布局，用户可以自由选择。

### 1．插入SmartArt图形

① 将光标定位在拟插入图形的位置。

② 选择“插入”选项卡，在“插图”组中单击“SmartArt”按钮，此时打开如图2-99所示的“选择SmartArt图形”对话框。

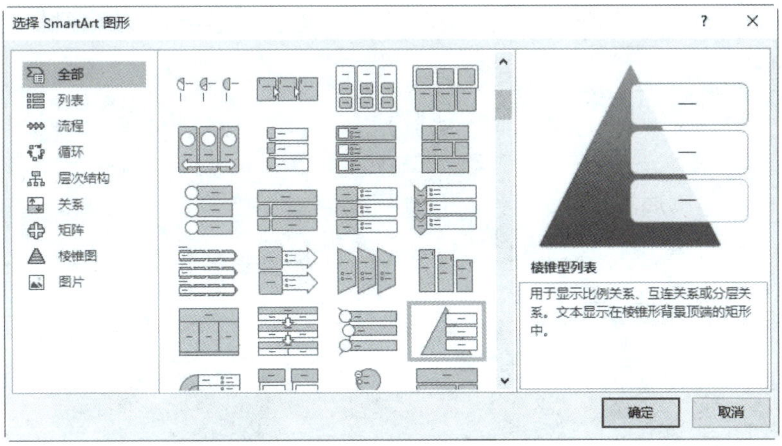


图 2-99　“选择SmartArt图形”对话框

③ 在此对话框左侧列表中，选择某个SmartArt图形类型，中间的列表即可显示有关

此类型的样式，选中某个样式，右侧列表即可显示预览效果。这里选择“棱锥型列表”图形，单击“确定”按钮即可完成插入，如图2-100所示。

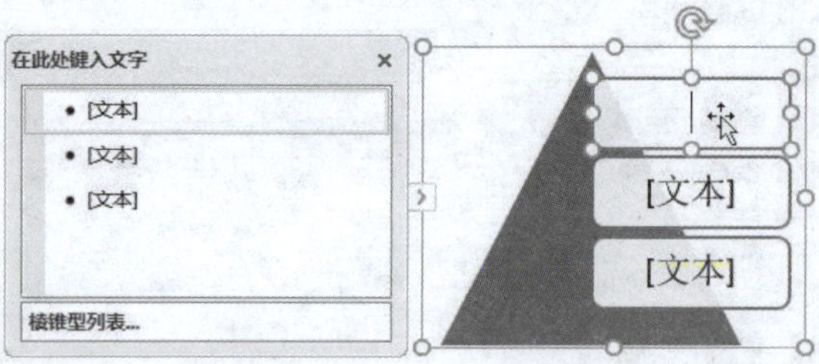


图2-100　插入SmartArt图形

## 2. 编辑SmartArt图形

在Word文档内插入并选中SmartArt图形后，软件顶部自动增加“设计”和“格式”选项卡，由于“格式”选项卡在之前知识中已经介绍，这里仅对“设计”选项卡进行讲解，如图2-101所示。

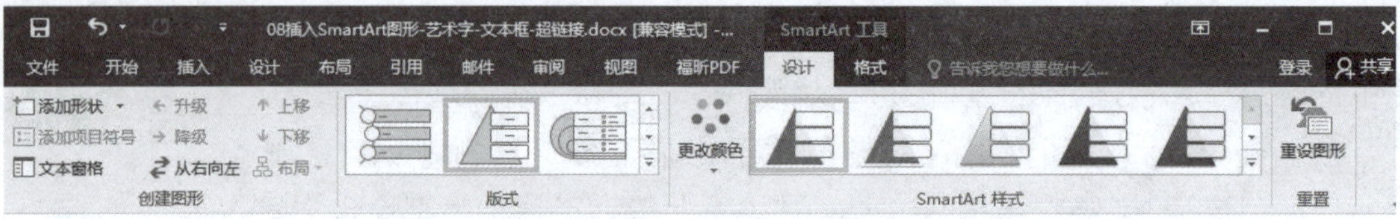


图2-101　SmartArt图形的“设计”选项卡

（1）更改颜色和样式

① 选中需要更改样式的SmartArt图形。

② 在“设计”选项卡的“SmartArt样式”组中单击下拉按钮，在展开的列表中选择任意一个即可，如图2-102所示。

③ 单击“更改颜色”下拉按钮，选择其中的内置颜色或自定义颜色即可。

（2）更改版式

① 选中需要更改版式的SmartArt图形。

② 在“设计”选项卡的“版式”组中单击下拉按钮，在展开的列表中选择任意一个版式，或者选择“其他布局”选项。

③ 在弹出的对话框中，根据需要选择其他布局即可，如图2-103所示。

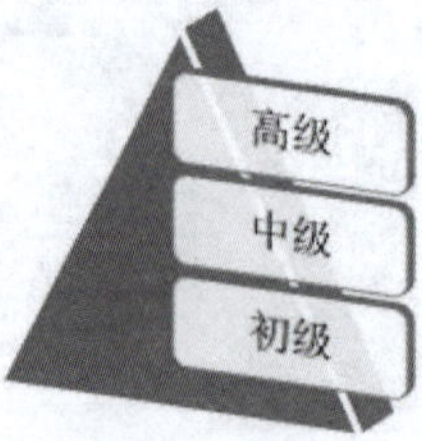


图2-102　“砖块场景”样式

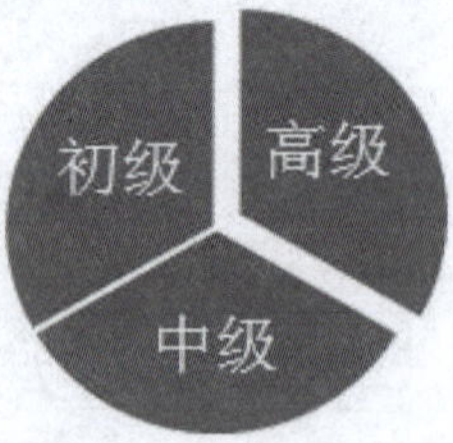


图2-103　更改版式后的外观

(3) 添加形状

在使用SmartArt图形时，经常遇到SmartArt图形提供的文本展示位不能满足实际需要的情况，此时就要在SmartArt图形上新增或删除某些形状。

① 选中需要更改样式的SmartArt图形。

② 在“设计”选项卡的“创建图形”组中，单击“添加形状”按钮，在二级菜单中选择适合的命令即可，如图2-104所示。

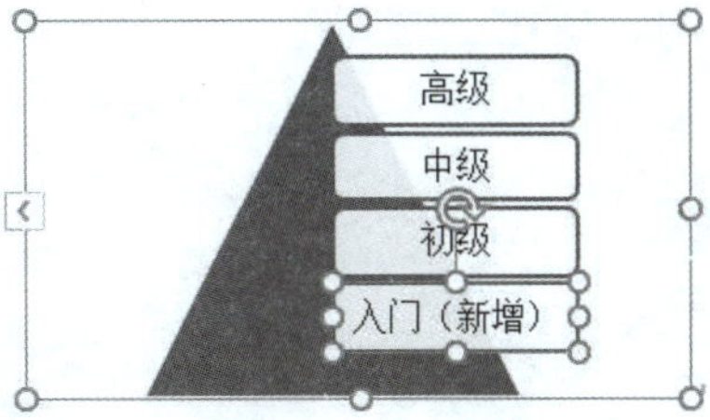


图2-104　添加形状

## 2.4.6　艺术字

艺术字指的是在普通文本属性的基础上增加阴影、弯曲、旋转等特殊艺术效果后的字体。在文档编辑时，通常使用艺术字来为文档增加吸引力。

艺术字与文本框

### 1．插入艺术字

① 将鼠标定位在拟插入艺术字的位置。

② 在“插入”选项卡的“文本”组中，单击“艺术字”下拉按钮，在其二级菜单中选择一款喜欢的艺术字，如图2-105所示。

③ 随后，Word在光标所在位置自动添加附加该属性的艺术字，如图2-106所示。用户二次修改其中的文字，即可完成艺术字的添加。

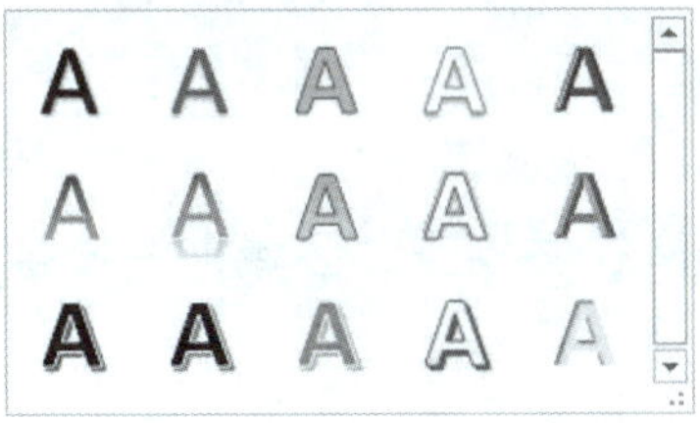

图2-105　“艺术字”下拉菜单

图2-106　添加艺术字

### 2．编辑艺术字

当鼠标选中该艺术字时，激活软件页面顶端的“格式”选项卡，如图2-107所示。

图2-107　“格式”选项卡

(1) 设置艺术字样式

选中拟编辑的艺术字。在“格式”选项卡的“艺术字样式”组中，通过“文本填充”“文本轮廓”“文本效果”三个功能按钮可以设置艺术字，这里为文字添加“映像”效果，如图2-108所示。对于艺术字的更多艺术效果，请读者自行尝试练习，这里不再赘述。

（2）设置艺术字方向

若要对文字方向进行改变，可以在“格式”选项卡的“文本”组中，选择“文本方向”按钮，展开如图2-109所示的菜单。根据需要选择某种文本方向即可。

图2-108　设置艺术字样式

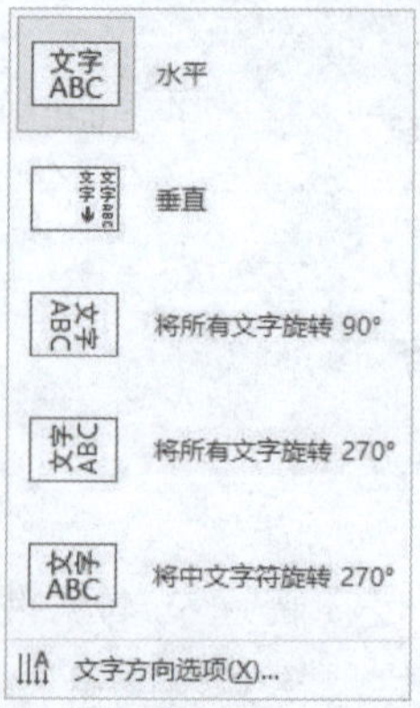


图2-109　“文本方向”二级菜单

## 2.4.7　文本框

在Word文档中文本框指的是一种可移动、可调大小的文字或图形容器。使用文本框，可以在一页上放置多个文字块，或使文字按与文档中其他文字不同的方向排列。

① 将光标定位在拟插入文本框的位置。

② 在“插入”选项卡的“文本”组中，单击“文本框”菜单按钮，在展开的二级菜单中系统内置了多种文本框类型，根据需要选择某一类型即可。

③ 若系统内置的文本框不能满足实际需要，则在二级菜单中执行“绘制文本框”或“绘制竖排文本框”命令。此时，鼠标变为“**+**”号，在文档空白区域拖拽一定的距离，即可绘制自定义大小的文本框。

④ 输入文字后，单击“布局选项”按钮，在展开的菜单中可以快速设置文本框与文档内容的布局方式，如图2-110所示。

⑤ 选中文本框，在“格式”选项卡的“形状样式”组中可以快速为文本框设置样式，如图2-111所示。

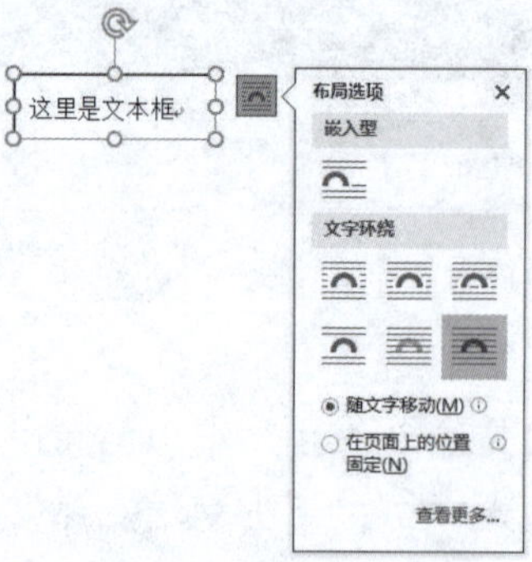


图2-110　设置文本框布局方式

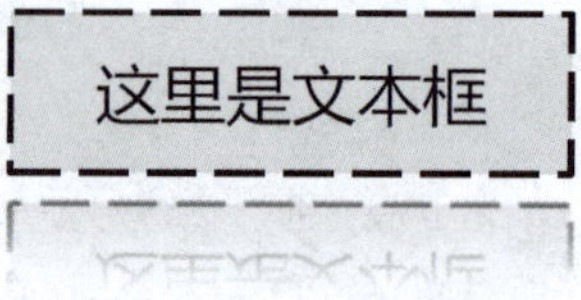


图2-111　修改样式后的文本框

## 2.4.8　超链接

超链接是文本的一个属性，在Word文档中单击具有超链接属性的文字，可以在多个页面或文件之间跳转。为文字增加超链接属性的操作如下：

① 在Word文档中，选择某些文字。单击鼠标右键，在弹出的二级菜单中执行“超链接”命令。此时，弹出如图2-112所示的对话框。

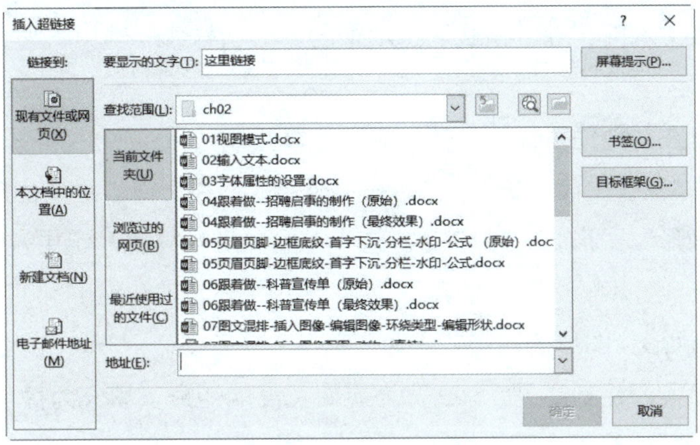

图2-112　“插入超链接”对话框

- 现有文件或网页：指的是本地计算机中的各类文档，当选择该类型时，单击该超链接将会打开用户计算机内的其他文件。
- 本文档中的位置：指的是本文档中的其他节，当选择该类型时，单击该超链接将会跳转至本文档的某一位置。
- 新建文档：当选择该类型时，单击该超链接将会新建Word文档并进入编辑状态。
- 电子邮件地址：当选择该类型时，单击该超链接将会以邮件形式处理，即进入到撰写新邮件状态。

② 在此对话框的左侧列表中，已经罗列了超链接的类型，根据需要选择其中一类，右侧窗格中即可展示对应的选项。根据需要进行设置，最后单击“确定”按钮，即可完成超链接的添加。

## 2.4.9　跟着做——杂志内页

以杂志内页为版面，完成下列操作，最终效果如图2-113所示。

图2-113　“杂志内页”最终效果

① 在配套素材中打开“跟着做——杂志内页（原始）.docx”文档。

② 将页面的页边距上、下、左、右均设置为1厘米，保持A4纸张纵向幅面。

③ 在页面顶部多次按下【Enter】键，插入多行空白，为版面头部区域留出位置。

④ 绘制横排文本框，并设置文本框高度为4.5厘米，宽度为13厘米。

⑤ 将文档的标题和首段文字剪贴到文本框内。仅选择标题文字，将其字体属性设置为微软雅黑、小一、加粗，并添加艺术字类型；选择文本框内其他文字，将字体设置为楷体、五号、左对齐。

⑥ 再次选择该文本框，在“格式”选项卡的“形状样式”组中，去除文本框轮廓线和形状填充。

⑦ 将光标定位在文档任意位置，使用形状工具绘制“泪滴形”图形。选中该图形，将其环绕方式设置为“浮于文字上方”。拖动该图形，放置在页面右上角位置。

⑧ 选中“泪滴形”图形，在“格式”选项卡的“形状样式”组中，单击“形状填充”按钮，在其中选择“图片”选项，使用配套素材中的“人工智能1.jpg”图像作为背景进行填充；设置“泪滴形”图形的轮廓效果为“无”。

⑨ 使用矩形工具，绘制高7厘米、宽为界面宽度的矩形，填充为黄色，并将其叠放次序设置为“置于底层”，放置在页面的顶端。

⑩ 选择正文的其他文字内容，设置为“两栏”分栏效果。

⑪ 将正文文字设置为楷体、五号，并首行缩进2个字符的距离。

⑫ 将正文中的段落标题设置为微软雅黑、五号、加粗、标准蓝色。

⑬ 将光标定位在正文开始处，使用图形工具绘制宽8厘米、高6厘米的矩形；设置矩形标准黄色填充，无边框，环绕方式为嵌入型。

⑭ 使用图形工具绘制平行四边形，使用配套素材“人工智能2.jpg”作为背景填充，无边框，环绕方式设置为浮于文字上方。

⑮ 移动平行四边形，使其与步骤⑬所绘制的矩形对齐放置。

⑯ 参照步骤⑬～⑮的方法，在正文结束位置插入同样类型的插图。

### 2.4.10 随堂思考与练习

1. 在文档中插入第三方图像，将该图像大小设置为原尺寸的30%，并根据喜好调整图像的色调。

2. 四周型与紧密型环绕有何区别？

3. 在文档空白处插入“十字箭头”形状，并为其添加三维旋转效果。

4. 什么是SmartArt图形？

5. 什么是文本框？

# 2.5　表格应用

插入与绘制表格

## 2.5.1　插入与绘制表格

在Word中有多种绘制表格的方式，既可以使用表格工具快速制作表格，又可以使用绘制工具自定义表格。

### 1．插入表格

① 将光标定位在拟插入表格的位置。

② 在“插入”选项卡的“表格”组中，单击“表格”下拉按钮，此时弹出如图2-114所示的菜单。

③ 鼠标悬停在“小方格”上面时，系统自动提醒创建表格的行数与列数，选择合适数量的单元格后，单击鼠标左键，即可插入表格，如图2-115所示。

图2-114　“表格”二级菜单

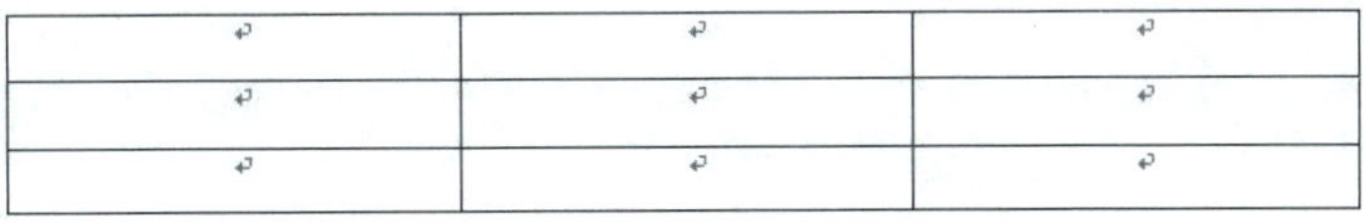

图2-115　插入3行3列的表格

④ 在表格内输入文字即可丰富表格内容。

⑤ 假如用户希望创建其他数量的行与列表格，还可以在“插入”选项卡的“表格”二级菜单中执行“插入表格”命令。此时，弹出如图2-116所示的对话框。

- ➢ 列数：指的是拟创建表格列的数量。
- ➢ 行数：指的是拟创建表格行的数量。
- ➢ 固定列宽：指的是表格每列的宽度均为固定值。
- ➢ 根据内容调整表格：表格列宽与行高会根据当前单元格内的文字多少自动调整。
- ➢ 根据窗口调整表格：表格宽度会跟随当前版面的页边距进行调整。

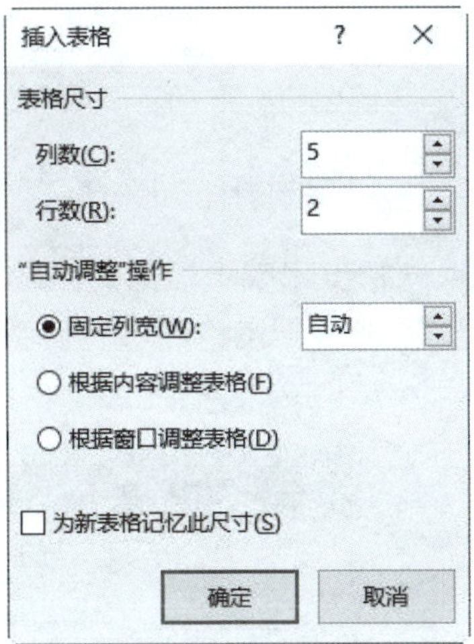


图2-116　“插入表格”对话框

➤ 为新表格记忆此尺寸：指的是新建表格会使用上一次创建表格时的参数设置。

⑥ 根据需要设置表格参数后，单击“确定”按钮，即可创建表格。

### 2．绘制表格

除了使用上述通过设置的方法插入表格，还可以使用表格绘制工具绘制表格。这里所讲的“绘制”并非从无到有的绘制，而是在基本表格的外观上“修补”表格，以达到绘制不规则表格的目的。

① 在文档中插入一个3行4列的表格，并将光标定位其中。

② 在“插入”选项卡的“表格”二级菜单中执行“绘制表格”命令。或者，在“布局”选项卡的“绘图”组中，单击“绘制表格”按钮。此时，光标变为“ ”笔形外观。

③ 移动光标在表格的第1行的第3列和第4列之间，按下鼠标左键绘制一条水平线，如图2-117所示。释放鼠标后即可完成自定义表格的绘制。

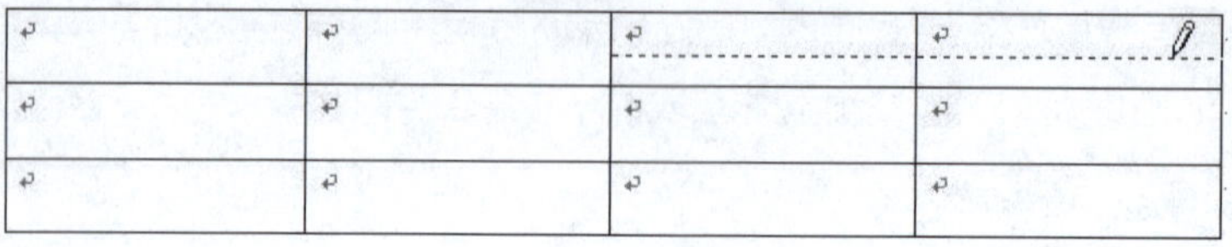

图2-117　绘制表格

④ 将光标定位在表格内，在“布局”选项卡的“绘图”组中，单击“橡皮擦”按钮，光标变为“ ”橡皮擦外观。

⑤ 移动光标到表格内部的某个边框，单击鼠标左键即可擦除对应的表格边框，如图2-118所示。

需要说明的是，无论光标处于“ ”还是“ ”状态，按下【Esc】键均可退出表格编辑状态。

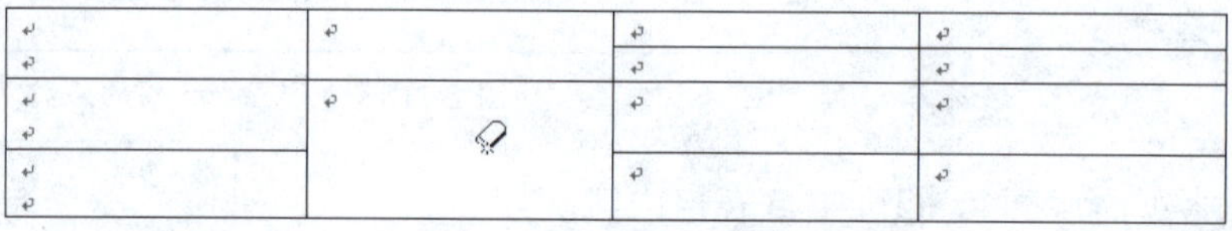

图2-118　擦除表格

## 2.5.2　编辑与设置表格

初步完成表格的制作后，由于列宽和行高分布不均、表格内文字属性没有统一，表格的边框和内容还需要进一步设置或美化。对于表格的编辑，离不开“设计”和“布局”两个选项卡，如图2-119和图2-120所示。

编辑与设置表格

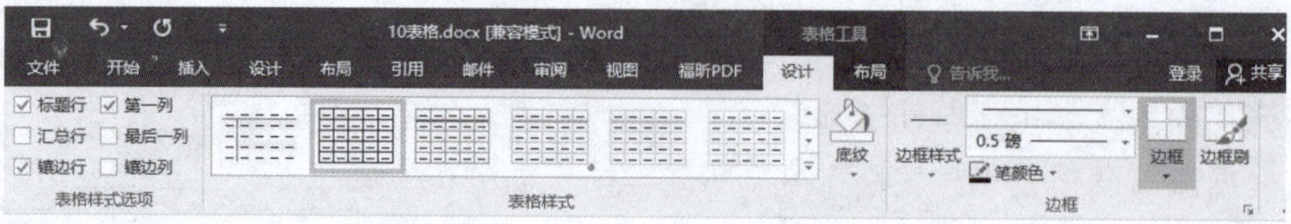


图2-119　表格的“设计”选项卡

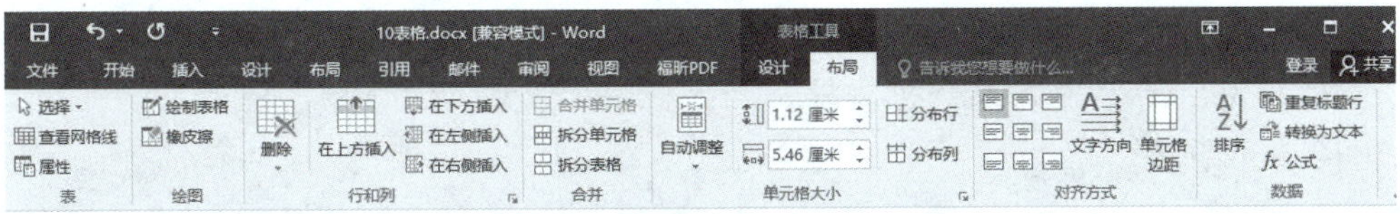

图2-120　表格的“布局”选项卡

## 1．表格的基本操作

（1）选择整个表格

将鼠标定位于表格内，此时表格左上角会自动出现移动控制标志“”，将鼠标移动至控制标志时，鼠标指针也跟随发生变化。单击鼠标左键即可选择整个表格，如图2-121所示。

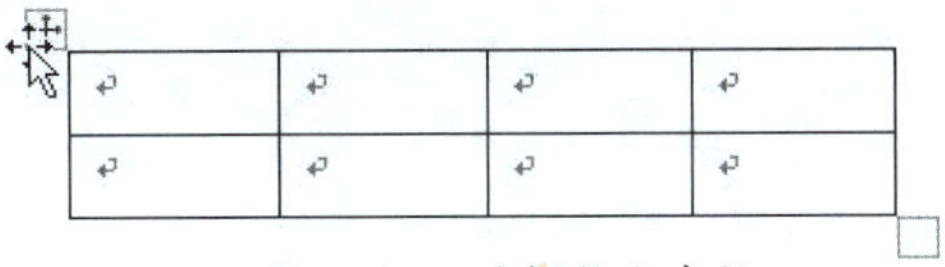
图2-121　选择整个表格

此外，在“布局”选项卡的“表”组中，单击“选择”下拉按钮，在其二级菜单中同样可以选择整个表格。

（2）选择单元格

表是由单元格组成的，单元格指的是表中某个单独的方格。将鼠标定位在某个单元格内部，向单元格左边移动鼠标，当鼠标变为“”时，单击鼠标左键即可选择当前单元格，如图2-122所示。

选择多个不连续的单元格时，只需在选择第一个单元格后，按下【Ctrl】键，继续选择其他单元格即可，如图2-123所示。

选择多个连续的单元格时，将光标定位在第一个单元格内部，然后按下【Shift】键，再次单击其他单元格即可，或者直接使用拖拽的方式选择单元格，如图2-124所示。

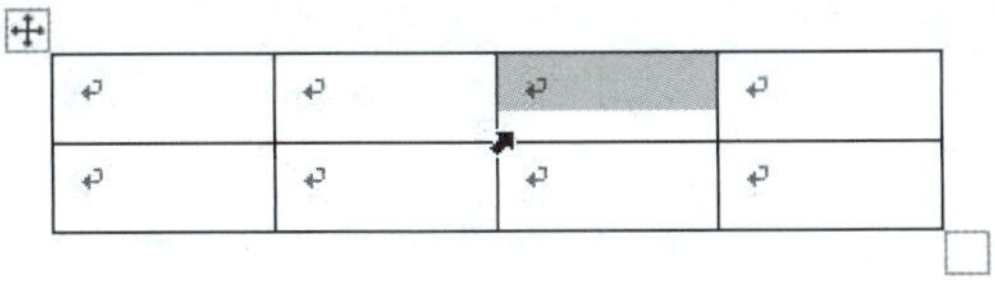
图2-122　选择单元格

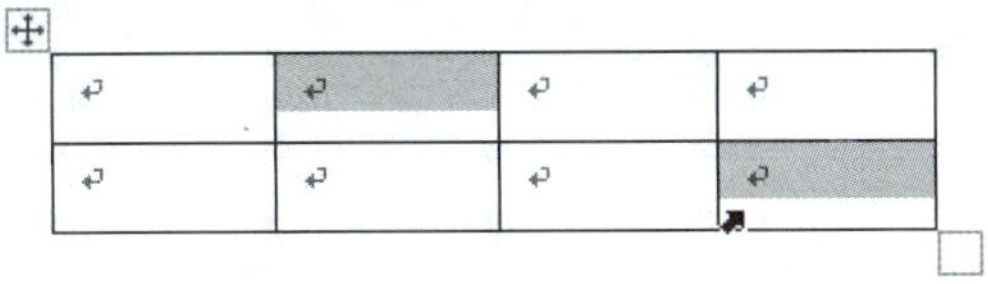
图2-123　选择不连续的单元格

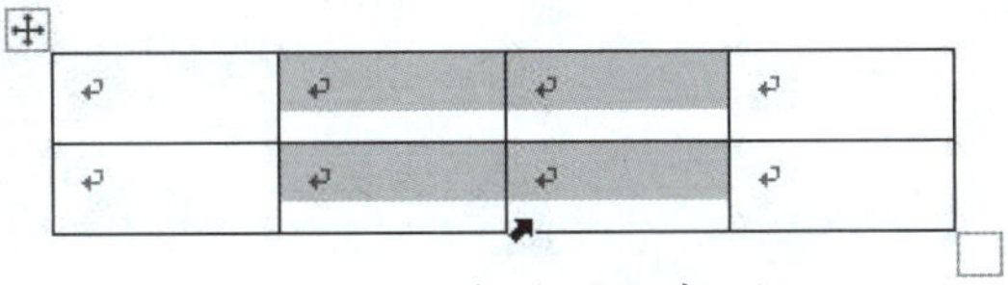
图2-124　选择连续的单元格

（3）选择整行

将鼠标移动到表格左侧某一行之外，当鼠标变为“”时，单击鼠标左键即可选择整行，如图2-125所示。

此外，将鼠标定位在某个单元格内部，向单元格左边移动鼠标，当鼠标变为“”时，双击鼠标左键，即可选择光标所在位置的一行。

（4）选择整列

将鼠标移动到表格上方某一列之外，当鼠标变为“➜”时，单击鼠标左键即可选择整列，如图2-126所示。

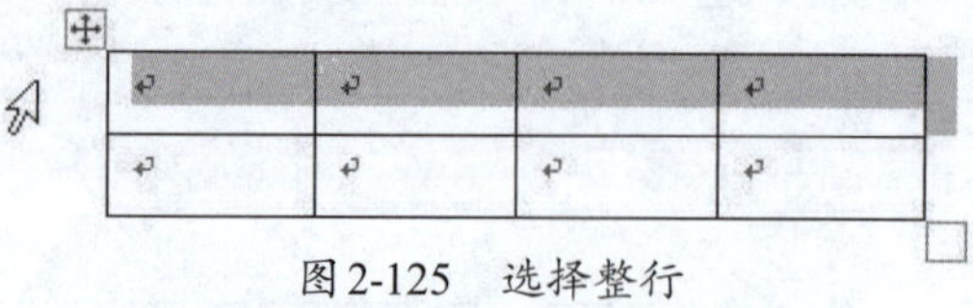

图2-125　选择整行

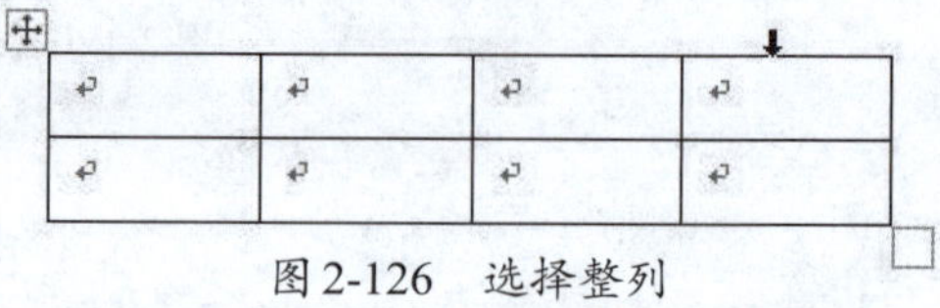

图2-126　选择整列

（5）插入行与列

选中表格的某一列或某一行，单击鼠标右键，在弹出的二级菜单中选择“插入”选项，然后在其子菜单中选择合适选项即可，如图2-127所示。

此外，将光标定位在表格某行最右侧表格外，按下【Enter】键，可以快速在当前行之后插入一行。

（6）插入单元格

在图2-127中，执行“插入”→“插入单元格”命令，弹出如图2-128所示的对话框。根据实际需要，选择插入方式后，单击“确定”按钮即可。

- 活动单元格右移：指的是在所选单元格左侧插入新的单元格。
- 活动单元格下移：指的是在所选单元格上方插入新的单元格。
- 整行插入：指的是在所选单元格所在行之上插入一整行。
- 整列插入：指的是在所选单元格所在列左侧插入一整列。

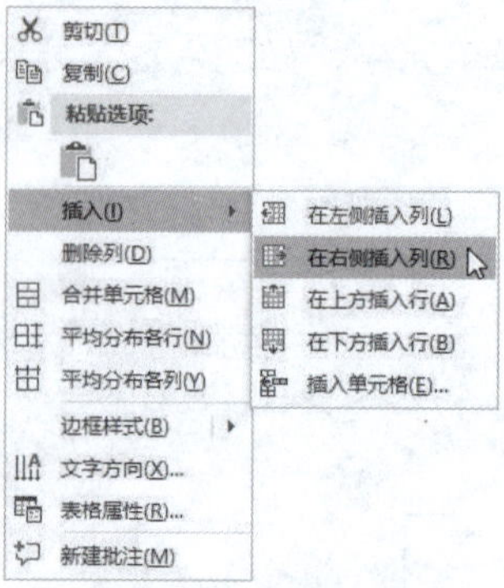


图2-127　插入行或列

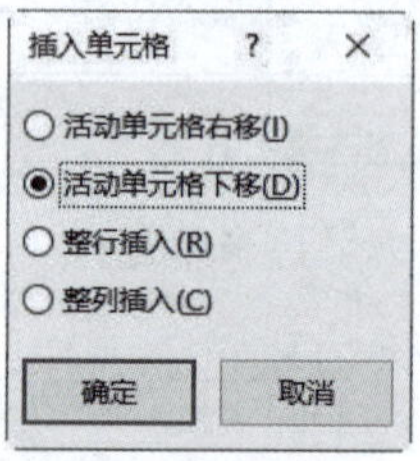


图2-128　“插入单元格”对话框

（7）删除行、列和单元格

根据之前所讲内容选择一行或多行（一列或多列），然后单击鼠标右键，在弹出的二级菜单中选择“删除行”或“删除列”命令即可。

删除单元格的操作与删除行或列类似，选中某个或多个单元格后，单击鼠标右键，在弹出的二级菜单中选择“删除单元格”选项，弹出如图2-129所示的对话框。

- 右侧单元格左移：选择该项后，将删除选中的单元格，剩下的单元格向左移，填补被删除单元格所在位置，表格框架结构改变，如图2-130所示。

➢ 下方单元格上移：选择该项后，将删除选中的单元格，剩下的单元格内容向上移，表格框架结构不变。

➢ 删除整行：选择该项后，单元格所在整行将被删除，剩下的行向上移动。

➢ 删除整列：选择该项后，单元格所在整列将被删除，剩下的列向左移动。

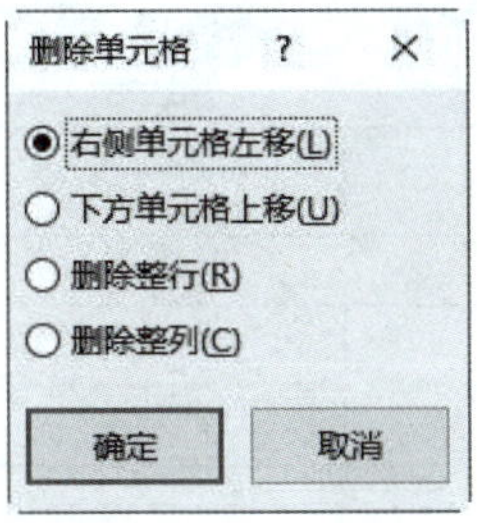


图2-129 “删除单元格”对话框

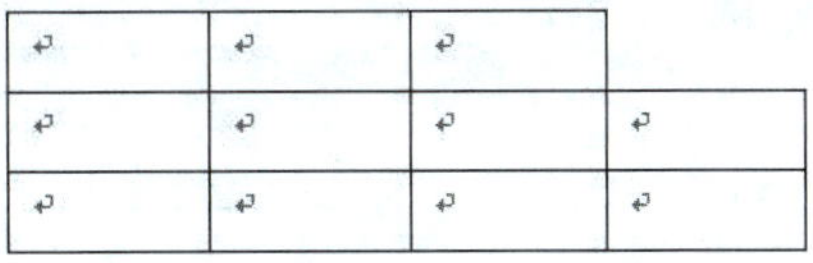

图2-130 右侧单元格左移效果

(8) 合并单元格

合并单元格指的是将相邻的两个或多个单元格合并为一个大的单元格，若原有单元格内有文本数据，则合并单元格后数据单独保留。

选择两个或多个连续的单元格，单击鼠标右键，在弹出的二级菜单中执行“合并单元格”命令即可。或者，在“布局”选项卡的“合并”组中，单击“合并单元格”按钮，同样可以实现单元格的合并，如图2-131所示。

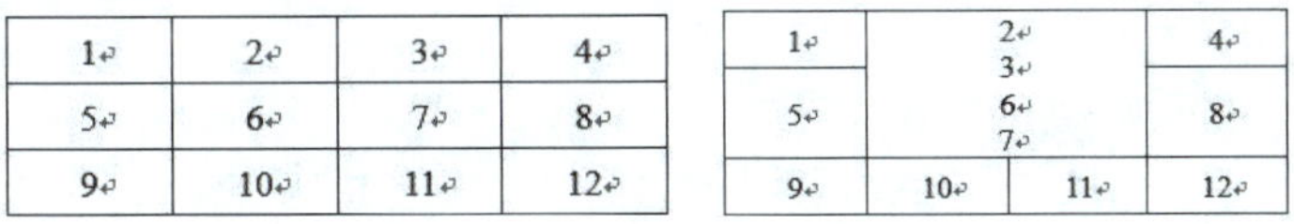


图2-131 合并单元格前后对比效果

(9) 拆分单元格

拆分单元格指的是将一个单元格拆分成多个单元格，使其满足细化表格结构的需求。

① 将鼠标定位在拟拆分的单元格内部。

② 单击鼠标右键，在二级菜单中选择“拆分单元格”选项。此时，弹出如图2-132所示的对话框。

③ 根据实际需要，选择将单元格拆分的列数和行数。最后，单击“确定”按钮，即可完成拆分。图2-133所示是将单元格拆分为1列2行的效果。

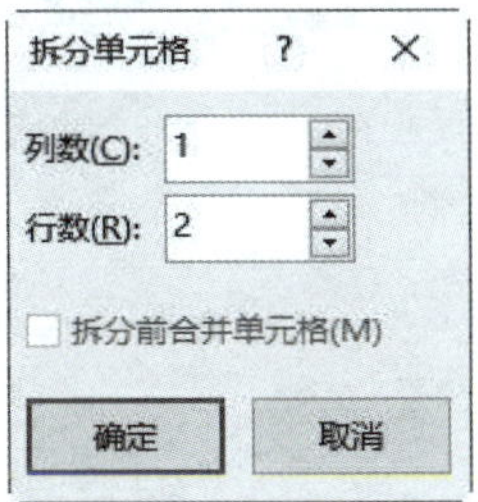


图2-132 “拆分单元格”对话框

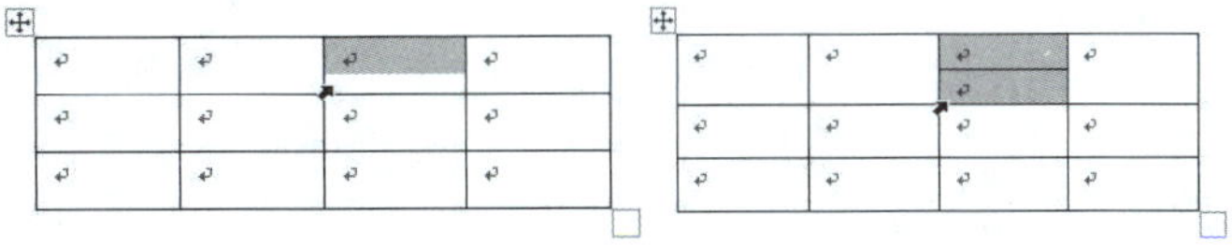

图2-133 “拆分单元格”前后效果对比

(10) 拆分表格

拆分表格指的是将当前表格拆分为两个表格。

① 选中表格中拟拆分的行。

② 在“布局”选项卡的“合并”组中，单击“拆分表格”按钮，即可完成表格的拆分，如图2-134所示。

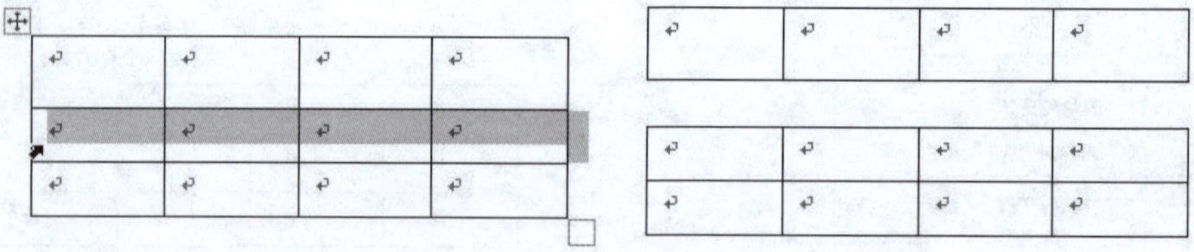

图2-134 “拆分表格”前后效果对比

## 2. 设置表格属性

(1) 行高的设置

在Word表格中，行的高度在默认状态下由表格内的内容和段前段后距离所决定，有多种方法可以调整行高。

方法一：利用【Enter】键调整行高。

将鼠标定位在某个单元格内部，单击【Enter】键即可在单元格内产生新的换行，此时新增加的行就会增加行高。

方法二：使用鼠标拖动单元格的边框。

将鼠标移动到单元格的横向边框上，此时鼠标指针变为“↕”，按下鼠标左键不放，向下或向上拖动鼠标，即可减小或增大行高。

方法三：使用标尺调整行高。

在“视图”选项卡的“显示”组中，勾选“标尺”复选框。将鼠标定位在表格内部时，左侧标尺即可显示行高的灰色线条，拖动灰色线条即可调整行高。

方法四：使用“表格属性”对话框调整行高。

将鼠标定位在表格内部，右键单击表格，在其二级菜单中选择“表格属性”选项，此时弹出如图2-135所示的对话框。选择“行”选项卡，勾选“指定高度”复选框，并在其后面输入拟设置的高度值即可。

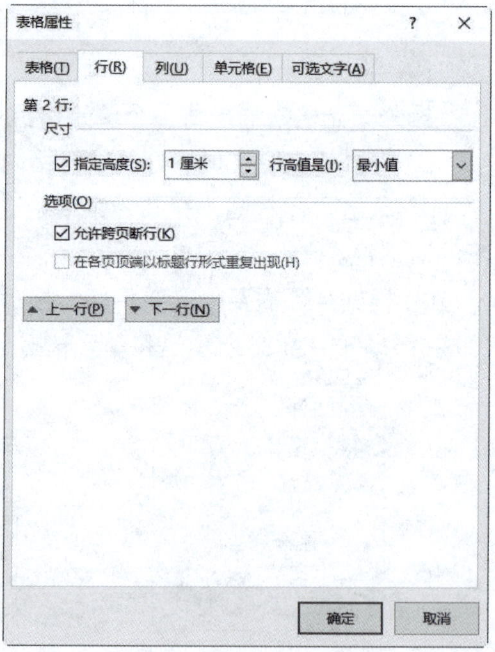


图2-135 精确设置行高

方法五：使用“布局”选项卡中的工具。

用户若要想精确控制行高，还可以通过“布局”选项卡来实现。将鼠标定位在表格内部后，在“布局”选项卡的“单元格大小”组中，通过在“高度”文本框中输入固定的值即可。

需要说明的是，使用方法四和方法五每次仅能调整一行的高度，若要一次调整多行，预先选中表格内的多行即可。

（2）设置列宽

表格列宽的设置与行高的设置方法类同，这里不再赘述。

（3）表格内容的对齐方式

表格内容的对齐方式与之前所讲授的文字排版有雷同之处。若要控制表格内容的位置，只需要在“布局”选项卡的“对齐方式”组中，选择合适的选项即可，如图2-136所示。

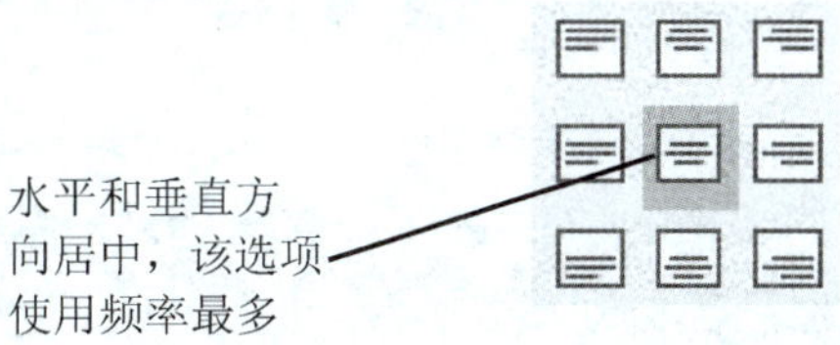


图2-136　表格内容的对齐方式

### 3．美化表格

在对表格进行编辑过程中，除了规范统一表格内容格式，Word也对表格外观设置给出许多主题，用户直接选择喜欢的颜色搭配即可。

① 选择整个表格。

② 在“设计”选项卡的“边框”组中，选择边框样式，然后选择边框的粗细。

③ 在“边框”下拉菜单中，单独为边框的线条设置应用范围，如图2-137所示。

④ 选择表格的标题行，在“设计”选项卡的“表格样式”组中，单击“底纹”下拉菜单，在其中可以为表格设置底纹，如图2-138所示。

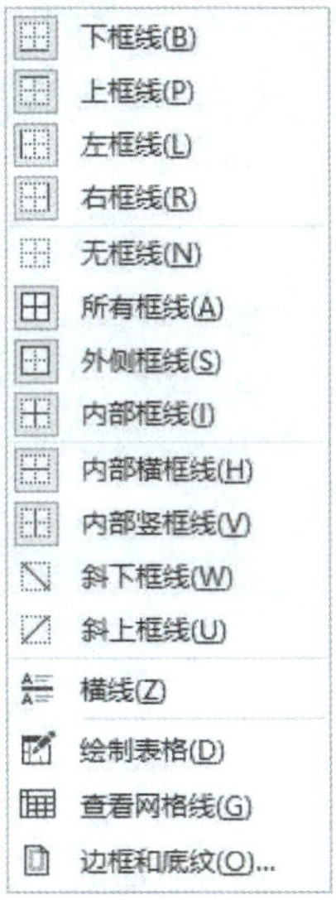


图2-137　“边框”下拉菜单

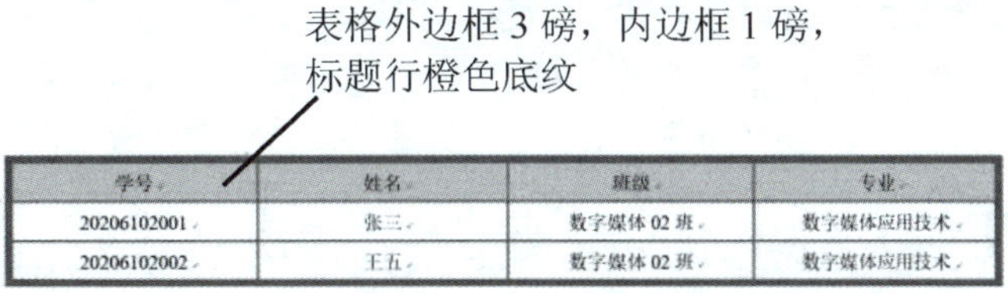


图2-138　自定义美化表格

此外，系统还为用户提供智能式的美化方案。在“设计”选项卡中，单击“表格样式”组的下拉菜单，用户在二级菜单中根据版式需要，选择合适的样式即可，表2-1所用的样式为“网格表4”。

表2-1　使用“主题”美化表格

| 学号 | 姓名 | 班级 | 专业 |
|---|---|---|---|
| 20226102001 | 张三 | 数字媒体02班 | 数字媒体应用技术 |
| 20226102002 | 王五 | 数字媒体02班 | 数字媒体应用技术 |

## 2.5.3　斜线表头与重复标题行

斜线表头指的是在表格的单元格中绘制斜线，以便在斜线单元格中添加表格的项目名称；重复标题行指的是当表格跨页显示的时候，新页面表格顶部自动增加表格标题。

斜线表头与重复标题行

### 1．斜线表头

在Word中，斜线表头有单斜线表头和多斜线表头，具体实现方法如下。

（1）单斜线表头的绘制

① 绘制5行8列的表格，将表格的宽度与高度调整在适合的比例，这里将第1行行高设置为1厘米，其他行高设置为0.5厘米；第1列列宽设置为2厘米，其他列宽设置为1.5厘米。

② 将光标定位在表格左上角的单元格内部。

③ 在“设计”选项卡的“边框”组中，选择0.75磅粗细的线条，线条颜色设置为标准黑。

④ 在“边框”下拉菜单中选择“斜下框线”选项，随后斜线表头绘制完成。

⑤ 将光标定位在斜线表头内部，将字体字号进行缩小设置，这里将字号设置为六号，输入对应的项目名称即可，完成后的斜线表头如表2-2所示。

表2-2　带有单斜线表头的表格

| 日期<br>节次 | 星期一 | 星期二 | 星期三 | 星期四 | 星期五 | 星期六 | 星期日 |
|---|---|---|---|---|---|---|---|
| 1 | 数学 | 语文 | 数学 | 语文 | 数学 | | |
| 2 | 语文 | 英语 | 英语 | 数学 | 科学 | | |
| 3 | 英语 | 数学 | 科学 | 音乐 | 英语 | | |
| 4 | 体育 | 美术 | 英语 | 体育 | 书法 | | |

（2）多斜线表头的绘制

① 绘制4行4列的表格，并将表格第1行的行高设置为1.5厘米，其他行高设置为0.5厘米。

② 在“插入”选项卡的“插图”组中，单击“形状”下拉菜单，在其中选择“直线”

工具。移动鼠标至表格左上角第一个单元格，绘制两条斜线。

③ 将字体字号进行缩小设置，输入对应的项目名称即可，完成后的斜线表头如表2-3所示。

**表2-3　多斜线表头的绘制**

| 科目 / 分数 / 姓名 | 语文 | 数学 | 外语 |
|---|---|---|---|
| 张三 | 86 | 94 | 88 |
| 王五 | 93 | 88 | 90 |
| 李四 | 89 | 87 | 95 |

2．重复标题行

重复标题行功能主要解决了表格在跨页显示时，新页面中表格没有表头的问题，能够帮助读者方便阅读表格的内容。

① 创建一个6行4列的表格。将表格置于跨页面的位置，如图2-139所示。

② 将光标定位在表格的标题行，即表格的第一行内部。

③ 在“布局”选项卡内部的“数据”组中，单击“重复标题行”按钮。此时，该表格就应用了重复标题行，效果如图2-140所示。

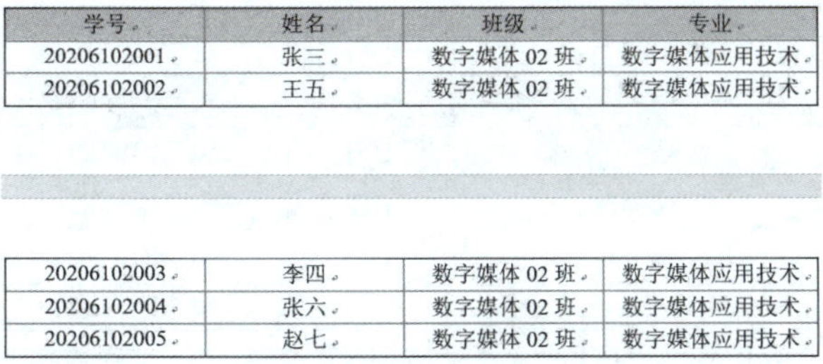

| 学号 | 姓名 | 班级 | 专业 |
|---|---|---|---|
| 20206102001 | 张三 | 数字媒体02班 | 数字媒体应用技术 |
| 20206102002 | 王五 | 数字媒体02班 | 数字媒体应用技术 |

| | | | |
|---|---|---|---|
| 20206102003 | 李四 | 数字媒体02班 | 数字媒体应用技术 |
| 20206102004 | 张六 | 数字媒体02班 | 数字媒体应用技术 |
| 20206102005 | 赵七 | 数字媒体02班 | 数字媒体应用技术 |

图2-139　默认表格跨页时的效果

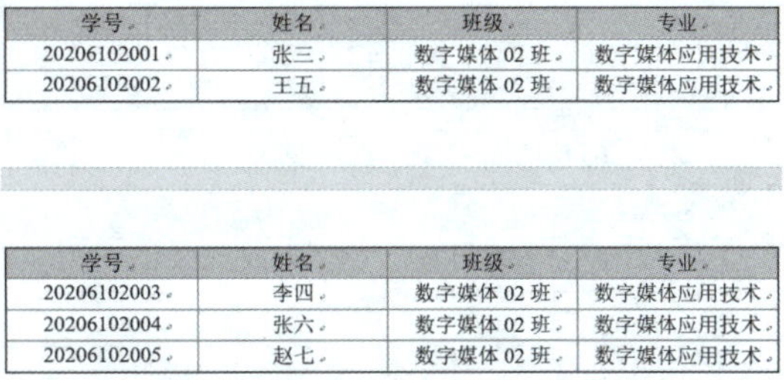

| 学号 | 姓名 | 班级 | 专业 |
|---|---|---|---|
| 20206102001 | 张三 | 数字媒体02班 | 数字媒体应用技术 |
| 20206102002 | 王五 | 数字媒体02班 | 数字媒体应用技术 |

| 学号 | 姓名 | 班级 | 专业 |
|---|---|---|---|
| 20206102003 | 李四 | 数字媒体02班 | 数字媒体应用技术 |
| 20206102004 | 张六 | 数字媒体02班 | 数字媒体应用技术 |
| 20206102005 | 赵七 | 数字媒体02班 | 数字媒体应用技术 |

图2-140　应用重复标题行后的效果

## 2.5.4　表格内的简易公式

Word还为用户提供了强大的公式计算功能，通过简单的设置能够在表格中快速计算出结果。由于有关表格内数据的处理，后续电子表格处理章节会详细介绍，这里仅介绍在工作时，利用Word处理简单数据的方法。

表格内的简易公式

1．求和

对表格行或列的数据求和是常见的操作，具体步骤如下。

① 在Word文档中，新建一个包含数据内容的表格，如表2-4所示。将光标定位在拟存放和数的单元格内部，这里定位在第6行第3列的位置。

**表2-4　拟使用公式求和的表格**

| 序号 | 项目名称 | 项目预算(2020年)万元 | 项目预算(2021年)万元 | 小计 |
|---|---|---|---|---|
| 1 | 项目A | 65 | 30 | |
| 2 | 项目B | 55 | 45 | |
| 3 | 项目C | 100 | 81 | |
| 4 | 项目D | 80 | 68 | |
| 合计 | | | | |

② 在“布局”选项卡的“数据”组中，单击“公式”按钮，此时弹出如图2-141所示的对话框。

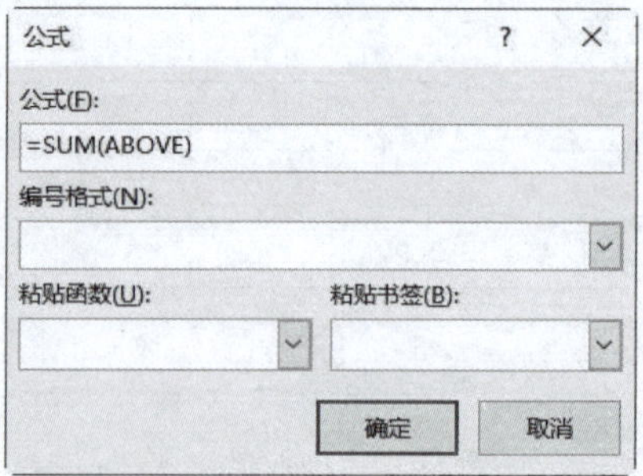


图2-141　“公式”对话框

在默认状态下，此对话框的“公式”文本框中将显示求和的公式“=SUM（ABOVE）”，这里英文“SUM”的含义是“总数、总计”，英文“ABOVE”的含义是“上面的、上文的”。除此之外，还有几个常用的英文关键词。

- BELOW：从光标位置向下所有的单元格中的数据（遇到非数值属性的数据停止）。
- LEFT：从光标位置向左所有的单元格中的数据（遇到非数值属性的数据停止）。
- RIGHT：从光标位置向右所有的单元格中的数据（遇到非数值属性的数据停止）。

③ 选择合适的函数后，单击“确定”按钮，系统即将计算结果填入目标单元格，如表2-5所示。

**表2-5　使用公式计算完成的表格**

| 序号 | 项目名称 | 项目预算(2020年)万元 | 项目预算(2021年)万元 | 小计 | 所用公式 |
|---|---|---|---|---|---|
| 1 | 项目A | 65 | 30 | 95 | =SUM(LEFT) |
| 2 | 项目B | 55 | 45 | 100 | =SUM(LEFT) |
| 3 | 项目C | 100 | 81 | 181 | =SUM(LEFT) |
| 4 | 项目D | 80 | 68 | 148 | =SUM(LEFT) |
| 合计 | | 300 | 224 | 524 | =SUM(LEFT) |
| 所用公式 | | =SUM(ABOVE) | =SUM(ABOVE) | | |

### 2．求平均值

与求和的公式类似，在Word中平均值也能够通过公式快速求出。

① 在Word文档中，新建一个包含数据内容的表格，如表2-6所示。将光标定位在拟存放平均值的单元格内部，这里定位在第6行第3列的位置，拟计算数学科目的平均成绩。

**表2-6　拟使用公式求平均值的表格**

| 序号 | 姓名 | 数学 | 语文 | 平均值 |
|---|---|---|---|---|
| 1 | 王五 | 88 | 91 | |
| 2 | 李四 | 94 | 72 | |
| 3 | 张三 | 100 | 86 | |
| 4 | 赵六 | 92 | 91 | |
| 各科平均值 | | | | |

② 在“布局”选项卡的“数据”组中，单击“公式”按钮，在弹出的对话框中删除“公式”文本框内除等号外的公式。

③ 在“粘贴函数”下拉菜单中选择“AVERAGE”选项，如图2-142所示。随后，系统将该函数添加到“公式”文本框内。

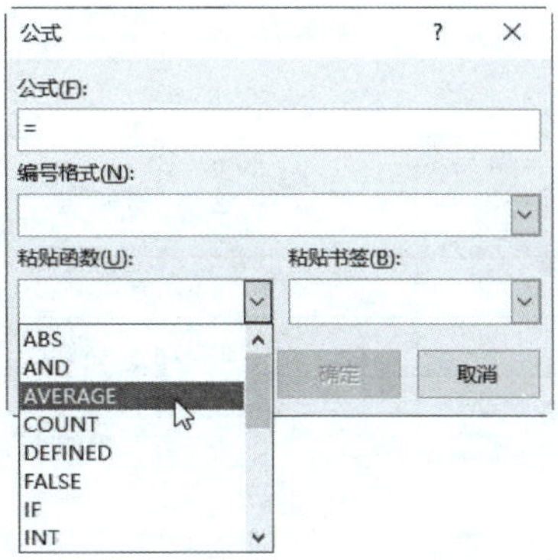


图2-142　修改公式

在“粘贴函数”下拉菜单中常用的函数所对应的含义有：“MAX”表示计算数据中的最大值；“MIN”表示计算数据中的最小值；“COUNT”表示统计数据个数。

④ 在“=AVERAGE（）”内部括号内输入“ABOVE”，即“=AVERAGE（ABOVE）”。设置完成后，单击“确定”按钮，系统即将平均值填入指定单元格，如表2-7所示。同样，可以得到语文科目的平均成绩。

**表2-7　使用公式求平均值的表格**

| 序号 | 姓名 | 数学 | 语文 | 平均值 |
|---|---|---|---|---|
| 1 | 王五 | 88 | 91 | 89.5 |
| 2 | 李四 | 94 | 72 | 83 |
| 3 | 张三 | 100 | 86 | 93 |
| 4 | 赵六 | 92 | 91 | 91.5 |
| 各科平均值 | | 93.5 | 85 | |

⑤ 举一反三，表格横向方向同样可以计算每位学生科目的平均值，用到的公式为“=AVERAGE(LEFT)”。

### 3．排序

在Word的数据表格中，提供了针对数据排序的功能。

① 创建一个包含数据内容的表格，这里沿用前面的示例。

② 将光标定位在该表格中，在“布局”选项卡的“数据”组中，单击“排序”按钮。此时，弹出如图2-143所示的对话框。

③ 在“主要关键字”下拉列表中选择拟参与排序的列。本例中，拟对平均值进行排序，所以这里选择“平均值”选项，排序呈现方式为“降序”，即平均值从高到低排序。

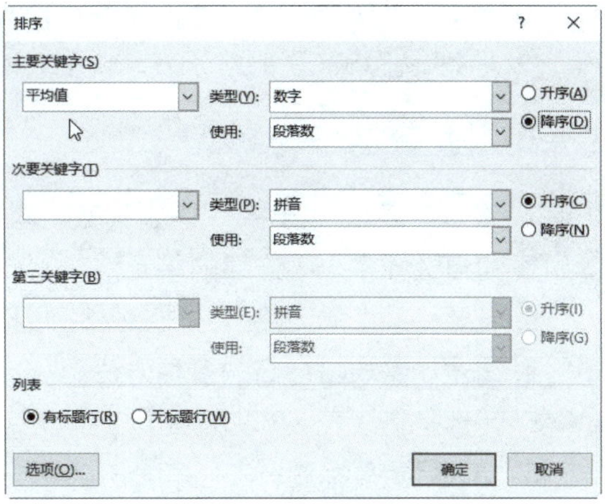


图2-143　“排序”对话框

④ 设置完成后，单击“确定”按钮，表格数据即排序完成，如表2-8所示。

表2-8　排序后的效果

| 序号 | 姓名 | 数学 | 语文 | 平均值 |
|---|---|---|---|---|
| 3 | 张三 | 100 | 86 | 93 |
| 4 | 赵六 | 92 | 91 | 91.5 |
| 1 | 王五 | 88 | 91 | 89.5 |
| 2 | 李四 | 94 | 72 | 83 |

## 2.5.5　跟着做——个人简历

以个人简历为主题，完成下列有关表格的操作，最终效果如图2-144所示。

① 创建10行6列的表格。

② 选择第6列中前6行单元格，对其进行合并。

③ 设置各列的宽度分别为0.8厘米、2厘米、3.5厘米、2厘米、3.5厘米和3厘米。

④ 将第7行第3列的单元格至第7行第6列的单元格进行合并。以此类推，将第8~10行相应的单元格进行合并。

⑤ 在单元格内部输入必要的文字内容。

⑥ 将光标定位在第7行第2列的单元格内部，在“布局”选项卡的“页面设置”组中，单击“文字方向”按钮，在其二级菜单中选择“垂直”命令，使得部分文字方向变为“垂直”。

⑦ 在表格右上角的单元格内部插入图像，并调整图像大小，使图像不会影响表格的结构布局。

⑧ 将表格第1列底纹设置为橙色，将表格第2列和第4列底纹设置为灰色。

⑨ 调整表格内文字的对齐方式，最终效果如图2-144所示。

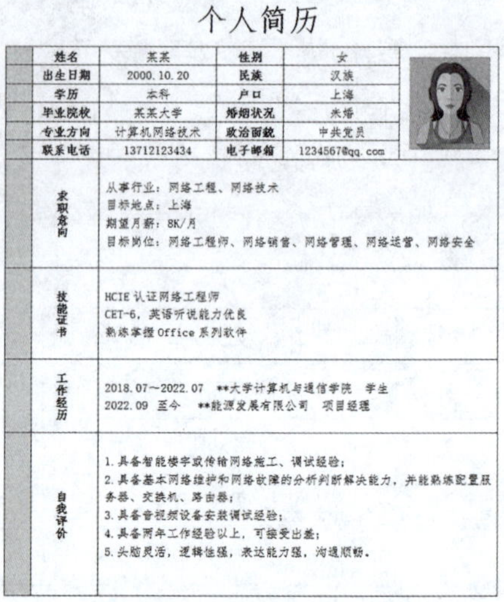

个人简历

| | | | | | |
|---|---|---|---|---|---|
| | 姓名 | 某某 | 性别 | 女 | |
| | 出生日期 | 2000.10.20 | 民族 | 汉族 | |
| | 学历 | 本科 | 户口 | 上海 | |
| | 毕业院校 | 某某大学 | 婚姻状况 | 未婚 | |
| | 专业方向 | 计算机网络技术 | 政治面貌 | 中共党员 | |
| | 联系电话 | 13712123434 | 电子邮箱 | 1234567@qq.com | |
| | 求职意向 | 从事行业：网络工程、网络技术<br>目标地点：上海<br>期望月薪：8K/月<br>目标岗位：网络工程师、网络销售、网络管理、网络运营、网络安全 | | | |
| | 技能证书 | HCIE认证网络工程师<br>CET-6，英语听说能力优良<br>熟练掌握Office系列软件 | | | |
| | 工作经历 | 2018.07~2022.07　**大学计算机与通信学院　学生<br>2022.09　至今　**能源发展有限公司　项目经理 | | | |
| | 自我评价 | 1.具备智能楼宇或传输网络施工、调试经验；<br>2.具备基本网络维护和网络故障的分析判断解决能力，并能熟练配置服务器、交换机、路由器；<br>3.具备音视频设备安装调试经验；<br>4.具备两年工作经验以上，可接受出差；<br>5.头脑灵活，逻辑性强，表达能力强，沟通顺畅。 | | | |

图2-144　个人简历最终效果

## 2.5.6　随堂思考与练习

1. 在创建表格过程中，“固定列宽”与“根据内容调整表格”有何不同之处？
2. 如何选择多个不连续的单元格？
3. 若要将某个单元格拆分成2行3列的表格，如何操作？
4. 简述调整表格行高的多种方法。
5. 什么是斜线表头？如何制作带有斜线表头的表格？
6. 什么是重复标题行？它有什么实际意义？
7. 在表格中，对表格某一列数据求平均值，其公式如何书写？

Chapter 03

# 第3章　电子表格处理

## 【本章导读】

Microsoft Office中的Excel是目前应用最广泛的电子表格处理软件，它因直观的数据呈现方式和简便的操作方式，被广泛应用于统计、财务和金融等领域。本章以Excel 2016操作环境为例，向读者介绍表格处理等内容。

## 【思维导图】

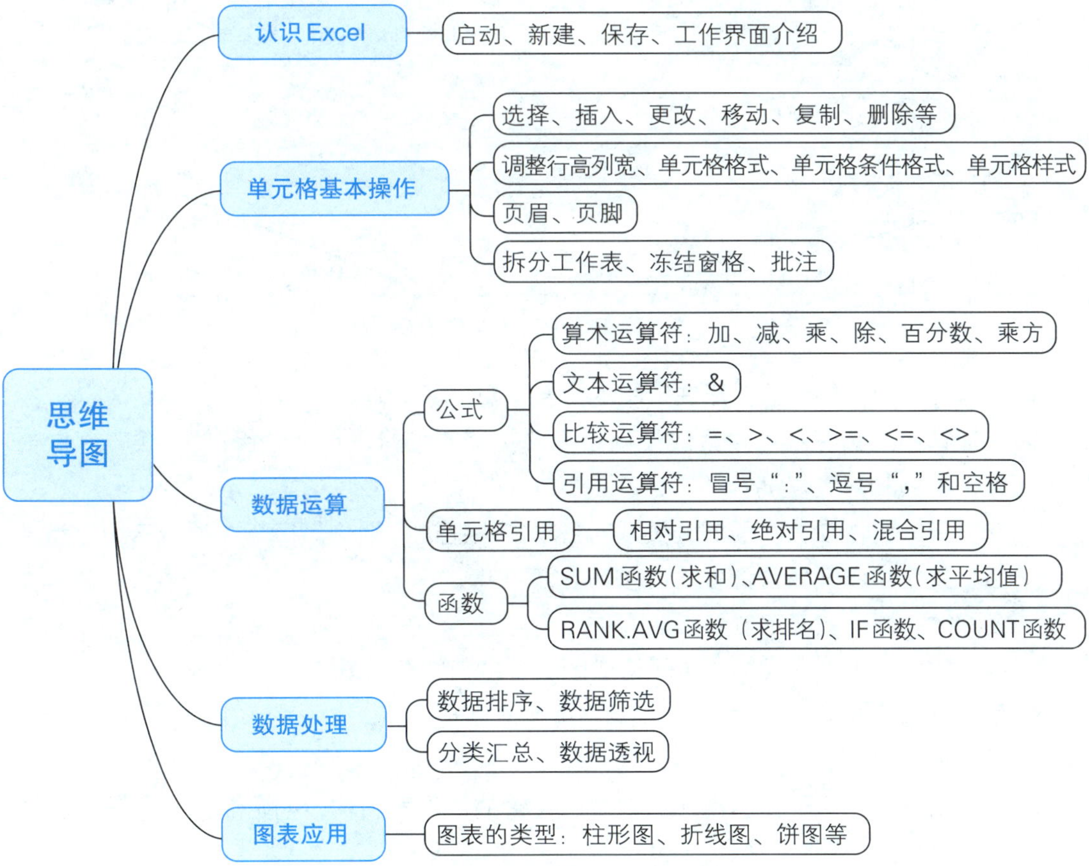

# 3.1 认识Excel 2016

认识Excel

Excel是一款具有强大的数据处理能力的电子表格处理软件系统，利用它可以完成对各种数据的处理、统计分析和辅助决策。

## 3.1.1 启动与界面介绍

### 1. 工作界面的组成

与启动Word的方法类同，双击Excel的桌面快捷图标即可启动Excel 2016，软件的工作界面如图3-1所示。

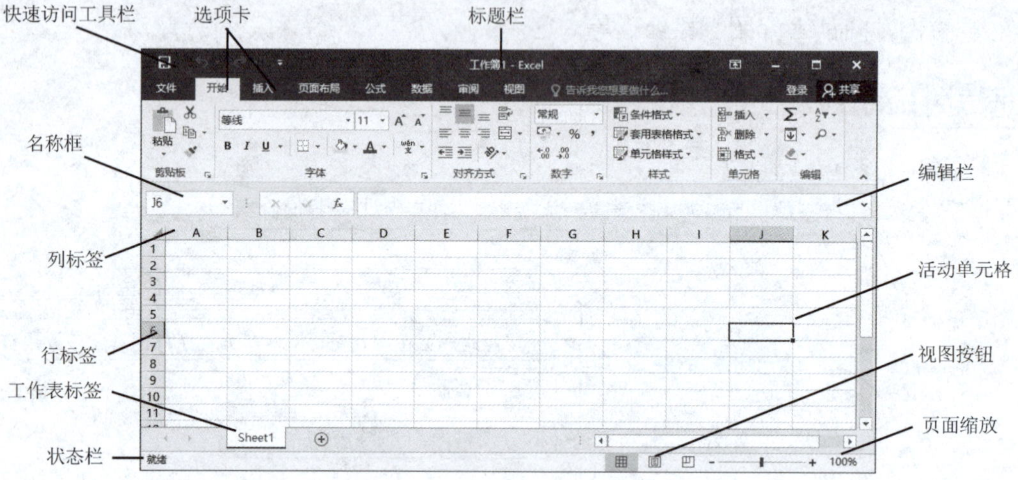


图3-1　Excel 2016工作界面

- 标题栏：用于显示当前正在编辑的文档信息。
- 快速访问工具栏：主要集成了使用频率较高的按钮，包括“保存”按钮、“撤销清除”按钮和“重复键入”按钮等。
- 选项卡：软件在上部区域分类别对各功能按钮进行划分，每个选项卡又细化为多个组，每个组中又包含许多功能按钮。
- 名称框：用于快速定位到指定的单元格位置。
- 编辑栏：用于输入或编辑单元格或图表中的值或公式。
- 列标签与行标签：表格中的“列”用英文字母A、B、C…表示，“行”则用数字1、2、3…表示。
- 工作表标签：用于显示当前工作簿中包含的工作表名称，初始默认状态下，工作表标签显示为“Sheet1”“Sheet2”“Sheet3”。
- 状态栏：用于显示当前工作簿的状态信息。

➢ 视图按钮：用于在多个视图模式之间切换，可以设置普通视图、页面布局视图和分页预览视图三种模式。

➢ 活动单元格：指的是当前处于被激活状态的单元格。

➢ 页面缩放：用于显示当前文档的显示比例，用户可以拖动控制滑块来自定义缩放比例，默认显示比例为100%。

### 2. 工作簿、工作表和单元格

(1) 工作簿

工作簿是由一张或多张表组成的集合，其中的每一张表称为工作表。通常创建的Excel文档就是一个工作簿，如图3-2所示。

(2) 工作表

工作表是由行和列组成的一张表格，在工作表中可以对数据进行分析。图3-3中包含了三个工作表，分别是“Sheet1”、“Sheet2”和“Sheet3”。

图3-2 三个工作簿

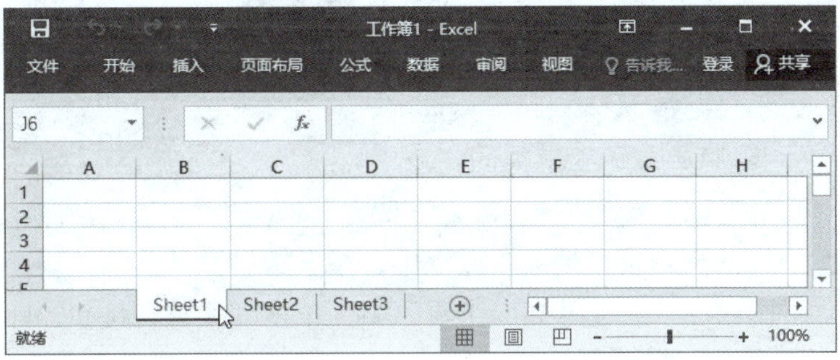


图3-3 一个工作簿中的三个工作表

(3) 单元格

在工作表中，由行和列交叉的区域称为单元格。单元格的命名方式是由“列标+行号”的形式进行的，例如W12定位在第12行与第W列交叉处的单元格。

综上所述，工作簿可以比喻为一本书，工作表相当于书中的每一页，而单元格相当于每一页中具体的文字。也就是说，没有工作簿就不会有工作表，工作簿是由工作表组成的，工作表不能单独存在。工作簿、工作表和单元格之间的关系如图3-4所示。

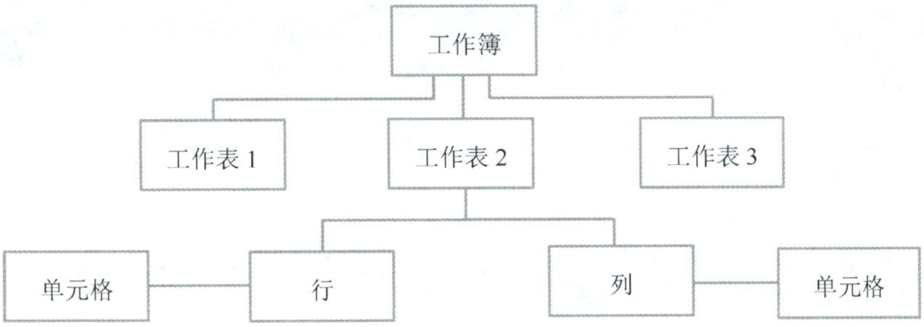


图3-4 工作簿、工作表和单元格之间的关系

### 3.1.2 新建、保存与退出

1．新建

① 正常启动Excel 2016之后，在工作界面顶部区域选择“文件”选项卡，此时在弹出的菜单中选择“新建”命令，随后界面右侧显示有关新建的内容，如图3-5所示。

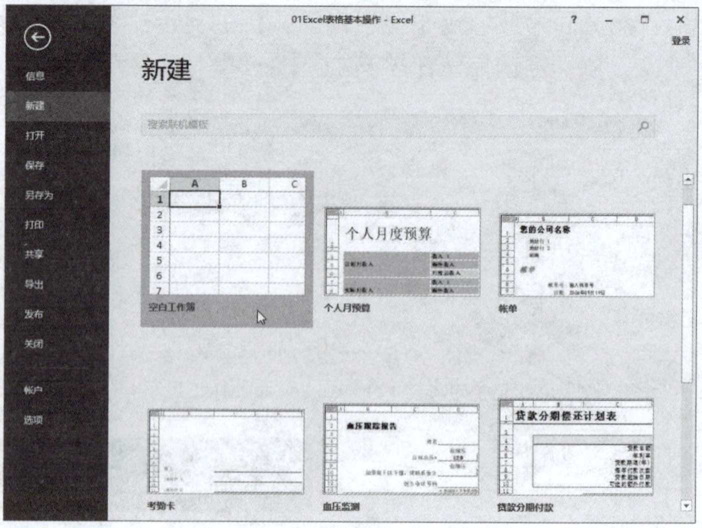


图3-5　新建空白Excel工作簿

② 单击其中的“空白工作簿”按钮，即可创建空白工作簿。此外，还可以通过模板创建，过程与Word操作基本类同，所以这里不再赘述。

2．保存

与Word操作基本类同，保存Excel工作簿有两种操作方法最为简便。

方法一：在文档编辑过程中，按下组合键【Ctrl+S】。

方法二：在快速访问工具栏中，单击“保存”按钮，即可将文档保存。

3．退出

在软件主窗口左上角，单击“文件”选项卡，在弹出的菜单中选择“关闭”按钮。如果当前文档是未经保存的新文档，则系统会弹出对话框要求用户对文档进行保存，待用户跟随系统提示完成保存过程后，即可正常退出Excel。

此外，在软件主窗口右上角，单击“关闭”按钮，也可退出Excel。

## 3.2 工作表和单元格的基本操作

### 3.2.1 选择、插入、更改、移动、复制、删除、显示或隐藏工作表

Excel基本操作

1．选择工作表

（1）选择一张工作表

使用鼠标单击工作簿底部的工作表标签，当标签高亮显示时，则表示选中了当前工作表。

（2）选择多张工作表

在工作簿底部选择工作表标签的同时，按下【Shift】键，可以选择多个相邻的工作表，按下【Ctrl】键，可以选择多个不相邻的工作表。

（3）选择全部的工作表

在工作簿底部的工作表标签上，单击鼠标右键，在弹出的右键菜单中选择“选定全部工作表”选项即可。

## 2. 插入工作表

在工作簿底部的工作表标签旁，单击“⊕”按钮，即可插入一张工作表，如图3-6所示。

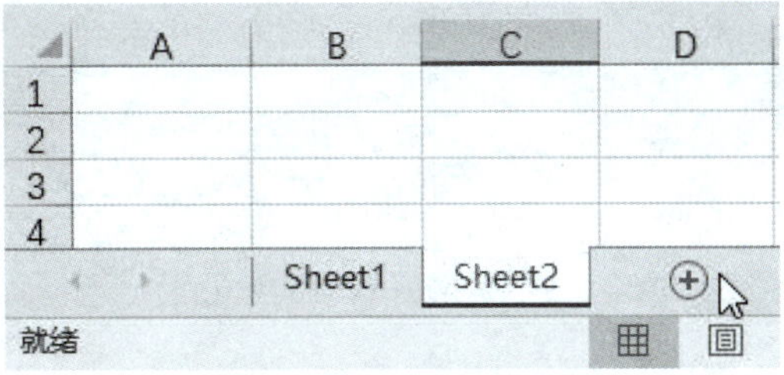


图3-6 插入工作表

## 3. 更改工作表名称和颜色

默认状态下，工作簿底部的工作表名称为“Sheet1”“Sheet2”“Sheet3”。若要修改其名称，用户只需要使用鼠标双击该工作表标签，随后即可进入工作表名称编辑状态，输入新的名称后，按下【Enter】键即可完成编辑。

此外，为了使工作表有一定的区分度，还可以更改工作表标签的颜色。使用鼠标右键选择拟修改颜色的工作表标签，在其二级菜单中选择“工作表标签颜色”命令，在调色板中选择合适的颜色即可。

## 4. 移动和复制工作表

（1）同一工作簿

工作簿中的工作表顺序可以自由调整，具体操作如下：

① 选择需要移动的工作表标签。

② 按下鼠标左键不放，将工作表拖拽至新位置后，松开鼠标，即可完成移动操作，如图3-7所示。

③ 在拖拽过程中，如果按下【Ctrl】键，待松开鼠标时，被移动工作表副本即可被创建，即完成复制工作表的操作。

（2）不同工作簿

若要将“工作簿A”中的“Sheet1”工作表复制到“工作簿B”中，即跨工作簿复制，则可以执行以下操作：

① 右键单击某个工作表，在二级菜单中执行“移动或复制”命令，弹出如图3-8所示的对话框。

② 在“工作簿”下拉菜单中选择其他工作簿名称；在“下列选定工作表之前”列表中选择工作表的位置。

③ 所有设置完成后，单击“确定”按钮，即可完成在不同工作簿之间进行复制的操作。

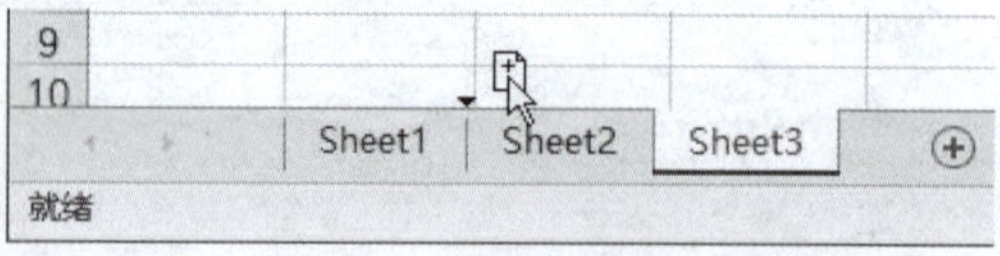


图 3-7　移动工作表

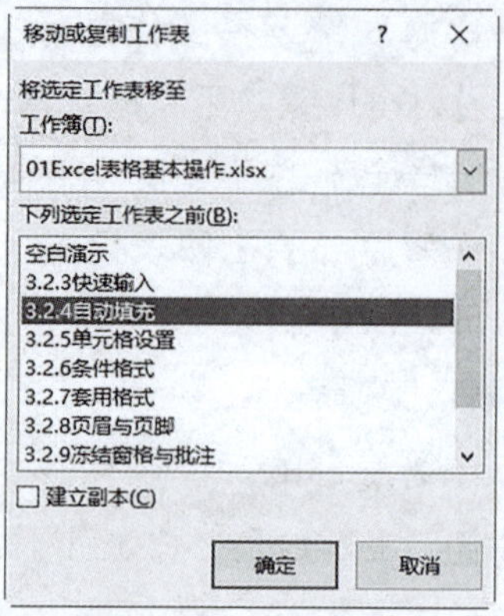


图 3-8　“移动或复制工作表”对话框

### 5．删除工作表

使用鼠标右键选择拟删除的工作表，在二级菜单中执行“删除”命令即可。

### 6．显示或隐藏工作表

在工作中，根据需要通常将某些不重要的工作表隐藏或显示，具体操作如下。

（1）隐藏工作表

在工作簿中，鼠标右键选中拟隐藏的工作表，在弹出的二级菜单中执行“隐藏”命令，随后工作簿中将不再显示该工作表。

（2）显示工作表

在工作簿中，鼠标右键选中任意工作表，在弹出的二级菜单中执行“取消隐藏”命令，此时弹出如图3-9所示的对话框。在该对话框的列表中选择需要显示的工作表名称，然后单击“确定”按钮，之前被隐藏的工作表即可显示出来。

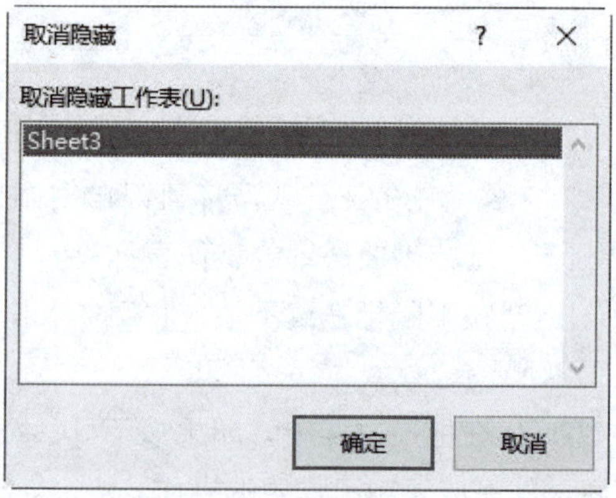


图 3-9　“取消隐藏”对话框

## 3.2.2　单元格及其常规操作

### 1．单元格

工作表中的行与列交叉位置的矩形方格称为单元格，单元格是组成工作表的最小单位。形式上，单元格可以被拆分或合并；内容上，单元格可以存放多种数据类型的数据，例如文本、数值、公式、日期、百分比和货币等。

工作表中的每个单元格都有地址标识，其命名方式为“列标+行号”。例如，地址标识为D7的单元格，指的是第D列和第7行交叉点的单元格。

要特别说明的是，列标虽然用A、B、C…英文表示，但超过26列时则用2～3个字母AA、AB、AC…表示，直到XFD。

此外，单元格在后续章节讲解引用类型时，还有其他形式的表达方式，这里读者仅做了解即可。

➢ 相对地址：由列标和行号组成。例如，A9、AB10、AAB5。

➢ 绝对地址：在列标或行号前面增加“$”符号。例如，$A$9、$AB$10。

### 2. 单元格区域

所谓单元格区域，指的是由多个单元格组成的区域，或者是整行、整列等区域。在Excel中，使用“:”连接两个单元格地址即可表示单元格区域，例如C3:D4表示从左上角C3单元格到右下角D4单元格的一个连续区域。图3-10所示的内容为将C3到D4单元格区域内数据的和，填入B3单元格。

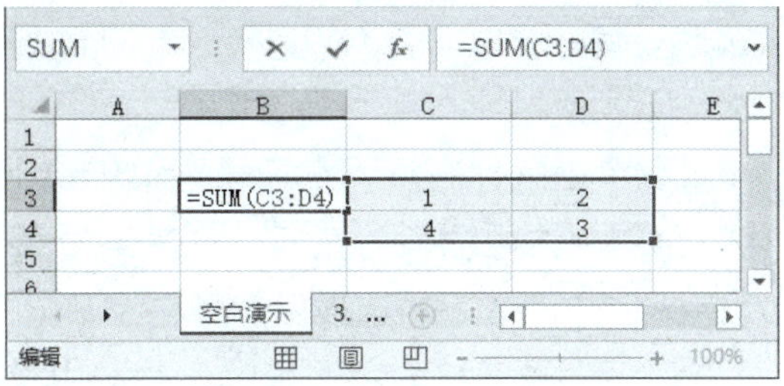

图3-10　单元格区域

### 3. 选择单元格或选择单元格区域

(1) 选择一个单元格

在工作表内部，单击任意位置，即可选择一个单元格。此时，被选中的单元格四周被加粗的线框所包围，直接输入文字或数字内容时，输入的内容立刻被呈现。

(2) 选择多个单元格

在工作表内部，按下鼠标左键不放，拖拽一定的区域，即可选中该区域内的所有单元格；选择第一个单元格后，按下【Ctrl】键，再次选择其他单元格，即可选择多个不连续的单元格，如图3-11所示；选择第一个单元格后，按下【Shift】键，再次选择其他单元格，即可选择先后两个单元格对角线上的所有单元格。

(3) 选择整行或整列

将鼠标移动到行号或列标处，当鼠标指针变为“➡”或“⬇”时，单击鼠标左键，即可选择一行或一列。

(4) 选择当前表中的全部单元格

将鼠标移动到工作表的左上角，即行号与列标交叉处，单击鼠标左键，即可选择当前表中的全部单元格，如图3-12所示。

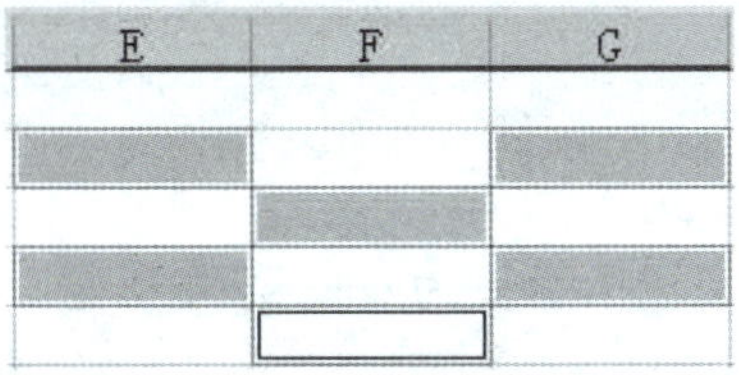
图3-11　选择多个不连续的单元格

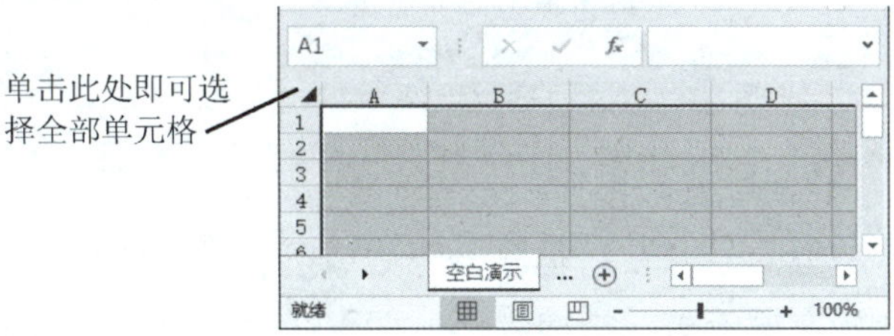

图3-12　选择全部单元格

### 4. 移动单元格

选择单元格后，再将鼠标悬停到单元格边缘，此时鼠标指针变为十字箭头外观，如

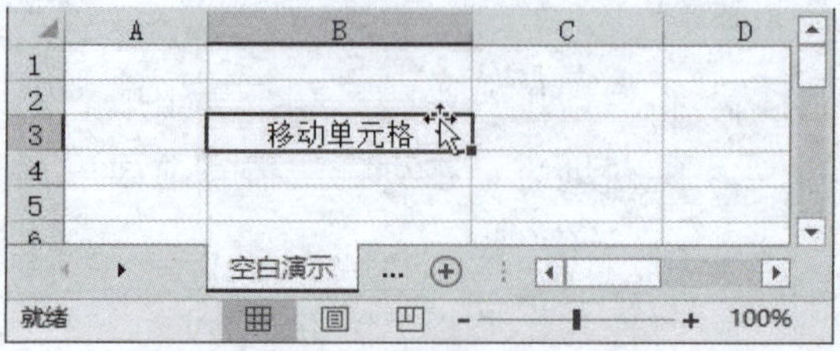


图3-13　移动单元格

图3-13所示。按下鼠标左键不放，将单元格拖放至其他位置，即可完成移动单元格的操作。后续章节将继续介绍移动单元格时所遇到的各类情况，这里仅做认知学习。

### 5. 插入单元格、行和列

① 选中拟插入单元格的位置。

② 单击鼠标右键，在二级菜单中执行“插入”命令，或者在“开始”选项卡的“单元格”组中单击“插入”按钮，在其下拉菜单中选择合适的选项，均可弹出如图3-14所示的对话框。选择合适的选项后，单击“确定”按钮，即可完成插入。

- 活动单元格右移：指的是被选中单元格的数据右移，如图3-15所示。
- 活动单元格下移：指的是被选中单元格的数据下移，如图3-16所示。
- 整行：指的是当前单元格上方新增一行空白行，如图3-17所示。
- 整列：指的是当前单元格左侧新增一列空白列。

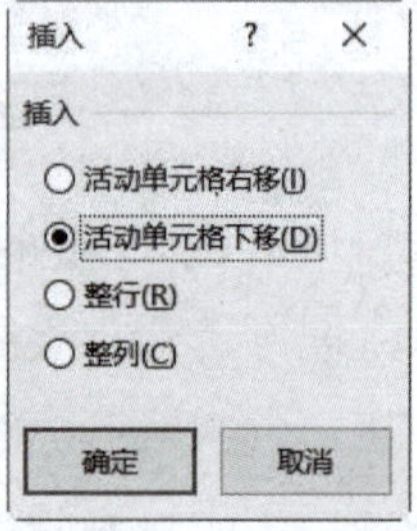


图3-14　“插入”对话框

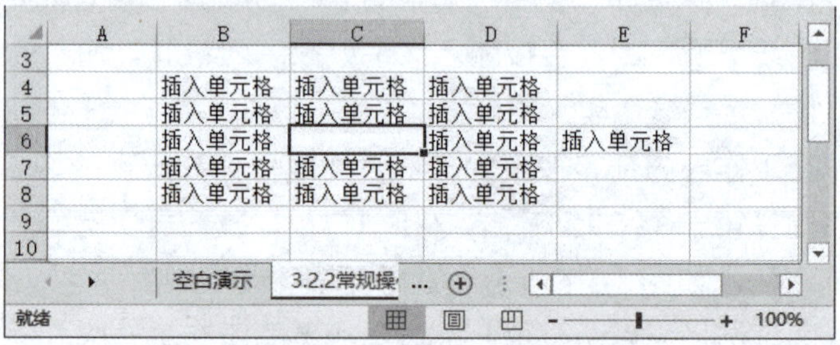


图3-15　“活动单元格右移”效果

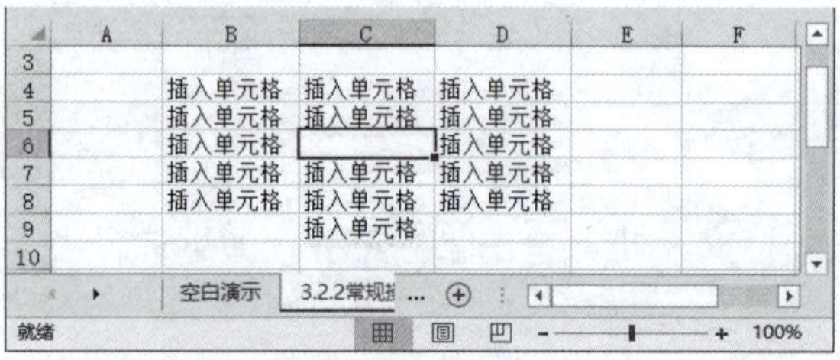


图3-16　“活动单元格下移”效果

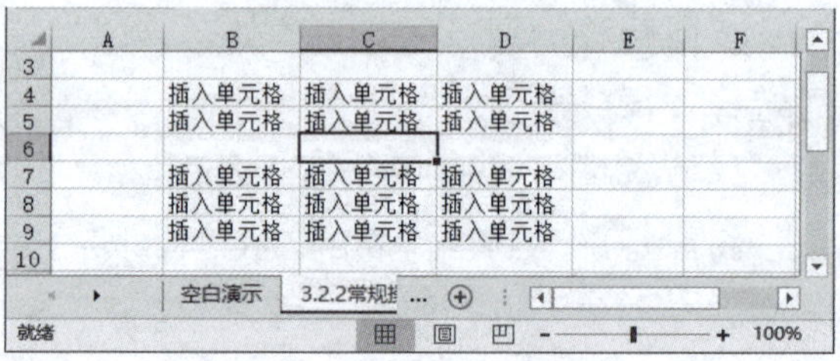


图3-17　“整行”效果

## 3.2.3　调整行高与列宽

### 1. 通过鼠标拖拽调整

将鼠标悬停在行标签分隔线或列标签分隔线上，此时光标指针变为双向箭头外观，按下鼠标左键不放，拖拽鼠标，即可快速调整行高或列宽，如图3-18、图3-19所示。若要同时调整多行或多列，则需要预先选择多行或多列。

此外，当光标指针变为双向箭头外观时，双击鼠标左键，Excel将会根据当前行或当前列内容的多少自动调整行高或列宽。

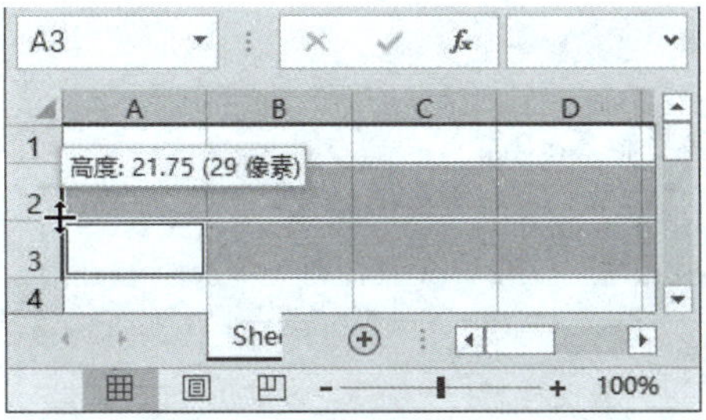


图3-18 一次性调整多行的行高(预先选择多行)

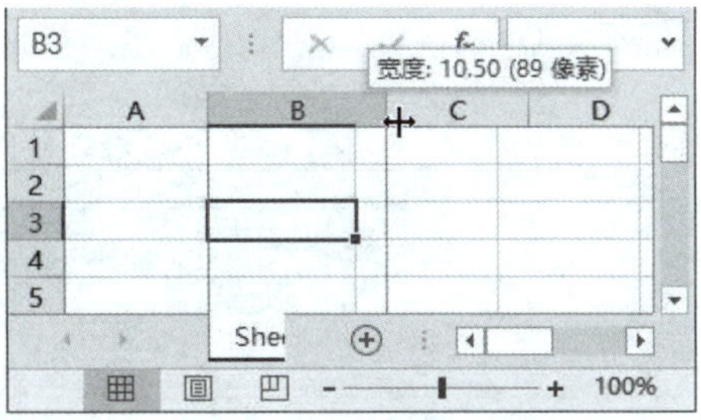


图3-19 调整一列的列宽

### 2. 通过菜单命令调整

通过鼠标拖拽的方式调整行高与列宽虽然方便快捷，但鼠标拖拽时并不精确，若要精确调整行高与列宽，则需要采用菜单命令的方式。

选择拟调整行高或列宽的行或列，在行号或列标上面单击鼠标右键，在二级菜单中选择“行高”或“列宽”命令。随后，弹出如图3-20所示的对话框，在此对话框中输入具体的行高值或列宽值，单击“确定”按钮即可精确调整。

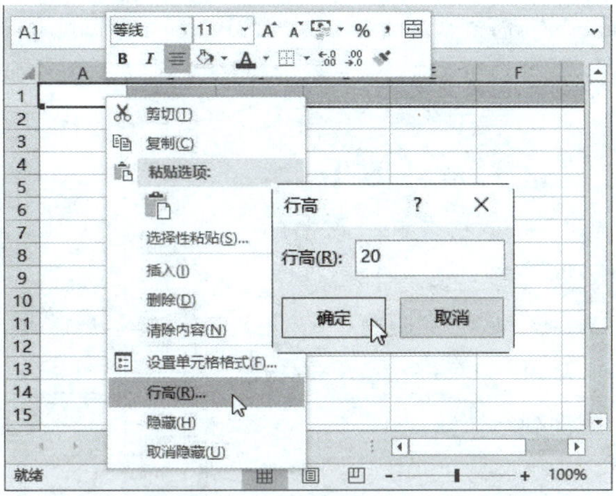


图3-20 通过菜单命令调整行高或列宽

## 3.2.4 数据类型和数据输入

单元格可以存储多种类型的数据，如文本型、数值型、日期型、货币型和时间型等。按照输入这些数据的方法不同，可以分为直接输入、自动填充和外部导入。

数据类型和数据输入

### 1. 文本型数据

文本型数据一般包括汉字、英文字母、拼音符号、空格和各类字符型组合。

(1) 输入常规文本

选择某个单元格，直接使用键盘输入数据，输入的数据即呈现在单元格内部，并进入编辑状态。如果文本内容超过单元格宽度，当右侧单元格没有数据时，超出的文字将覆盖右侧单元格显示；当右侧单元格有数据时，超出的文字将被隐藏，但实际内容真实存在。在输入过程中，按下组合键【Alt+Enter】即可强制换行。

(2) 输入身份证号码和学号

此类文本由于内容包含数字，为了避免Excel将它们识别为数值型，在输入时需要在数字前面加一个英文状态下的单引号“'”。例如，要输入身份证号码410202201011210518，应输入'410202201011210518；要输入学号0020206028001，应输入'0020206028001，如

图3-21所示。

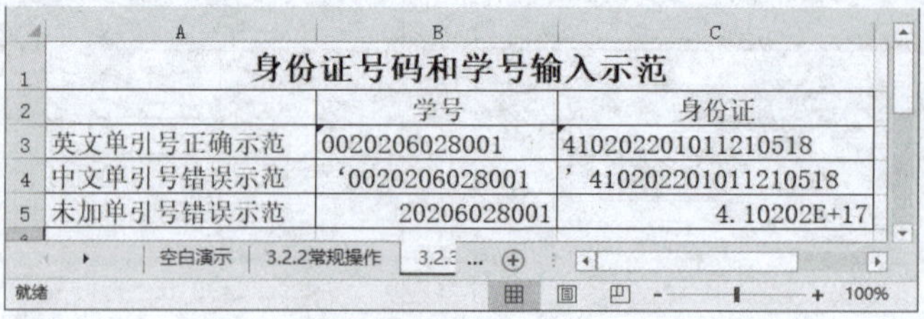


图3-21　输入身份证号码和学号

（3）快速输入

当需要在不同单元格的位置输入相同内容时，则可以通过组合键【Ctrl+Enter】来快速输入，此种应用场景常见于课程表，具体操作如下。

① 在工作表中，按下【Ctrl】键选择拟输入同一内容的单元格。

② 释放【Ctrl】键，此时鼠标不要单击表格内任何位置，直接输入文字内容，若需要换行则按下组合键【Alt+Enter】进行强制换行。

③ 输入完成后，按下组合键【Ctrl+Enter】，之前被选中的多个单元格即可快速填充对应的文字，如图3-22所示。

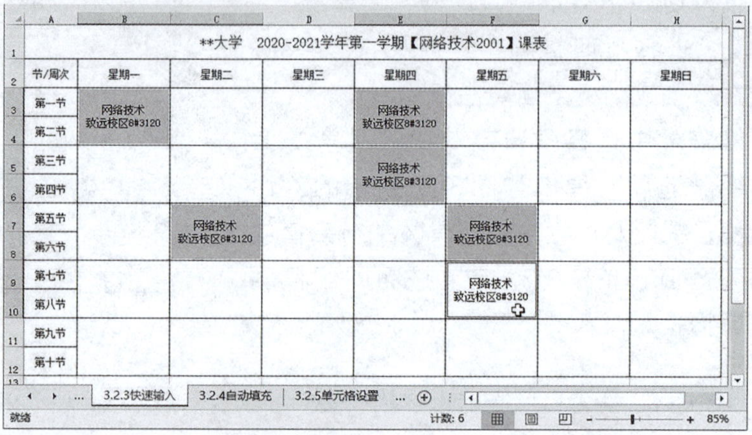


图3-22　使用组合键在不连续的单元格内快速输入

## 2．数值型数据

数值型数据指的是可以进行数值运算的数据类型。数值型数据由数字、小数点、正负号等字符组成。在输入数值型数据时，有以下几点需要特别注意。

（1）负数

在输入负数时，可以用“-”或“（）”表示。例如，负99，可以直接输入-99，或者输入（99）。

（2）分数

在输入分数时，例如拟输入“1/2”，应先输入0和一个空格，然后输入分数。如果直接输入分数“1/2”，默认状态下系统将识别为“1月2日”，如图3-23所示。需要说明的是，虽然单元格在显示的时候，显示为“1/2”，但在运算时会直接使用“0.5”参与计算。

（3）科学计数法

当输入的数字整数部分超过11位时，Excel将自动采用科学计数法进行表示，而小数部分在超出格式设置时，超出部分将会四舍五入，如图3-24所示。

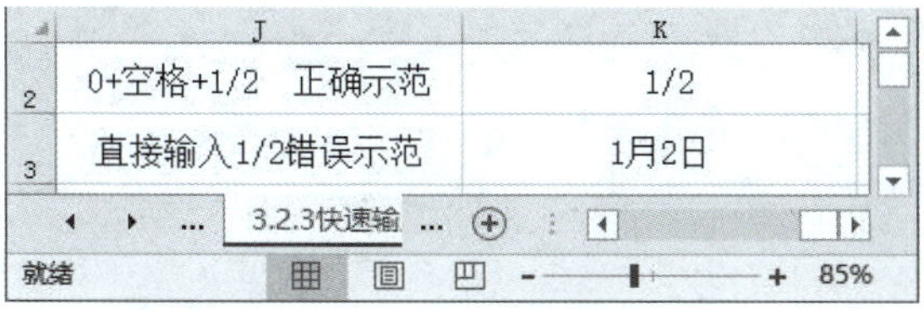


图3-23　输入分数

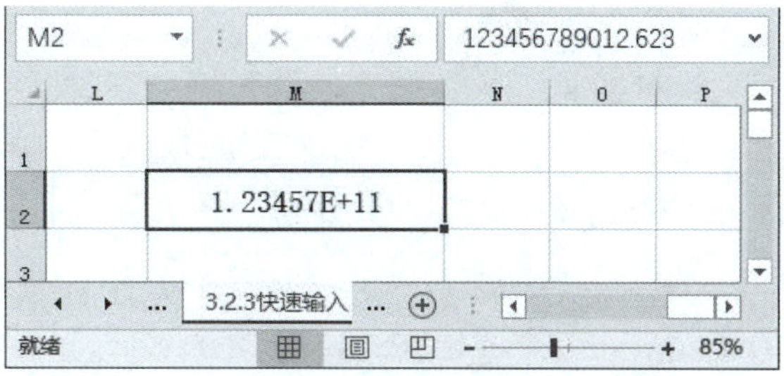


图3-24　科学计数法

### 3. 日期和时间型数据

常见的日期型数据格式为“2022/11/21”或“2022年11月21日”，常见的时间型数据格式为“15:30:55”。

例如，在单元格内输入“2020/11/21”时，显示为“2020/11/21”或“2020年11月21日”，呈现结果的不同取决于当前单元格设置的日期型数据的格式；在单元格内输入“10:20”时，显示为“10:20”。

插入当前日期的快捷键为【Ctrl+;】；插入当前时间的快捷键为【Ctrl+Shift+;】；若要在单元格内同时显示日期和时间，只需在依次使用上述组合键操作时，中间增加空格键即可，即“【Ctrl+;】 空格 【Ctrl+Shift+;】”。

### 4. 符号类型

在表格中插入符号的操作与在Word中插入符号的操作类同。用户只需要在“插入”选项卡的“符号”组中单击“符号”按钮，在弹出的对话框中选择符号即可。

### 5. 数据的自动填充

在Excel中，数字可以以等值、等差和等比的方式自动填充到单元格中，文字也可以以某种规律填充至单元格中。

这里自动填充指的是使用拖放单元格填充柄的方式来快速完成单元格数据的输入。将鼠标移动到单元格的右下角，此时鼠标变为填充柄外观“**+**”，通过拖拽填充柄可以将指定单元格或区域内的内容按照某种规律进行填充，如图3-25所示。

(1) 复制数据

如果单元格内的输入没有逻辑关系，那么拖拽填充柄时，单元格的内容就会复制填充至其他单元格内，如图3-26所示。

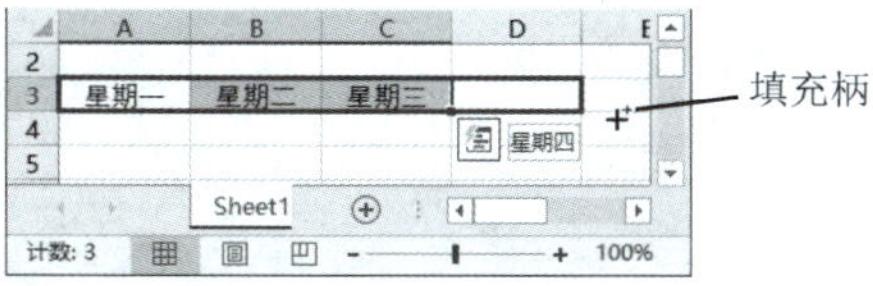


图3-25　数据的自动填充

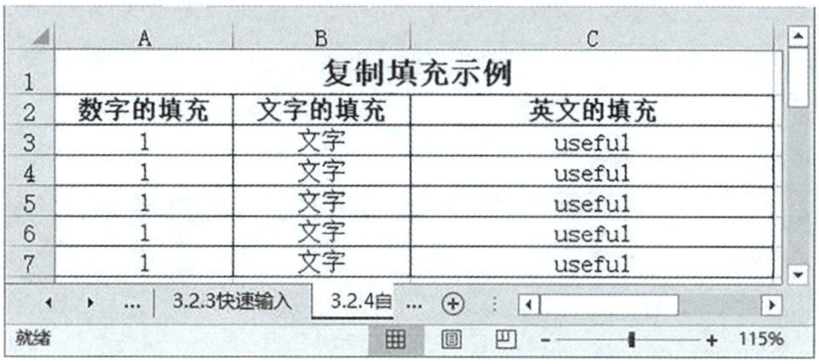


图3-26　复制填充

（2）序列数据

序列数据指的是单元格的数据呈现等差、等比，或者有某种逻辑关系的数据。此类数据在填充时，Excel会根据输入的初始数据进行判断，然后按照该序列的逻辑关系填充后续单元格。这里以填充多种类型的序列数据为例，向读者进行介绍。

① 对于日期型序列来讲，在单元格内输入一个日期型数据，拖拽填充柄至其他单元格的位置，即可完成填充，如图3-27所示。

② 对于等差序列来讲，在单元格内至少输入两个初始数据，选择这两个单元格，然后拖拽其控制柄，系统将根据等差关系依次填充其他单元格，如图3-28所示。

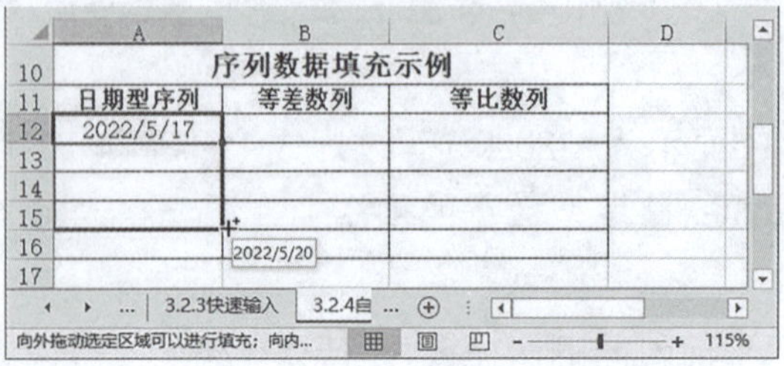


图3-27　日期型序列数据填充

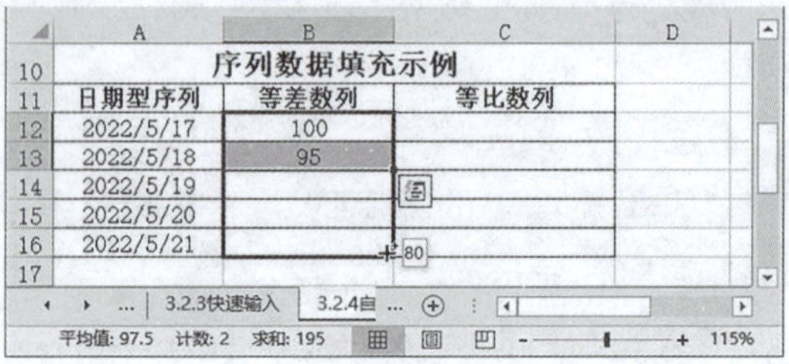


图3-28　等差序列数据填充

③ 对于等比序列来讲，首先在单元格内输入初始数据，这里输入“2”。然后，选中要填充的单元格区域，这里选择C12:C16。

④ 在“开始”选项卡的“编辑”组中，单击“填充”按钮，在其二级菜单中选择“序列”选项，此时弹出如图3-29所示的对话框。在“类型”选项组中，选择“等比序列”单选按钮，“步长值”设置为“2”。

⑤ 设置完成后，单击“确定”按钮，等比序列即可自动填充，如图3-30所示。

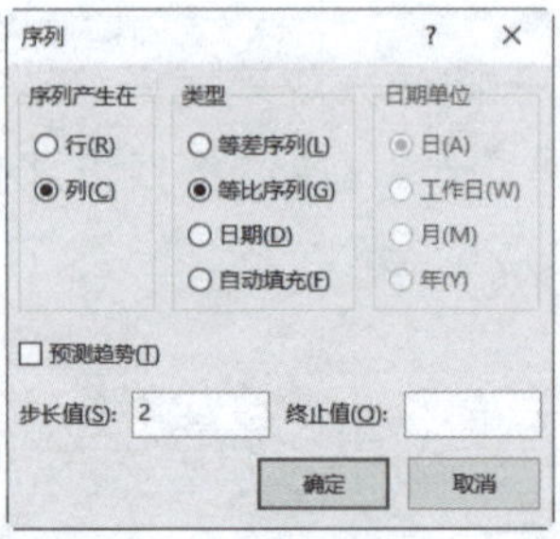


图3-29　“序列”对话框

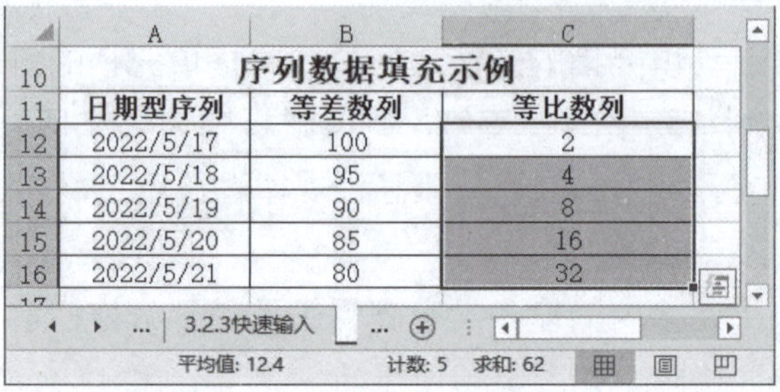


图3-30　等比序列数据填充

## 3.2.5　单元格格式设置

单元格的格式设置主要指的是对单元格的内容进行格式化处理，例如字体样式、对齐方式、边框线条、数字格式和填充样式等。在对单元格格式化处理时，通常有两种操作方式：一种是通过“开始”选项卡内的各类按钮来设置，如图3-31所示；另一种是通过“设置单元格格式”对话框来

单元格格式设置

实现。

无论对单元格进行何种格式化处理，在进行设置之前必须选定单元格或单元格区域，然后才能执行一系列操作。

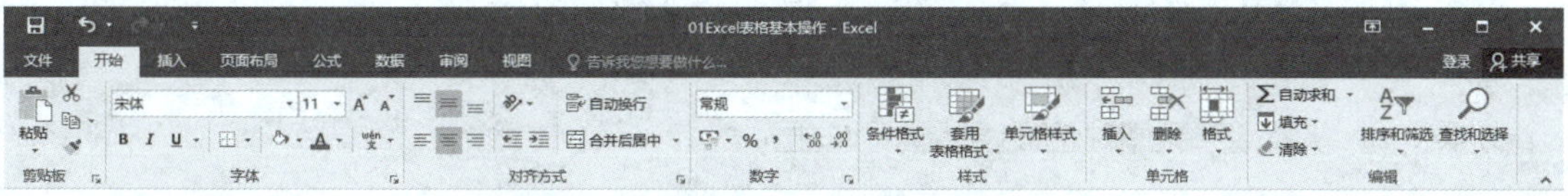


图3-31 “开始”选项卡

## 1．设置数字格式

在Excel中，有多种数字格式可以展示，例如货币形式、百分比形式、分数形式、会计专用形式等。

① 选择需要调整数字格式的单元格或单元格区域。

② 在“开始”选项卡的“数字”组中，单击“数字格式”下拉列表。在列表中选择拟采用的数字格式，如图3-32所示。随后，被选中单元格的数字内容即可改变为目标形式。

此外，鼠标右键单击被选中的单元格区域，在其二级菜单中执行“设置单元格格式”命令，弹出如图3-33所示的对话框。

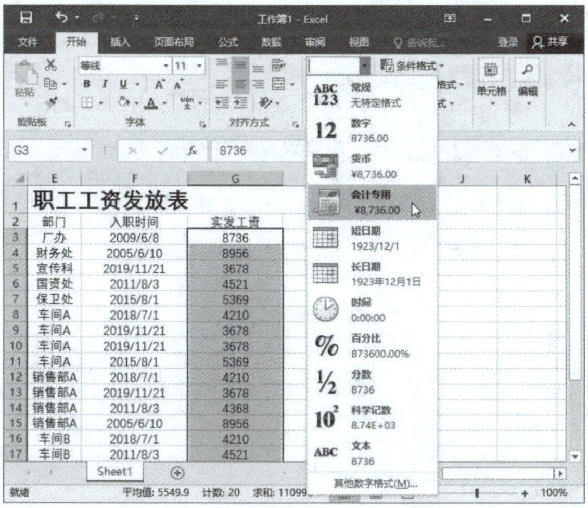


图3-32 设置数字格式

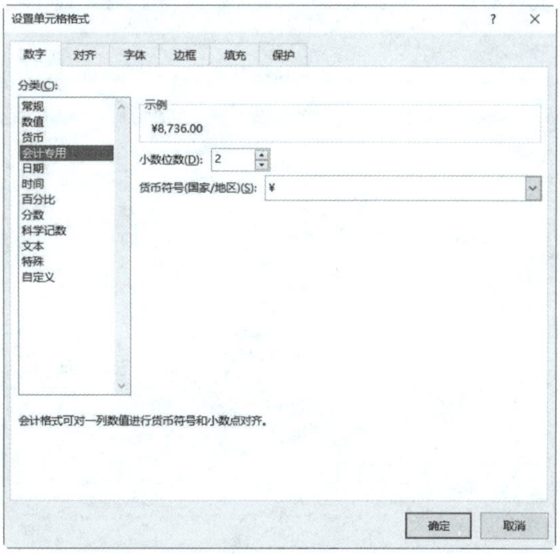


图3-33 “设置单元格格式”对话框

在“数字”选项卡内部“分类”列表中，选择“会计专用”选项，还可以对小数位数和货币符号进行设置。

## 2．设置日期格式

① 选择需要调整日期格式的单元格或单元格区域。

② 鼠标右键单击被选中的单元格区域，在其二级菜单中执行“设置单元格格式”命令。

③ 在弹出的对话框的“分类”列表中，选择“日期”选项。根据实际需要选择日期显

示的类型，如图3-34所示。

④ 单击“确定”按钮，被选中的单元格区域将会以目标类型进行数据展示。

需要说明的是，在图3-34所示的“数字”选项卡中包含多种数字格式，选择任意一个分类，系统都会给出对应的解释，这里不再详细介绍。

### 3．设置对齐方式

① 选择需要调整对齐方式的单元格或单元格区域。在“开始”选项卡的“对齐方式”组中，根据需要进行设置即可，如图3-35所示。

② 或者，在选择单元格或单元格区域后，单击鼠标右键，在其二级菜单中执行“设置单元格格式”命令，弹出如图3-36所示的对话框。根据实际需要在“水平对齐”和“垂直对齐”下拉菜单中选择对齐方式即可。

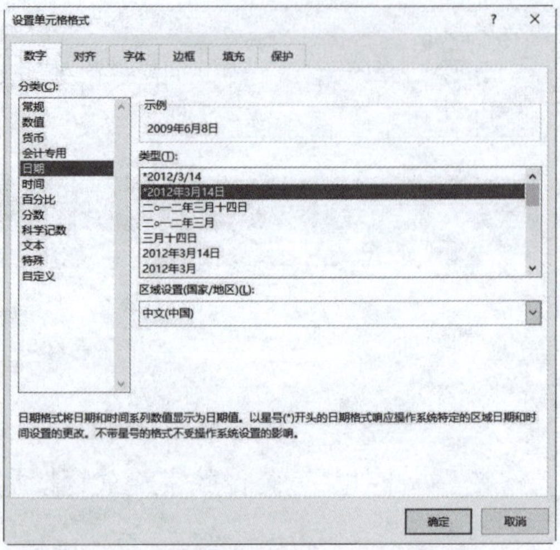


图3-34　设置日期格式

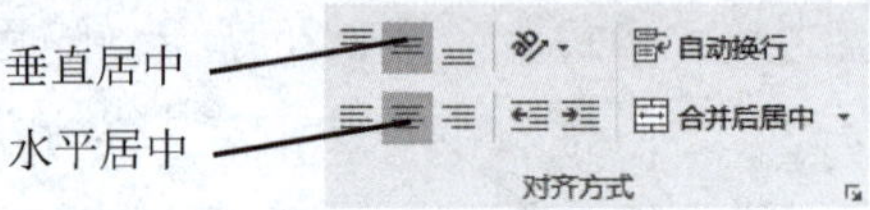


图3-35　对齐方式

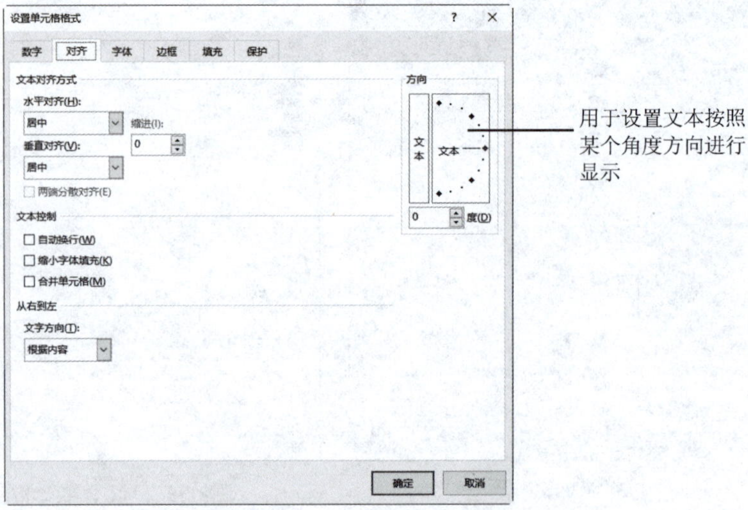


图3-36　“设置单元格格式”对话框——设置对齐方式

- 自动换行：通过多行显示，使得单元格多余内容进行显示。
- 缩小字体填充：仅通过视觉上缩小字体来填充单元格，实际上字体属性未做改变。

### 4．设置边框

① 选择需要添加边框的单元格或单元格区域。

② 在“开始”选项卡的“字体”组中，单击“边框”按钮，弹出如图3-37所示的二

级菜单。选择“所有框线”选项，即可为单元格区域添加默认外观的边框。

③ 或者，在选择单元格或单元格区域后，单击鼠标右键，在其二级菜单中执行“设置单元格格式”命令，弹出如图3-38所示的对话框。

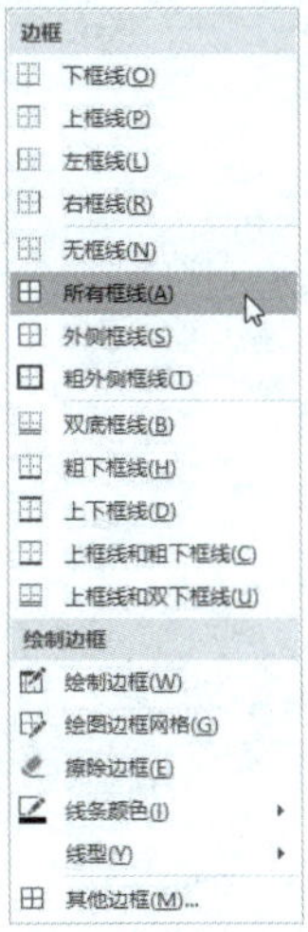


图3-37　“边框”二级菜单

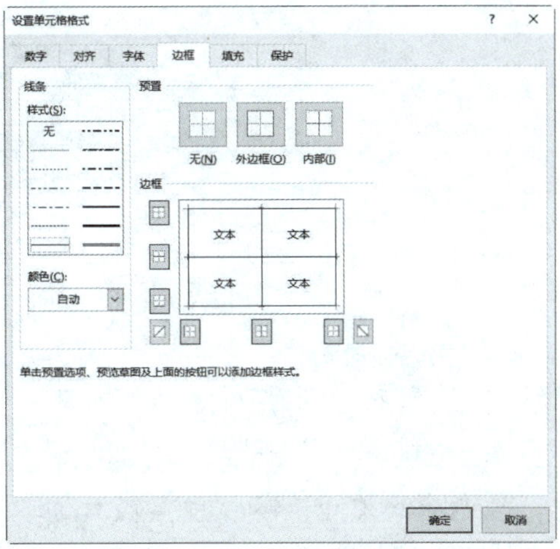


图3-38　“设置单元格格式”对话框——设置边框

④ 在“样式”列表中，选择合适的线型和颜色，然后单击“外边框”按钮，此时外边框将应用设置的边框类型，这里将外边框设置为“蓝色　双实线”。再次选择合适的线型和颜色，然后单击“内部”按钮，为表格内部边框设置样式，这里将内部边框设置为“黑色　单实线”。

此外，在图3-38所示的对话框中单击“”按钮，可以快速为单元格设置斜线。若需要删除斜线，再次单击“”按钮即可。

### 5. 颜色填充

① 选择需要进行颜色填充的单元格或单元格区域。

② 在“开始”选项卡的“字体”组中，单击“填充颜色”按钮“”，即可快速进行颜色填充。

③ 如果还需要对填充的颜色或图案进一步设置，在选择单元格或单元格区域后，单击鼠标右键，在其二级菜单中执行“设置单元格格式”命令，弹出如图3-39所示的对话框。

④ 在此对话框中，可以对单元格图案、颜色进行自定义设置。最后，单击

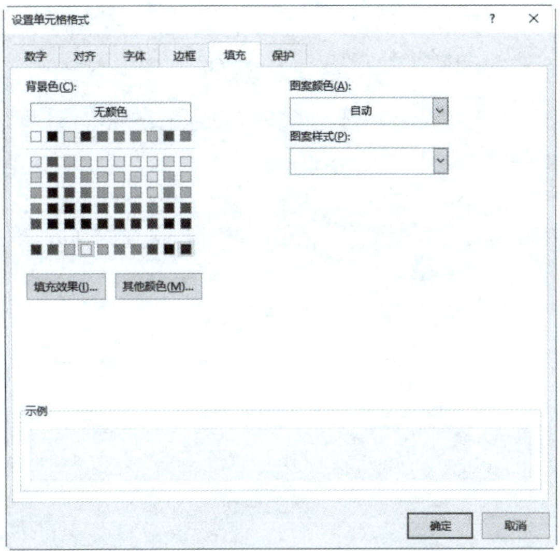


图3-39　“设置单元格格式”对话框——设置填充

“确定”按钮，应用设置效果，如图3-40所示。

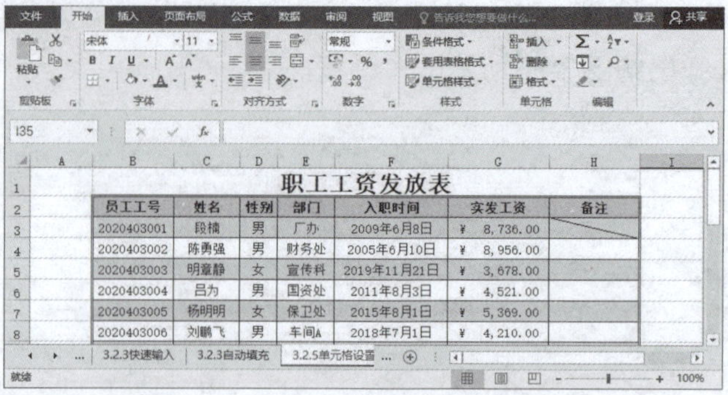


图3-40　单元格格式设置的最终效果

### 6．数据的清除与删除

“清除”指的是对单元格的格式、内容进行删除，并不删除单元格本身，按下【Del】键即可清除对应的数据。“删除”指的是将单元格从工作表中移除，不但删除单元格所对应的数据，被删除的单元格空间也会被其他单元格自动填补，可以通过右键菜单中的“删除”命令来执行。

## 3.2.6　单元格的条件格式

条件格式

条件格式指的是在某种条件约束下，工作表中的单元格以不同格式外观来展示数据，用户可以使用数据条、色阶、图标集等样式来区分数据，从而使数据展示时更加突出。这里以在职工工资发放表中，突出显示高于“6000”和低于“4000”这两个数值的薪资为例，向读者讲解条件格式的使用方法。

① 选择需要进行条件格式设置的单元格或单元格区域，这里选择“实发工资”列中包含数据的单元格区域。

② 在“开始”选项卡的“样式”组中，单击“条件格式”按钮，此时弹出多级菜单，如图3-41 所示。在其中执行“突出显示单元格规则”→“大于”命令。

③ 弹出如图3-42所示的对话框。在文本框中输入“6000”，并在“设置为”下拉菜单中选择“浅红填充色深红色文本”选项，单击“确定”按钮即可。

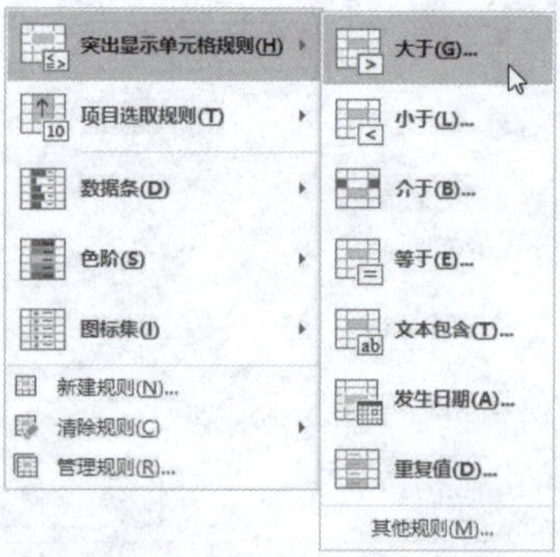


图3-41　“条件格式”多级菜单

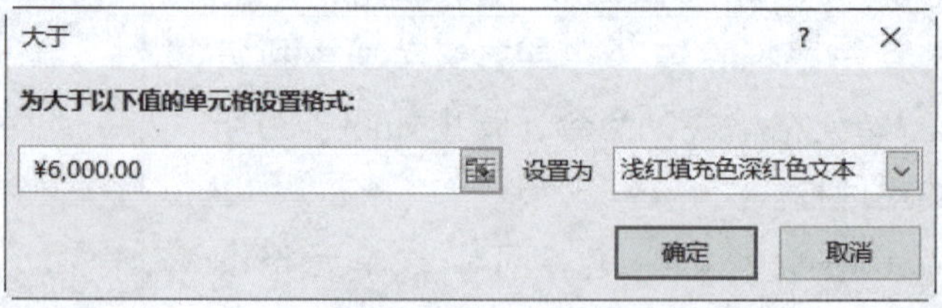


图3-42　“大于”对话框

④ 重复步骤②的操作，执行“突出显示单元格规则”→“小于”命令。在弹出对话框的文本框中输入“4000”，并在“设置为”下拉菜单中选择“黄填充色深黄色文本”选项，单击“确定”按钮，使其应用设置效果。最终效果如图3-43所示。

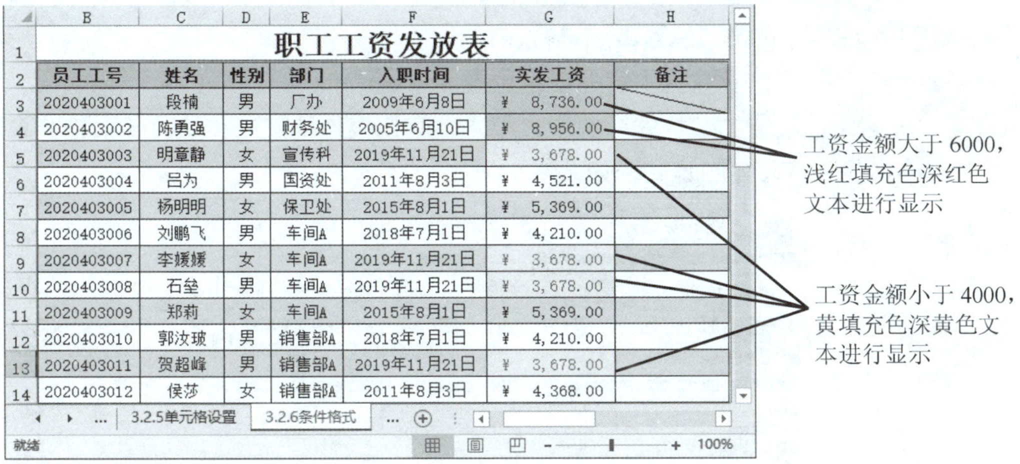


图3-43　条件格式

⑤ 再次选择“实发工资”列中包含数据的单元格区域。在“开始”选项卡的“样式”组中，单击“条件格式”按钮，此时弹出多级菜单，在其中执行“图标集”→“其他规则”命令。

⑥ 在弹出的对话框中，选择“图标样式”为“三向箭头（彩色）”，图标“值”按照图3-44所示进行设置，其含义是当前列所包含的数据，工资高于“6000”的图标使用“⬆”表示，工资低于“4000”的图标使用“⬇”表示，其余数据使用“⇨”表示。单击“确定”按钮后，即可看到效果，如图3-45所示。

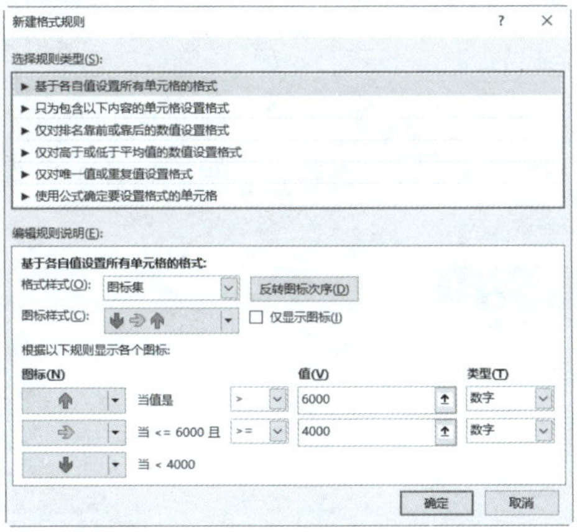


图3-44　“新建格式规则”对话框

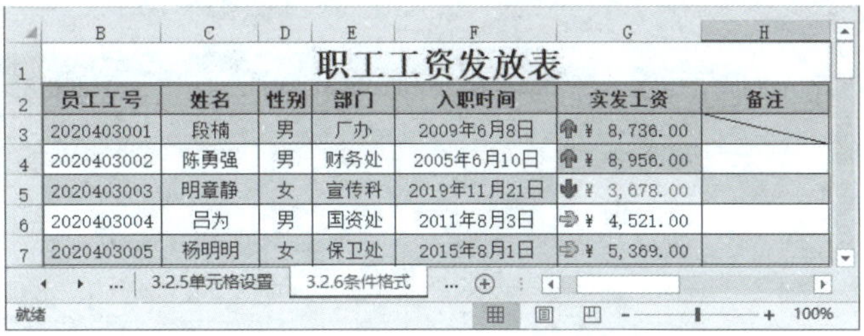


图3-45　增加图标集后的条件格式

## 3.2.7 套用表格格式与单元格样式

Excel的其他基本操作

### 1. 套用表格格式

套用表格格式指的是使用Excel内置的格式设置集合，快速对表格外观、字体、对齐方式、底纹颜色等属性进行设置。

① 将鼠标定位在工作表数据内容的任意位置。

② 在“开始”选项卡的“样式”组中，单击“套用表格格式”下拉菜单，在菜单中选择喜欢的表格样式即可，如图3-46所示。

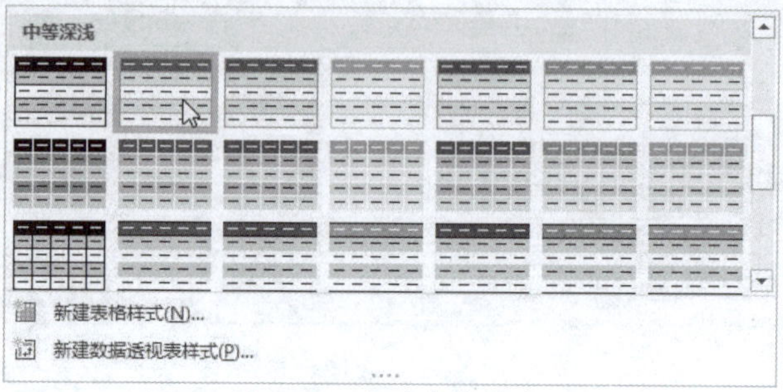


图3-46 套用表格格式

### 2. 套用单元格样式

套用单元格格式与套用表格格式类同，其作用范围主要是单元格或单元格区域。在“开始”选项卡的“样式”组中，单击“单元格样式”下拉菜单，在弹出的二级菜单中选择喜欢的样式即可。

## 3.2.8 表格的页眉和页脚

在Excel中添加页眉和页脚，其实是进入了Excel的“页面布局”视图状态，在当前视图模式下可以为表格添加多种信息，具体操作如下。

① 打开包含数据的工作表。

② 在“插入”选项卡的“文本”组中，单击“页眉和页脚”按钮。随后，Excel激活“设计”选项卡，并进入页眉的编辑状态，如图3-47所示。

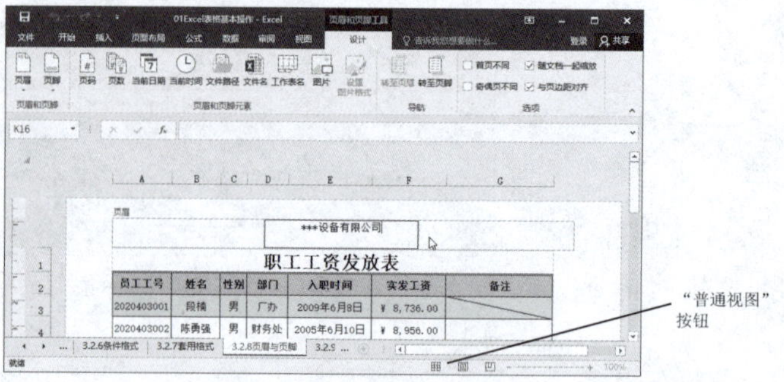


图3-47 编辑页眉

③ 在页眉区域输入相应的文字内容，或者在“设计”选项卡的“页眉和页脚元素”组中插入常用元素。

④ 在“设计”选项卡的“导航”组中，单击“转至页脚”按钮，进入页脚的编辑状态，根据需要添加页脚内容即可。

⑤ 单击底部右侧的“普通视图”按钮，即可返回表格正常编辑状态。

### 3.2.9 拆分工作表、冻结窗格和批注

#### 1．拆分工作表

在工作中，如果工作表的数据内容过多，无法同时显示时，可以将工作表拆分为多个窗格，通过每个窗格的滚动条来调整数据呈现的区域，以便查看工作表的内容。具体操作如下。

① 打开包含数据的工作表。

② 在“视图”选项卡的“窗口”组中，单击“拆分”按钮，工作表即被拆分为4个窗格，如图3-48所示。

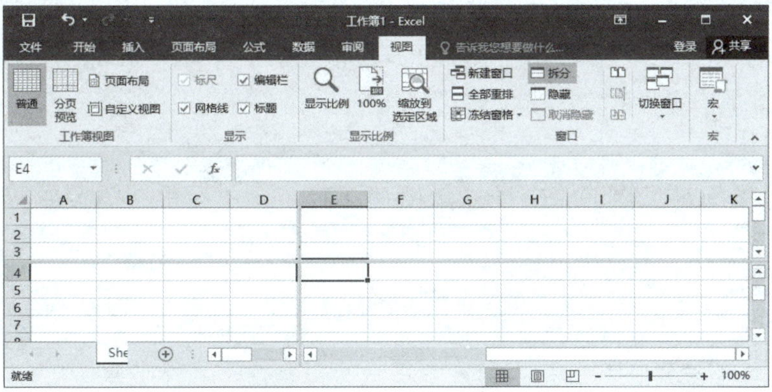


图3-48 拆分工作表

③ 将鼠标定位在任意窗格中，拖动窗格下方或右侧的滚动条即可浏览工作表中的数据。再次单击“拆分”按钮，即可取消拆分。

#### 2．冻结窗格

当工作表的行或列数据特别多时，如果向下滚动鼠标，则工作表的标题也跟着滚动，在处理数据时往往难以分清各列数据对应的标题。Excel的冻结窗格功能，能够很好地解决这个问题。这里“冻结”指的是将工作表的某一行或某一列进行冻结，其余的行或列可以随鼠标滚动而滚动。具体操作如下。

① 打开包含数据的工作表。

② 将鼠标定位在拟冻结窗格的位置上。例如，本例中想要“性别”左侧的字段不跟随鼠标滚动而滚动，想要工作表所有标题行字段不跟随鼠标滚动而滚动，需要将光标定位在C3单元格所在的位置，如图3-49所示。

③ 在“视图”选项卡的“窗口”组中，单击“冻结窗格”下拉菜单，在其中选择“冻结拆分窗格”选项，如图3-50所示。

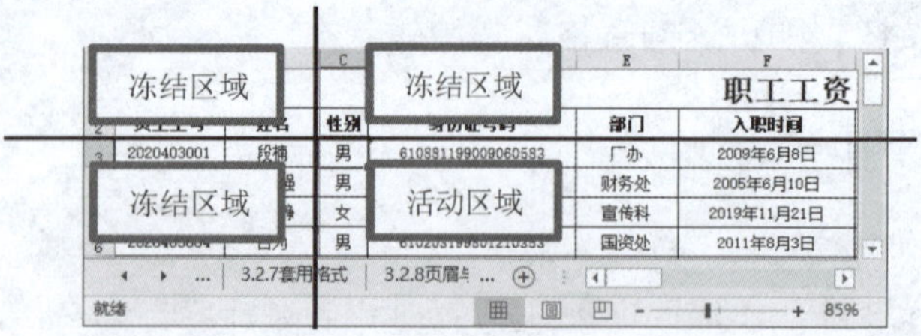


图3-49 选定拟冻结的窗格

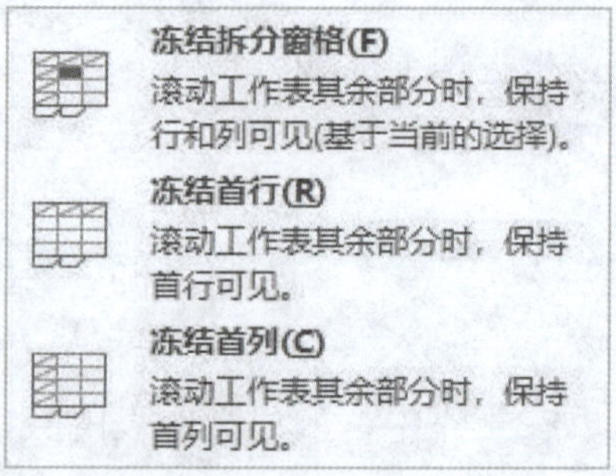


图3-50 “冻结窗格”下拉菜单

④ 随后，Excel工作表内部出现“冻结线条”，用户拖动滚动条时，即可看到冻结窗格后的效果。

⑤ 若要取消冻结窗格，再次在“视图”选项卡的“窗口”组中，单击“冻结窗格”下拉菜单，选择“取消冻结拆分窗格”选项即可。

需要说明的是，本例中冻结窗格是将行与列同时冻结，若要仅冻结行或列，则在“冻结窗格”下拉菜单中选择对应的选项即可。

### 3. 批注

Excel表格中的批注指的是为单元格增加注解，作用是帮助浏览者快速熟悉数据内容。具体操作如下。

① 选择拟添加批注的单元格。

② 在“审阅”选项卡的“批注”组中，单击“新建批注”按钮。

③ 进入批注的编辑状态。用户根据实际需要，在黄色底纹的悬浮框中输入批注内容，如图3-51所示。

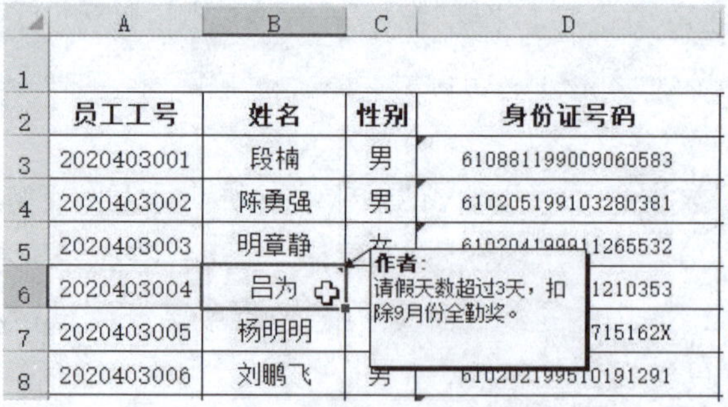


图3-51 新建批注

④ 编辑完成后，鼠标单击工作表任意区域，即可退出批注编辑状态。新增批注的单元格，右上角标有红色三角符号，当鼠标悬停在包含批注的单元格上面时，批注以浮动的形式出现。

⑤ 若要二次修改批注或删除批注，只需再次选中该单元格，在“审阅”选项卡的“批注”组中，单击“编辑批注”或“删除”按钮即可。

## 3.2.10　跟着做——员工基本信息表

以制作员工基本信息表为主题，录入数据并格式化表格，最终效果如图3-52所示。

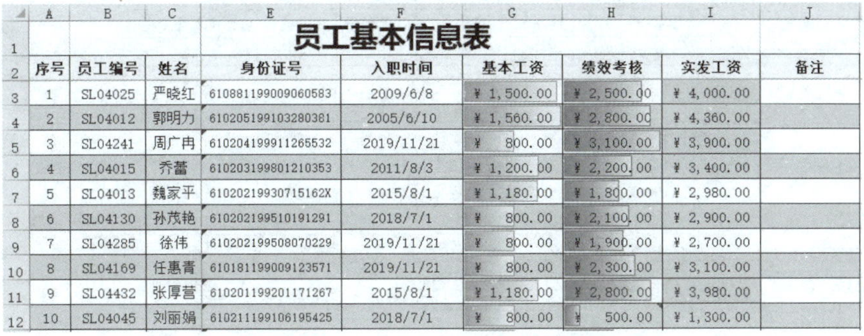

| 序号 | 员工编号 | 姓名 | 身份证号 | 入职时间 | 基本工资 | 绩效考核 | 实发工资 | 备注 |
|---|---|---|---|---|---|---|---|---|
| 1 | SL04025 | 严晓红 | 610881199009060583 | 2009/6/8 | ¥ 1,500.00 | ¥ 2,500.00 | ¥ 4,000.00 | |
| 2 | SL04012 | 郭明力 | 610205199103280381 | 2005/6/10 | ¥ 1,560.00 | ¥ 2,800.00 | ¥ 4,360.00 | |
| 3 | SL04241 | 周广冉 | 610204199911265532 | 2019/11/21 | ¥ 800.00 | ¥ 3,100.00 | ¥ 3,900.00 | |
| 4 | SL04015 | 乔蕾 | 610203199801210353 | 2011/8/3 | ¥ 1,200.00 | ¥ 2,200.00 | ¥ 3,400.00 | |
| 5 | SL04013 | 魏家平 | 61020219930715162X | 2015/8/1 | ¥ 1,180.00 | ¥ 1,800.00 | ¥ 2,980.00 | |
| 6 | SL04130 | 孙茂艳 | 610202199510191291 | 2018/7/1 | ¥ 800.00 | ¥ 2,100.00 | ¥ 2,900.00 | |
| 7 | SL04285 | 徐伟 | 610202199508070229 | 2019/11/21 | ¥ 800.00 | ¥ 1,900.00 | ¥ 2,700.00 | |
| 8 | SL04169 | 任惠青 | 610181199009123571 | 2019/11/21 | ¥ 800.00 | ¥ 2,300.00 | ¥ 3,100.00 | |
| 9 | SL04432 | 张厚营 | 610201199201171267 | 2015/8/1 | ¥ 1,180.00 | ¥ 2,800.00 | ¥ 3,980.00 | |
| 10 | SL04045 | 刘丽娟 | 610211199106195425 | 2018/7/1 | ¥ 800.00 | ¥ 500.00 | ¥ 1,300.00 | |

图3-52　员工基本信息表最终效果

① 新建空白Excel文档。

② 按照图3-52所示的内容，以及之前讲授的知识，快速录入表格数据。

③ 选择A1:J1单元格区域，合并单元格，将标题文字设置为微软雅黑、22号字、加粗、水平居中。

④ 选择除第1行外的所有行，将表格的行高设置为20。

⑤ 选择A2:J22单元格区域，为包含数据的单元格添加默认状态的黑色实线边框，并将字体设置为宋体、11号字，对齐方式为水平居中、垂直居中。

⑥ 选择标题行（第2行），将标题加粗，并添加黄色底纹。

⑦ 按下【Ctrl】键隔行选择，并为选择的行添加浅蓝色底纹，以达到隔行颜色变化的效果。

⑧ 选择“入职时间”数据列，设置日期格式为“2022/5/17”类型。

⑨ 选择“基本工资”“绩效考核”“实发工资”数据列，将格式设置为“会计专用”。

⑩ 选择“基本工资”数据列，执行“条件格式”→“数据条”→“绿色数据条”命令；选择“绩效考核”数据列，执行“条件格式”→“数据条”→“红色数据条”命令。

⑪ 选择“实发工资”数据列，执行“条件格式”→“项目选取规则”→“高于平均值”命令。

⑫ 为“绩效考核”数据列中金额最少的单元格添加批注，批注内容自行书写。

⑬ 根据表格呈现效果，调整各列列宽。

## 3.2.11　随堂思考与练习

1．简述在一个工作簿内，插入多张工作表的步骤。

2．如何显示或隐藏工作表？

3．输入身份证号码、学号、产品编号等类型的数据时，应该注意什么？

4．制作如图3-53所示的学生成绩表。

5．制作如图3-54所示的教材统计表。

**学生成绩表 2022-2023学年 第一学期**

| 学号 | 姓名 | 性别 | 班级 | 高等数学 | 大学英语 | 信息技术应用基础 |
|---|---|---|---|---|---|---|
| 202205001 | 孙茂艳 | 男 | 机械工程2201 | 81 | 82 | 86 |
| 202205002 | 徐伟 | 男 | 机械工程2201 | 87 | 86 | 87 |
| 202205003 | 任惠青 | 女 | 机械工程2201 | 67 | 77 | 67 |
| 202205004 | 张厚营 | 男 | 机械工程2201 | 76 | 89 | 76 |
| 202205005 | 刘丽娟 | 女 | 机械工程2201 | 82 | 63 | 88 |
| 202205006 | 纪风敏 | 男 | 机械工程2201 | 86 | 缺考 | 86 |
| 202205007 | 张以恒 | 男 | 机械工程2201 | 77 | 76 | 77 |
| 202205008 | 李海峰 | 男 | 机械工程2201 | 89 | 77 | 76 |
| 202205009 | 郭明力 | 男 | 机械工程2201 | 83 | 73 | 75 |
| 202205010 | 周广冉 | 女 | 机械工程2201 | 84 | 80 | 81 |

图3-53　习题——学生成绩表

**教材统计表**

| 序号 | ISBN | 书名 | 作者 | 出版社 | 定价 | 出版日期 | 获奖图书 | 配套资源 |
|---|---|---|---|---|---|---|---|---|
| 1 | 9787302508700 | 办公软件应用项目实训（第2版） | 王芹 | 清华大学出版社 | 49.8 | 2018.9 | | 有 |
| 2 | 9787302508731 | 办公自动化教程（第2版） | 杨云江、温明剑 | 清华大学出版社 | 49 | 2019.1 | | 有 |
| 3 | 9787302511199 | 办公自动化案例教程（Windows 7+Office 2016） | 贾如春 李瑞 | 清华大学出版社 | 49.8 | 2018.9 | 是 | 有 |
| 4 | 9787302522577 | 新编Excel在财务中的应用 | 张家鹤、刘玉梅 | 人民邮电出版社 | 42 | 2019.3 | | 有 |
| 5 | 9787302508182 | 基于Excel的财务管理综合模拟实训 | 谭洪益 | 人民邮电出版社 | 48 | 2018.9 | | 有 |
| 6 | 9787302504887 | 计算机基础与高级办公应用 | 黄蔚 凌云 | 人民邮电出版社 | 49 | 2018.9 | | 有 |
| 7 | 9787302496205 | Office 2010 办公软件高级应用 | 朱莉娟、刘艳君 | 人民邮电出版社 | 49.5 | 2018.3 | 是 | 有 |
| 8 | 9787302470403 | MS Office高级应用 | 吴燕波、向大为 | 机械工业出版社 | 49.5 | 2018.8 | | |
| 9 | 9787302494942 | 计算机科学导论（第5版） | 瞿 中、伍建全 | 机械工业出版社 | 49 | 2018.4 | | 有 |
| 10 | 9787302489634 | 计算机科学导论 | 徐志伟、孙晓明 | 机械工业出版社 | 45 | 2018.3 | | |
| 11 | 9787302501480 | 计算机导论 | 金玉苹、远新蕾 | 机械工业出版社 | 79 | 2018.6 | | |
| 12 | 9787302479543 | 办公自动化案例教程 | 王春红、李叶青 | 机械工业出版社 | 54 | 2017.10 | 是 | 有 |
| 13 | 9787302483328 | 办公软件高级应用 | 荀燕 | 高等教育出版社 | 45 | 2017.10 | | 有 |
| 14 | 9787302482888 | Excel在经济管理中的应用 | 杨丽君 常桂英 | 高等教育出版社 | 49 | 2017.10 | | |
| 15 | 9787302467977 | Word 2010 高级应用案例教程 | 杨久婷、李政 | 高等教育出版社 | 39 | 2017.6 | | 有 |
| 合计 | | | | | 746.6 | | | |

图3-54　习题——教材统计表

## 3.3　工作表的数据运算(公式与函数)

公式

Excel最主要的功能就是对数据的运算、统计和分析，而这些运算都需要使用各类公式或调用各类函数才能完成。

### 3.3.1　公式

在Excel工作表中，公式是以等号“=”开头的一个运算表达式。例如在公式“=A1+B1”中，“A1”和“B1”是运算对象，“+”号是运算符。

需要编辑公式时，首先选定单元格，然后按下“=”键即可书写。此外，在公式编辑栏中同样可以对公式进行编辑，如图3-55所示。最后，按下“√”按钮，运算结果自动填入单元格。

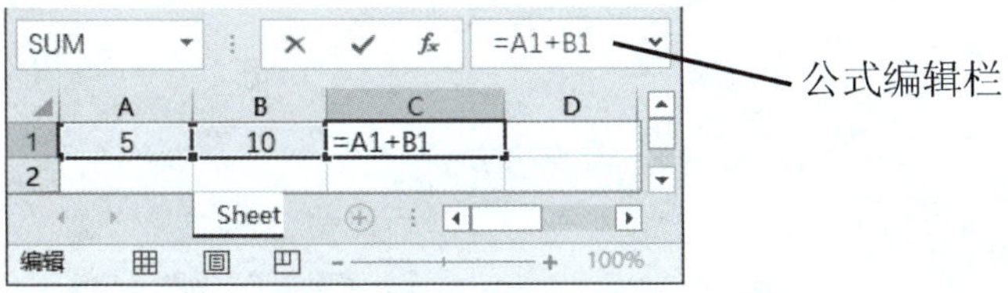


图 3-55　公式的书写

对于运算符来讲，主要包含4类，即算术运算符、文本运算符、比较运算符和引用运算符。在公式中如果有多类运算符，则在运算过程中，其优先顺序为：引用运算符>算术运算符>文本运算符>比较运算符。比较运算符又称“关系运算符”。

## 1．算术运算符

算术运算符的作用是完成基本的数学运算，包括加、减、乘、除、百分数、乘方，具体含义见表3-1。

**表 3-1　算术运算符**

| 算术运算符 | 含义 | 优先级 | 示例 | 算术运算符 | 含义 | 优先级 | 示例 |
|---|---|---|---|---|---|---|---|
| + | 加法运算 | 4 | =A1+B4 | / | 除法运算 | 3 | =A1/D2 |
| – | 减法运算 | 4 | =A8–10 | % | 百分数 | 1 | =20% |
| * | 乘法运算 | 3 | =A1*C1 | ^ | 乘方运算 | 2 | =2^10 |

注：数值越小优先级越高。

例如，在Excel表格中若要得到多个数据运算结果，可以进行如下操作。

① 将鼠标定位在某个用于存放运算结果的单元格内部。

② 输入“=”号，此时进入公式编辑状态，使用鼠标选择某个单元格作为运算对象，通过手动输入“*”号完成第一部分的操作。

③ 继续选择第二个单元格，再输入“-”号，以此类推完成简易公式的书写，如图3-56所示。

④ 公式输入完成后，按下【Enter】键，Excel将自动运算结果。

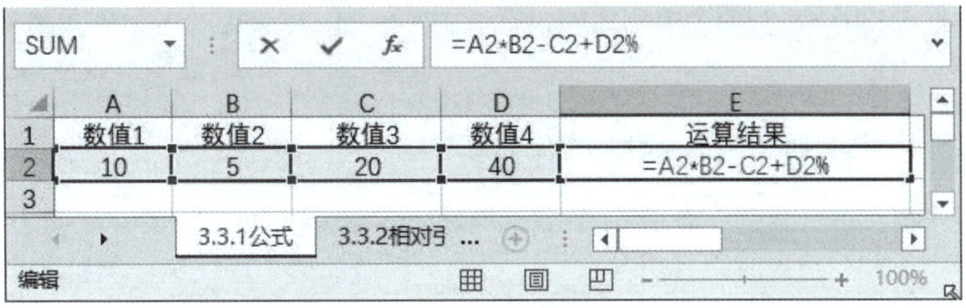


图 3-56　算术运算符

## 2．文本运算符

文本运算符“&”可将两个文本值连接或串起来产生一个连续的文本值。例如，在

Excel表中，公式=A3&B3&“应用更广泛”的含义为，将A3、B3单元格内容与双引号的内容相互连接，并放入运算结果中，如图3-57所示。

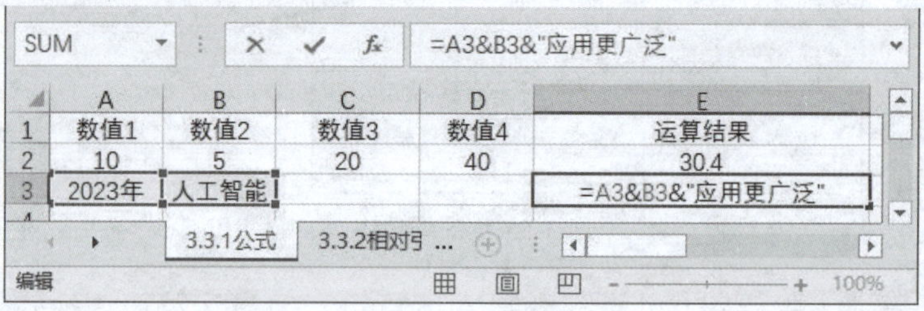


图3-57　文本运算符

## 3. 比较运算符

比较运算符用于比较运算对象的值，包括=、>、<、>=、<=、<>，含义依次为等于、大于、小于、大于等于、小于等于、不等于，其比较结果为逻辑值，即TRUE（真）或FALSE（假），具体含义见表3-2。

表3-2　比较运算符

| 比较运算符 | 含义 | 优先级 | 示例 | 比较运算符 | 含义 | 优先级 | 示例 |
|---|---|---|---|---|---|---|---|
| = | 等于 | 1 | =A1=30<br>结果为FALSE | >= | 大于等于 | 5 | =A1>=A2<br>结果为FALSE |
| > | 大于 | 3 | =A2>A1<br>结果为TRUE | <= | 小于等于 | 4 | =A1<=A2<br>结果为TRUE |
| < | 小于 | 2 | =A1<A2<br>结果为TRUE | <> | 不等于 | 6 | =A1<>A2<br>结果为TRUE |

注：数值越小优先级越高，假设A1值为20，A2值为30。

## 4. 引用运算符

引用运算符包含冒号“:”、逗号“,”和空格三个运算符，用于对单元格区域进行合并计算，其具体含义见表3-3。

表3-3　引用运算符

| 引用运算符 | 含义 | 示例 |
|---|---|---|
| :（冒号） | 连续区域运算符，对两个引用之间包括两个引用在内的所有单元格进行引用 | =SUM（A5:A7）对连续单元格A5至A7范围内的单元格求和，如图3-58所示 |
| ,（逗号） | 联合操作符，可将多个引用合并为一个引用 | =SUM（A5:A6，C5:C6）对两个连续的单元格区域合并执行求和，如图3-59所示 |
| （空格） | 取多个引用的交集为一个引用，该操作符在取指定行和列数据时很有用 | =SUM（A5:B6　B5:C6）对两个连续的单元格区域的交集区域执行求和，如图3-60所示 |

## 5. 错误信息提醒及其含义

在书写公式时难免出现公式参数不恰当或逻辑错误的情况，这时Excel会给出对应的错误信息提醒，具体的提醒信息和含义见表3-4。

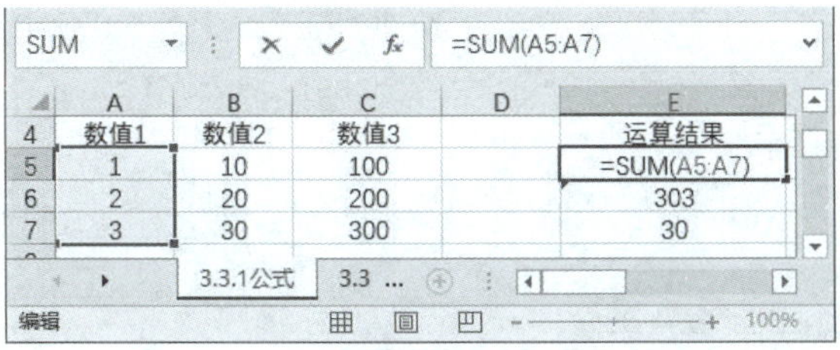


图3-58 引用运算符——冒号“:”

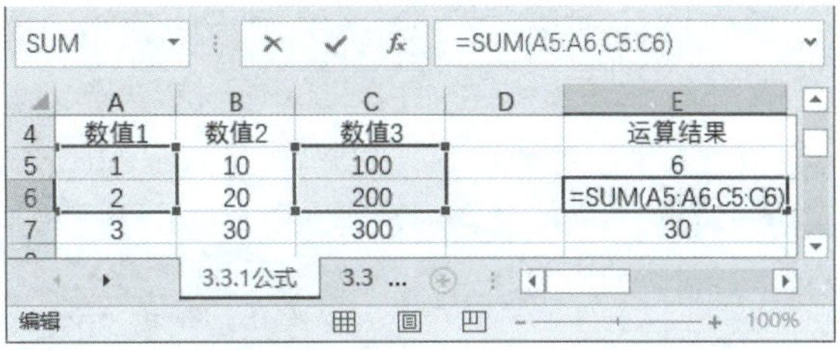


图3-59 引用运算符——逗号“,”

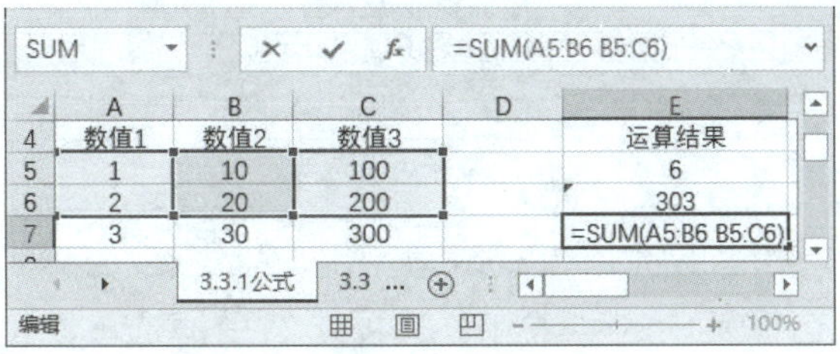


图3-60 引用运算符——空格

**表3-4 错误信息提醒及其含义**

| 错误信息提醒 | 含义 |
|---|---|
| ###### | 单元格所含的数字、日期或时间比单元格宽，或者日期时间公式产生负值时，就会产生######错误 |
| #VALUE! | 当使用错误的参数或运算对象类型时，将产生错误值#VALUE! |
| #DIV/O! | 当公式被零除时，将产生错误值#DIV/O! |
| #NAME? | 在公式中使用了Excel不能识别的文本时将产生错误值#NAME? |
| #N/A | 当函数或公式中没有可用数值时，将产生错误值#N/A |
| #REF! | 当单元格引用无效时将产生错误值#REF! |
| #NUM! | 当公式或函数中某个数字有问题时将产生错误值#NUM! |
| #NULL! | 使用了不正确的区域运算符或不正确的单元格引用 |

## 3.3.2 单元格引用

单元格引用指的是在公式中获取单元格数据的一种方法，主要分为相对引用、绝对引用和混合引用三种引用方式。通过单元格引用，可以提取当前工作表中的数据，也可以提取其他工作表中的数据。

单元格引用

### 1. 相对引用

相对引用，指的是公式中对相对单元格位置进行引用，如果公式所在单元格的位置改变，引用也随之改变。

例如，在汇总成绩的场景下，只要完成第一个公式的书写，其他同学成绩汇总的公式可以采用相对引用的方式快速处理，具体操作如下。

① 创建包含多列成绩数据的“学生成绩表”。

② 将鼠标定位在拟存放结果数据的单元格内部，这里定位在G3单元格。

③ 在公式编辑栏或G3单元格内部输入公式“=E3+F3”，如图3-61所示。此处，E3单元格引用高等数学的值，F3单元格引用大学英语的值。公式书写完成后，按下【Enter】键或按下“√”按钮，运算结果即可呈现。

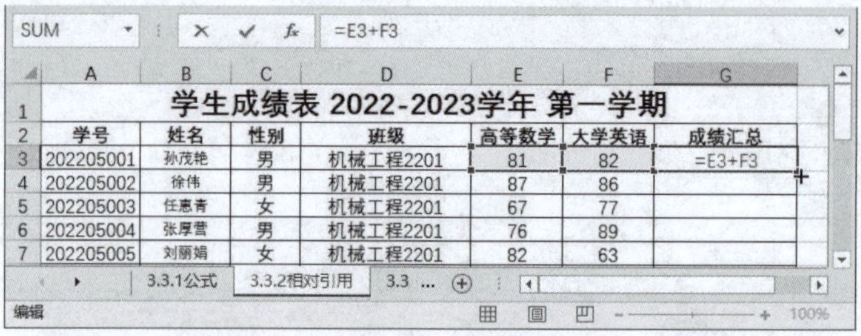


图3-61 输入公式

此外，还可以使用求和函数完成公式编写。用户只需在“开始”选项卡的“编辑”组中，单击“Σ”按钮，选择其中的“求和”选项，然后框选单元格区域“E3：F3”即可，显示的公式为“=SUM(E3：F3)”。

④ 选择存放运算结果的单元格（G3单元格），鼠标悬停在单元格右下角位置，当出现“**+**”符号时，向下拖拽鼠标。随后即可发现，其他学生的成绩自动汇总完成。鼠标选中其他单元格，查看其公式可以发现，公式中引用的单元格位置跟随行的变化而变化，如图3-62所示。

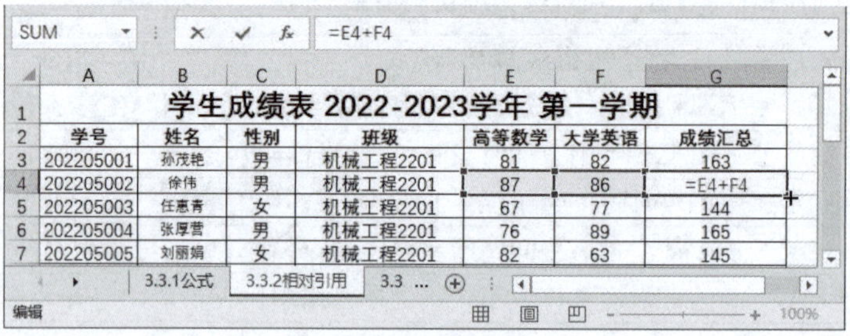


图3-62 相对引用

## 2. 绝对引用

绝对引用，指的是对单元格引用的方式是完全绝对的，即无论公式如何被复制，对采用绝对引用的单元格的引用位置是不会改变的。绝对引用需要通过在地址前添加“$”符号来标明地址的绝对性。

例如，公式“=A1+$B$1”中“A1”为相对地址，“$B$1”为固定地址，即当该公式被复制到其他单元格后可能为“=A2+$B$1”或“=A3+$B$1”等，变化的永远是“A1”，而“$B$1”永远不变。

以计算成绩为例，拟对每位同学的笔试成绩都乘以固定的权重值，所以存放成绩的单元格为相对地址，而权重值所在的单元格为固定地址。具体操作如下。

① 将鼠标定位在存放结果的单元格内部，输入公式“=C3*$D$3”，如图3-63所示。

② 选择E3单元格，在本列中复制其公式，即可快速计算出其他同学折算后的成绩。

选择第E列任意单元格，查看其公式可以发现，由于设置了绝对引用地址“$D$3”，公式在其他单元格内，绝对引用地址被锁定，如图3-64所示。

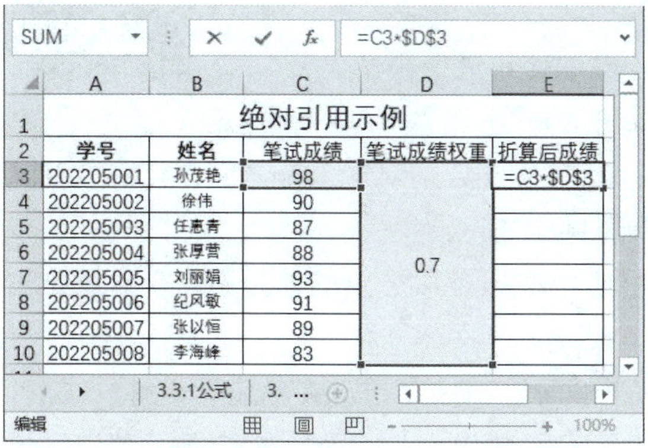


图3-63　绝对引用——公式输入

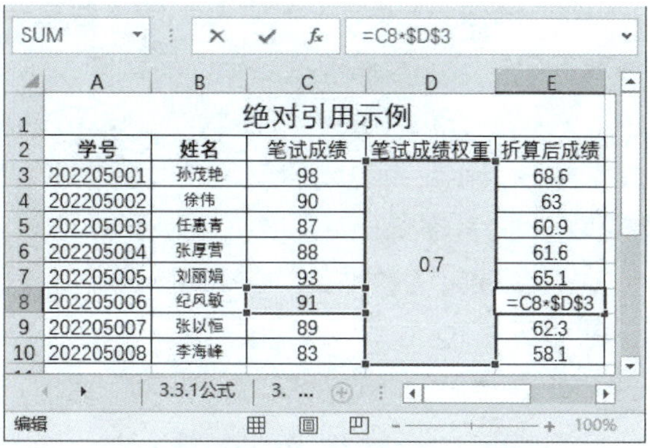


图3-64　绝对引用——查看其他单元格公式

### 3. 混合引用

混合引用，指的是在引用单元格地址时，行或列只有其中一项进行绝对引用，而其他项进行相对应用。例如引用地址“$D3”中，第D列进行绝对引用，而第3行则是相对引用；引用地址“D$3”中，第D列进行相对引用，而第3行则是绝对引用。

总而言之，凡是添加符号“$”的单元格地址，在公式复制时不发生改变，不添加符号“$”的单元格地址，在公式复制时发生改变。

## 3.3.3　初识函数

在Excel中，函数可以理解为系统预设的公式，主要包括数学和三角函数、统计函数、逻辑函数、查询和引用函数、日期与时间函数、数据库函数等多种类别。

### 1. 函数的组成

函数由两部分组成：一是函数的名称，二是函数的参数。例如公式“=SUM(E3:F3)”中，“SUM”是函数名称，括号内的内容为参数。参数可以是数字、文本、逻辑值、数组、错误值或单元格引用，但指定的参数都必须为有效的参数值。

### 2. 插入函数

在Excel的“公式”选项卡的“函数库”组中，单击“插入函数”按钮，或者按下【Shift+F3】组合键。在弹出的对话框中可以看到系统内置了许多类型的函数，如图3-65所示。具体的函数使用方法将陆续讲解。

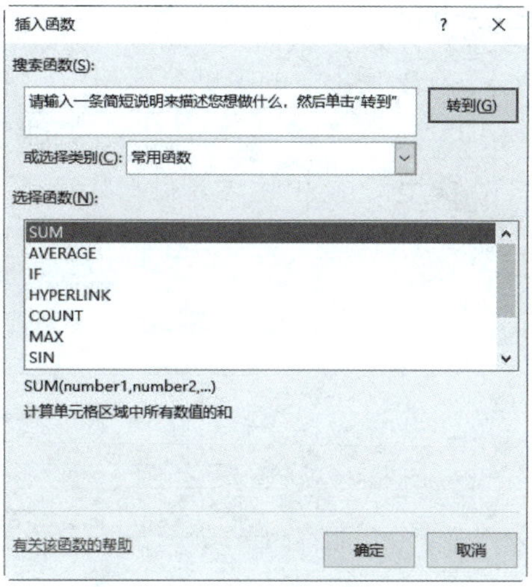


图3-65　“插入函数”对话框

## 3.3.4 SUM函数(求和)

SUM函数

SUM函数是Excel中最为常见的函数之一，它可以将单个值、单元格引用或多个区域进行相加。这里以示例的形式对函数的使用进行讲解。

例如，在员工考核应用场景中，已经对员工的“出勤量”、“工作态度”和“工作能力”三个方面进行了量化考核，现在需要分别对这三个方面进行加权计算求和，此时就需要使用SUM函数来解决问题。具体操作如下：

① 创建包含数据的“员工考核表”。将鼠标定位在拟存放结果的单元格内，这里定位在G3单元格内。

② 在“开始”选项卡的“编辑”组中，单击“Σ”下拉菜单。在其中，选择“求和”选项。此时，系统根据数据情况，自动选择单元格区域作为SUM函数的参数。若该区域不是用户所需要的，可以直接使用鼠标选择单元格区域，如图3-66所示。最后，单击【Enter】键即可完成当前计算。

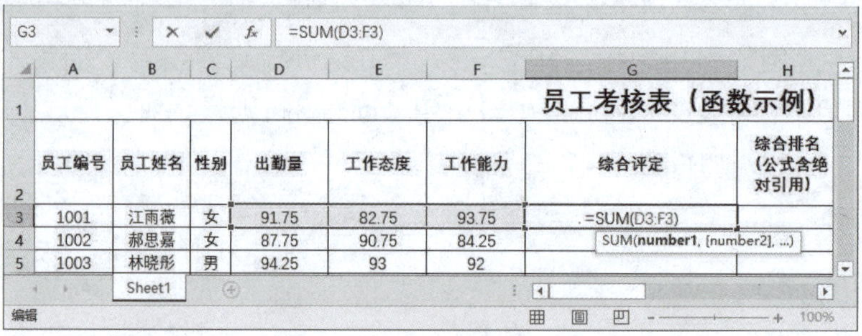


图3-66　使用SUM函数求和

在实际工作中，并非像上述求和过程那么简单。假如“综合评定”是由30%的“出勤量”、40%的“工作态度”和30%的“工作能力”三个方面综合而成的，又该如何使用公式完成呢?

③ 使用上面的案例继续制作。将鼠标定位在G3单元格内。

④ 输入“=”后插入公式“SUM(D3*0.3,E3*0.4,F3*0.3)”即可，如图3-67所示。该公式中，使用“,”引用运算符将D3、E3和F3单元格合并为一个引用，作为SUM函数的参数参与运算。

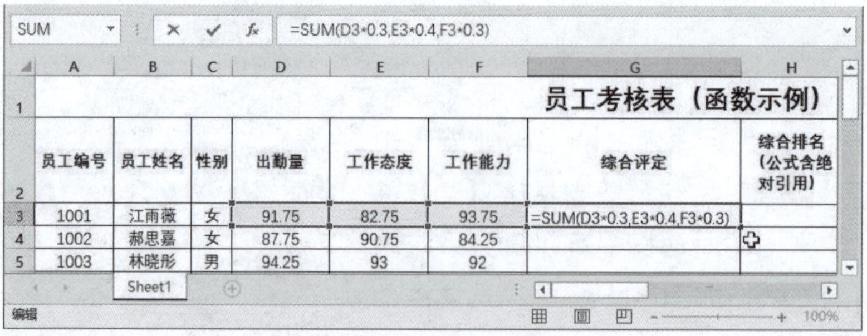


图3-67　编辑SUM函数

⑤ 将鼠标悬停在G3单元格右下角，向下拖拽控制柄，对公式进行复制。至此，“综合评定”列所有成绩被计算出来。

需要特别说明的是，求和公式还可以书写为“=D3*0.3+E3*0.4+F3*0.3”的形式，与公式“=SUM(D3*0.3,E3*0.4,F3*0.3)”能够得到一样的结果。

## 3.3.5　AVERAGE函数(求平均值)

AVERAGE函数和RANK.AVG函数

AVERAGE函数用于计算在一定范围内的算术平均值，也是常用函数之一。该函数的语法结构和对应参数的含义如下。

AVERAGE(number1,[number2],...)

Number1：必需。要计算平均值的第一个数字、单元格引用或单元格区域。

Number2：可选。要计算平均值的其他数字、单元格引用或单元格区域，最多包含255个。

例如，公式“=AVERAGE(A1:A20)”的含义是，计算从A1到A20范围内所包含数字的平均值；公式“=AVERAGE(A1:A20,5)”的含义是，计算单元格区域A1到A20中数字与5的平均值。

使用上面的案例继续完成后续表格制作，这里拟对所有员工综合评定成绩求平均值，具体操作如下。

① 将鼠标定位在拟存放结果的单元格内，这里定位在G13单元格内。

② 在“公式”选项卡的“函数库”组中，单击“插入函数”按钮。在弹出的对话框的“选择类别”下拉菜单中选择“常用函数”，在下方列表框中选择“AVERAGE”选项，单击“确定”按钮。此时，弹出如图3-68所示的对话框。

③ 在“Number1”参数后面单击“”按钮，此时界面缩小为窗格状，使用鼠标在工作表中选择单元格引用的区域，这里选择G3到G12的区域。再次单击“”按钮返回参数设置环节。根据需要决定是否对“Number2”参数进行设置，本例中无需操作。单击“确定”按钮，即可完成平均值的计算，如图3-69所示。

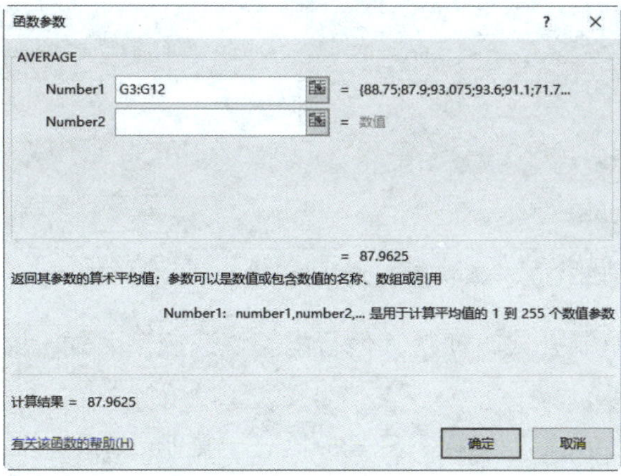


图3-68　“函数参数”对话框——AVERAGE函数

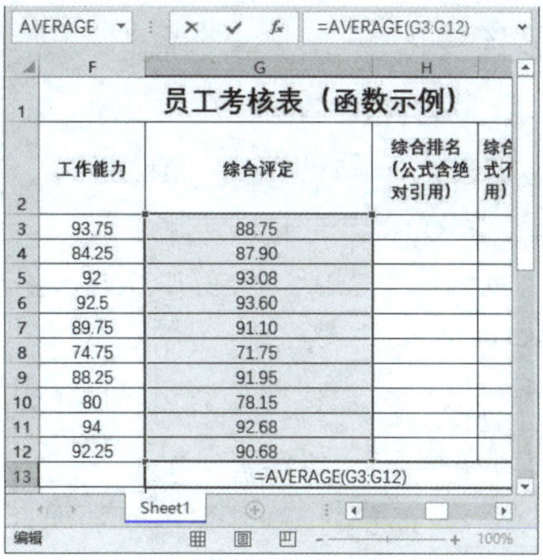


图3-69　平均值函数

④ 根据需要，为当前单元格设置单元格格式，将其设置为“保留2位小数”即可。至此，为某一单元格区域求平均值的过程结束。

上述计算平均值的过程采用了AVERAGE函数实现，还可以在单元格中输入公式“=SUM(G3:G12)/10”，可以得到同样的结果，请读者自行实验。

### 3.3.6　RANK.AVG函数(求排名)

RANK.AVG函数用于计算某一数字在某一区域内的排名，该函数经常用于计算成绩排名等应用场景。

RANK.AVG函数的语法结构和对应参数的含义如下。

RANK.AVG(number,ref,[order])

Number：必需。要找到其排位的数字。

Ref：必需。数字列表的数组，或对数字列表的引用。Ref中的非数字值会被忽略。

Order：可选。一个指定数字排位方式的数字。

使用上面的案例继续完成后续表格制作，这里拟对所有员工综合评定成绩进行排名，具体操作如下。

① 将鼠标定位在拟存放结果的单元格内，这里定位在I3单元格内。

② 在“公式”选项卡的“函数库”组中，单击“插入函数”按钮。在弹出的对话框的“选择类别”下拉菜单中选择“统计”，在下方列表框中选择“RANK.AVG”选项，单击“确定”按钮。此时，弹出“函数参数”对话框。

③ 将“Number”参数设置为“G3”，其含义为指定一个参与排序的值；将“Ref”参数设置为“G3:G12”，其含义为指定排序的范围。由于这里不需要对结果进行排序，故将“Order”参数设置为“空”，如图3-70所示。设置完成后，单击“确定”按钮，完成公式的书写，此时I3单元格内的公式为“=RANK.AVG(G3,G3:G12)”。

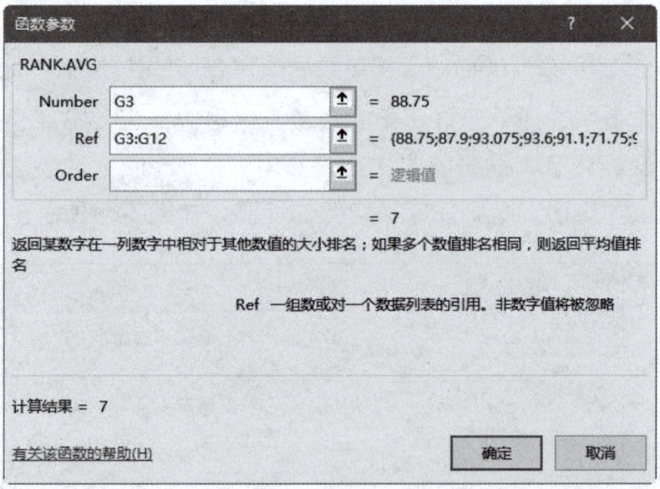


图3-70　“函数参数”对话框——RANK.AVG函数

④ 通过鼠标拖拽的方式，在I列向下复制公式，使得其他行能够快速应用公式，此时计算排名结果如图3-71所示。

⑤ 仔细观察排序结果可以发现，排序结果出现错误，究其原因在于复制公式时，函数中Ref参数随之变化。要解决这个问题，需要使用绝对引用的方式。

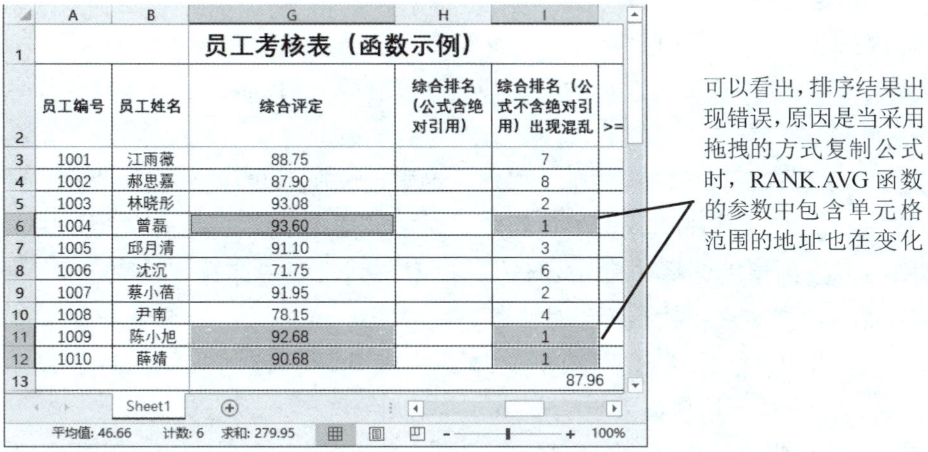

| | A | B | G | H | I |
|---|---|---|---|---|---|
| 1 | | | 员工考核表（函数示例） | | |
| 2 | 员工编号 | 员工姓名 | 综合评定 | 综合排名（公式含绝对引用） | 综合排名（公式不含绝对引用）出现混乱 |
| 3 | 1001 | 江雨薇 | 88.75 | | 7 |
| 4 | 1002 | 郝思嘉 | 87.90 | | 8 |
| 5 | 1003 | 林晓彤 | 93.08 | | 2 |
| 6 | 1004 | 曾磊 | 93.60 | | 1 |
| 7 | 1005 | 邱月清 | 91.10 | | 3 |
| 8 | 1006 | 沈沉 | 71.75 | | 6 |
| 9 | 1007 | 蔡小蓓 | 91.95 | | 2 |
| 10 | 1008 | 尹南 | 78.15 | | 4 |
| 11 | 1009 | 陈小旭 | 92.68 | | 1 |
| 12 | 1010 | 薛婧 | 90.68 | | 1 |
| 13 | | | | | 87.96 |



图3-71　RANK.AVG函数复制后的效果

⑥ 选择H3单元格，按照上述步骤②～③完成公式的输入。双击该单元格，进入公式编辑状态，将公式修改为“=RANK.AVG(G3,$G$3:$G$12)”。这里由于对Ref参数使用了绝对引用的方式，所以无论公式被复制到何处，排序范围均被锁定为G3:G12范围内，最终排序效果如图3-72所示。

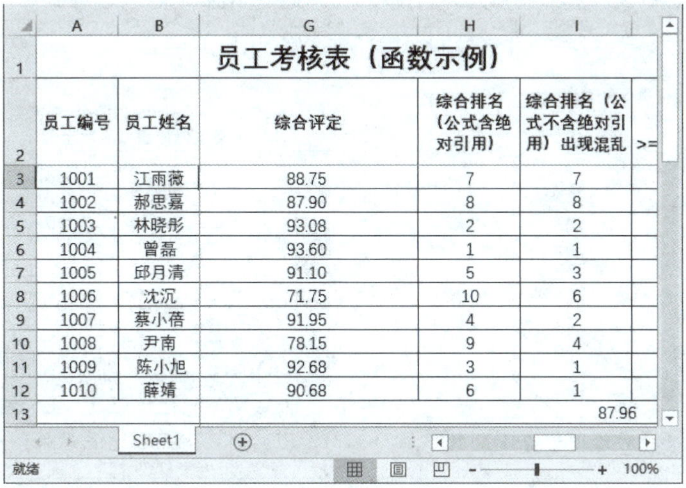

| | A | B | G | H | I |
|---|---|---|---|---|---|
| 1 | | | 员工考核表（函数示例） | | |
| 2 | 员工编号 | 员工姓名 | 综合评定 | 综合排名（公式含绝对引用） | 综合排名（公式不含绝对引用）出现混乱 |
| 3 | 1001 | 江雨薇 | 88.75 | 7 | 7 |
| 4 | 1002 | 郝思嘉 | 87.90 | 8 | 8 |
| 5 | 1003 | 林晓彤 | 93.08 | 2 | 2 |
| 6 | 1004 | 曾磊 | 93.60 | 1 | 1 |
| 7 | 1005 | 邱月清 | 91.10 | 5 | 3 |
| 8 | 1006 | 沈沉 | 71.75 | 10 | 6 |
| 9 | 1007 | 蔡小蓓 | 91.95 | 4 | 2 |
| 10 | 1008 | 尹南 | 78.15 | 9 | 4 |
| 11 | 1009 | 陈小旭 | 92.68 | 3 | 1 |
| 12 | 1010 | 薛婧 | 90.68 | 6 | 1 |
| 13 | | | | | 87.96 |



图3-72　正确排序后的效果

## 3.3.7　IF函数

IF函数

IF函数是工作中常用的函数之一，它可以根据指定的条件来进行逻辑比较，并反馈逻辑值“真”（True）或“假”（False），如果判定结果为“真”，该函数将返回一个值；如果判定结果为“假”，函数将返回另一个值。例如，公式“=IF(A2="Yes",1,2)”的含义为，如果A2单元格的内容为“Yes”，则返回数值1，否则返回数值2。

### 1．一个判定条件

IF函数在实际工作中十分有用，这里继续使用上面的案例完成后续表格制作。假如需要对综合评定结果在90以上（含）的员工评定为“优秀”，其他员工评定为“合格”，这时就可以使用IF函数，具体操作如下。

① 将鼠标定位在拟存放结果的单元格内，这里定位在J3单元格内。

② 在“公式”选项卡的“函数库”组中，单击“插入函数”按钮。在弹出的对话框的“选择类别”下拉菜单中选择“常用函数”，在下方列表框中选择“IF”选项，单击“确定”按钮。此时，弹出“函数参数”对话框。

③ 在“Logical_test”参数对应的文本框中输入要判定的条件，这里输入“G3>=90”。其含义是，G3单元格的值大于等于90。

④ 在“Value_if_true”参数对应的文本框中输入当“Logical_test”的结果为“真”时需要反馈的值，这里输入“优秀”。其含义是，当G3单元格的值大于等于90时，当前单元格显示“优秀”。

⑤ 在“Value_if_false”参数对应的文本框中输入当“Logical_test”的结果为“假”时需要反馈的值，这里输入“合格”。其含义是，当G3单元格的值小于90时，当前单元格显示“合格”，如图3-73所示。

⑥ 单击“确定”按钮，完成公式的输入。通过鼠标拖拽的方式，在J列向下复制公式，使得其他行能够快速应用公式，此时计算结果如图3-74所示。

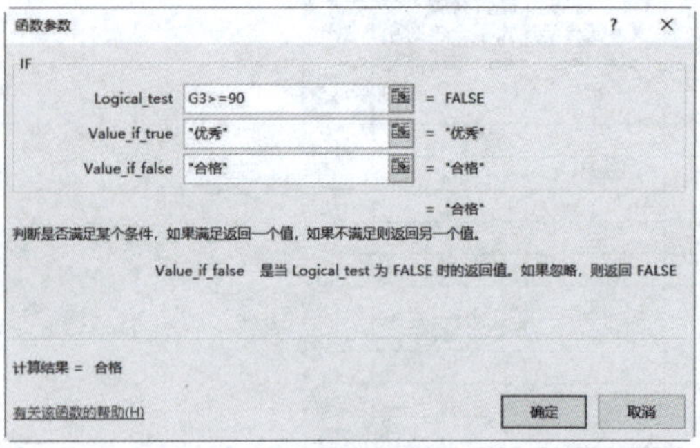


图3-73 “函数参数”对话框——IF函数

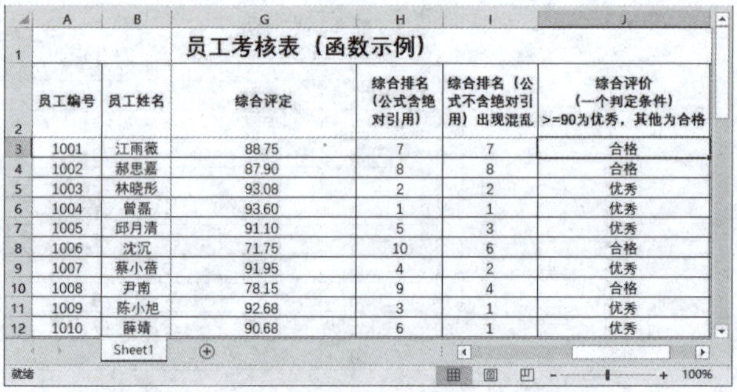


图3-74 IF函数运算结果(一个判定条件)

### 2．多个判定条件

继续使用上面的案例完成后续表格制作。这里需要在之前一个判定条件的基础上，再增加判定条件，即综合评定结果在90以上（含）的员工评定为“优秀”，综合评定结果在80（含）~90之间的定为“良好”，其他为“合格”。

要解决上述多个判定条件的问题，就需要对IF函数进行改造，增加嵌套规则，将公式“=IF(G3>=90,"优秀","合格")”改为“=IF(G3>=90,"优秀",IF(G3>=80,"良好","合格"))”，解决问题的示意图如图3-75所示。

将上述修改后的公式填写在K3单元格内，通过鼠标拖拽的方式，在K列向下复制公式，使得其他行能够快速应用公式，此时计算结果如图3-76所示。

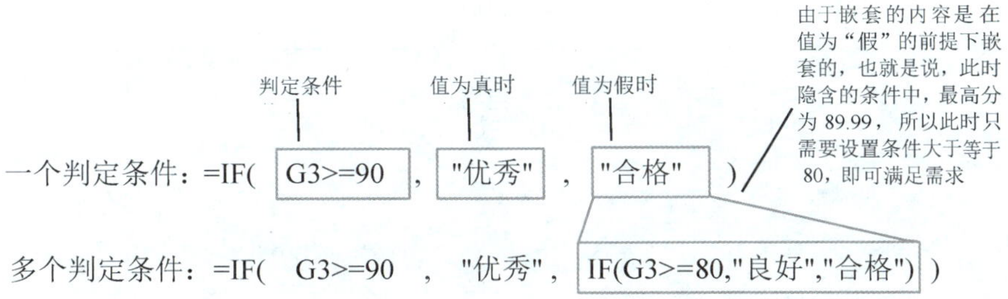


图3-75　嵌套示意图

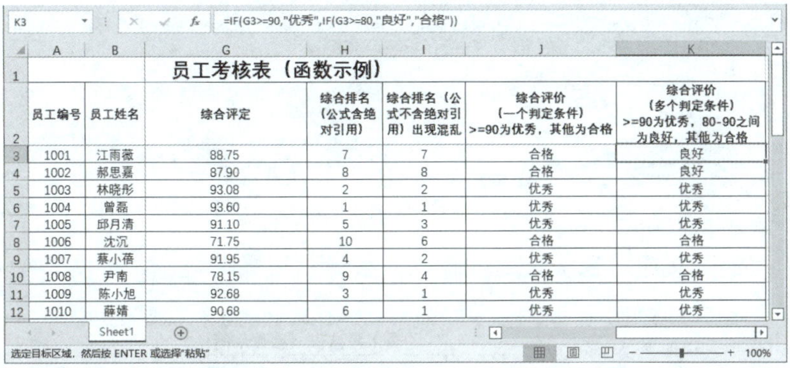

K3　=IF(G3>=90,"优秀",IF(G3>=80,"良好","合格"))

员工考核表（函数示例）

| 员工编号 | 员工姓名 | 综合评定 | 综合排名（公式含绝对引用） | 综合排名（公式不含绝对引用）出现混乱 | 综合评价（一个判定条件）>=90为优秀，其他为合格 | 综合评价（多个判定条件）>=90为优秀，80-90之间为良好，其他为合格 |
|---|---|---|---|---|---|---|
| 1001 | 江雨薇 | 88.75 | 7 | 7 | 合格 | 良好 |
| 1002 | 郝思嘉 | 87.90 | 8 | 8 | 合格 | 良好 |
| 1003 | 林晓彤 | 93.08 | 2 | 2 | 优秀 | 优秀 |
| 1004 | 曾磊 | 93.60 | 1 | 1 | 优秀 | 优秀 |
| 1005 | 邱月清 | 91.10 | 5 | 3 | 优秀 | 优秀 |
| 1006 | 沈沉 | 71.75 | 10 | 6 | 合格 | 合格 |
| 1007 | 蔡小蓓 | 91.95 | 4 | 2 | 优秀 | 优秀 |
| 1008 | 尹南 | 78.15 | 9 | 4 | 合格 | 合格 |
| 1009 | 陈小旭 | 92.68 | 3 | 1 | 优秀 | 优秀 |
| 1010 | 薛婧 | 90.68 | 6 | 1 | 优秀 | 优秀 |

Sheet1

选定目标区域，然后按 ENTER 或选择"粘贴"　100%

图3-76　IF函数运算结果(多个判定条件)

## 3.3.8　COUNT函数与COUNTIF函数

COUNT函数与COUNTIF函数

### 1．COUNT函数

COUNT函数用于计算包含数字的单元格个数以及参数列表中数字的个数，常用于统计数量等应用场景。COUNT函数的语法结构和参数含义如下。

COUNT(value1,[value2],…)

Value1：必需。要计算其中数字的个数的第一项、单元格引用或区域。

Value2：可选。要计算其中数字的个数的其他项、单元格引用或区域。

例如，公式“=COUNT(A1:A20)”的含义是，计算A1～A20区域内包含数字型数据的个数，若该区域内没有数据，则统计结果不被计算在内。

继续使用上面的案例完成后续表格制作。这里拟使用COUNT函数统计当前员工的数量，具体操作如下。

① 将鼠标定位在拟存放结果的单元格内，这里定位在G14单元格内。

② 在“公式”选项卡的“函数库”组中，单击“插入函数”按钮。在弹出的对话框的“选择类别”下拉菜单中选择“常用函数”，在下方列表框中选择“COUNT”选项，单击“确定”按钮。此时，弹出“函数参数”对话框。

③ 在“Value1”参数对应的文本框中输入拟参与计算数量的单元格区域，这里输入

“A3:A12”。对于“Value2”参数，由于本例中没有此类需求，故该参数暂不设置，如图3-77所示。

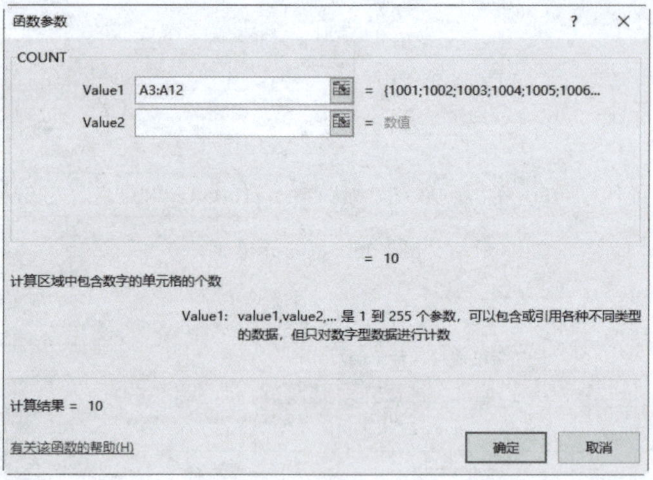

图3-77 “函数参数”对话框——COUNT函数

④ 单击“确定”按钮，完成公式的输入，统计结果即可显示，如图3-78所示。

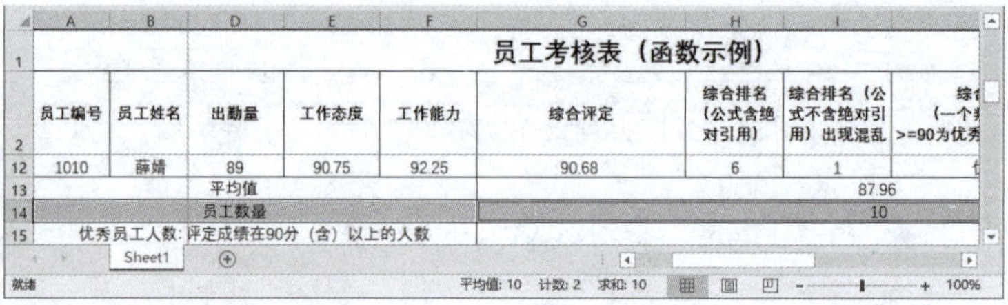

图3-78 COUNT函数运算结果

## 2. COUNTIF函数

COUNTIF函数是一个统计函数，与COUNT函数不同的是，COUNT函数只能统计区域内数据的个数，而COUNTIF函数则可以统计在满足某种条件下区域内数据的个数。该函数常用于统计诸如某个成绩区间内学生的数量，或者某个特定城市在客户列表中出现的次数等场景。

COUNTIF函数的语法结构和参数含义如下。

COUNTIF(range, criteria)

Range：必需。要进行计数的单元格区域，区域可以包括数字、数组、命名区域或包含数字的引用。空白和文本值将被忽略。

Criteria：必需。用于决定要统计哪些单元格数量的数字、表达式、单元格引用或文本字符串。

继续使用上面的案例完成后续表格制作。这里拟使用COUNTIF函数统计综合评定成绩大于等于90的人数，具体操作如下。

① 将鼠标定位在拟存放结果的单元格内，这里定位在G15单元格内。

② 在“公式”选项卡的“函数库”组中，单击“插入函数”按钮。在弹出的对话框的“选择类别”下拉菜单中选择“统计”，在下方列表框中选择“COUNTIF”选项，单击“确定”按钮。此时，弹出“函数参数”对话框。

③ 在“Range”参数对应的文本框中输入拟参与统计的单元格区域，这里输入“G3:G12”。在“Criteria”参数对应的文本框中输入判定的条件，这里输入“>=90”，如图3-79所示。

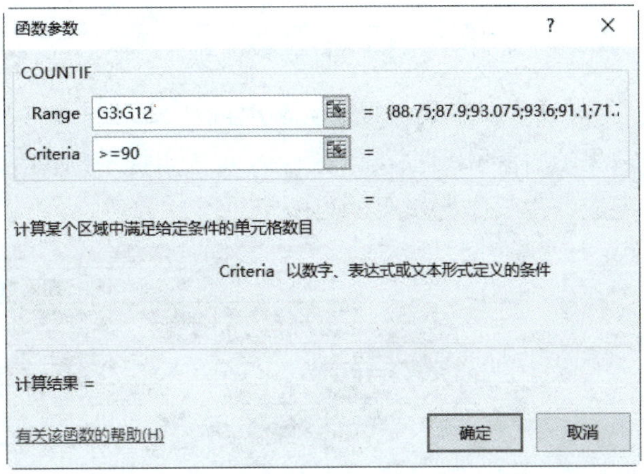


图3-79 “函数参数”对话框——COUNTIF函数

④ 单击“确定”按钮，统计结果即呈现在单元格中，如图3-80所示。

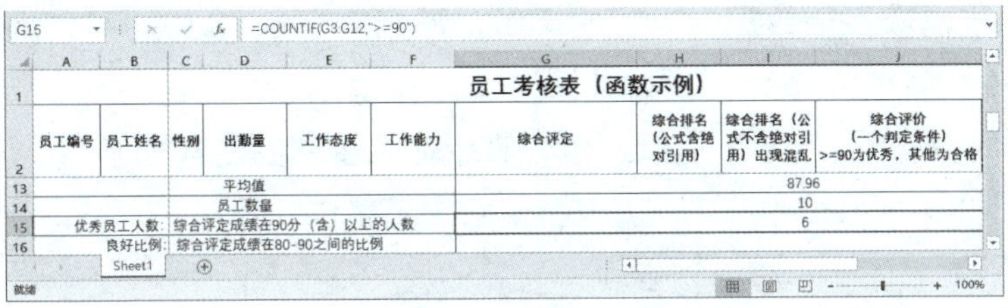


图3-80 COUNTIF函数运算结果

### 3. COUNT函数与COUNTIF函数的综合运用

继续使用上面的案例完成后续表格制作。假如需要计算出综合评定成绩在80～90之间的比例，这时就需要考虑COUNT函数与COUNTIF函数的综合运用。

解决思路为：先使用COUNTIF函数计算出综合评定成绩大于80的人数，再使用COUNTIF函数计算出大于90的人数，让其两者做减法运算，差额即为80～90之间的人数。最后，使用计算出的人数除以总人数，即可得出人数占比。具体操作如下。

① 将鼠标定位在拟存放结果的单元格内，这里定位在G16单元格内。

② 输入“=”号开始编辑公式，根据上面的思路分析，这里将公式书写为“=(COUNTIF(G3:G12,">80")-COUNTIF(G3:G12,">90"))/COUNT(G3:G12)”。需要注意的是，根据运算符的优先级，在执行减法运算时，需要为减法运算增加括号。

③ 完成公式的编辑后，单击【Enter】键执行运算，其结果如图3-81所示。

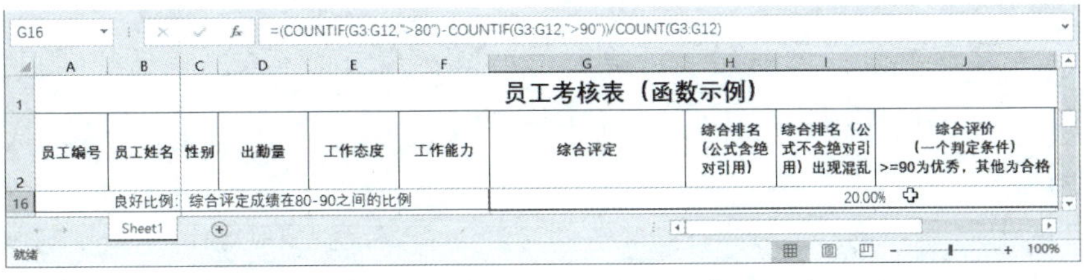


图3-81 COUNT函数与COUNTIF函数的综合运用

## 3.3.9 时间和日期函数

在Excel中我们经常会与时间和日期方面的数据打交道，这里介绍一些常见的时间和日期类函数，以及常用提取时间的操作，可以帮助用户快速完成一些工作，如图3-82所示。

时间和日期函数

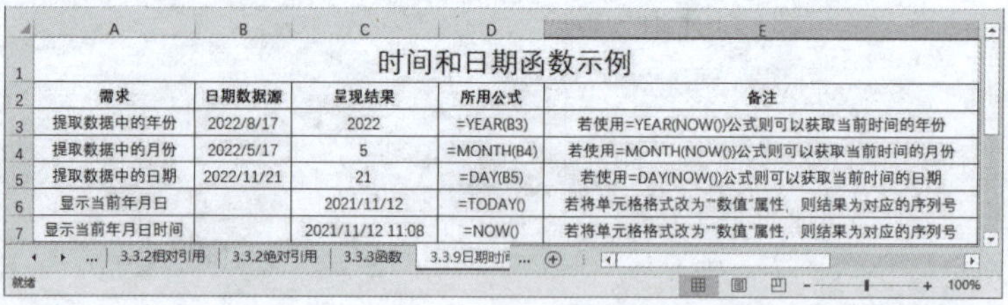

时间和日期函数示例

| 需求 | 日期数据源 | 呈现结果 | 所用公式 | 备注 |
|---|---|---|---|---|
| 提取数据中的年份 | 2022/8/17 | 2022 | =YEAR(B3) | 若使用=YEAR(NOW())公式则可以获取当前时间的年份 |
| 提取数据中的月份 | 2022/5/17 | 5 | =MONTH(B4) | 若使用=MONTH(NOW())公式则可以获取当前时间的月份 |
| 提取数据中的日期 | 2022/11/21 | 21 | =DAY(B5) | 若使用=DAY(NOW())公式则可以获取当前时间的日期 |
| 显示当前年月日 | | 2021/11/12 | =TODAY() | 若将单元格格式改为"数值"属性，则结果为对应的序列号 |
| 显示当前年月日时间 | | 2021/11/12 11:08 | =NOW() | 若将单元格格式改为"数值"属性，则结果为对应的序列号 |

图3-82 时间和日期函数运算结果

### 1. YEAR函数

YEAR函数用于提取目标数据中对应的年份，返回值为1900到9999之间的整数。

语法：YEAR(serial_number)

Serial_number：必需。为一个日期值，其中包含要查找的年份。

例如，公式"=YEAR("2020-08-17")"将返回的值为"2020"。

### 2. MONTH函数

MONTH函数用于提取目标数据中对应的月份，返回值为1（一月）到12（十二月）之间的整数。

语法：MONTH(serial_number)

Serial_number：必需。为一个日期值，其中包含要查找的月份。

例如，公式"=YEAR("2021-05-17")"将返回的值为"5"。

### 3. DAY函数

DAY函数用于提取目标数据中对应的天数，用整数1到31表示。

语法：DAY(serial_number)

Serial_number：必需。为一个日期值，其中包含要查找的天数。

### 4. TODAY函数

TODAY函数用于返回当前日期的序列号。序列号是Excel日期和时间计算使用的日期-时间代码。若想要返回的值显示为日期格式，只需要将单元格格式设置为"日期"类型。

语法：TODAY( )

该函数语法没有参数，可以用于计算时间间隔。例如，公式"=YEAR(TODAY())-2000"的运算结果为，2000年出生的人距现在为止的年龄。

### 5. NOW函数

NOW函数用于返回当前日期和时间的序列号。系统约定1900年1月1日的序列号是1，而使用NOW函数获取当前日期后的值为距离1900年1月1日有多少天。若想要返回的值显示为日期格式，只需要在单元格格式设置的“自定义”列表中选择“yyyy-m-d h:mm”选项。

语法：NOW( )

该函数语法没有参数，其运算结果不会自动更新。

### 6．实际运用——计算年龄

在实际工作中，经常遇到已知“身份证号”或“日期”等信息，需要计算出年龄或工龄等场景，此时需要将前面介绍的函数进行组合使用。这里介绍两种计算年龄的方法。

（1）方法一

① 将鼠标定位在拟存放运算结果的单元格内部，这里定位在L3单元格，并将L3整列单元格格式设置为“常规”。

② 这里使用身份证号来计算年龄，在公式栏输入公式“=YEAR(TODAY())-MID(J3,7,4)”，按下【Enter】键即可计算出结果，如图3-83所示。本公式中，“J3”代表对应单元格，“7”代表第7位数字，“4”代表第7位数字开始后面的4位数。

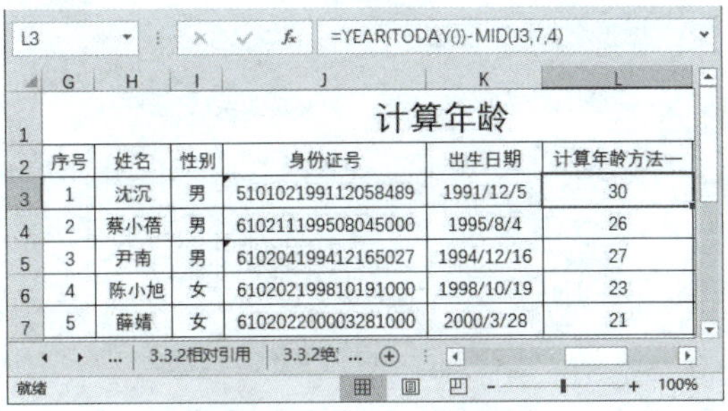


图3-83　计算年龄(方法一)

由于本例中获取的是身份证号数据，默认状态下身份证号中从第7位数字开始的4位数字代表出生日期中的年份，所以使用公式能够快速计算出对应的年龄。

（2）方法二

① 将鼠标定位在M3单元格内部。

② 这里使用出生日期来计算年龄，在公式栏输入公式“=(TODAY()-K3)/365”，其含义为：获取当前日期的序列号后，与目标出生日期的序列号做减法，得到的差值再除以365天，得到年龄的具体值。

③ 将M列单元格格式属性设置为“数值”，且不保留小数，如图3-84所示。此时，运算结果如图3-85所示。

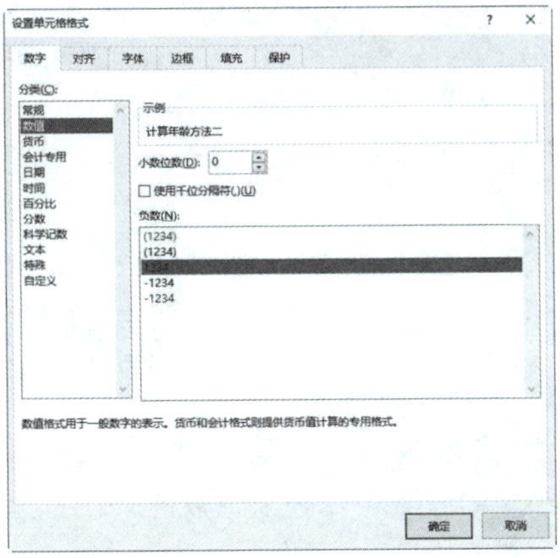


图3-84　设置不保留小数

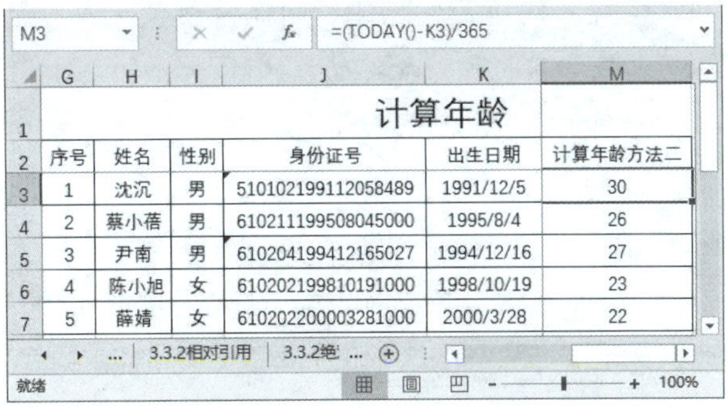


图3-85　计算年龄(方法二)

## 3.3.10 其他常用函数

### 1．MAX函数

含义：返回一组值中的最大值。

语法：MAX(number1, [number2], ...)

参数中“number1”是必需的值，后续数值是可选的。参数可以是数字或者是包含数字的名称、数组或引用。如果参数不包含数字，函数MAX返回0（零）。如果参数为错误值或为不能转换为数字的文本，将会导致错误。如果要使计算包括引用中的逻辑值和代表数字的文本，需要使用MAXA函数。

### 2．MIN函数

含义：返回一组值中的最小值。

语法：MIN(number1, [number2], ...)

参数中“number1”是必需的值，后续数值是可选的，用法与MAX函数类同。

### 3．INT函数

含义：取数值的整数部分。

语法：INT(number)

参数中“number”是必需的值，即需要进行向下舍入取整的实数。例如，公式“=INT(8.9)”的运算结果为“8”。

### 4．ROUND函数

含义：将某个数字四舍五入为指定的位数。

语法：ROUND(number, num_digits)

参数中“number”为必需值，指的是要四舍五入的数字；“num_digits”为必需值，指的是按照何种位数进行四舍五入。

例如，公式“=ROUND(A1, 2)”指的是，将单元格A1中的数字，四舍五入为小数点后两位。

### 5．SUMIF函数

含义：对指定区域内符合条件的值求和。

语法：SUMIF(range, criteria, [sum_range])

参数中“range”为必需值，指的是条件计算的单元格区域；“criteria”为必需值，指的是求和的条件；“sum_range”为可选值，指的是除条件计算以外的另一单元格区域。

例如，公式“=SUMIF(A2:A15,">10")”指的是，单元格区域A2:A15中，大于10的所有数据求和；公式“=SUMIF(A2:A15,">10",B3:B10)”指的是，对单元格区域A2:A15中大于10的所有项，对应在单元格区域B3:B10中的值求和。

## 3.3.11　跟着做——学生成绩汇总表

以制作学生成绩汇总表为主题，使用公式和函数计算结果，最终效果如图3-86所示。

① 新建空白Excel文档。

② 按照图3-86所示的内容，完成各科成绩的基本录入，并对表格进行格式化。

③ 使用SUM函数完成“个人总分”的计算。

④ 使用AVERAGE函数完成“平均分”的计算，并对单元格格式进行设置，使其保留1位小数。

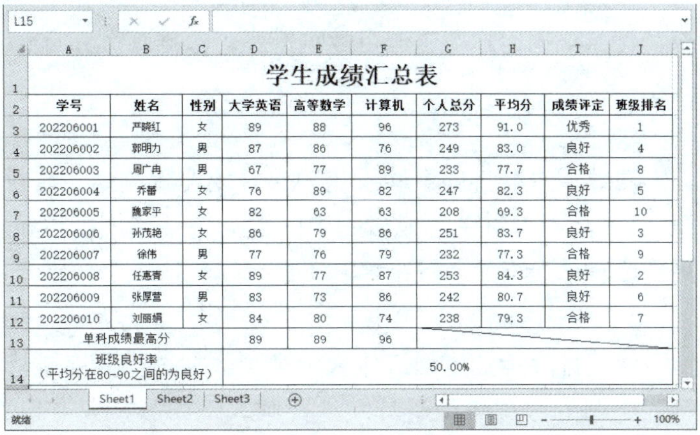

| 学号 | 姓名 | 性别 | 大学英语 | 高等数学 | 计算机 | 个人总分 | 平均分 | 成绩评定 | 班级排名 |
|---|---|---|---|---|---|---|---|---|---|
| 202206001 | 严晓红 | 女 | 89 | 88 | 96 | 273 | 91.0 | 优秀 | 1 |
| 202206002 | 郭明力 | 男 | 87 | 86 | 76 | 249 | 83.0 | 良好 | 4 |
| 202206003 | 周广冉 | 男 | 67 | 77 | 89 | 233 | 77.7 | 合格 | 8 |
| 202206004 | 乔蕾 | 女 | 76 | 89 | 82 | 247 | 82.3 | 良好 | 5 |
| 202206005 | 魏家平 | 女 | 82 | 63 | 63 | 208 | 69.3 | 合格 | 10 |
| 202206006 | 孙茂艳 | 女 | 86 | 79 | 86 | 251 | 83.7 | 良好 | 3 |
| 202206007 | 徐伟 | 男 | 77 | 76 | 79 | 232 | 77.3 | 合格 | 9 |
| 202206008 | 任惠青 | 女 | 89 | 77 | 87 | 253 | 84.3 | 良好 | 2 |
| 202206009 | 张厚营 | 男 | 83 | 73 | 86 | 242 | 80.7 | 良好 | 6 |
| 202206010 | 刘丽娟 | 女 | 84 | 80 | 74 | 238 | 79.3 | 合格 | 7 |
| 单科成绩最高分 | | | 89 | 89 | 96 | | | | |
| 班级良好率（平均分在80-90之间的为良好） | | | 50.00% | | | | | | |

图3-86　使用多种函数计算学生成绩汇总表

⑤ 使用IF函数完成“成绩评定”的计算（大于等于90为优秀，80～90之间为良好，其余为合格）。

⑥ 使用RANK.AVG函数完成“班级排名”的计算，并对单元格格式进行设置，将其属性设置为“常规”。

⑦ 使用MAX函数完成“单科成绩最高分”的计算。

⑧ 使用COUNTIF函数和COUNT函数，完成“班级良好率”的计算。

## 3.3.12　随堂思考与练习

1. 什么是运算符？在Excel中的运算符包含哪4类?

2. 什么是绝对引用?

3. 函数由哪两部分组成?

4. 什么是IF函数?

5. 创建如图3-87所示的考生成绩表，按照笔试成绩占70%、面试成绩占30%计算总成绩，并将总成绩所在列设置为保留1位小数；使用RANK.AVG函数完成“名次”的计算。

| 考号 | 姓名 | 笔试成绩 | 面试成绩 | 总成绩 | 名次 |
|---|---|---|---|---|---|
| 202205001 | 孙茂艳 | 81 | 89 | 83.4 | 6 |
| 202205002 | 徐伟 | 87 | 94 | 89.1 | 1 |
| 202205003 | 任惠青 | 67 | 88 | 73.3 | 10 |
| 202205004 | 张厚营 | 76 | 78 | 76.6 | 9 |
| 202205005 | 刘丽娟 | 82 | 86 | 83.2 | 7 |
| 202205006 | 纪风敏 | 86 | 85 | 85.7 | 3 |
| 202205007 | 张以恒 | 77 | 83 | 78.8 | 8 |
| 202205008 | 李海峰 | 89 | 84 | 87.5 | 2 |
| 202205009 | 郭明力 | 83 | 90 | 85.1 | 4 |
| 202205010 | 周广冉 | 84 | 85 | 84.3 | 5 |

图3-87　考生成绩表

# 3.4 工作表中数据的处理

数据排序与筛选

Excel系统具有十分强大的数据处理功能。特别是对于已有的数据表格，可以根据用户需求进行数据排序、数据筛选和分类汇总等。

## 3.4.1 数据排序

对数据进行排序有助于用户更好地理解数据、查找数据，提高数据应用分析效率。在Excel中，可以对单列或多列中的数据按某种规则进行排序，例如按照数字大小、日期先后次序、单元格颜色等排序。下面以示例形式介绍常用的数据排序方法。

### 1．快速排序

快速排序指的是对工作表中某列数据进行升序或降序的排列。这里升序或降序的依据针对不同的数据类型有其默认规则，例如默认汉字以拼音为顺序，字母以字典顺序为依据，而空格始终排列在最后。

① 打开配套素材“工作表中数据的处理.xlsx”工作簿中对应的工作表。默认状态下该工作表按照“学号”排序。现需要对“高等数学”课程进行快速排序。

② 将光标定位在“高等数学”数据所在列的任意单元格位置。在“开始”选项卡的“编辑”组中，单击“排序和筛选”按钮，在二级菜单中选择“降序”选项，即可按照要求完成排序，而其他行数据跟随排序的调整进行变化，如图3-88所示。

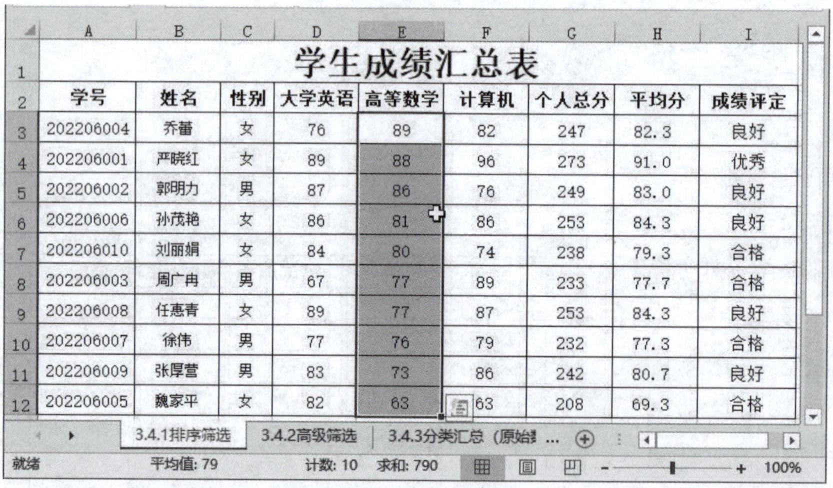

学生成绩汇总表

| 学号 | 姓名 | 性别 | 大学英语 | 高等数学 | 计算机 | 个人总分 | 平均分 | 成绩评定 |
|---|---|---|---|---|---|---|---|---|
| 202206004 | 乔蕾 | 女 | 76 | 89 | 82 | 247 | 82.3 | 良好 |
| 202206001 | 严晓红 | 女 | 89 | 88 | 96 | 273 | 91.0 | 优秀 |
| 202206002 | 郭明力 | 男 | 87 | 86 | 76 | 249 | 83.0 | 良好 |
| 202206006 | 孙茂艳 | 女 | 86 | 81 | 86 | 253 | 84.3 | 良好 |
| 202206010 | 刘丽娟 | 女 | 84 | 80 | 74 | 238 | 79.3 | 合格 |
| 202206003 | 周广冉 | 男 | 67 | 77 | 89 | 233 | 77.7 | 合格 |
| 202206008 | 任惠青 | 女 | 89 | 77 | 87 | 253 | 84.3 | 良好 |
| 202206007 | 徐伟 | 男 | 77 | 76 | 79 | 232 | 77.3 | 合格 |
| 202206009 | 张厚营 | 男 | 83 | 73 | 86 | 242 | 80.7 | 良好 |
| 202206005 | 魏家平 | 女 | 82 | 63 | 63 | 208 | 69.3 | 合格 |



图3-88 快速排序（降序）

此外，在“数据”选项卡的“排序和筛选”组中，单击“降序”按钮，同样可以完成快速排序。

### 2．自定义排序

自定义排序指的是在满足多个条件下，对工作表数据进行排序。例如，在对“个人总分”进行降序排列的情况下，若遇到总分相同的情况，则再按照“高等数学”分值高低进行先后排序。这里排序所依据的字段称为“关键字”，本例中“个人总分”是主要关键字，“高等数学”是次要关键字，只有当主要关键字相同时才考虑次要关键字，以此类推。

① 使用鼠标选择参与排序的全部数据（含标题行，不含表头）。

② 在“开始”选项卡的“编辑”组中，单击“排序和筛选”按钮，在二级菜单中选择“自定义排序”选项，随后弹出“排序”对话框。在此对话框中的“主要关键字”下拉菜单中选择“个人总分”选项，“次序”下拉列表中选择“降序”选项。

③ 单击“添加条件”按钮，在“次要关键字”下拉菜单中选择“高等数学”选项，“次序”下拉列表中选择“降序”选项，如图3-89所示。

此外，单击“选项”按钮，弹出“排序选项”对话框，如图3-90所示。用户可以根据具体需求对排序进行设置。

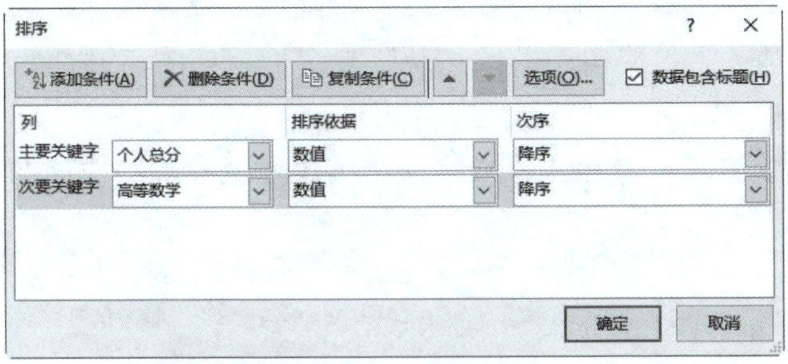


图3-89 “排序”对话框

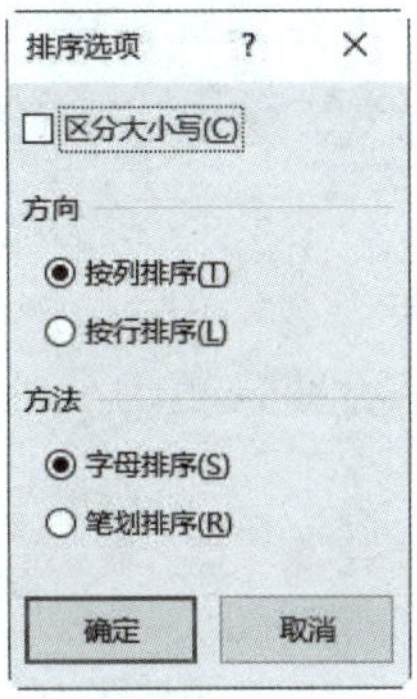


图3-90 “排序选项”对话框

④ 在“排序”对话框中，单击“确定”按钮，当前工作表中的数据即可按照两个条件进行排序，如图3-91所示。

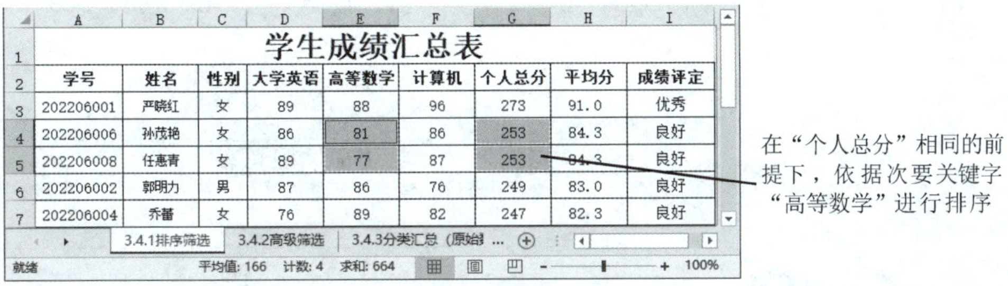


图3-91 自定义排序

## 3.4.2 数据筛选

Excel中提供了三种数据筛选操作，即“自动筛选”、“自定义筛选”和“高级筛选”，下面继续用一个具体的示例介绍有关筛选的基本操作。

### 1．自动筛选

自动筛选一般用于简单的条件筛选，筛选时将不满足条件的数据暂时隐藏起来，只显示符合条件的数据。

① 将鼠标定位在工作表包含数据的任意单元格内部。

② 在“数据”选项卡的“排序和筛选”组中，单击“筛选”按钮，或者在“开始”选项卡的“编辑”组中，单击“排序和筛选”菜单按钮，选择其中的“筛选”选项。此时，工作表各字段名变为下拉菜单形式，如图3-92所示。

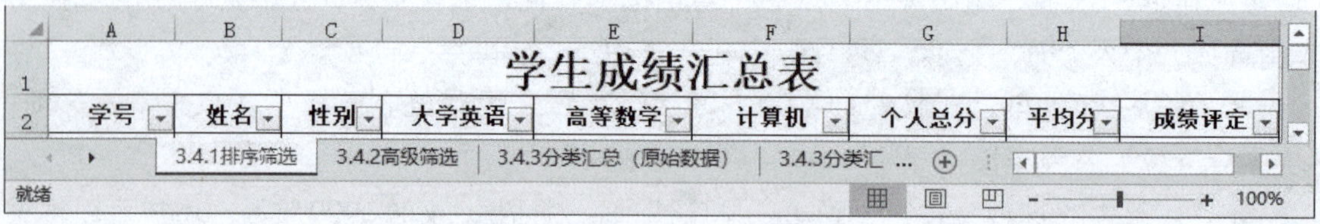


图3-92　字段名变为下列菜单形式

③ 根据实际需要，单击某个字段的下拉菜单，在菜单中勾选筛选条件即可。凡是符合筛选条件的数据才被展示，不符合条件的数据均被隐藏。这里以筛选“高等数学”成绩均为“77”的同学为例，在“高等数学”下拉菜单中勾选“77”复选框，如图3-93所示。单击“确定”按钮后，即可被筛选出来，如图3-94所示。

④ 若要恢复隐藏的数据，在图3-93所示菜单中选择“从……中清除筛选”选项即可。

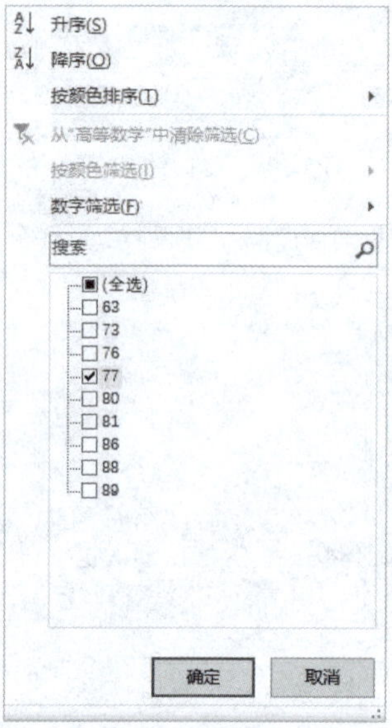


图3-93　筛选条件

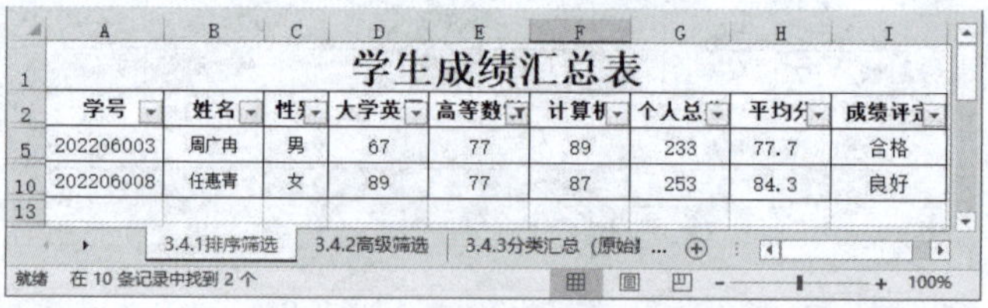


图3-94　自动筛选结果

### 2. 自定义筛选

自定义筛选能够进行多个条件下的筛选，主要用于更加精细的筛选场景。本例中，拟筛选“大学英语”成绩在85分以上，同时“高等数学”成绩也在85分以上的同学，就要使用自定义筛选功能，具体操作如下。

① 将鼠标定位在工作表包含数据的任意单元格内部。在“数据”选项卡的“排序和筛

选”组中，单击“筛选”按钮。

② 在“大学英语”字段的下拉菜单中执行如图3-95所示的操作。随后，弹出“自定义自动筛选方式”对话框，在该对话框中进行参数设置，如图3-96所示。单击“确定”按钮后，即可筛选出“大学英语”成绩在85分以上的同学。

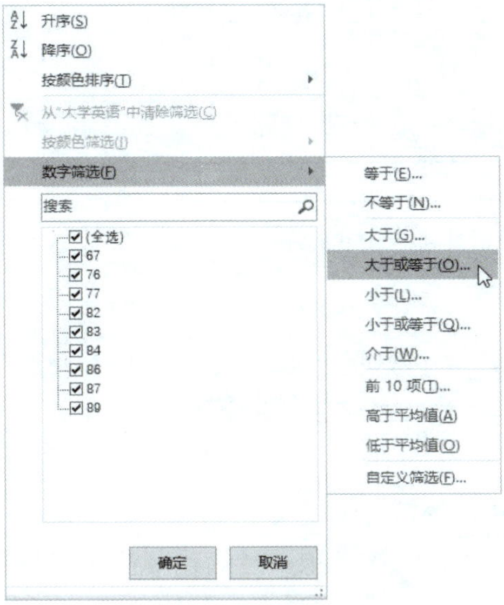


图3-95 数字筛选

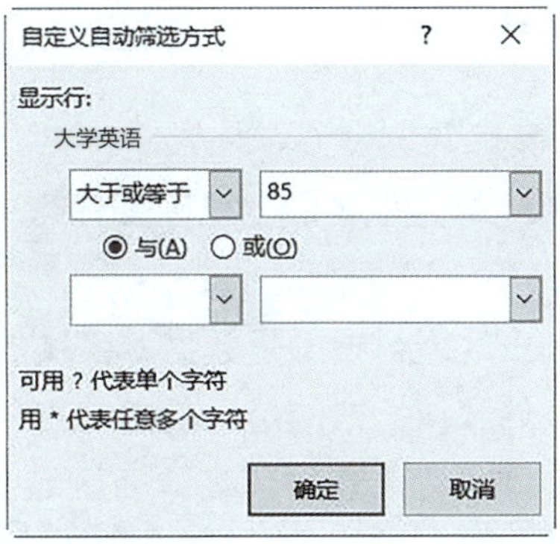


图3-96 “自定义自动筛选方式”对话框

③ 按照步骤②的方法，继续为“高等数学”字段设置筛选条件，设置完成后，最终筛选结果如图3-97所示。

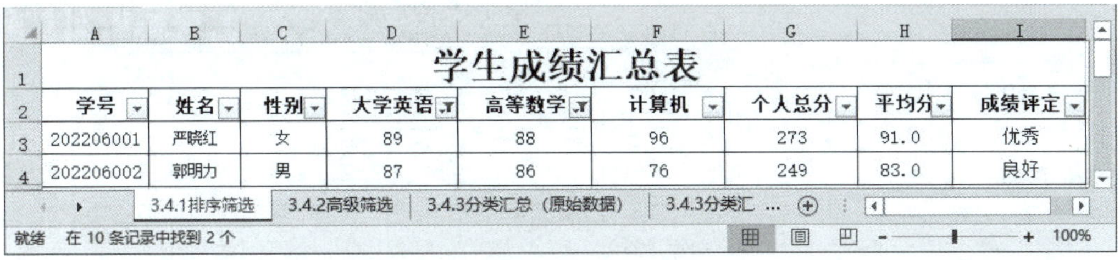


图3-97 自定义筛选结果

### 3．高级筛选

要使用高级筛选功能，需要根据需求创建一个组合条件区域，该条件区域包含条件字段名和具体的筛选条件。这里以筛选个人总分在230～240分之间，计算机成绩在80分以上的男生为例，介绍高级筛选的操作方法。

（1）创建条件区域

① 通过对筛选条件的分析可知，需要为高级筛选创建组合条件区域。这里从数据源的标题栏复制对应的字段，粘贴在当前工作表的下方。

② 根据需求输入筛选条件，如图3-98所示。

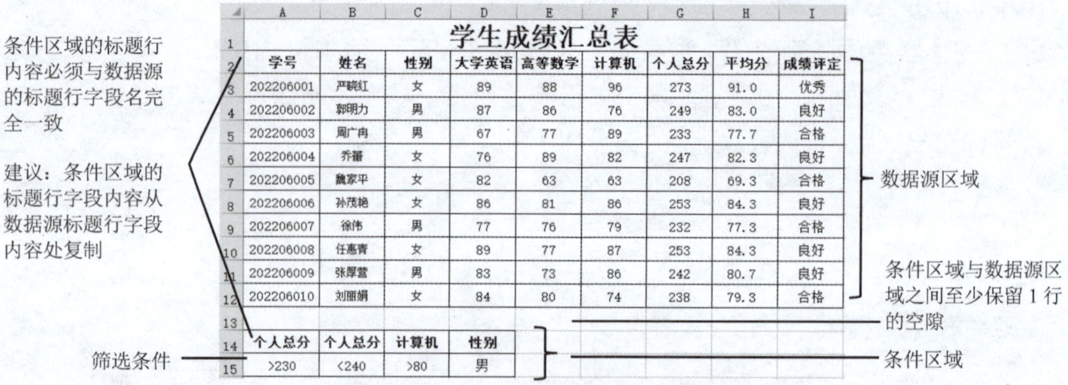


| | A | B | C | D | E | F | G | H | I |
|---|---|---|---|---|---|---|---|---|---|
| 1 | 学生成绩汇总表 | | | | | | | | |
| 2 | 学号 | 姓名 | 性别 | 大学英语 | 高等数学 | 计算机 | 个人总分 | 平均分 | 成绩评定 |
| 3 | 202206001 | 严晓红 | 女 | 89 | 88 | 96 | 273 | 91.0 | 优秀 |
| 4 | 202206002 | 郭明力 | 男 | 87 | 86 | 76 | 249 | 83.0 | 良好 |
| 5 | 202206003 | 周广冉 | 男 | 67 | 77 | 89 | 233 | 77.7 | 合格 |
| 6 | 202206004 | 乔蕃 | 女 | 76 | 89 | 82 | 247 | 82.3 | 良好 |
| 7 | 202206005 | 魏家平 | 女 | 82 | 63 | 63 | 208 | 69.3 | 合格 |
| 8 | 202206006 | 孙茂艳 | 女 | 86 | 81 | 86 | 253 | 84.3 | 良好 |
| 9 | 202206007 | 徐伟 | 男 | 77 | 76 | 79 | 232 | 77.3 | 合格 |
| 10 | 202206008 | 任惠青 | 女 | 89 | 77 | 87 | 253 | 84.3 | 良好 |
| 11 | 202206009 | 张厚营 | 男 | 83 | 73 | 86 | 242 | 80.7 | 良好 |
| 12 | 202206010 | 刘丽娟 | 女 | 84 | 80 | 74 | 238 | 79.3 | 合格 |
| 13 | | | | | | | | | |
| 14 | 个人总分 | 个人总分 | 计算机 | 性别 | | | | | |
| 15 | >230 | <240 | >80 | 男 | | | | | |

图3-98　创建条件区域

（2）具体筛选操作

① 将鼠标定位在数据源区域任意单元格内部。在“数据”选项卡的“排序和筛选”组中，单击“高级”按钮。此时弹出“高级筛选”对话框，如图3-99所示。

- 列表区域：指的是数据源区域。
- 条件区域：指的是之前由用户自行设置的条件区域。
- 复制到：若选择“在原有区域显示筛选结果”，则该选项不可选；若选择“将筛选结果复制到其他位置”，则该选项用于设置筛选出来后的数据展示的位置。

② 设置完成后，单击“确定”按钮，符合条件区域要求的筛选结果即被展示出来，如图3-100所示。

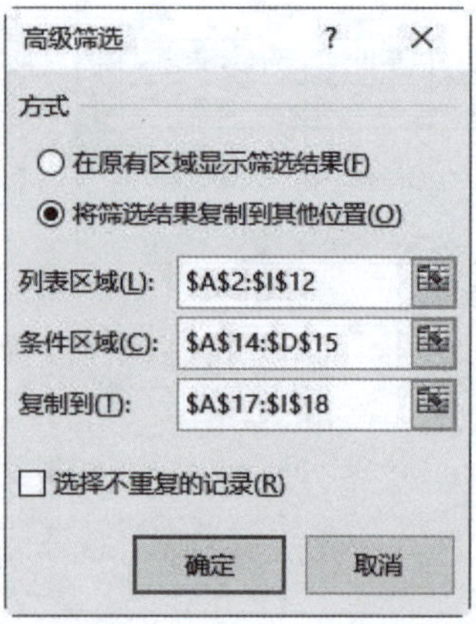


图3-99　“高级筛选”对话框

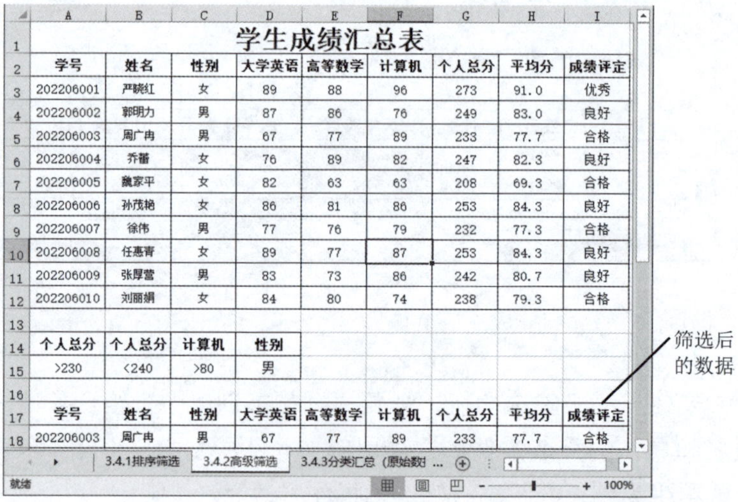


| | A | B | C | D | E | F | G | H | I |
|---|---|---|---|---|---|---|---|---|---|
| 1 | 学生成绩汇总表 | | | | | | | | |
| 2 | 学号 | 姓名 | 性别 | 大学英语 | 高等数学 | 计算机 | 个人总分 | 平均分 | 成绩评定 |
| 3 | 202206001 | 严晓红 | 女 | 89 | 88 | 96 | 273 | 91.0 | 优秀 |
| 4 | 202206002 | 郭明力 | 男 | 87 | 86 | 76 | 249 | 83.0 | 良好 |
| 5 | 202206003 | 周广冉 | 男 | 67 | 77 | 89 | 233 | 77.7 | 合格 |
| 6 | 202206004 | 乔蕃 | 女 | 76 | 89 | 82 | 247 | 82.3 | 良好 |
| 7 | 202206005 | 魏家平 | 女 | 82 | 63 | 63 | 208 | 69.3 | 合格 |
| 8 | 202206006 | 孙茂艳 | 女 | 86 | 81 | 86 | 253 | 84.3 | 良好 |
| 9 | 202206007 | 徐伟 | 男 | 77 | 76 | 79 | 232 | 77.3 | 合格 |
| 10 | 202206008 | 任惠青 | 女 | 89 | 77 | 87 | 253 | 84.3 | 良好 |
| 11 | 202206009 | 张厚营 | 男 | 83 | 73 | 86 | 242 | 80.7 | 良好 |
| 12 | 202206010 | 刘丽娟 | 女 | 84 | 80 | 74 | 238 | 79.3 | 合格 |
| 13 | | | | | | | | | |
| 14 | 个人总分 | 个人总分 | 计算机 | 性别 | | | | | |
| 15 | >230 | <240 | >80 | 男 | | | | | |
| 16 | | | | | | | | | |
| 17 | 学号 | 姓名 | 性别 | 大学英语 | 高等数学 | 计算机 | 个人总分 | 平均分 | 成绩评定 |
| 18 | 202206003 | 周广冉 | 男 | 67 | 77 | 89 | 233 | 77.7 | 合格 |

图3-100　高级筛选结果

（3）筛选条件中的逻辑关系

高级筛选的多个条件之间存在一定的逻辑关系，通过分析逻辑关系，能够轻松地书写出筛选条件。

➢ “与”关系：只有当所有条件都满足时，结果才出现，否则结果就不会出现。

➢ “或”关系：只要有一个条件满足时，结果就会出现；只有当所有条件都不满足时，结果才不会出现。

在Excel中，条件放在同一行表示“与”关系，条件不在同一行表示“或”关系，示意图如图3-101所示。

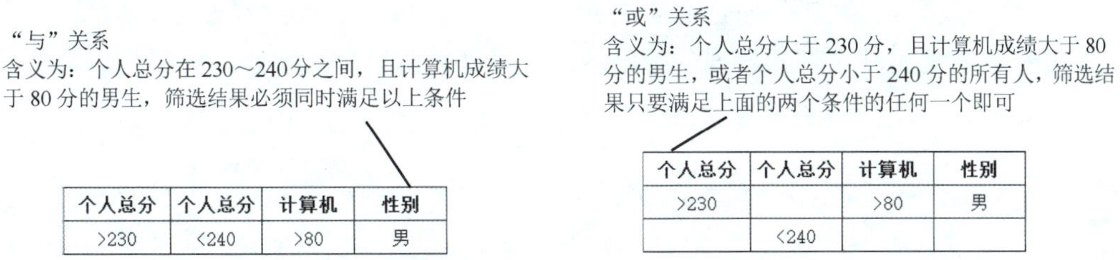


图3-101 “与”关系和“或”关系对比示意图

从上述示例可以看出，自动筛选和自定义筛选操作起来比较简单。当使用“自动筛选”同时对多个字段进行筛选操作时，各字段间限制的条件只能是“与”的关系，若要筛选的多个条件是“或”的关系，则只能用“高级筛选”来实现。

## 3.4.3 分类汇总

分类汇总

分类汇总指的是先按照某种规则进行分类，然后在完成分类的基础上对各类相关数据进行求和、求最大值等一系列操作，最终达到条理化和明确化数据的目的。

在Excel中要完成分类汇总需要分两步，第一步是利用排序功能对某一字段进行排序，第二步是利用函数的计算进行汇总操作。下面通过一个示例介绍分类汇总的操作方法。

假设现有一张某公司销售业绩表，如图3-102所示。针对此表格的数据，可以使用分类汇总功能，统计出某种类型的产品销售的总金额、某个地区销售的总金额、某个业务员销售的总金额等多种结果。

| | A | B | C | D | E | F | G | H |
|---|---|---|---|---|---|---|---|---|
| 1 | **公司销售业绩表 | | | | | | | |
| 2 | 产品代号 | 产品种类 | 销售地区 | 业务员编号 | 单价 | 销售数量 | 总金额 | 销售总金额排名 |
| 3 | G0350 | VR硬件设备 | 广东省 | W0802 | 200 | 550 | ¥110,000.00 | 12 |
| 4 | G0350 | VR硬件设备 | 福建省 | W0802 | 200 | 300 | ¥60,000.00 | 17 |
| 5 | G0350 | VR硬件设备 | 辽宁省 | W0801 | 300 | 55 | ¥16,500.00 | 22 |
| 6 | G0350 | VR硬件设备 | 四川省 | W0803 | 400 | 100 | ¥40,000.00 | 20 |

图3-102 分类汇总——数据源(部分)

### 1．针对“产品种类”进行分类汇总

① 将鼠标定位在“产品种类”列中任意单元格。在“开始”选项卡的“编辑”组中，单击“排序和筛选”按钮，选择其中的“升序”或“降序”选项。随后，数据完成重新排序。

② 将鼠标定位在工作表任意单元格，在“数据”选项卡的“分级显示”组中，单击

“分类汇总”按钮，弹出如图3-103所示的对话框，这里按照图中参数进行设置。

- 分类字段：用于指定当前数据表中哪个字段参与分类汇总。
- 汇总方式：系统提供了多种汇总方式，包括求和、平均值、计数、乘积、最大值等，根据实际需要选择某一方式即可。
- 选定汇总项：用于指定当前数据表中哪个字段参与数据计算。

③ 设置完成后，单击“确定”按钮，工作表中的数据就被分类汇总，如图3-104所示。从图中可以发现，此时的数据分类展示，层级效果明显，更加容易分析数据。

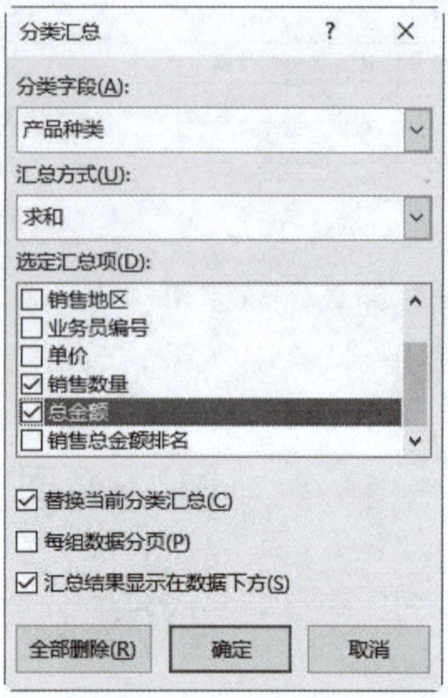


图3-103 “分类汇总”对话框

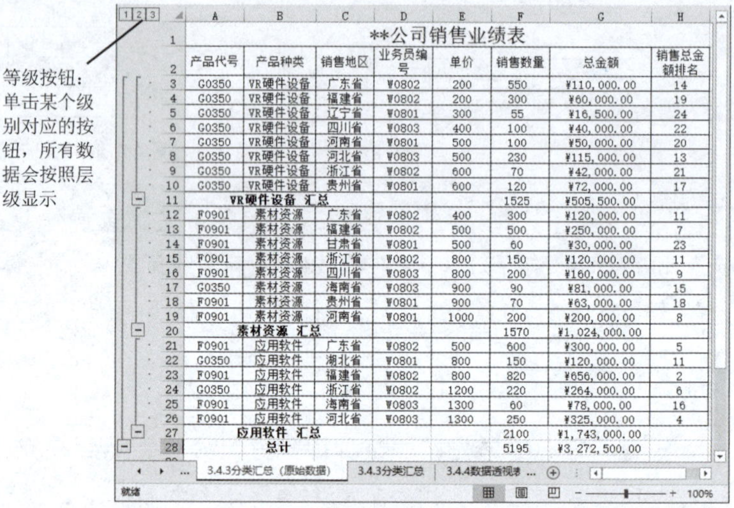


| | A | B | C | D | E | F | G | H |
|---|---|---|---|---|---|---|---|---|
| 1 | **公司销售业绩表 | | | | | | | |
| 2 | 产品代号 | 产品种类 | 销售地区 | 业务员编号 | 单价 | 销售数量 | 总金额 | 销售总金额排名 |
| 3 | G0350 | VR硬件设备 | 广东省 | W0802 | 200 | 550 | ¥110,000.00 | 14 |
| 4 | G0350 | VR硬件设备 | 福建省 | W0802 | 200 | 300 | ¥60,000.00 | 19 |
| 5 | G0350 | VR硬件设备 | 辽宁省 | W0801 | 300 | 55 | ¥16,500.00 | 24 |
| 6 | G0350 | VR硬件设备 | 四川省 | W0803 | 400 | 100 | ¥40,000.00 | 22 |
| 7 | G0350 | VR硬件设备 | 河南省 | W0801 | 500 | 100 | ¥50,000.00 | 20 |
| 8 | G0350 | VR硬件设备 | 河北省 | W0803 | 500 | 230 | ¥115,000.00 | 13 |
| 9 | G0350 | VR硬件设备 | 浙江省 | W0802 | 600 | 70 | ¥42,000.00 | 21 |
| 10 | G0350 | VR硬件设备 | 贵州省 | W0801 | 600 | 120 | ¥72,000.00 | 17 |
| 11 | VR硬件设备 汇总 | | | | | 1525 | ¥505,500.00 | |
| 12 | F0901 | 素材资源 | 广东省 | W0802 | 400 | 300 | ¥120,000.00 | 11 |
| 13 | F0901 | 素材资源 | 福建省 | W0802 | 500 | 500 | ¥250,000.00 | 7 |
| 14 | F0901 | 素材资源 | 甘肃省 | W0801 | 500 | 60 | ¥30,000.00 | 23 |
| 15 | F0901 | 素材资源 | 浙江省 | W0802 | 800 | 150 | ¥120,000.00 | 11 |
| 16 | F0901 | 素材资源 | 四川省 | W0803 | 800 | 200 | ¥160,000.00 | 9 |
| 17 | G0350 | 素材资源 | 海南省 | W0803 | 900 | 90 | ¥81,000.00 | 15 |
| 18 | F0901 | 素材资源 | 贵州省 | W0801 | 900 | 70 | ¥63,000.00 | 18 |
| 19 | F0901 | 素材资源 | 河南省 | W0801 | 1000 | 200 | ¥200,000.00 | 8 |
| 20 | 素材资源 汇总 | | | | | 1570 | ¥1,024,000.00 | |
| 21 | F0901 | 应用软件 | 广东省 | W0802 | 500 | 600 | ¥300,000.00 | 5 |
| 22 | G0350 | 应用软件 | 湖北省 | W0801 | 800 | 150 | ¥120,000.00 | 11 |
| 23 | F0901 | 应用软件 | 福建省 | W0802 | 800 | 820 | ¥656,000.00 | 2 |
| 24 | G0350 | 应用软件 | 浙江省 | W0802 | 1200 | 220 | ¥264,000.00 | 6 |
| 25 | F0901 | 应用软件 | 海南省 | W0803 | 1300 | 60 | ¥78,000.00 | 16 |
| 26 | F0901 | 应用软件 | 河北省 | W0803 | 1300 | 250 | ¥325,000.00 | 4 |
| 27 | 应用软件 汇总 | | | | | 2100 | ¥1,743,000.00 | |
| 28 | 总计 | | | | | 5195 | ¥3,272,500.00 | |

图3-104 分类汇总(以总金额和销售数量求和为参数)

## 2. 追加汇总方式

上述示例中，仅仅是对产品种类的总金额和销售数量进行求和的汇总，如果还想追加有关产品种类总金额平均值的汇总，就要使用追加汇总的方式。

在图3-103所示的对话框中，分类字段设置为“产品种类”，汇总方式设置为“平均值”，选定汇总项设置为“总金额”，取消“替换当前分类汇总”复选框。最后，单击“确定”按钮即可，如图3-105所示。

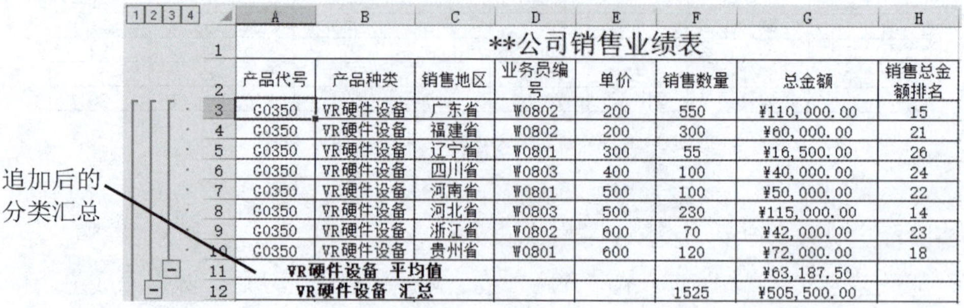


| | A | B | C | D | E | F | G | H |
|---|---|---|---|---|---|---|---|---|
| 1 | **公司销售业绩表 | | | | | | | |
| 2 | 产品代号 | 产品种类 | 销售地区 | 业务员编号 | 单价 | 销售数量 | 总金额 | 销售总金额排名 |
| 3 | G0350 | VR硬件设备 | 广东省 | W0802 | 200 | 550 | ¥110,000.00 | 15 |
| 4 | G0350 | VR硬件设备 | 福建省 | W0802 | 200 | 300 | ¥60,000.00 | 21 |
| 5 | G0350 | VR硬件设备 | 辽宁省 | W0801 | 300 | 55 | ¥16,500.00 | 26 |
| 6 | G0350 | VR硬件设备 | 四川省 | W0803 | 400 | 100 | ¥40,000.00 | 24 |
| 7 | G0350 | VR硬件设备 | 河南省 | W0801 | 500 | 100 | ¥50,000.00 | 22 |
| 8 | G0350 | VR硬件设备 | 河北省 | W0803 | 500 | 230 | ¥115,000.00 | 14 |
| 9 | G0350 | VR硬件设备 | 浙江省 | W0802 | 600 | 70 | ¥42,000.00 | 23 |
| 10 | G0350 | VR硬件设备 | 贵州省 | W0801 | 600 | 120 | ¥72,000.00 | 18 |
| 11 | VR硬件设备 平均值 | | | | | | ¥63,187.50 | |
| 12 | VR硬件设备 汇总 | | | | | 1525 | ¥505,500.00 | |

图3-105 追加汇总方式

## 3.4.4 数据透视表与透视图

数据透视表与透视图

数据透视表是一种交互式动态报表，它可以根据用户需求动态地改变版面布置，以便按照不同方式分析数据。每一次改变版面布置时，数据透视表会立即按照新的布置重新计算数据。数据透视图则是数据透视表的图表展示。

### 1. 数据透视表

继续使用前面的某公司销售业绩表进行数据透视，这里拟按照每个业务员所负责的销售地区中各类产品销售总金额来进行数据透视，具体操作如下。

① 将鼠标定位在包含数据的单元格内。

② 在“插入”选项卡的“表格”组中，单击“数据透视表”按钮，在其二级菜单中选择“表格和区域”选项。此时，弹出如图3-106所示的对话框。

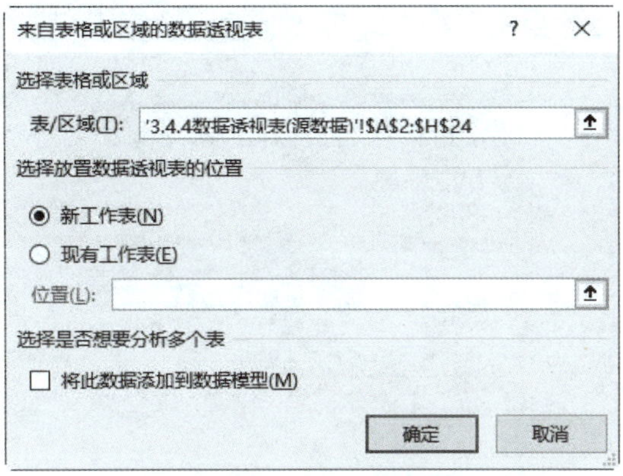


图3-106 创建数据透视表

③ 在“选择表格或区域”选项中设置数据源，这里选择的数据源为包含标题栏的所有数据。

④ 设置完成后，单击“确定”按钮。此时，系统新插入一张工作表来展示数据透视的内容。与此同时，数据源表格中的各字段名称出现在“数据透视表字段”列表中。

⑤ 在“数据透视表字段”列表中勾选需要添加到报表中的字段名称，这里勾选“业务员编号”“产品种类”“销售地区”“总金额”复选框。由于勾选次序不同，系统显示行标签和列标签字段名称和顺序也不同，进而会产生不同的数据透视效果，如图3-107所示。

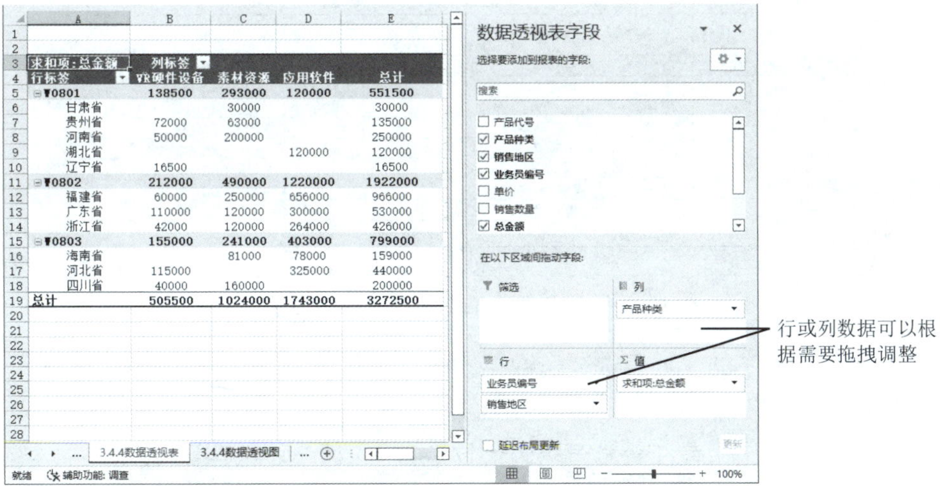


图3-107 调整数据透视表

2. 数据透视图

数据透视表用于汇总展示数据，而数据透视图可以形象地通过图形展示数据之间的关系，具体操作如下。

① 将鼠标定位在包含数据的单元格内。

② 在“插入”选项卡的“图表”组中，单击“数据透视图”按钮，在其二级菜单中选择“数据透视图”选项。在弹出的对话框内确定数据源区域。

③ 设置完成后，系统新插入一张工作表来展示数据透视的内容。根据实际需要勾选对应的字段名称，即可实时看到数据透视图的变化，如图3-108所示。

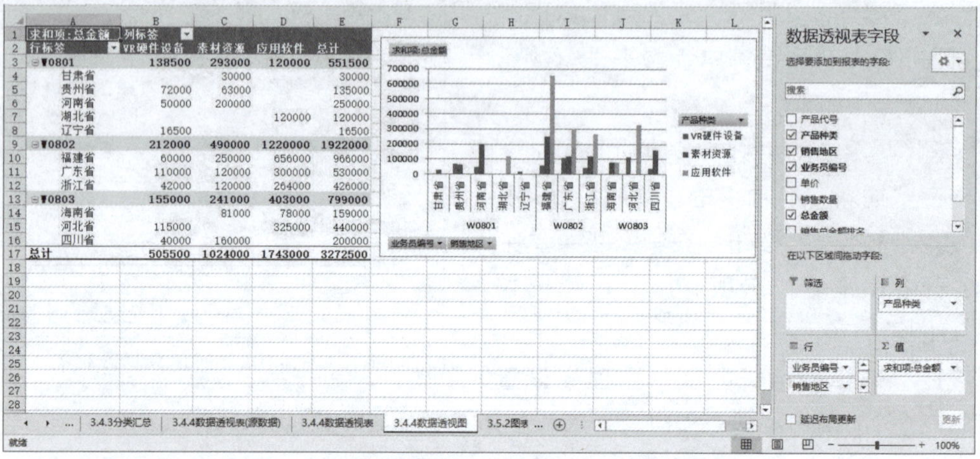


图3-108　数据透视图

## 3.4.5　跟着做——数据的分类汇总

以分类汇总某公司销售业绩表为主题对数据进行处理，最终效果如图3-109所示。

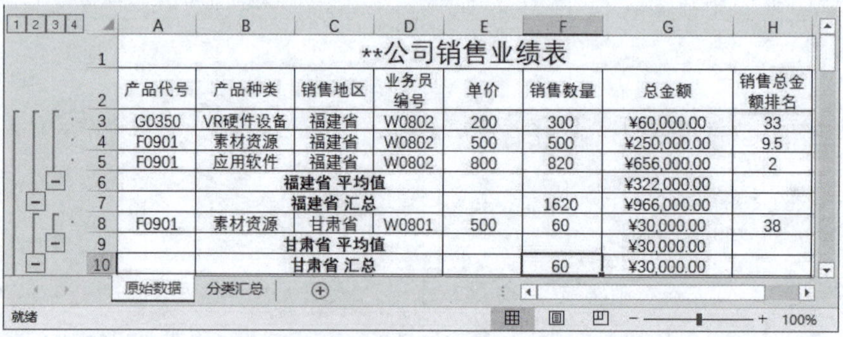

**公司销售业绩表

| 产品代号 | 产品种类 | 销售地区 | 业务员编号 | 单价 | 销售数量 | 总金额 | 销售总金额排名 |
|---|---|---|---|---|---|---|---|
| G0350 | VR硬件设备 | 福建省 | W0802 | 200 | 300 | ¥60,000.00 | 33 |
| F0901 | 素材资源 | 福建省 | W0802 | 500 | 500 | ¥250,000.00 | 9.5 |
| F0901 | 应用软件 | 福建省 | W0802 | 800 | 820 | ¥656,000.00 | 2 |
| | | 福建省 平均值 | | | | ¥322,000.00 | |
| | | 福建省 汇总 | | | 1620 | ¥966,000.00 | |
| F0901 | 素材资源 | 甘肃省 | W0801 | 500 | 60 | ¥30,000.00 | 38 |
| | | 甘肃省 平均值 | | | | ¥30,000.00 | |
| | | 甘肃省 汇总 | | | 60 | ¥30,000.00 | |

图3-109　按销售地区分类汇总(部分)

① 打开配套素材中的“跟着做——数据的分类汇总.xlsx”。

② 对销售地区进行排序。

③ 将鼠标定位在工作表任意单元格内，针对每个销售地区的销售数量和总金额进行求和的分类汇总。

④ 使用追加汇总的方式，追加针对每个销售地区总金额平均值的分类汇总。

### 3.4.6　随堂思考与练习

1．在自定义排序中，举例说明什么是主要关键字，什么是次要关键字。

2．要使用高级筛选功能，必须包含哪两步操作？

3．在高级筛选时，用户创建的约束条件放在同一行表示什么逻辑关系？放在不同行表示什么逻辑关系？

## 3.5　工作表中图表的应用

在Excel中，图表可以直观地展示统计信息，可以理解为是一种对数据的形象化、可视化展示手段。

### 3.5.1　图表的基本概念

#### 1．认识图表

图表是一种对数据的形象化、可视化展示，通常采用二维坐标系反映数据，如图3-110所示。一般，x轴表示所有对象类别（例如成绩科目、编号、部门和职称等），y轴表示每个对象类别所具有的属性值大小（例如分数、人数、销售量）等。

图表

#### 2．图表的类型

在Excel中，图表有柱形图、折线图、饼图、条形图、面积图、曲面图、股价图和雷达图等多种类型，而每个类型的图表又可以细化为多种形态，如图3-111所示。这里介绍几种常用的图表类型，更多图表请读者自行查阅相关信息。

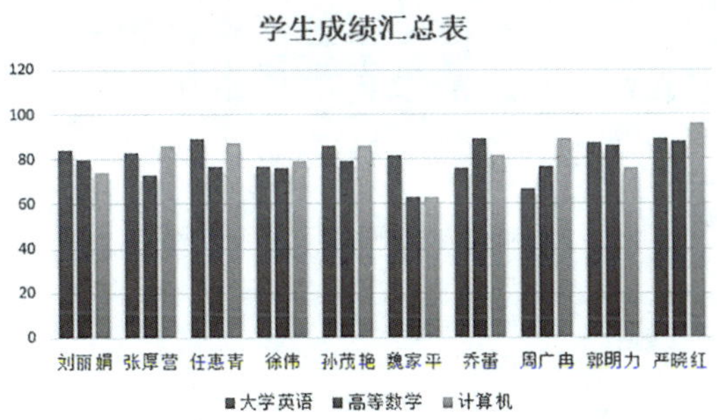


图 3-110　图表(柱形图)

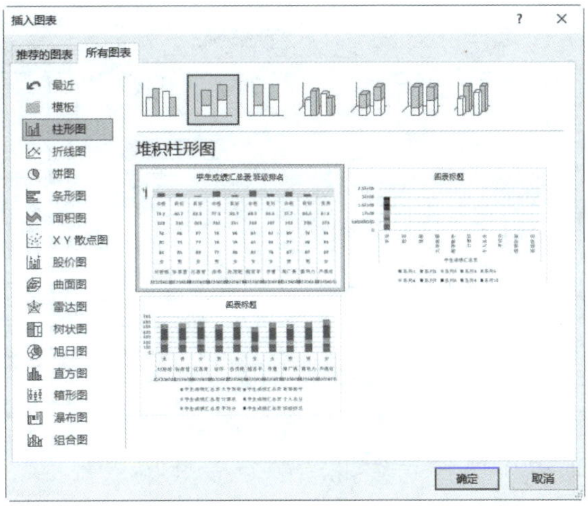


图 3-111　图表的类型

（1）柱形图

柱形图又称条形图，它是以宽度相等的条形高度差来显示统计指标数值多少或大小的一种图形。柱形图用于显示一段时间内的数据变化或显示各项之间的比较情况。

（2）折线图

折线图可以显示随时间而变化的连续数据，因此非常适用于展示在相等时间间隔下数据的趋势，如图3-112所示。

（3）饼图

饼图以二维或三维格式显示每一数值相对于总数值的比例。通常，饼图由若干不同颜色的扇形图形组成，每种颜色代表数据中对应的数值，扇形面积越大表示对应的数值在整个数值中的比例越大，如图3-113所示。

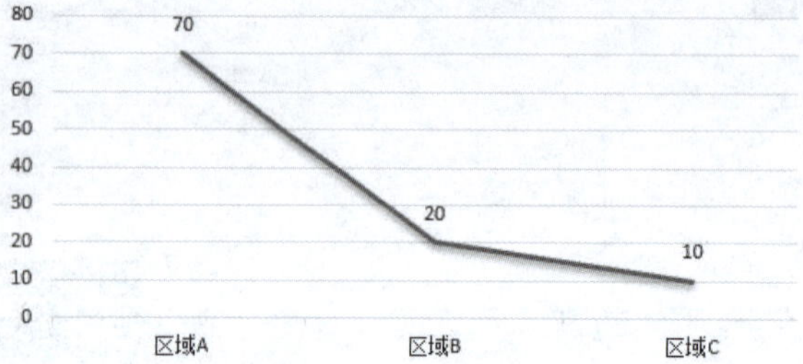


图3-112　折线图

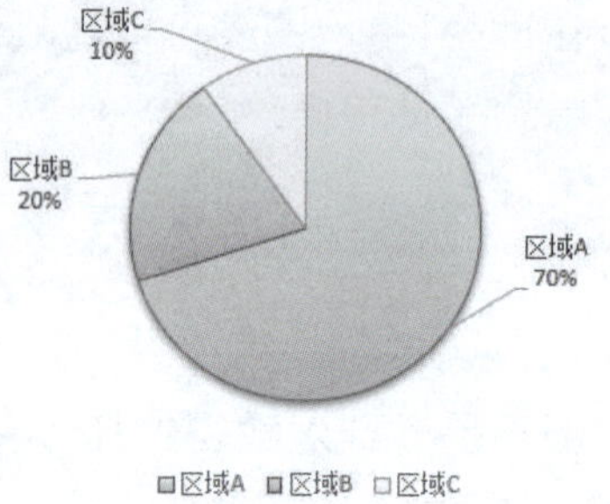


图3-113　饼图

## 3.5.2　创建与编辑图表

### 1．创建图表

图表的创建需要基于一张包含数据的工作表，在创建前首先需要选定数据区域，然后才能插入图表，这里以学生成绩汇总表为例讲解图表的创建方法，具体操作如下。

① 在配套素材中，打开“工作表中数据的处理.xlsx”工作簿的“图表”工作表。

② 根据需要选择数据区域，这里拟选择“姓名”“大学英语”“高等数学”“计算机”共四个字段的数据作为数据源。由于字段并非连续的数据，所以在选择数据时，需要按下【Ctrl】键进行选择。

③ 选择完成后，在“插入”选项卡的“图表”组中单击“推荐的图表”按钮，此时弹出如图3-114所示的对话框。在“推荐的图表”选项卡中选择系统推荐的图表效果，或者在“所有图表”选项卡中自主

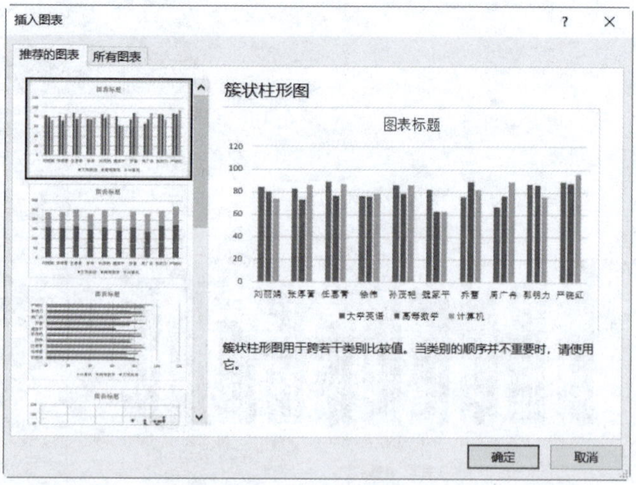


图3-114　“插入图表”对话框

选择合适的图表。

④ 这里选择“簇状柱形图”，单击“确定”按钮后，Excel即可根据所选数据按照系统默认设置创建图表，如图3-115所示。

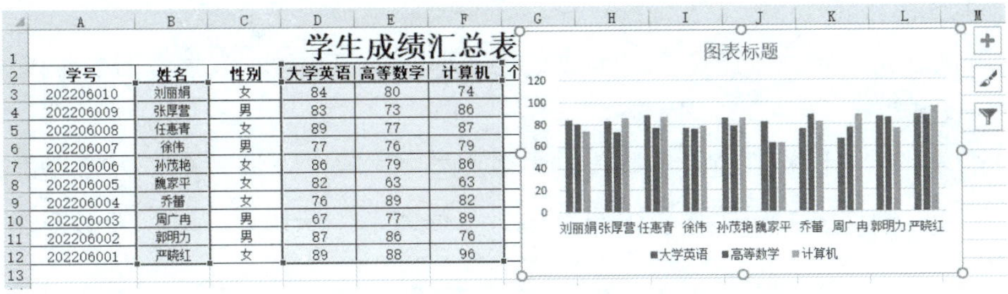


图3-115 创建图表

由上述操作步骤可以看出，图表的创建相对简单，用户只要理解x轴和y轴对应的含义即可。那么，如果遇到系统默认创建的图表并非用户需要的数据展示类型，又该如何操作呢？下面继续讲解有关图表修改的基本操作。

## 2．修改图表样式

在图表创建完成后，用户可以对图表本身的元素进行修改，如图例的位置、图表标题的内容、柱状条的颜色、字体大小等，如图3-116所示，具体操作如下。

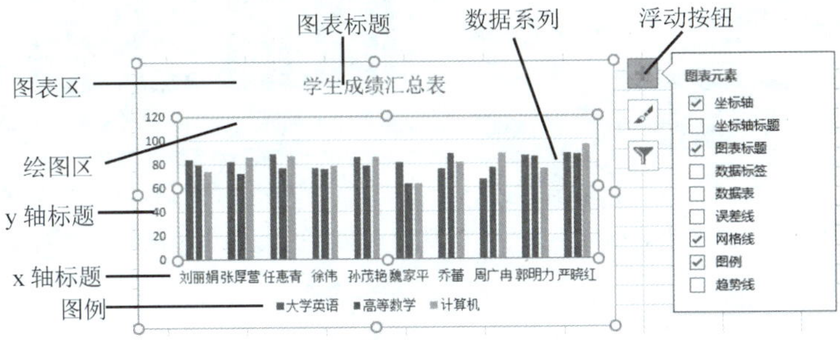


图3-116 图表的组成

① 鼠标单击图表区任意位置，此时图表已经被选中，将鼠标移至图表边缘，当鼠标指针发生变化时，拖拽鼠标即可对图表区进行放大或缩小。

② 若要修改图表标题，鼠标双击该标题即可进入编辑状态。

③ 若要修改图表样式，单击图表右侧的浮动按钮，可以快速地对图表元素、图表样式和图表数据进行设置。或者，在顶部“设计”选项卡的“图表样式”组中，直接选择系统内置的外观样式，如图3-117所示。

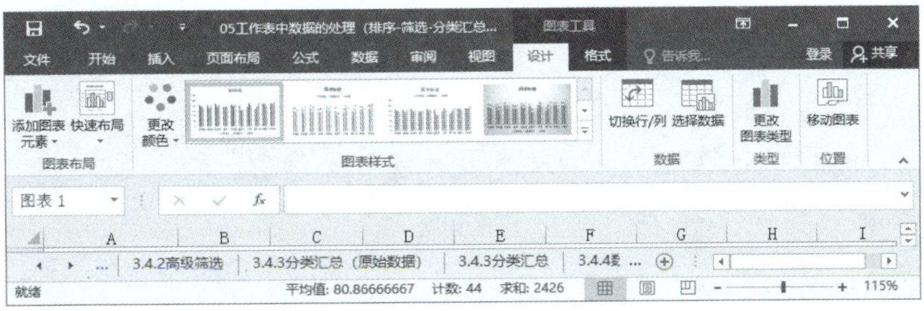


图3-117 “设计”选项卡

④ 若要修改图表颜色搭配，在图3-117中单击“更改颜色”按钮，在其子菜单中选择适合的颜色组合即可。对于更多细节设置，可以在“格式”选项卡中完成，这里不再赘述。

### 3．修改图表数据

在图表创建完成后，若还需要增加或减少数据源中的字段，就需要对数据区域重新选择，具体操作如下。

① 在图表区单击鼠标右键，在弹出的二级菜单中选择“选择数据”选项。或者，在顶部“图表设计”选项卡的“数据”组中单击“选择数据”按钮。这时，弹出如图3-118所示的对话框。

② 在“图表数据区域”文本框中设置新的数据区域即可，选择方法与创建图表时相同。

③ 也可以单击“切换行/列”按钮，可以将x轴与y轴数据进行交换，从而产生新的图表分类展示内容，如图3-119所示。

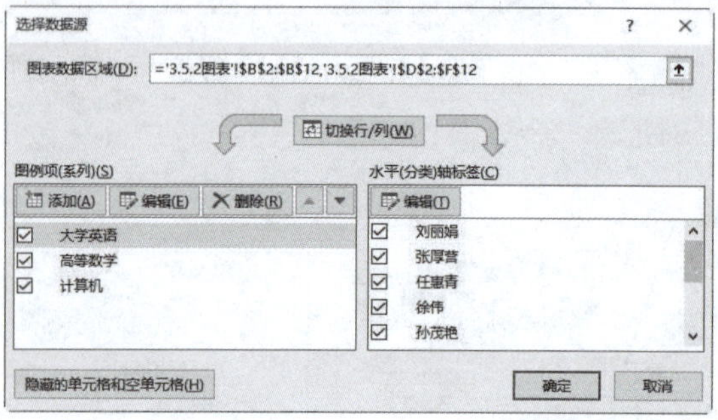


图3-118 “选择数据源”对话框

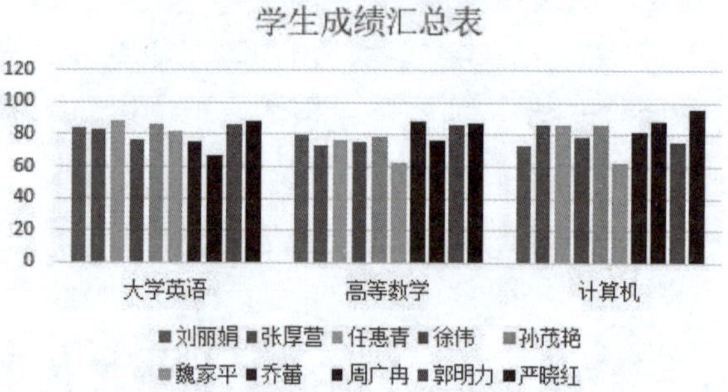


图3-119 x轴与y轴数据进行交换后效果

### 4．更改图表类型

在已经创建图表的情况下，如果对图表的展示效果不满意，可以在图表区单击鼠标右键，在弹出的二级菜单中选择“更改图表类型”选项，弹出如图3-120所示的对话框。在该对话框中选择合适的图表类型即可。

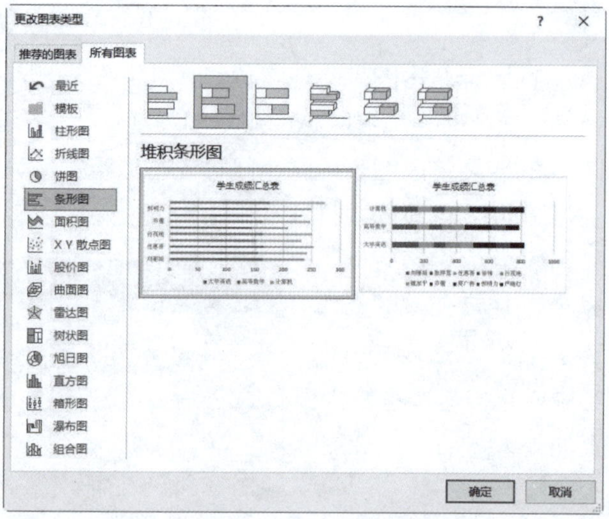


图3-120 “更改图表类型”对话框

### 5．移动图表

在默认状态下，创建的图表与数据源在同一工作表内，若需要将图表移动到其他工作表，可以进行以下操作。

① 在图表区单击鼠标右键，在弹

出的二级菜单中选择“移动图表”选项。此时，弹出如图3-121所示的对话框。

② 若选择“新工作表”单选按钮，并在后面对应的文本框内输入新的工作表名称，单击“确定”按钮后，图表就被移动到新工作表中；若选择“对象位于”单选按钮，并在对应的下拉菜单中选择当前工作簿包含的其他工作表，单击“确定”按钮后，图表就被移动到已经包含的其他工作表中。

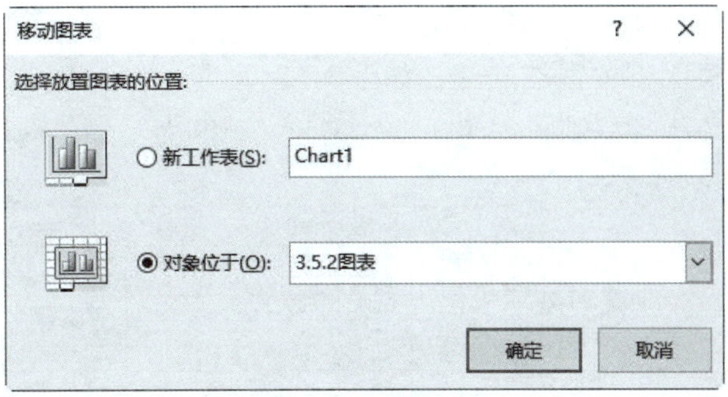


图3-121 “移动图表”对话框

## 3.5.3 跟着做——制作三维饼图

以制作销售统计三维饼图为主题，录入数据（如图3-122所示）并格式化表格，制作最终效果如图3-123所示。

① 新建空白Excel文档。

② 按照图3-122所示的内容，以及之前讲授的知识制作表格并完成数据录入。

③ 选择“智能设备”和“总价”两列数据，在“插入”选项卡的“图表”组中，单击“饼图”按钮，选择其中的“三维饼图”效果。

④ 选择该图表，在“图表设计”选项卡的“图表样式”组中选择合适的样式。

⑤ 调整图表各类文字大小和位置，最终效果如图3-123所示。

双11智能设备销售量排名

| 序号 | 智能设备 | 单价 | 数量 | 总价 |
|---|---|---|---|---|
| 1 | AI智能音箱 | ¥ 399.00 | 3581 | ¥ 1,428,819.00 |
| 2 | 无人机 | ¥ 2,607.00 | 1984 | ¥ 5,172,288.00 |
| 3 | 天猫精灵 | ¥ 299.00 | 2645 | ¥ 790,855.00 |
| 4 | 智能手表 | ¥ 1,488.00 | 2003 | ¥ 2,980,464.00 |
| 5 | Galaxy watch | ¥ 1,599.00 | 906 | ¥ 1,448,694.00 |
| 6 | 智能锁Classic | ¥ 2,199.00 | 780 | ¥ 1,715,220.00 |

图3-122 “智能设备”销售数据

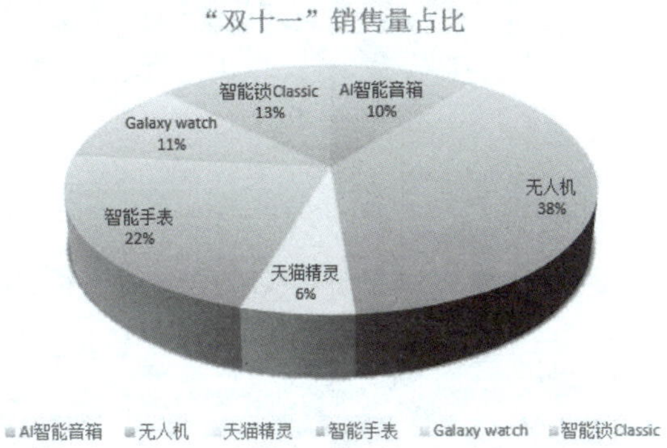


图3-123 “双十一”销售量占比三维饼图

## 3.5.4 随堂思考与练习

1. 什么是图表？

2. 列举在生活中常见的图表类型。

3. 创建包含数据的某公司员工工资表，以“姓名”和“应发金额”字段为数据源创建三维簇状柱形图，并保存在当前工作表中，设置图表标题为“员工工资对比柱形图”，设置图例位置在底部，如图3-124所示。以“姓名”、“基本工资”、“绩效奖”和“补贴”字段为数据源，创建员工姓名为“郭明力”的工资比例饼图，如图3-125所示。

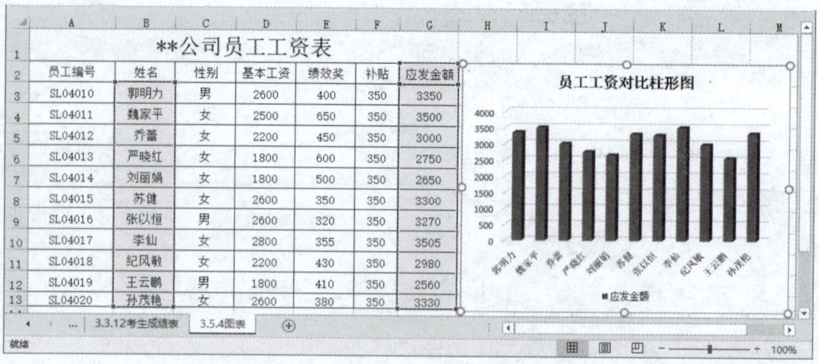

**公司员工工资表

| 员工编号 | 姓名 | 性别 | 基本工资 | 绩效奖 | 补贴 | 应发金额 |
|---|---|---|---|---|---|---|
| SL04010 | 郭明力 | 男 | 2600 | 400 | 350 | 3350 |
| SL04011 | 魏家平 | 女 | 2500 | 650 | 350 | 3500 |
| SL04012 | 乔蕾 | 女 | 2200 | 450 | 350 | 3000 |
| SL04013 | 严晓红 | 女 | 1800 | 600 | 350 | 2750 |
| SL04014 | 刘丽娟 | 女 | 1800 | 500 | 350 | 2650 |
| SL04015 | 苏健 | 女 | 2600 | 350 | 350 | 3300 |
| SL04016 | 张以恒 | 男 | 2600 | 320 | 350 | 3270 |
| SL04017 | 李仙 | 女 | 2800 | 355 | 350 | 3505 |
| SL04018 | 纪风敏 | 女 | 2200 | 430 | 350 | 2980 |
| SL04019 | 王云鹏 | 男 | 1800 | 410 | 350 | 2560 |
| SL04020 | 孙茂艳 | 女 | 2600 | 380 | 350 | 3330 |



图3-124　习题——员工工资对比柱形图

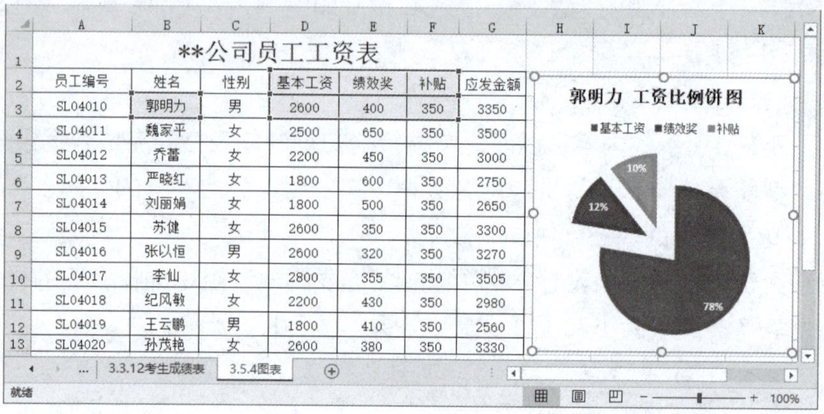

**公司员工工资表

| 员工编号 | 姓名 | 性别 | 基本工资 | 绩效奖 | 补贴 | 应发金额 |
|---|---|---|---|---|---|---|
| SL04010 | 郭明力 | 男 | 2600 | 400 | 350 | 3350 |
| SL04011 | 魏家平 | 女 | 2500 | 650 | 350 | 3500 |
| SL04012 | 乔蕾 | 女 | 2200 | 450 | 350 | 3000 |
| SL04013 | 严晓红 | 女 | 1800 | 600 | 350 | 2750 |
| SL04014 | 刘丽娟 | 女 | 1800 | 500 | 350 | 2650 |
| SL04015 | 苏健 | 女 | 2600 | 350 | 350 | 3300 |
| SL04016 | 张以恒 | 男 | 2600 | 320 | 350 | 3270 |
| SL04017 | 李仙 | 女 | 2800 | 355 | 350 | 3505 |
| SL04018 | 纪风敏 | 女 | 2200 | 430 | 350 | 2980 |
| SL04019 | 王云鹏 | 男 | 1800 | 410 | 350 | 2560 |
| SL04020 | 孙茂艳 | 女 | 2600 | 380 | 350 | 3330 |



图3-125　习题——工资比例饼图

Chapter 04

# 第4章 演示文稿制作

## 【本章导读】

Microsoft Office中的PowerPoint是一种功能强大的演示文稿应用软件，通过漂亮的设计、图标、3D模型，以及丰富的动画，用户可以仅简单地单击鼠标，就能向观众直观地表达自己的想法。该软件适用于各类会议、工作报告、产品宣传、教学课件等多媒体展示场景。

## 【思维导图】

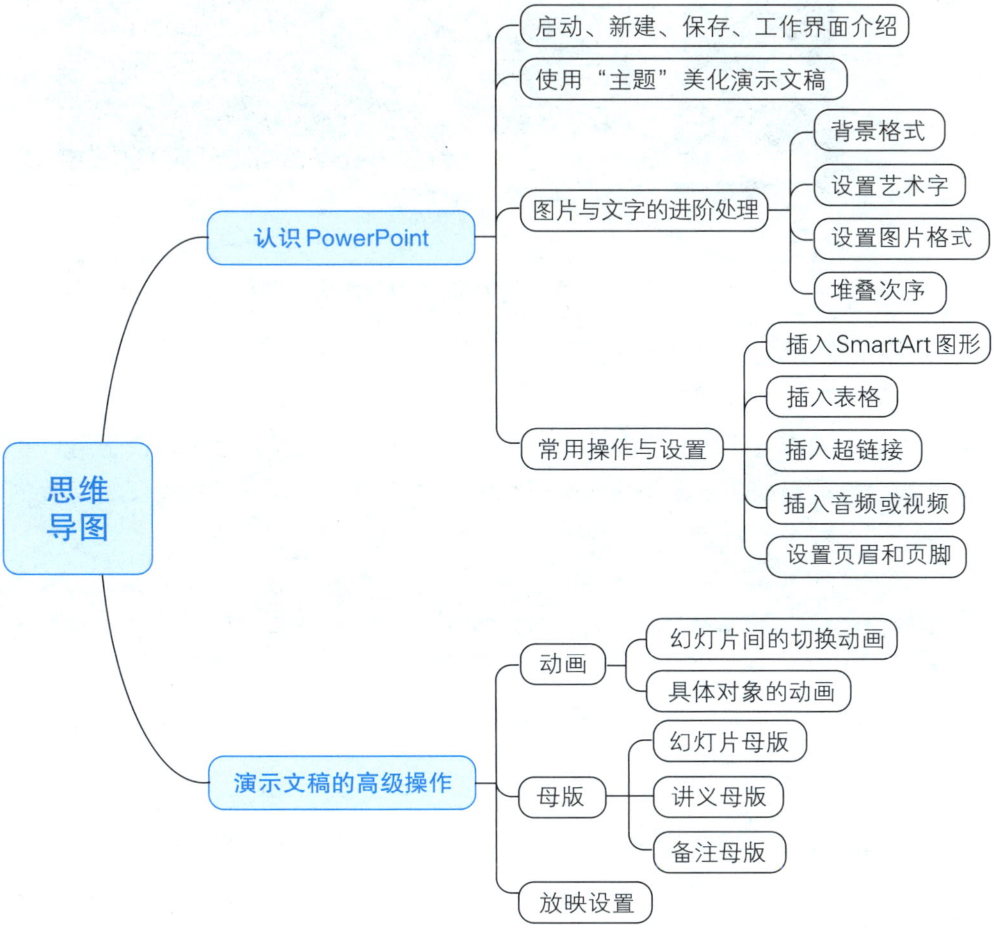

# 4.1 认识PowerPoint 2016

认识PowerPoint

## 4.1.1 启动与工作界面介绍

与启动Word的方法类同，双击PowerPoint的桌面快捷图标即可启动PowerPoint 2016，软件的工作界面如图4-1所示。

图4-1 PowerPoint 2016的工作界面

- ➢ 快速访问工具栏：该工具栏将常用的功能（如新建、保存、打开、打印、撤销等）集成在一起，方便用户使用。
- ➢ 各类功能面板：将所有功能按钮分类放置在不同的功能面板中，便于用户查找。
- ➢ 幻灯片编辑窗格：该窗格是PowerPoint的主工作区，用于编辑每张幻灯片的具体内容，进行细节设置等。
- ➢ 大纲/幻灯片窗格：以大纲或缩略图形式显示幻灯片，便于全局统筹幻灯片的排列。
- ➢ 备注窗格：用于输入当前幻灯片的备注内容。在多台监视器上放映演示文稿时可以查看演讲者备注信息。
- ➢ 视图切换按钮：用于在“普通视图”、“幻灯片浏览”、“阅读视图”和“幻灯片放映”之间直接进行切换。

## 4.1.2 新建与保存演示文稿

在工作中，用户经常将“演示文稿”和“幻灯片”混淆。其实，它们之间的关系是演示文稿包含一张或多张幻灯片，即使用PowerPoint制作了多张幻灯片，并将其保存后，该文档就称为演示文稿。

1．新建

① 正常启动PowerPoint 2016之后，在工作界面顶部区域选择“文件”选项卡，此时在弹出的菜单中选择“新建”命令，随后界面右侧显示有关新建的内容，如图4-2所示。单击“空白演示文稿”按钮，即可完成新建操作。

② 在第一页幻灯片“单击此处添加标题”和“单击此处添加副标题”虚线框中，直接输入文字即可完成文字的添加，如图4-3所示。

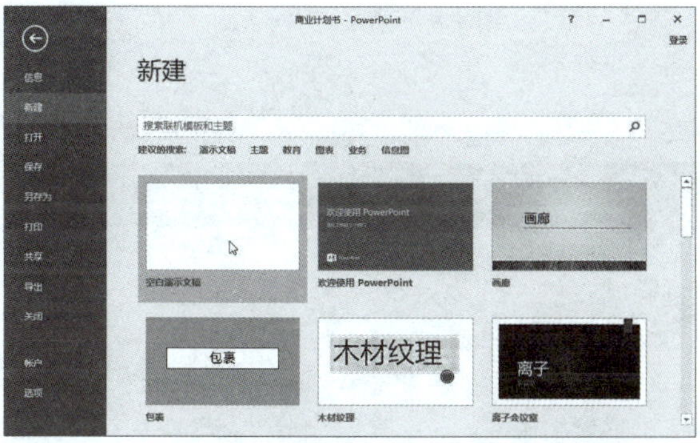


图4-2　新建空白演示文稿

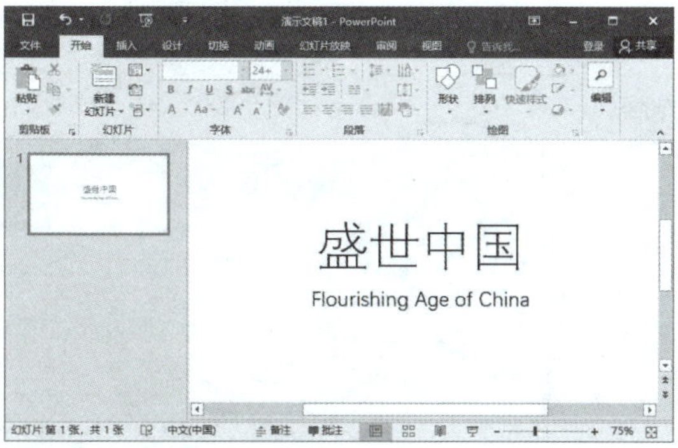


图4-3　添加文字

③ 若要修改文字内容，只需在有文字的地方单击，激活文本框后，直接修改即可。若要在幻灯片空白处添加文字，需要在“插入”选项卡的“文本”组中，单击“文本框”按钮，如图4-4所示。随后，在幻灯片空白区域即可添加一个文本框，在文本框中添加文字即可。对于文字字号和颜色等基础设置，与Word中文字设置方法类似，这里不再赘述。

图4-4　插入文本框

④ 在“开始”选项卡的“幻灯片”组中，单击“新建幻灯片”下拉菜单，在其中选择需要的版式，这里选择“标题和内容”版式，如图4-5所示。

⑤ 此时，一张空白的幻灯片被创建出来，根据实际需要添加文字内容即可完成第二张幻灯片的制作。

2．插入图片

① 在图4-5中，选择“两栏内容”版式，创建第三张幻灯片。在空白幻灯片的左栏中单击“插入图片”按钮，如图4-6所示。

② 这时弹出“插入图片”对话框，根据需要选择图片，最后单击“插入”按钮，即可完成图片的插入。

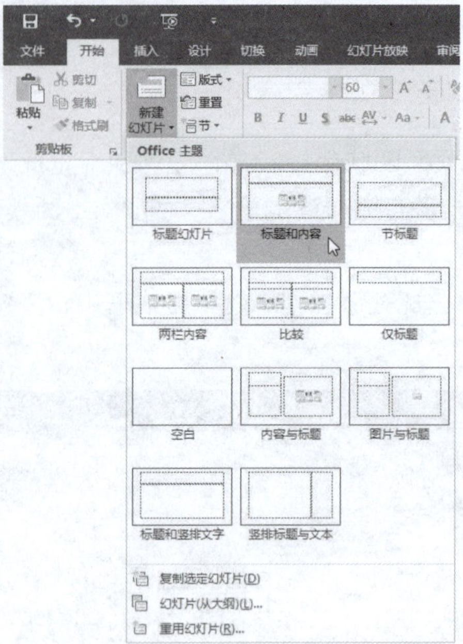


图4-5 新建幻灯片

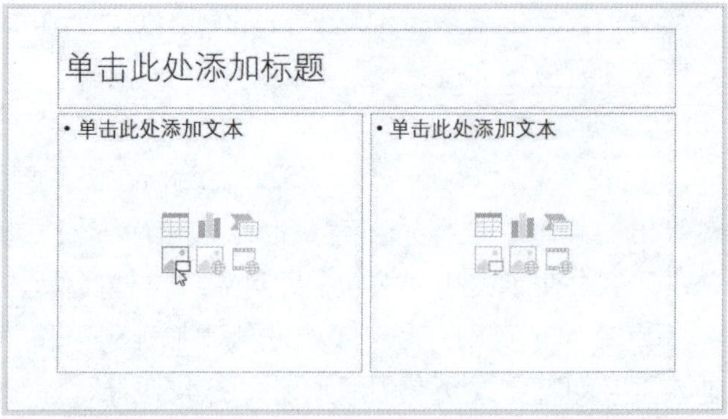


图4-6 插入图片

此外，在“插入”选项卡的“图像”组中，单击“图片”按钮，跟随系统提示，同样可以插入图片，详细过程这里不再赘述。

③ 按照上述操作过程，创建第四张幻灯片，添加必要的文字内容。至此，仅包含文字和图片的简易幻灯片已经制作完成，在“幻灯片浏览”模式下如图4-7所示。

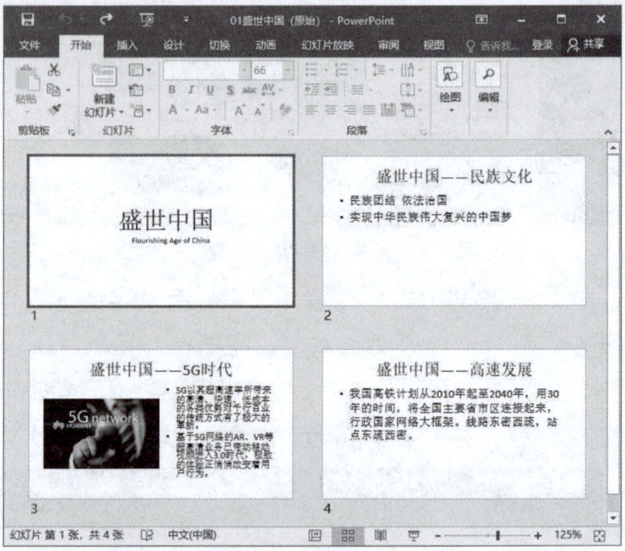


图4-7 初步完成简易幻灯片的制作

## 3. 保存

与Word操作基本类同，保存PowerPoint演示文稿时有两种操作方法最为简便。

方法一：在演示文稿编辑过程中，按下组合键【Ctrl+S】。

方法二：在快速访问工具栏中，单击“保存”按钮。

## 4. 幻灯片大小设置

默认状态下，演示文稿页面比例为16：9，若要将演示文稿应用在户外LED大屏或其他不同显示设备中，就要提前对幻灯片大小进行设置。在“设计”选项卡的“自定义”组中，单击“幻灯片大小”按钮，选择其中的“自定义幻灯片大小”选项，此时弹出如图4-8所示的对话框。用户可以直接对幻灯片宽度和高度进行详细设置。

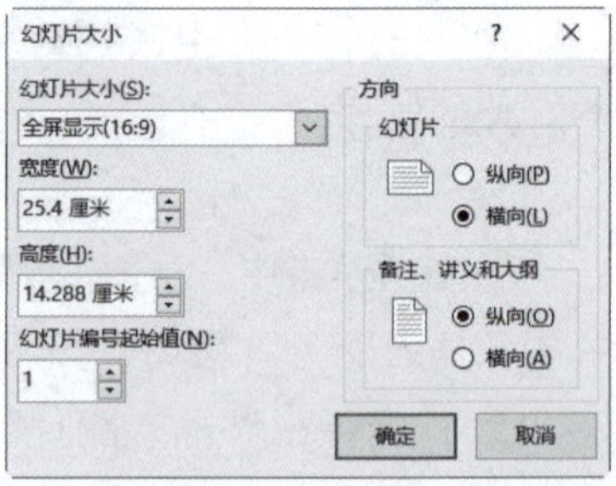


图4-8 更改幻灯片大小

## 4.1.3　使用"主题"美化演示文稿

PowerPoint自带很多主题，能够快速美化演示文稿。具体操作如下：

① 在"设计"选项卡的"主题"组中，选择喜欢的主题，当前演示文稿即可应用该主题。

② 应用主题后，幻灯片不能完全贴合主题，需要进一步对字体大小、位置、配色等进行设置，设置完成后最终效果如图4-9所示。

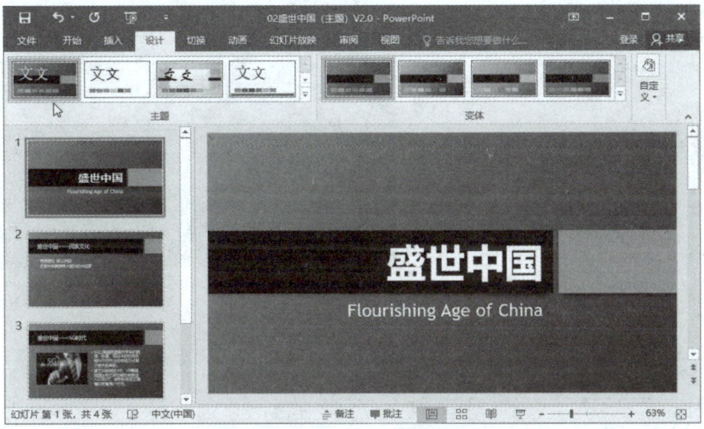


图4-9　使用"主题"快速美化幻灯片

## 4.1.4　演示文稿中图片与文字的进阶处理

图片与文字的进阶处理

演示文稿的精美程度在于背景、文字、图片、表格、形状等各类元素的细节处理。前文虽然通过"主题"快速美化幻灯片，但实际效果并不能使用户完全满意，通常需要通过对图片和文字做进一步处理，使之成为精美的演示文稿。

### 1．背景格式与插入图片

① 在任意幻灯片的空白区域，单击鼠标右键，弹出如图4-10所示的二级菜单，选择其中的"设置背景格式"选项。或者，在"设计"选项卡的"自定义"组中，单击"设置背景格式"按钮，软件右侧弹出如图4-11所示的窗格。

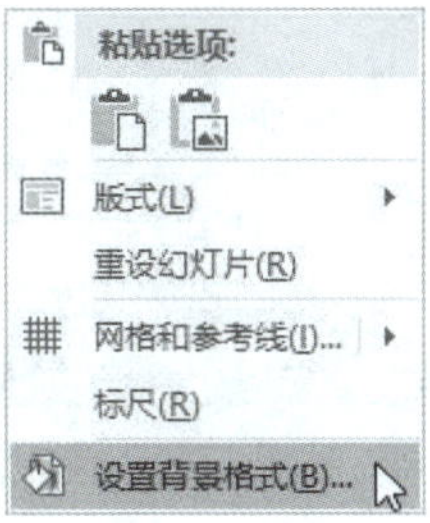


图4-10　在幻灯片空白处单击右键出现的菜单

② 在该窗格中，选择"渐变填充"单选按钮，并在下方区域根据自己的喜好设置渐变色。设置完成后，单击"全部应用"按钮，此时所有幻灯片背景均使用渐变背景填充。

③ 选择第一张幻灯片，执行第①步操作。在图4-11中，选择"图片或纹理填充"单选按钮，然后单击"文件"按钮，跟随系统提示即可插入背景图片。

④ 删除幻灯片中"盛世中国"文字内容。在"插入"选项卡的"图像"组中，单击

“图片”按钮，插入“盛世中国.png”图片作为标题，根据喜好修改其他文字大小、颜色等内容，最终效果如图4-12所示。

此时，当前演示文稿第一页背景为自定义图片，其余幻灯片背景为渐变填充。

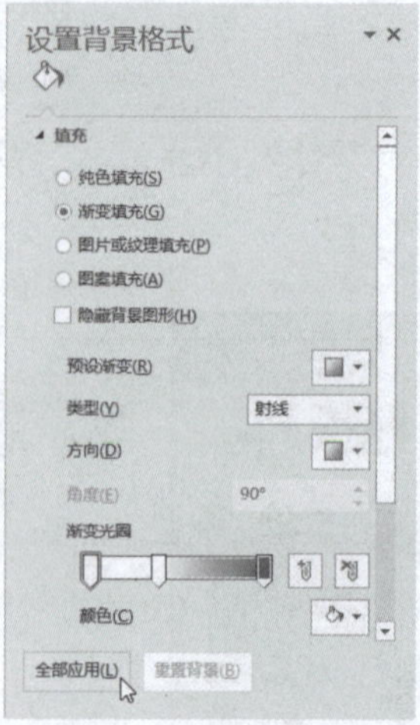


图4-11 “设置背景格式”窗格

图4-12 第一张幻灯片最终效果

## 2. 设置艺术字

① 切换到第二张幻灯片，选择当前幻灯片的标题文字。此时，在PowerPoint界面顶部，出现“格式”选项卡。

② 在该选项卡中，根据喜好选择艺术字样式，如图4-13所示。个性化的设置细节，这里不再赘述，请读者自行练习。

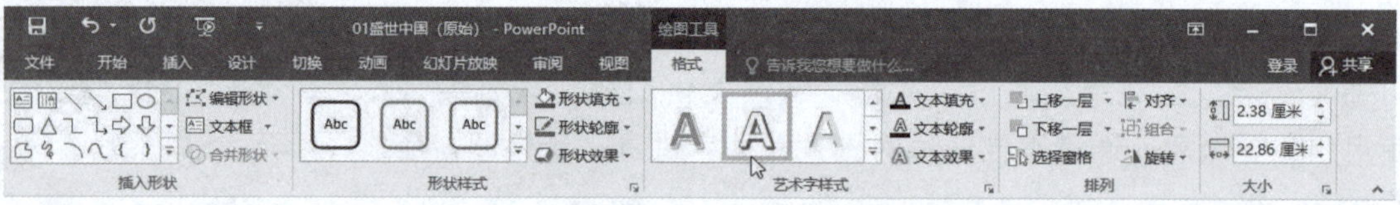


图4-13 设置艺术字

## 3. 设置图片格式

① 切换到第三张幻灯片，选择版面左侧的“5G”图片。

② 在PowerPoint界面顶部，选择“格式”选项卡。在该选项卡中，根据喜好选择图片样式。这里将该图片设置为“映像右透视”样式，如图4-14所示。

此外，在该选项卡中，还能够对图片颜色、饱和度、色调、亮度、对比度等多种参数进行设置，这里不再一一举例，请读者自行练习。

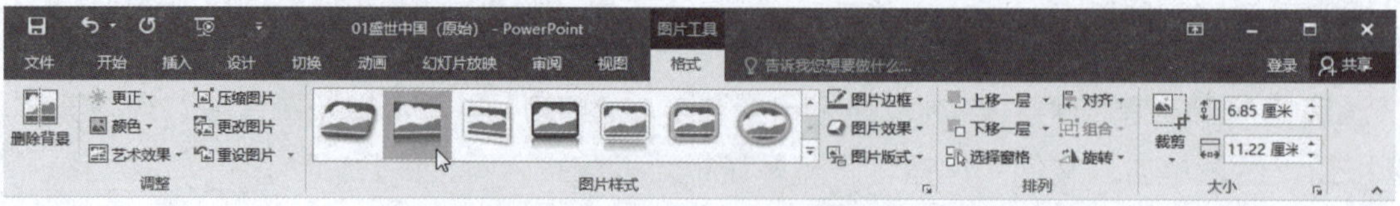


图4-14 设置图片格式为“映像右透视”

4．设置添加对象的堆叠次序

① 切换到第四张幻灯片，插入“高铁.png”图片对象。此时，由于插入图片的原因，图片覆盖到了原文本框对象的上方，使得其中的文字无法显示或选取。

② 右键单击刚刚插入的图片，在右键菜单中选择图4-15所示的“置于底层”选项。此时，图片就会放置于所有对象的下方。再次选择本幻灯片中的文字，可以发现文字能正常显示和选取。

通过以上多个方面的细节处理，当前演示文稿的外观得到了进一步的美化，整体演示效果有了明显的提升，在“幻灯片浏览”模式下的最终效果如图4-16所示。

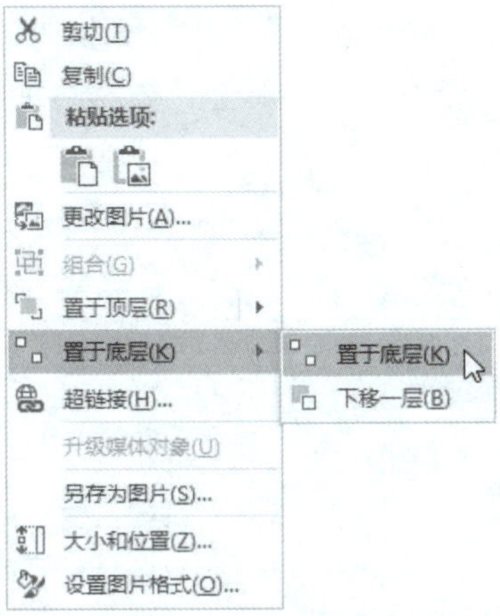


图 4-15　设置元素堆叠次序

图 4-16　演示文稿最终效果

## 4.1.5　演示文稿的常用操作与设置

演示文稿的常用操作与设置

1．插入SmartArt图形

① 选择需要插入SmartArt图形的幻灯片，在“插入”选项卡的“插图”组中单击“SmartArt”按钮，此时打开如图4-17所示的对话框。其中，左侧列表罗列了图形的分类样式，这里选择“块循环”SmartArt图形，单击“确定”按钮，即可完成SmartArt图形的添加。

② 鼠标单击某个图形对象，即可对文字进行编辑，如图4-18所示。由于SmartArt图形的编辑方法与在Word中类似，这里不再赘述。

2．插入表格

在幻灯片中，只需在“插入”选项卡中的“表格”组中按下“表格”按

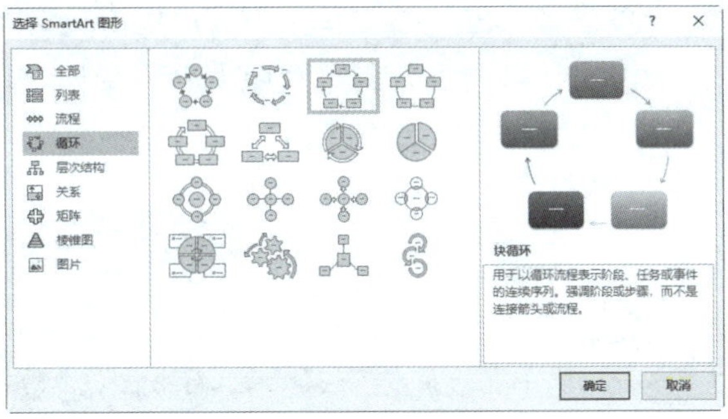


图 4-17　“选择SmartArt图形”对话框

钮，根据软件提示即可快速创建表格，其插入方法与在Word中类似，这里不再赘述。

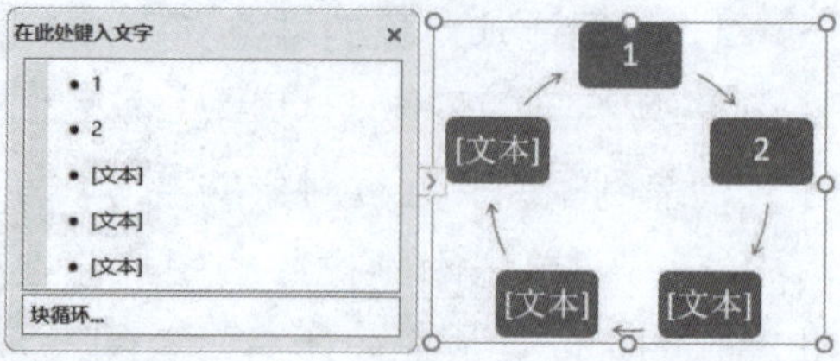

图4-18　编辑“块循环”SmartArt图形

### 3．插入超链接

在演示文稿中插入超链接，可以快速链接到本地文件、某张幻灯片和互联网链接等内容。对象被链接后，只要修改源文件，数据就会被自动更新。创建超链接步骤如下：

① 在幻灯片中，右键选择任意的文本、图片或其他对象。

② 在右键菜单中选择“超链接”选项，弹出如图4-19所示的对话框。在该对话框中，根据实际需要设置超链接的参数即可。需要说明的是，若链接对象是本地计算机内的文件，则在拷贝当前演示文稿时，需要将链接文件一同拷贝，否则在其他电脑上该链接将失效。

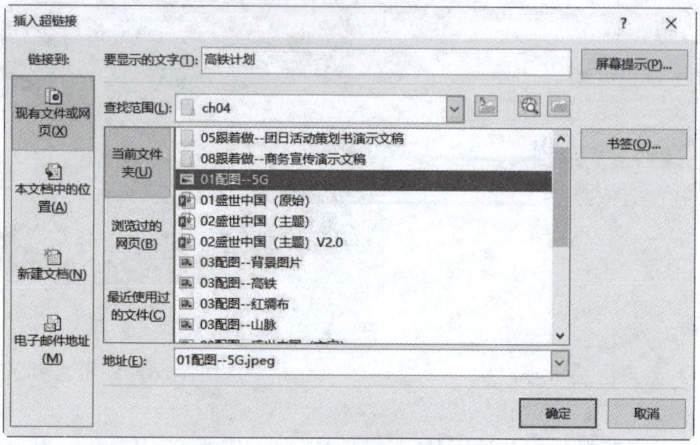

图4-19　“插入超链接”对话框

### 4．插入音频或视频

在演示文稿中插入必要的音频或视频，能够使文稿更加活泼生动。这里以插入背景音乐为例向读者介绍具体步骤。

① 背景音乐一般放在第一张幻灯片内部，切换到第一张幻灯片，在“插入”选项卡的“媒体”组中，单击“音频”按钮，在面板中，执行“PC上的音频”命令。

② 在弹出的“插入音频”对话框中，选择要插入的音频文件，并单击“插入”按钮。

③ 音频载入后，幻灯片中央出现音频剪辑图标和播放控制条，如图4-20所示。

④ 选择音频剪辑图标，切换至“播放”选项卡，可以对其详细设置，如图4-21所示。

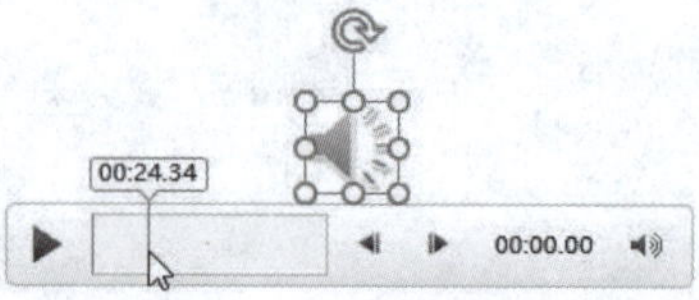

图4-20　音频播放控制条

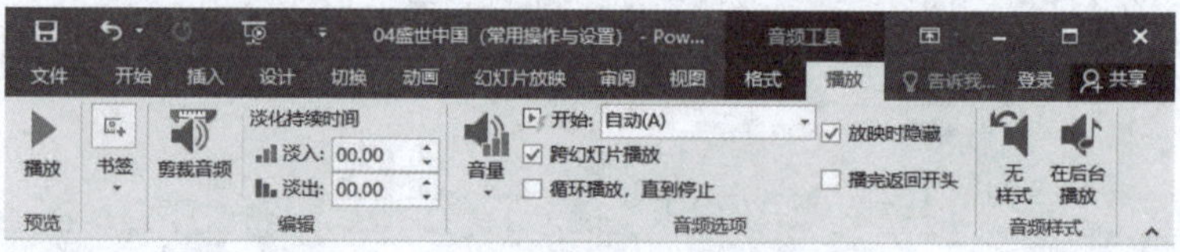

图4-21　设置音频播放参数

⑤ 在“播放”选项卡的“音频选项”组的“开始”下拉菜单中选择“自动”选项，能够使音频自动播放；勾选“跨幻灯片播放”复选框，能够使背景音乐贯穿整个幻灯片；勾选“放映时隐藏”复选框，能够在幻灯片播放时隐藏音频剪辑图标。

#### 5. 设置页眉和页脚

在PowerPoint中同样可以设置幻灯片的页眉和页脚。打开某个演示文稿，在“插入”选项卡的“文本”组中，单击“页眉和页脚”按钮。此时，弹出如图4-22所示的“页眉和页脚”对话框。用户可以根据需要，勾选“日期和时间”复选框，即可在“预览”位置看到效果。由于设置过程简单这里不再赘述每个选项的含义，请读者自行体验设置。

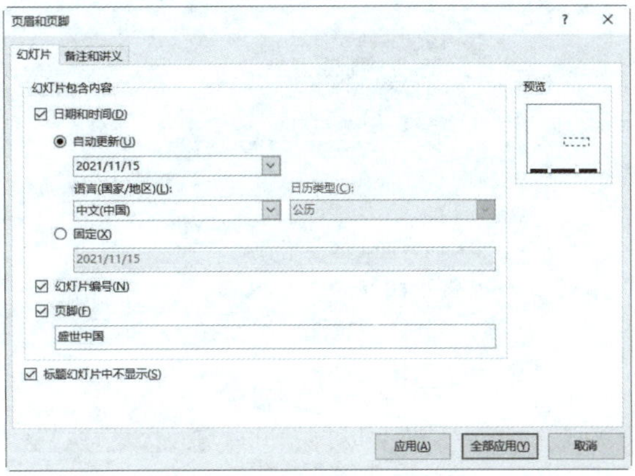


图4-22 “页眉和页脚”对话框

### 4.1.6 跟着做——团日活动策划书演示文稿

在配套素材中，打开“团日活动策划书（原始）.pptx”文件，以团日活动策划书为主题，完成下列操作。

① 将演示文稿所有文字设置为“微软雅黑”。

② 在第一张幻灯片中单击鼠标右键，在二级菜单中选择“设置背景格式”，将配套素材文件夹中的“封面背景.png”设置为图片背景；将主标题的字号设置为66磅、加粗显示，并设置为艺术字，如图4-23所示。

③ 将除封面外的所有页面顶部的标题文字，字号设置为48磅，艺术字样式根据喜好自行设置。

④ 在第二张幻灯片中插入“草地背景.png”图片，缩放其大小，将其放在幻灯片左下角；调整本页幻灯片正文文字大小为22磅，如图4-24所示。

图4-23 第一张幻灯片

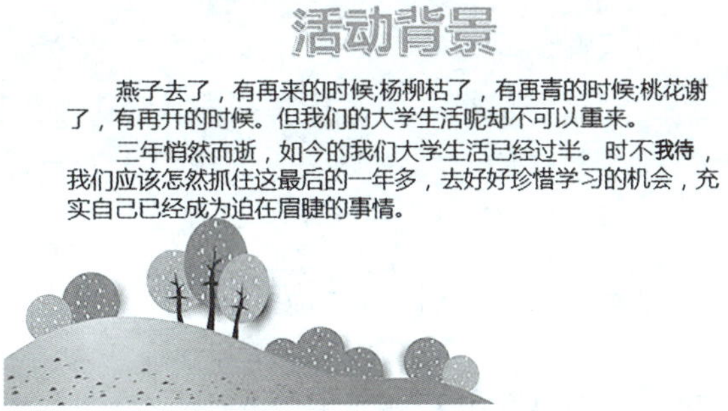


图4-24 第二张幻灯片

⑤ 将第三张幻灯片的背景纹理设置为“栎木”；设置本页内容文字为36磅，如图4-25

所示。

⑥ 将第四张幻灯片的背景设置为“渐变填充”；设置本页内容文字为28磅，并适当排版，如图4-26所示。

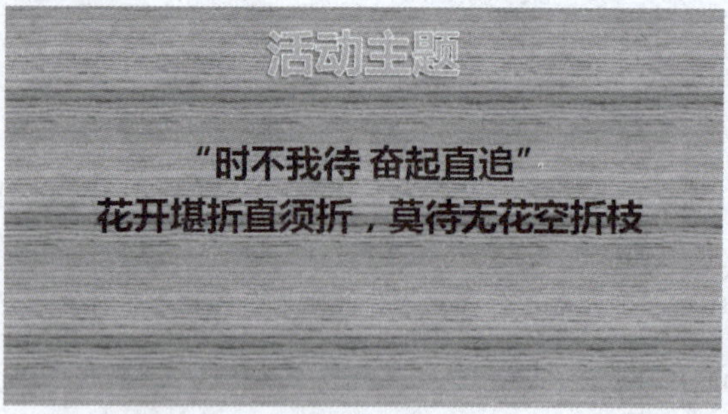


图4-25　第三张幻灯片

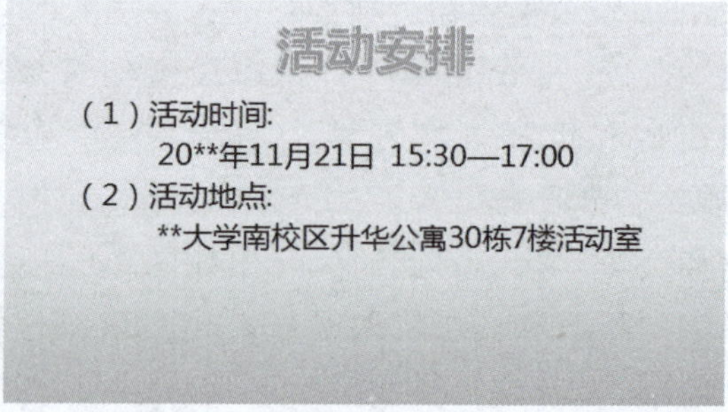


图4-26　第四张幻灯片

⑦ 将第五张幻灯片的背景设置为“图案填充”，前景色为“绿色”，背景色为“白色”；插入4列6行的表格，在表格中添加大小为18磅的文字，并居中对齐，如图4-27所示。

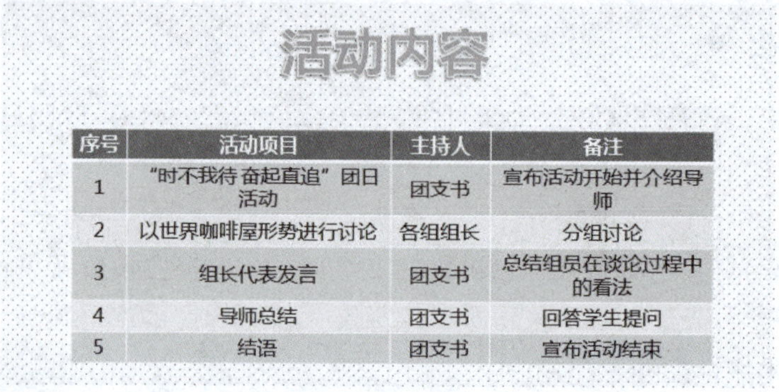


图4-27　第五张幻灯片

⑧ 在第一张幻灯片中插入音频文件“Music.mp3”，并设置为幻灯片放映时隐藏效果。

### 4.1.7　随堂思考与练习

1. PowerPoint 2016有哪几种视图方式？各有什么作用？
2. 如何在幻灯片空白处插入文本？如何对文本进行格式设置？
3. 在同一张幻灯片中有很多对象元素，如何改变这些对象元素的堆叠次序？
4. 请以“新能源”或“个人简历”为题材制作5页幻灯片。

## 4.2　演示文稿的高级操作

静态的演示文稿在展示时不免有些单调，而具有交互效果的动画更容易吸引观众的注意。本节将向读者介绍有关演示文稿播放时幻灯片切换动画、幻灯片中各对象元素动画设置以及幻灯片母版设置等高级操作。

## 4.2.1 动画

动画

PowerPoint的动画效果指的是在幻灯片放映过程中出现的一系列动作特效，适度的特效能够为演示文稿增加吸引力和视觉冲击效果。幻灯片中的动画效果分两类：幻灯片间的切换动画，以及幻灯片中对象的动画。

### 1．设置幻灯片间的切换动画

幻灯片间的切换动画是指控制幻灯片移入或移出屏幕的切换效果。PowerPoint提供了几十种切换效果供用户选择。下面继续以“盛世中国”演示文稿为例完善动画的内容。

① 选择第一张幻灯片，在“切换”选项卡的“切换到此幻灯片”组中，内置了许多切换效果，这里选择“淡出”效果，如图4-28所示。

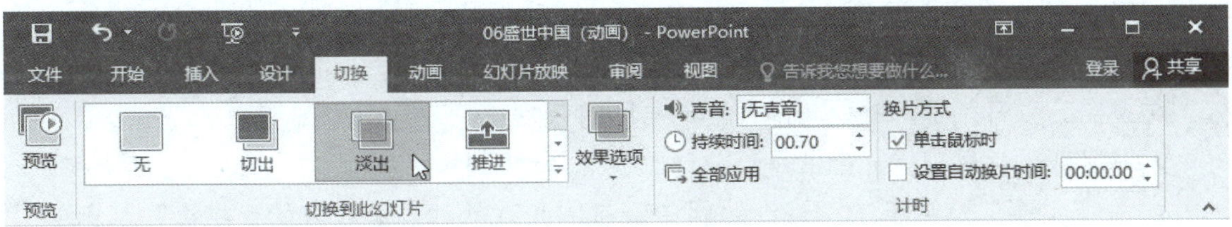


图4-28 设置幻灯片的切换方式

② 在“计时”组中，还可以进一步对该切换方式的持续时间、换片方式等参数进行详细设置。

③ 选择其他幻灯片，重复步骤①的操作，可以为某张幻灯片单独设置切换效果。在图4-28中，若单击“全部应用”按钮，则可将当前切换效果应用到所有幻灯片中。设置完成后，按下【F5】快捷键，即可放映当前演示文稿。

### 2．为某个对象添加动画

在PowerPoint中，可以为幻灯片中任意一个对象元素设置动画效果，让静止的对象动起来。具体操作如下。

① 切换至第四张幻灯片，并选中“高铁”图片。

② 打开“动画”选项卡，如图4-29所示，此时可以为“高铁”对象设置具体的动画方式和效果。这里将该图片的动画方式设置为“飞入”，效果选项设置为“自左侧”，预览即可看到动画方式和动画效果。

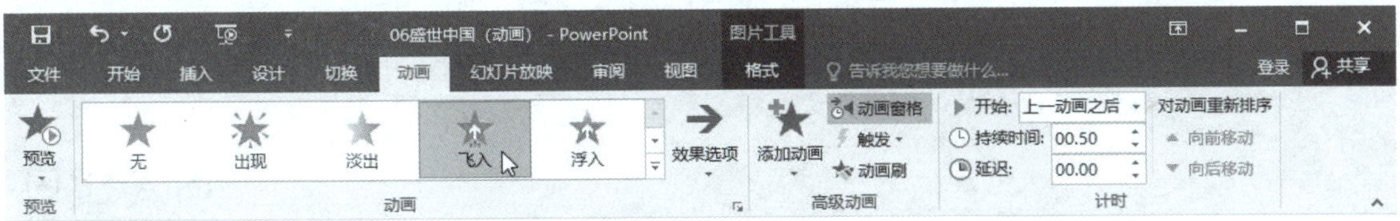


图4-29 添加动画效果

需要说明的是，对象的动画分为以下4类，读者可以根据实际运行效果和需要添加或删除某个动画类型。

- 进入动画：用于对象从无到有的动画过程。
- 强调动画：用于在放映过程中对象已经存在，但为了突出而添加的动态效果。
- 退出动画：用于对象从有到无的动画过程。
- 路径动画：用于在放映过程中对象按照指定的路径移动的动画。

③ 选择第二张幻灯片中的“山脉.png”图像，设置其动画为“浮入”，效果选项设置为“上浮”；选择“红绸布.png”图像，设置其动画为“擦除”，效果选项设置为“自左侧”。

④ 当设置多个动画时，在“动画”选项卡的“高级动画”组中，单击“动画窗格”按钮，即可打开动画窗格，如图4-30所示。在此窗格中，可以对多个对象的动画进行排序、删除、播放等操作。

⑤ 在动画窗格内，选择某个动画，在其下拉菜单中可以设置触发当前动画运行的时间顺序，如图4-31所示。

- 单击开始：指的是等待演讲者单击鼠标，才激活动画。
- 从上一项开始：指的是与前面的动画同时开始。
- 从上一项之后开始：指的是当前动画在上一动画播放完成后自动开始。

⑥ 在“动画”选项卡的“计时”组中，可以为当前动画设置开始、持续和延迟的时间。这里将“红绸布.png”设置为“上一动画之后”开始，持续和延迟时间均为0.5秒，如图4-32所示。

⑦ 对于其他幻灯片的元素的动画设置，请读者查看源文件。

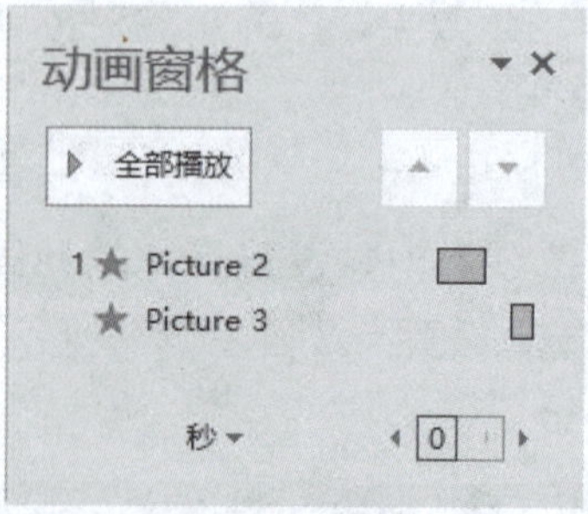

图4-30　动画窗格

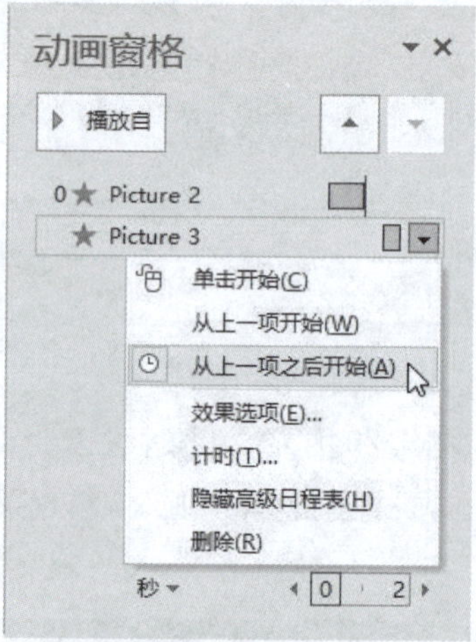

图4-31　设置动画逻辑顺序

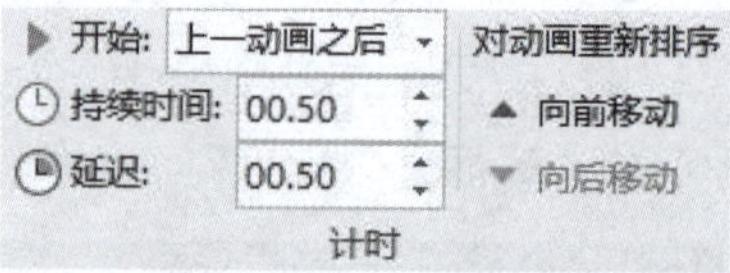

图4-32　设置延迟时间

## 4.2.2　母版

在实际工作中，经常会遇到演示文稿的各个页面的版式布局、图形外观、文字格式等内容有高度重复性的情况，这时使用母版就可以快速统一编辑，极大地提高工作效率。

母版

这里所说的“母版”就是整个演示文稿所有幻灯片的“底版”，它包含幻灯片的公共属性和局部信息。当对母版进行编辑时，会影响到演示文稿中所有幻灯片页面。

### 1. 母版的类型

PowerPoint提供了3种母版：幻灯片母版、讲义母版和备注母版。

（1）幻灯片母版

幻灯片母版控制的是包含标题幻灯片在内的所有幻灯片格式。通过设置幻灯片母版版式的占位符，可以控制幻灯片对应区域的格式。如果删除了幻灯片母版上的占位符，幻灯片对应区域将会失去格式控制。进入幻灯片母版视图的方法如下：

① 打开任意幻灯片，选择“视图”选项卡，在“母版视图”组中单击“幻灯片母版”按钮，即可进入幻灯片母版视图，如图4-33所示。

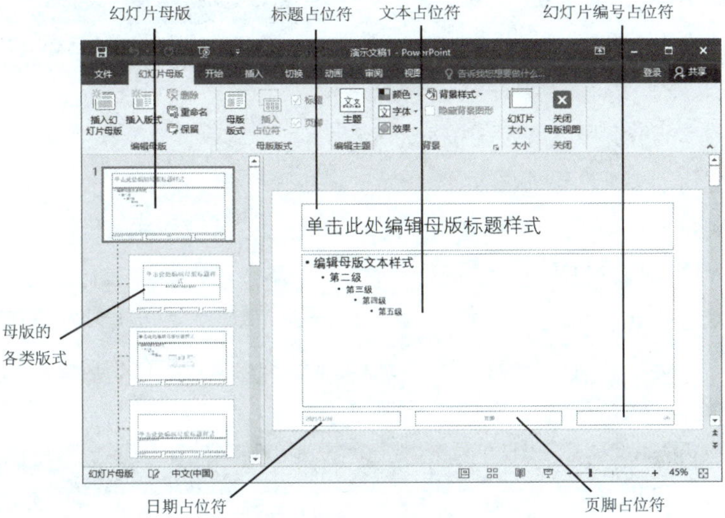


图 4-33 幻灯片母版视图

② 选择左侧任意一个版式，即可对应用当前版式的幻灯片修改母版。若要退出幻灯片母版视图，只需在“幻灯片母版”选项卡中，单击“关闭母版视图”按钮即可。

特别说明的是，若在“幻灯片母版”页面修改内容，则所有页面都会应用其内容；若在“母版的各类版式”页面修改内容，则只会应用于当前版式。

（2）讲义母版

讲义母版类似于备课本，主要是在需要将多张幻灯片排版打印在一张纸上时使用。进入讲义母版视图的方法与进入幻灯片母版视图的方法类似，只需在“视图”选项卡的“母版视图”组中单击“讲义母版”按钮即可。

（3）备注母版

在制作演示文稿时，一般将需要展示的内容放在幻灯片上，不需要展示的内容（如画外音、专家与领导指示、与同事同行的交流启发）写在备注里。如果需要把备注打印出来，可以使用备注母版功能快速设置备注。

备注母版的作用是自定义演示文稿用作打印备注的视图。在“视图”选项卡的“母版视图”组中单击“备注母版”按钮，即可对备注进行快速设置。

### 2. 幻灯片母版的制作

在3种类型的母版中，幻灯片母版使用频率最高。这里以案例的形式讲解幻灯片母版的制作方法。

① 新建一个名为“母版.pptx”的演示文稿。在“视图”选项卡中单击“幻灯片母版”按钮，进入幻灯片母版编辑状态。

② 在母版左侧列表中，选择“标题幻灯片”母版版式，将准备好的背景素材“标题幻灯片背景.jpg”插入到当前页面中。

③ 右键选择该图片，在二级菜单中选择“置于底层”选项；分别选择“标题样式”和“副标题样式”文本框，将其文字设置为“微软雅黑”，字号分别为54磅和20磅，并将文本框摆放在合适的位置，最终效果如图4-34所示。

图4-34　制作“标题幻灯片”母版版式

④ 在母版左侧列表中，选择“标题和内容”母版版式，然后将准备好的背景素材“母版背景.png”插入到当前页面中。右键选择该图片，选择其中的“置于底层”选项。

⑤ 在“插入”选项卡中单击“形状”按钮，选择“矩形”形状，绘制蓝色填充、无描边的矩形并放置在页面左上角。然后，选择页面顶部的标题样式文本框，将其字体设置为“微软雅黑”，字号为48磅，最终效果如图4-35所示。

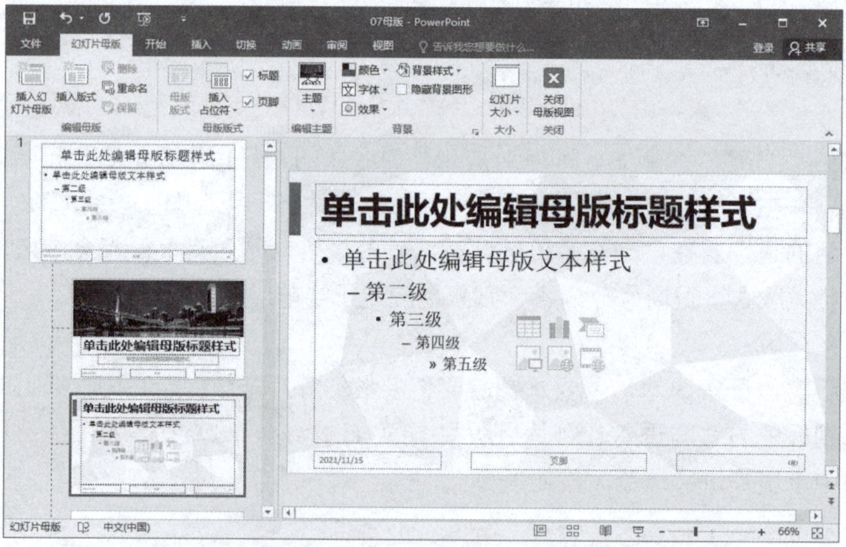


图4-35　为“标题和内容”母版版式添加背景效果

至此，包含2个版式布局的母版制作完成。在“幻灯片母版”选项卡中，单击“关闭母版视图”按钮，退出母版编辑状态。

⑥ 在幻灯片第一页“单击此处添加标题”处输入标题文字“创业融资计划书”，然后添加副标题“‘互联网+企业’一站式服务平台”，最终效果如图 4-36 所示。

⑦ 单击“新建幻灯片”下拉框中的“标题和内容”版式，作为第二张幻灯片插入，如图 4-37 所示。

图 4-36　标题母版最终效果

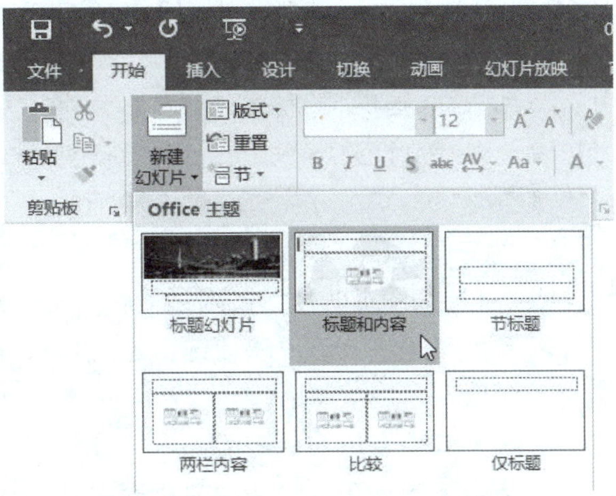


图 4-37　新建“标题和内容”版式幻灯片

⑧ 在第二张幻灯片顶部添加标题“项目介绍”，在文本框区域添加相关文字内容，最终效果如图 4-38 所示。

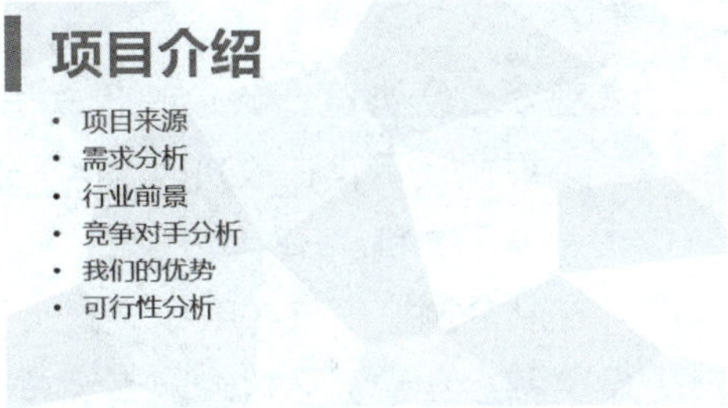


图 4-38　标题和内容母版最终效果

## 4.2.3　放映操作与放映设置

### 1．放映操作

PowerPoint 有多种放映方式，用户可以根据演讲的情形选择适合自己的放映方式。

（1）在 PowerPoint 中放映

此类放映方式指的是，用户启动 PowerPoint 并打开某个演示文稿，在“幻灯片放映”选项卡的“开始放映幻灯片”组中，单击“从头开始”或“从当前幻灯片开始”按钮，如图 4-39 所示，即可放映幻灯片。

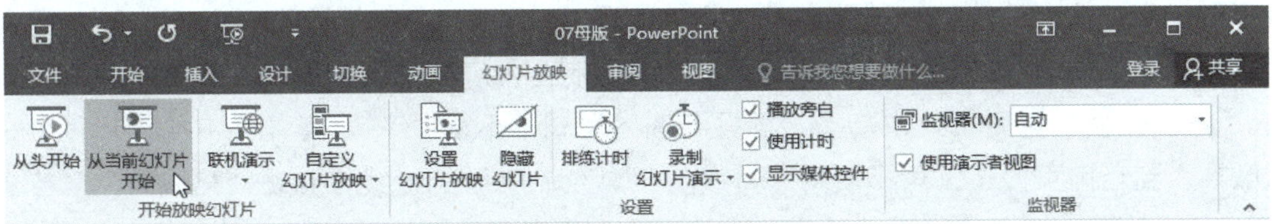


图 4-39　放映幻灯片

（2）在桌面直接放映

用户制作好演示文稿后，将其保存为“PowerPoint 放映”类型，即文件扩展名为“*.

ppsx”。需要放映时，直接双击该文件，系统就会自动放映该演示文稿，而不再启动PowerPoint。

(3) 结束放映

在演示文稿放映过程中，鼠标右键单击幻灯片的任意区域，在弹出的右键菜单中选择“结束放映”选项，或者按下【Esc】键，即可结束放映。

2. 放映设置

PowerPoint提供了3种放映模式：演讲者放映、观众自行浏览和在展台浏览。其操作步骤为：在“幻灯片放映”选项卡的“设置”组中，单击“设置幻灯片放映”按钮，即可弹出如图4-40所示的对话框。

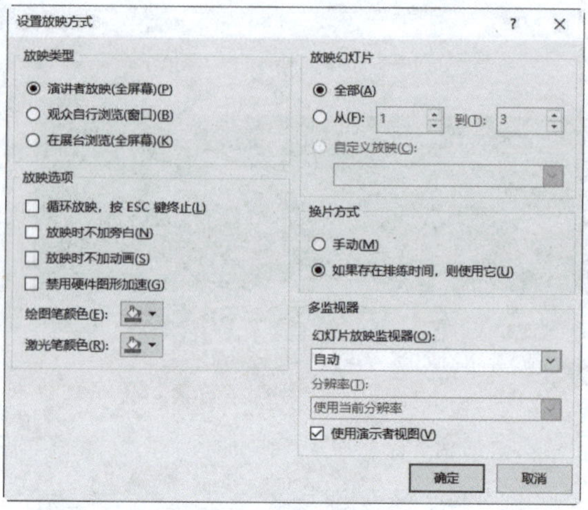


图4-40　设置放映方式

- 演讲者放映：该放映模式为系统默认选项，在放映时演示文稿全屏显示。其特点是演讲者能够自主控制演示速度，还可以在放映过程中录制旁白，适合于授课或会议演讲场合。
- 观众自行浏览：该放映模式适合于小规模演示，在放映时为用户提供移动、编辑、复制和打印命令，便于观众自己浏览演示文稿。
- 在展台浏览：该放映模式适合于无人值守的展览会场的幻灯片放映，在放映时演示文稿会自动循环放映，直至按下【Esc】键，才会退出放映状态。

### 4.2.4　跟着做——商务宣传演示文稿

以商务宣传的工作方案为主题，完成下列操作。

① 新建空白演示文稿。

② 进入幻灯片母版编辑状态，在母版左侧列表中，选择“标题幻灯片”母版版式。

③ 在“插入”选项卡的“插图”组中，使用“矩形”工具绘制蓝色底纹的矩形，并将该矩形置于最底层；调整当前页面中的字体为“微软雅黑”，主标题字号60磅，副标题字号24磅；在页面下部，使用“圆角矩形”工具绘制蓝色底纹的圆角矩形，如图4-41所示。

④ 在母版左侧列表中，选择“标题和内容”母版版式。将配套素材中的“logo.png”图像插入到当前页面左上角；使用“直线”工具绘制水平的直线，并在“格式”选项卡的“形状样式”组中，单击“形状轮廓”按钮，在二级菜单中将直线粗细调整为6磅；将本页面所有文字设置为“微软雅黑”，标题文字加粗，字号设置为36磅，颜色为蓝色；调整页面所有文字的位置，如图4-42所示。

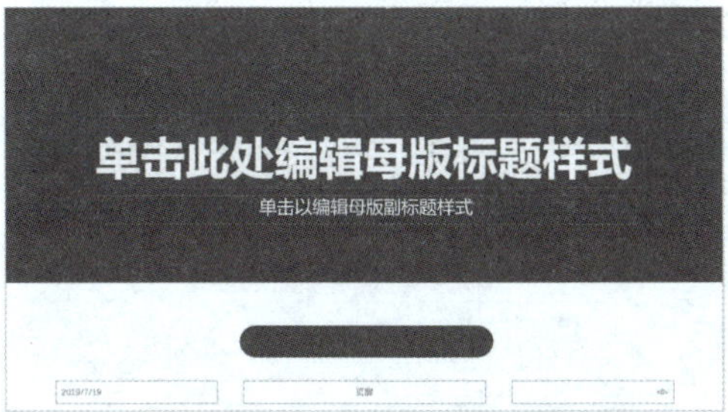


图4-41 “标题幻灯片”母版样式

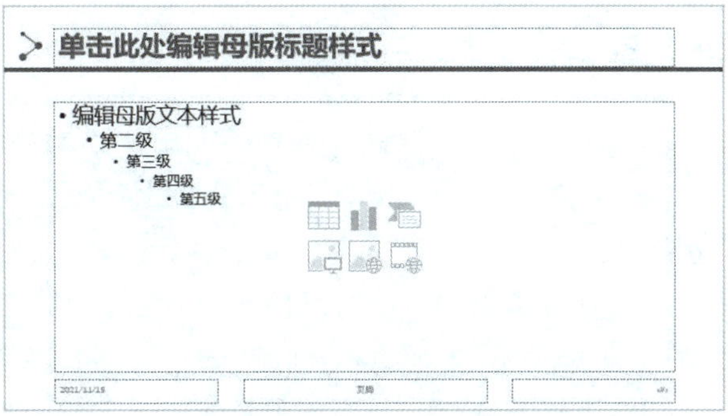


图4-42 “标题和内容”母版样式

⑤ 在母版左侧列表中，选择“节标题”母版版式。使用“矩形”工具绘制贯穿版面的横向蓝色矩形和橙色正方形，调整元素的层叠位置；将标题文本样式设置为“微软雅黑”，字号60磅，并调整其位置，如图4-43所示。

⑥ 关闭母版视图，返回幻灯片第一页编辑状态。将配套素材中的“波浪.png”图像插入到当前页面中，为其增加“擦除”动画，方向为“自底部”；根据需要为页面增加必要的文字内容，如图4-44所示。

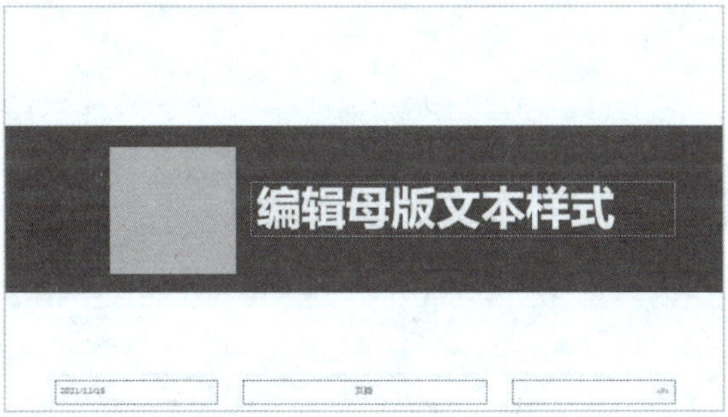


图4-43 “节标题”母版样式

图4-44 “商务宣传”第一页幻灯片

⑦ 依次新建“节标题”幻灯片和“标题和内容”幻灯片，在其中增加必要的文字内容，如图4-45、图4-46所示。

图4-45 “商务宣传”第二页幻灯片

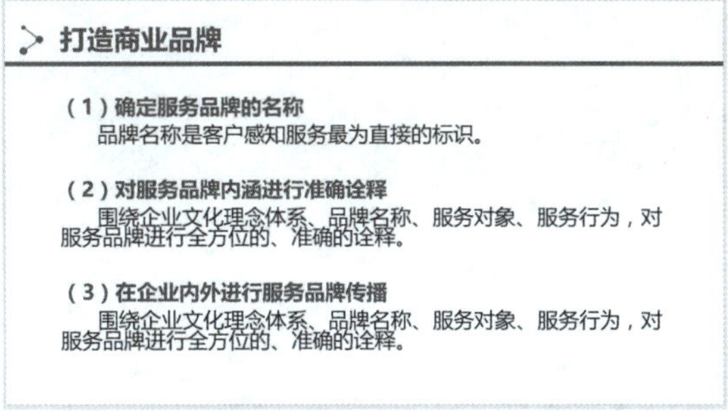


图4-46 “商务宣传”第三页幻灯片

⑧ 根据自身喜好，为每页幻灯片设置不同的切换动画效果。

### 4.2.5 随堂思考与练习

1. 动画分为哪几类？其具体使用环境是什么？

2. 多个动画叠加时，“单击开始”“从上一项开始”“从上一项之后开始”分别是什么含义？

3. 母版有哪些类型？其作用是什么？

4. PowerPoint有哪些放映方式？

5. 请以“创新创业”为题材制作5页幻灯片，其中需要包含“标题幻灯片”和“标题和内容”版式的母版内页，并增加合适的动画。

Chapter 05

# 第5章　信息检索

## 【本章导读】

信息检索是人们进行信息查询和获取的主要方式，是查找信息的方法和手段。掌握网络信息的高效检索方法，是现代信息社会对高素质技术技能人才的基本要求。本章主要从信息检索的基础知识开始，向读者介绍与学习、工作相关的检索信息的方法和策略。

## 【思维导图】

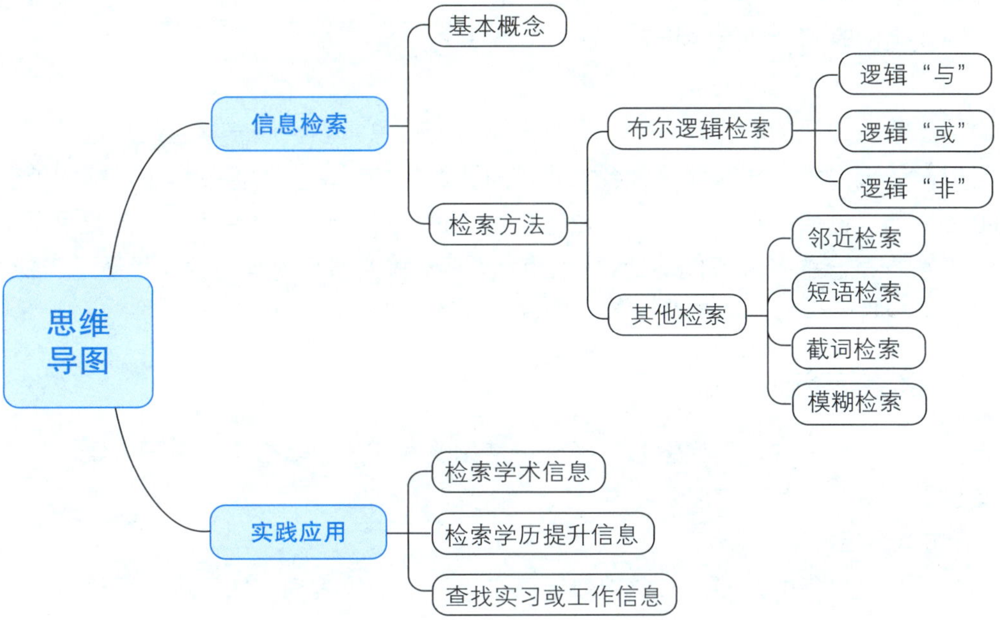

# 5.1 信息检索的基础知识

## 5.1.1 什么是信息检索

每人每天都离不开信息检索，明确检索目的，优化检索效果，养成信息检索的良好行为，有助于读者更有效率地开展学习和工作，对提高大学生信息素养至关重要。

### 1. 定义

信息检索（Information Retrieval，简称IR）指的是按照一定的方式组织起来的，并根据信息用户的需要找出有关信息的过程和技术，其核心内容是要准确、及时、全面地获取所需信息。

### 2. 种类

根据检索手段的不同，信息检索可以分为手工检索、联机检索、网络检索。其中网络检索是当前检索的主流手段和发展方向。

根据检索对象的不同，信息检索可以分为文献型信息检索（例如对论文、期刊、图书的检索）、数值型信息检索（例如对数据、公式、图表的检索）、事实型信息检索（例如对某一事件发生的时间、地点的检索）。

### 3. 意义

对信息检索知识的学习，有助于提高大学生的信息素养，培养学生信息意识和信息能力，可以有效增强学生面对信息社会海量信息资源的应对能力，促使学生形成能够创新学习的必备素质。例如，在制定检索策略时，同义词、近义词、相关词的选择要求学生尽可能考虑到某一概念的各种不同表达方式，可以训练学生思维的全面性、发散性、深刻性，甚至还包括挖掘隐含概念和相关概念，引导学生进行更深层次的思考。

## 5.1.2 检索方法

对于信息检索来讲，其检索方法多样，常见的有布尔逻辑检索、截词检索、位置检索等，这里重点讲解布尔逻辑检索。

### 1. 布尔逻辑检索

布尔逻辑检索指的是使用布尔逻辑运算符连接各个检索词，然后由计算机进行相应逻辑运算，以找出所需信息的方法。目前，绝大部分的搜索引擎和数据库都支持布尔逻辑检索，这种检索方法是使用率最高的检索方法。布尔逻辑检索最常用的逻辑运算符有三种，分别是“与”“或”“非”。

（1）逻辑“与”

逻辑运算符“与”用来表示其所连接的两个检索项的交叉部分，用AND或*表示。例如检索式为A AND B（或A*B），表示让系统检索同时包含检索词A和检索词B的信息集合C，示意图如图5-1所示。

（2）逻辑“或”

逻辑运算符“或”用来连接并列关系的检索词，用OR或+表示。例如检索式为A OR B（或A+B），表示让系统检索含有检索词A、B之一，或同时包括检索词A和检索词B的信息，示意图如图5-2所示。

（3）逻辑“非”

逻辑运算符“非”用来连接排除关系的检索词，即排除不需要的和影响检索结果的概念，用NOT或-表示。例如检索式为A NOT B（或A-B），表示检索含有检索词A而不含检索词B的信息，即把包含检索词B的信息集合排除掉，示意图如图5-3所示。

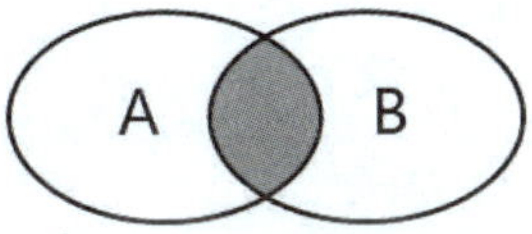

图5-1 逻辑“与”

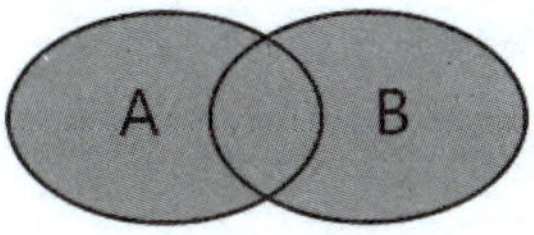

图5-2 逻辑“或”

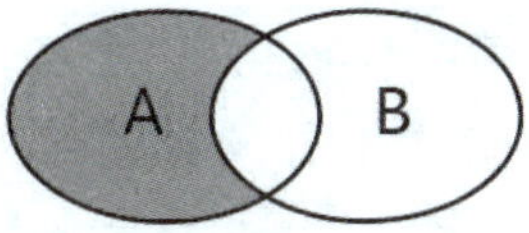

图5-3 逻辑“非”

### 2．其他检索

（1）邻近检索

邻近检索又称为位置检索，是用一些特定的运算符来表达检索词与检索词之间的顺序的检索。不同的检索系统所支持邻近检索的语法不同，这里仅做了解。

（2）短语检索

短语检索又称为精确检索，用“”表示。其含义为检索出与“”内形式完全相同的短语。

（3）截词检索

截词检索指的是在检索词中保留相同的部分，用相应的截词符号代替可变化的部分。当仅知道作者姓而不知道其名字时，可以使用截词检索，例如“吴?”表示检索所有吴姓作者的文献，而不管作者名字由几个字组成。

（4）模糊检索

模糊检索指的是用一种检索词进行检索时，能同时对该词的同义词、近义词进行检索，以扩大检索范围。

## 5.1.3 常用检索站点推荐

### 1．综合搜索类

（1）百度（https://www.baidu.com/）

百度是目前全球最大的中文搜索引擎供应商，其搜索服务产品有百度翻译、百度视频、百度识图、百度学术、百度地图、百度新闻、百度音乐、百度人工翻译等。

（2）Bing（https://cn.bing.com/）

Bing是微软公司推出的搜索引擎服务，Bing的中文品牌名为“必应”，它是全球领先的搜索引擎之一。

（3）中国搜索（https://www.chinaso.com/）

中国搜索是由中央主要新闻单位联手打造的国家级互联网高新搜索引擎，其权威的互联网百科、数据、资料库和丰富多彩的互联网+创新应用平台，已覆盖到全国各地及全球190多个国家和地区。

2. PPT模板类

（1）第一PPT（http://www.1ppt.com/）

第一PPT是国内最早一批从事PPT模板下载服务的专业网站，且站内所有资源均可免费下载。

（2）51PPT（http://www.51pptmoban.com/）

51PPT站点提供的PPT模板、图片、图表等全部资源素材均可免费下载，主要供PPT爱好者学习参考使用。

3. 图片和视频素材类

（1）Pexels（https://www.pexels.com/zh-cn/）

Pexels是免费素材图库网站之一，它将图库以及素材来源整合在同一个网站，加入搜索、分类以及标签等功能，让使用者在找图片素材时更快速、更精准。

（2）Mazwai（https://mazwai.com/）

Mazwai提供免费的短视频下载服务，但禁止将内容用于商业、广告和营销。

（3）Iconfont（https://www.iconfont.cn/）

Iconfont是阿里巴巴倾力打造的矢量图标库平台，能够提供各类矢量图标下载和搜索。

4. 微课学习类

（1）中国大学生MOOC（https://www.icourse163.org/）

中国大学MOOC是国内影响度很高的在线教育平台，面向大众提供中国知名高校的MOOC课程，每一个有意愿提升自己的人都可以免费获得更优质的高等教育。

（2）智慧树（https://www.zhihuishu.com/）

智慧树是大型的学分课程运营服务平台。在该平台下的会员高校之间，能够实现跨校课程共享和学分互认，完成跨校选课修读。

### 5.1.4 课堂思考与练习

1. 什么是信息检索？
2. 在布尔逻辑检索中，解释检索语“5G AND 信息素养”的含义。
3. 以“保护自然环境”为主题搜索相关音视频资源，制作5页PPT。

## 5.2 信息检索的实践应用

### 5.2.1 检索学术信息

检索学术信息

图书馆在大学生群体思想和专业教育方面有着特殊的价值和作用。随着数字化技术的发展，大学生在图书馆中获取各类数字资源也变得十分便利。

### 1．检索平台

目前，在各类图书馆中常见的中外文数据库有知网、维普、万方、超星、SCI和EI等，收录了几十亿篇中外文文献资料，用户可以登录校园内图书馆或直接访问相关网站。常用检索平台地址如下：

- 中国知网：https://www.cnki.net/
- 万方数据：https://www.wanfangdata.com.cn/
- 维普期刊：http://qikan.cqvip.com/
- 超星期刊：http://qikan.chaoxing.com/
- 国家科技图书文献中心：https://www.nstl.gov.cn/
- 中国科学院知识服务平台：https://www.las.ac.cn/

### 2．检索方法

这里使用中国知网检索平台，以检索期刊论文资料为例向读者介绍操作方法。

（1）普通检索

① 访问中国知网检索平台，在其首页搜索栏的左侧下拉菜单中选择搜索范围，如主题、关键词、作者等。

② 在搜索栏下方，勾选检索范围，如学术期刊、学术论文、图书等。

③ 根据需求，在搜索栏中输入拟检索的关键字，如图5-4所示。最后，单击“搜索”按钮即可检索出相关资料。

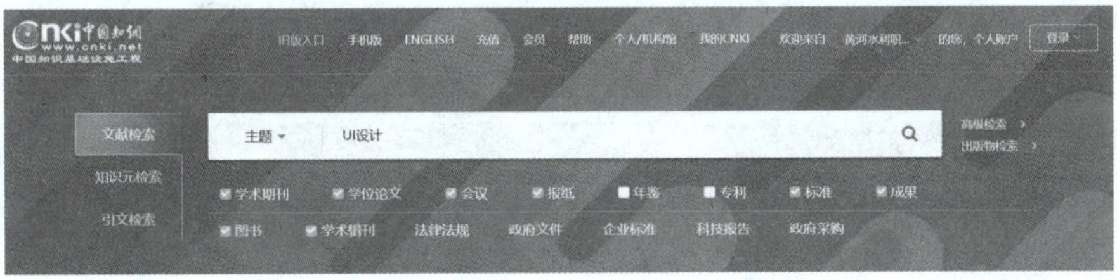


图5-4　普通检索

（2）高级检索

在图5-4中，单击搜索栏右侧的“高级检索”文字链接，即可进入高级检索页面。高级检索主要使用前文所讲授的布尔逻辑检索的相关知识，在同一检索项内支持多个检索词的组合运算，如图5-5所示。

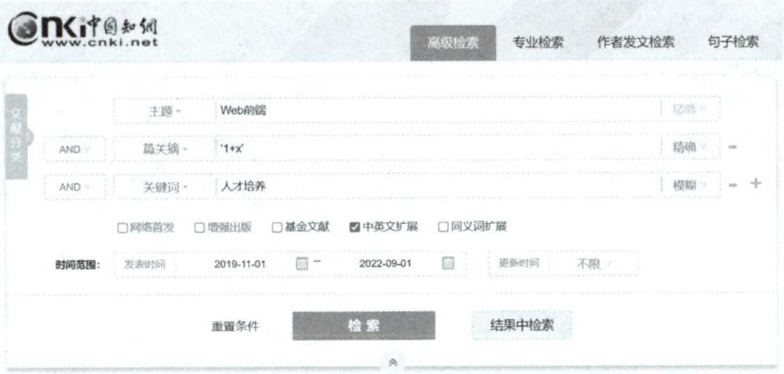


图5-5　高级检索

（3）专业检索

在高级检索页单击“专业检索”标签，可进行专业检索。专业检索用于图书情报专业人员查新、信息分析等工作，使用运算符和检索词构造检索式进行检索。由于检索表达式过于专业，这里不再赘述。请读者查阅网站对应帮助文档进行拓展学习。

### 5.2.2　检索学历提升信息

结合自身职业生涯规划而进行的学历提升，有助于促进高质量就业。这里从查找专业和学校信息、查找报考指南和查找复习资料三个角度介绍相关网站。

无论何种形式（如自学考试、普通高招考试和研究生考试等）的学历提升，都应优先从我国教育部或省级教育考试官方网站检索信息，具体操作如下。

① 访问中华人民共和国教育部官方网站（http://www.moe.gov.cn/），在其中可以了解国家层面的政策文件。

② 在教育部首页底部“直属单位”选项卡中，单击“教育部考试中心”文字链接，跳转至中国教育考试网（http://www.neea.edu.cn/）。从此处可以获取全国各类考试信息。

③ 在中国教育考试网底部“友情链接”区域，可以跳转至全国各省级考试机构。这里以跳转至河南招生考试信息网（http://www.heao.com.cn/）为例，如图5-6所示。在顶部导航栏，可以查询各类学历提升的权威信息。

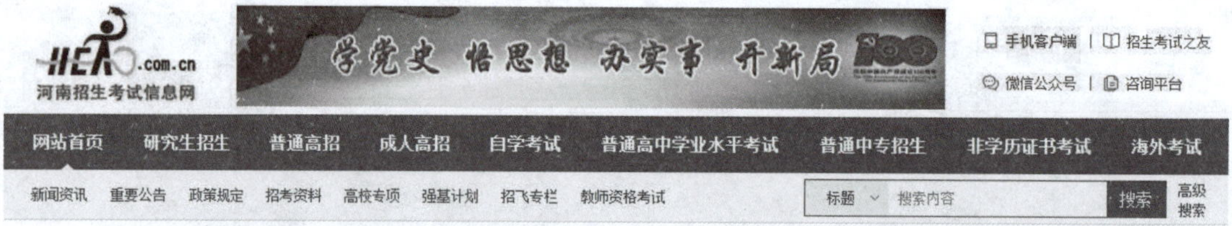


图5-6　河南招生考试信息网

④ 在教育部首页底部“直属单位”选项卡中，单击“教育部学位与研究生教育发展中心”文字链接，跳转至中国学位与研究生教育信息网（http://www.cdgdc.edu.cn/）。从该站点可以获取全国与学位和研究生教育相关的报考信息，如图5-7所示。

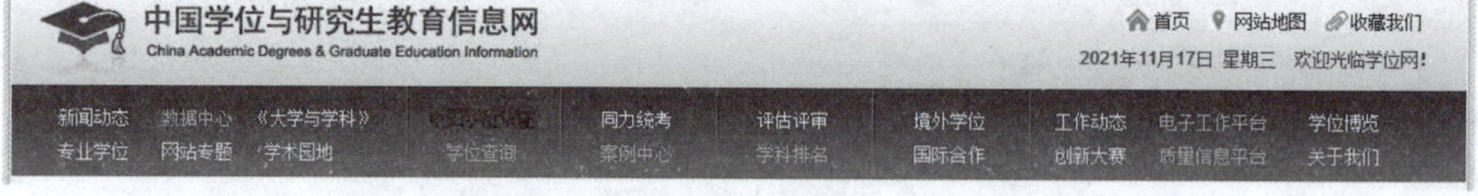


图5-7　中国学位与研究生教育信息网

此外，中国研究生招生信息网（https://yz.chsi.com.cn/）是教育部全国硕士研究生招生考试网上报名和网上调剂指定网站，可以从该站点获取涵盖招考信息、备考指南、高校推荐等各类信息。

⑤ 在检索国家政策和相关信息后，还要综合考虑自身的情况选择合适的大学和专业。最后，需要检索拟报考高校所对应的专业信息和通知公告，这里不再一一列举。

### 5.2.3 查找实习或工作信息

从校园步入社会，实习是每个大学生必须面对和经过的过程，在实习过程中不仅能够提升自身的业务水平，还能为将来从事的工作打下坚实基础。

（1）明确自身需求

在找实习或工作单位之前，需要根据自身的学业情况明确自身需求。可以使用以下句式快速明确自身需求："由于……情况，想留在……地方实习，以便通过实习找到理想的就业单位，目前学习的是……专业，所以想从事与……相关的行业。"

（2）多途径查找实习或工作信息

这里推荐在应届生求职网（http://www.yingjiesheng.com/）上查找相关信息，如图5-8所示。该站点始终以大学生需求为导向，为在校生提供新、全、准确的校园全职招聘、实习招聘等各类信息。

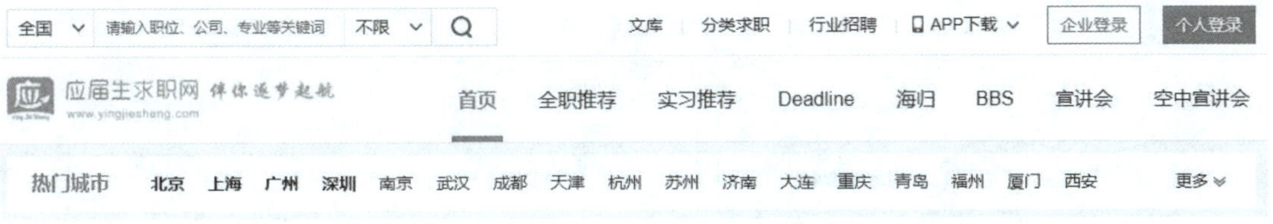


图5-8 应届生求职网

此外，前程无忧（https://www.51job.com/）、Boss直聘（https://www.zhipin.com/）、智联招聘（https://www.zhaopin.com/）都是优质的综合性平台，在上面可以找到合适的实习或工作信息。

（3）多方核实并谨慎选择

对于在网络平台上获取的实习或工作信息，应仔细查找相关公司的资料，切不可贪图方便、怕麻烦而误入歧途。

### 5.2.4 课堂思考与练习

1. 登录自己所在大学的图书馆网站，访问中国知网，查找自己感兴趣的论文。
2. 根据自己所学专业，查找实习或工作岗位信息，了解当前专业的发展趋势。

Chapter 06

# 第6章　信息安全

【本章导读】

大数据、云计算、物联网以及人工智能等新兴信息技术的发展，对人们的生产生活方式产生着越来越深刻的影响，也极大地改变了人们对世界的认知。最为显著的变化就是信息作为一种特殊的资源，其价值和安全性越来越受到人们的关注，信息安全的内涵也发生了巨大变化。无论是新型信息技术发展的复杂性，还是各类信息应用环境的风险性，都给信息安全带来了许多新的挑战。目前信息安全技术及保障能力已经成为一个国家综合国力的重要体现，不仅是各个国家奋力攀登的制高点，也是各个国家安全战略的重要组成部分。

【思维导图】

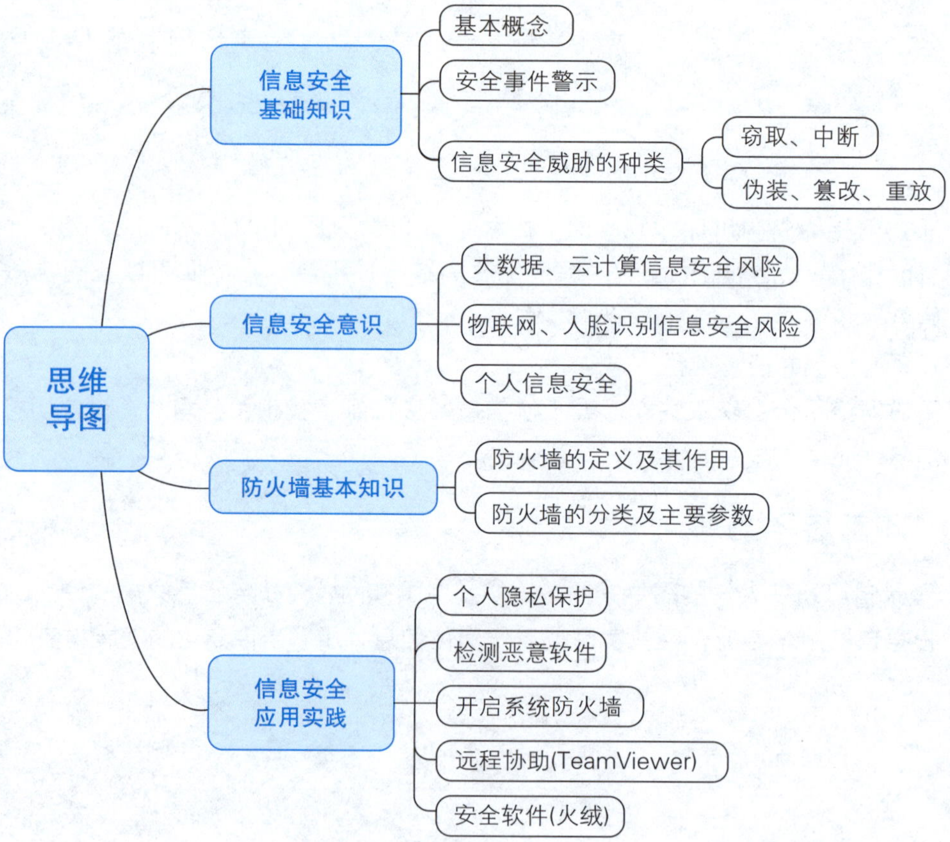

# 6.1 信息安全基础知识

## 6.1.1 信息安全的定义及其战略地位

### 1. 信息安全的定义

信息安全（Information Security）是一个宽泛的概念，在不同的历史时期，对信息安全的理解不尽相同。目前，国际标准化组织（ISO）对其的定义为：为数据处理系统建立和采用的技术上、管理上的安全保护措施，其目的是保护计算机硬件、软件、数据不因偶然和恶意的原因而遭到破坏、更改和泄露。

### 2. 信息安全的内涵与外延

伴随着信息技术的不断进步，信息安全的内涵经历了一个由信息保密到信息安全，再到信息安全保障逐渐深化的过程。

（1）信息保密

最早的信息安全理念起源于军事领域，指的是保守国家军事机密，防止国家机密和情报遭到窃取和泄露。随后又扩展到经济领域和政治领域，即对涉及国家机密的商业信息、科学技术等信息的保密行为。后来，随着通信技术的发展，信息安全保护的内涵又扩展到通信安全方面，主要对电子设备和电子传输进行监管控制，防止通信被截收、窃听、篡改和伪造。在这一过程中，信息安全的内涵主要指的是信息保密，即通过控制关键信息的获取和传播，保障信息的完整性、保密性，使其免受侵害，属于狭义上的信息安全。

（2）信息安全

随着计算机的出现，原有信息保密的内涵已经不能涵盖计算机技术环境下的信息安全。特别是计算机系统防护与预防计算机犯罪，已经成为信息安全领域关注的焦点。2000年ISO将“信息安全”定义为“对信息的保密性、完整性和可用性的保护”。在这一时期，信息安全主要指对内部计算机系统安全的被动保护，也属于狭义的信息安全概念。

（3）信息安全保障

21世纪初，随着互联网技术的蓬勃发展，信息安全逐渐发展为一个涉及计算机科学、网络技术、通信技术、加密技术等的系统工程。2005年ISO将“信息安全”的定义在原有概念基础上加入真实性、可核查性、可靠性和防抵赖性的要求，对信息和信息系统的使用行为做出规定。随后，“信息安全保障”概念由此产生。

随着大数据时代的到来，信息安全保障体系在国家总体安全观下，进一步演化成为对信息内容安全、数据安全、物理安全、网络安全和信息基础设施安全等的综合保护与主动防御体系。

## 6.1.2 信息安全事件警示

信息安全若未能及时防范，不仅能造成个人隐私权和财产权受损，影响社会和谐稳定，更甚者还能威胁国家信息安全。

1．个人信息严重泄露

由于数据以表格的形式在微信、QQ等社交平台上传播，某高校近两万名学生个人信息被泄露，信息具体到名字、身份证号、年龄、专业及宿舍门牌号等，事件发生后，多名学生反映收到骚扰电话。

2．利用平台漏洞非法获取计算机系统数据

某信息技术有限公司运营的平台网站存在漏洞，嫌疑人利用该漏洞进入其系统后台获取用户信息，将其中4000余个账户内存储的4000余万条数据下载并拷贝，价值人民币1000多万元。

3．使用黑客软件非法控制计算机信息系统

利用黑客软件自动扫描互联网上有漏洞的网站，非法获取管理员账号和密码，并在网站里植入代码进行引流从中获利。

4．利用工作便利侵犯公民个人信息

在某诈骗案件中，民警发现受害人银行和网络贷款信息被犯罪嫌疑人精准掌握。后经侦查，查明犯罪嫌疑人通过网络购买进10万条贷款类和公积金类公民个人信息用于贷款诈骗，而这些公民个人信息数据泄露途径是由其他犯罪嫌疑人利用在银行工作的契机，自行整理建立贷款公民信息库，兜卖给专业贩卖公民个人信息的“中间商”。

5．以招聘为幌子侵犯公民个人信息

犯罪嫌疑人注册某有限公司，以人力资源招聘为幌子，在某招聘网站批量发布招聘信息，获取应聘者求职简历后以3.5~5元每条不等的价格出售给数据贩卖中介或电信诈骗团伙，共非法获取并贩卖公民个人信息150余万条，获利400余万元。

## 6.1.3 信息安全威胁的种类

信息安全威胁的种类主要可以分为窃取、中断、伪装、篡改和重放。

1．窃取

窃取指的是某些信息资源被未授权访问。通常情况下，对资源进行窃取不会对资源本身进行修改操作。例如，重要信息的泄密和网络非法侦听等。由于窃取通常是被动收集信息，而不主动发起攻击，所以非常难以察觉。

2．中断

中断指的是将系统中存在的信息或资源抹去或变得不可用，其产生的后果可以被很快发觉。例如，使用户无法访问指定文件（文件被删除或被隔离）；使系统硬件出现故障，保存在硬盘中的信息无法读取；使用攻击手段让网络瘫痪或者大幅降低网络性能等。

3．伪装

伪装指的是未经对方授权，冒充其他对象。例如，伪装成合法用户；伪装一个虚假操作，在数据库中插入一条记录；伪装一个消息，在网络通信中传输。伪装有时很难被发现，尤其是当攻击者伪装成合法用户时，因此信息系统通常采用身份认证的机制来预防伪装。

### 4. 篡改

篡改指的是未经授权访问并修改了原始数据。例如，入侵者非法访问了系统某些重要数据，并将其中的某一部分进行内容篡改，而其他更多数据保持原样。目前，可以通过数字签名的安全机制预防篡改发生。当有攻击者篡改数据后，其修改后的文件的数字签名和原有数字签名不同，由此可以判断文件是否被篡改过。

### 5. 重放

重放主要用于身份认证过程中，指的是攻击者发送一个目的主机已经接收过的数据包，来达到欺骗系统的目的。例如，攻击者利用网络监听的方式盗取认证凭证，再把它重新发送给认证服务器，骗取认证服务器的信任。

# 6.2　信息安全意识

随着移动互联网、物联网、云计算、大数据、人工智能等新兴信息技术的发展，各行各业为了扩大营销，无不在收集、处理人们的个人信息。这些个人信息中包含姓名、身份证号、信用卡号、手机号、教育和医疗等。由于公民个人信息具有重大商业应用价值，已成为商家争相抢夺的重要资源。为增强公民个人信息安全意识，针对常见的技术应用，这里简要阐述有关信息安全的内在风险。

## 6.2.1　大数据信息安全风险

大数据或者被称为海量数据，是指超越一般数据库软件工具所能收集、存储、处理、分析的数据，必须通过新型硬件、软件和算法加以管理与分析。

大数据应用所带来的最大风险是个人信息安全和隐私问题。大数据技术的发展和应用使得个人信息的收集、处理与传播更为快速、更难以掌控。同时，社交网络的出现，使得个人信息安全和隐私更容易遭受威胁。

虽然首次被收集的个人信息不会被泄露，但通过功能强大的网络搜索引擎，特定的个人隐私信息可能潜伏在普通的数据中。此外，通过大数据分析技术将个人信息从不同数据来源中加以抽取、整合和分析，个人隐私可很快被挖掘出来。

大数据技术的发展让个人信息的收集、处理、利用几乎不受时间、空间的约束，而且收集后的用途已经远超原始的收集目的，这是引发个人信息安全风险的重要原因。

## 6.2.2　云计算信息安全风险

云计算是一种由远程服务提供商通过网络提供信息服务的信息资源利用方式，其特征是用户通常不需在本地计算机上安装特殊软件，仅使用一般浏览器即可使用相关服务。根据欧盟个人数据保护工作小组的归纳整理，云计算对个人信息安全所产生的威胁主要可以分为以下两类。

1．对个人信息缺乏掌控所带来的威胁

云端服务器存储着大量数据，很容易成为黑客、病毒等的非法攻击目标。在云计算服务的架构下，服务使用者将个人信息上传到云端服务器后，可能无法拥有一般数据控制者对个人信息所能享有的控制能力，包括无法采取必要的技术与管理措施来确保数据的可用性、完整性、秘密性、透明性、相互隔离、可移植性及可干预性。

2．云端服务缺乏透明度

云端服务提供商在处理存储于云端的个人信息时不透明（例如，数据存储地理位置，是否存在国际传输等），服务用户及数据主体将无法了解可能的风险并采取适当的应对措施。

### 6.2.3 物联网信息安全风险

物联网技术是结合射频识别装置、红外感应器、全球定位系统等装置，随时随地将人与物、物与物相互连接在一起实现智能化识别和管理的技术。与物联网应用相关的机器设备包括计算机、智能手机、平板电脑、RFID芯片、嵌入物品或者生物传感器等。

物联网的应用会对个人信息和隐私安全产生较大影响。以RFID技术为例，RFID技术的应用会在人们不知情的情况下，实现对人们地理位置的追踪，个人信息和隐私安全将有可能受到威胁。

此外，物联网的运营会使个人信息的收集、处理与交换变得相当频繁，为了使系统实现高效率的运作，授权系统自动决定的情况将不可避免，这将大大降低个人对于其个人信息的控制程度。

### 6.2.4 人脸识别信息安全风险

人脸识别技术，是基于人的脸部特征，对输入的人脸图像或者视频流进行识别的技术。人脸识别技术因具有快速、大面积、非接触性扫描的优势，广泛应用于安检、解锁、应用支付、刑侦等诸多领域。移动智能终端产品也将人脸识别技术广泛应用于解锁和应用支付等领域。

人脸特征数据是用户重要的隐私和机密信息，如移动智能终端在实现人脸识别的过程中无法确保人脸数据的完整性和机密性，就会导致用户的人脸数据外泄，从而引发一系列的信息安全风险。

随着各种新兴信息技术不断进步，指纹、声纹、人脸等生物识别技术应用越来越广泛，这些个人生物信息更加重要，因此对个人信息保护的要求越来越高。

### 6.2.5 个人信息安全

个人信息指的是以电子或者其他方式记录的，能够单独或者与其他信息结合，识别特定自然人身份或者反映特定自然人活动情况的各种信息集合，包括姓名、出生日期、身份证号、个人生物识别信息、住址、通信联系方式、健康状况、账号密码、财产信息、征信信息、行踪轨迹、住宿信息等。在大数据时代下，个人信息尤为重要，尤其是伴随着信息流通价值的实现，信息安全问题也日益凸显。

### 1．目前个人信息安全存在的问题

（1）个人信息过度收集

对于个人信息的过度收集问题，目前主要集中在App应用程序上。在现实生活中，经常遇到由于工作需要，不得不下载注册App程序的情况，而在注册过程中又会发现如果不同意其收集与服务内容不相关的个人信息，则会无法进行注册的现象。

中国消费者协会2018年《100款App个人信息收集与隐私政策测评报告》显示，在检测的100款App程序中，多达91款App列出的权限存在涉嫌“越界”现象。

（2）个人信息泄露和非法买卖猖獗

近年来关于个人信息泄露的案件越来越多，且更多的个人信息与个人财产情况紧密相连。正因为如此，个人信息已经成为不法分子用来获得个人利益的工具。

（3）个人信息安全意识缺乏

大数据背景下，人们对个人信息安全保护的意识必须加强。现实生活中出现个人信息泄露、被买卖等现象，在一定程度上与公民个人信息保护意识不够有关系。现实生活中，经常会遇见“性格测试”“选举投票”“转发免费送”“扫码领红包”等链接，很多人会按照要求进行操作，而这正是不法分子窃取个人信息的通用手段。

### 2．国家出台的法律规范

为应对信息安全风险，我国出台了一系列规范。

2016年11月，全国人大常委会审议通过了《中华人民共和国网络安全法》（简称《网络安全法》）。

2019年4月，公安部网络安全保卫局、第三研究所和北京网络行业协会共同推出了《互联网个人信息安全保护指南》。

2020年10月，全国人大常委会审议通过了《中华人民共和国数据安全法（草案）》（简称《数据安全法》）。

2021年6月，全国人大常委会审议通过了《中华人民共和国个人信息保护法》（简称《个人信息保护法》）。

特别说明，《个人信息保护法》作为中国第一部法典化的个人信息保护法，关乎国计民生，包含个人信息的生命全周期、个人信息主体权利以及个人信息保护和合规义务等方面，吸收了海外主要先进国家和地区的立法经验，为我国数字化转型发展奠定了良好的基础。

## 6.3 防火墙的基本知识

### 6.3.1 什么是防火墙

#### 1．防火墙定义

当一个网络连接到internet时，其内网用户可以访问外网并与之通信，同时，外网用户也可以与内网进行数据交换。但由于互联网充满了很多不安全因素，那么为了保证内网系统的安全，就需要在内网和internet之间设置一个安全屏障，用来阻挡来自外网的威胁和攻击，因此把这个屏障称为网络防火墙，简称防火墙，示意图如图6-1所示。

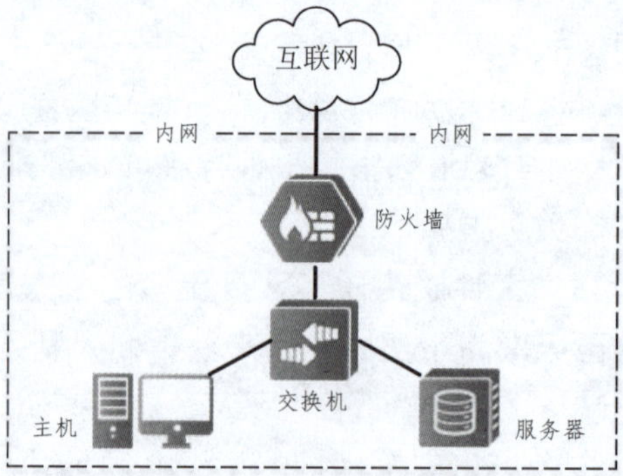


图6-1　防火墙示意图

具体来讲，防火墙指的是由软件和硬件设备组合而成的，设置在不同网络之间或网络安全域之间，实施访问控制的组合。由于流入流出的所有网络通信和数据包均要经过防火墙，所以防火墙其本身也应该有较强的抗攻击能力和吞吐能力。

#### 2. 防火墙的作用

防火墙能够隔离风险区域和安全区域，无论内部用户还是外部用户，当用户发出连接请求和数据包时，都对其进行过滤，只有符合安全策略的数据包才能通过。虽然，防火墙对进出通信数据都进行过滤，但不会妨碍人们对风险区域的访问。从总体上看，防火墙具有以下作用：

① 限制未授权用户进入内部网络，过滤掉不安全的服务和非法用户。

② 防止入侵者接近内部网络的防御设施，对网络攻击进行检测和报警。

③ 限制内部用户访问特殊站点。

④ 记录通过防火墙的信息内容和活动。

所以说，防火墙可以看作一个严格的门卫，它负责对进出的所有人（应用程序所发出的数据包）进行身份核实，每个人都需要得到许可才可以出入。

### 6.3.2　防火墙的分类

目前，市场上防火墙产品多种多样，无论是价格还是性能都存在着较大的差异。由于防火墙的分类标准比较复杂，这里按照较为流行的分类方法向读者进行讲解。

#### 1. 按照软硬件形式分类

按照防火墙软硬件形式不同，可以分为硬件防火墙和软件防火墙。

（1）硬件防火墙

硬件防火墙是指把防火墙程序做到网络芯片中，由硬件执行这些功能的硬件设备，如图6-2所示。

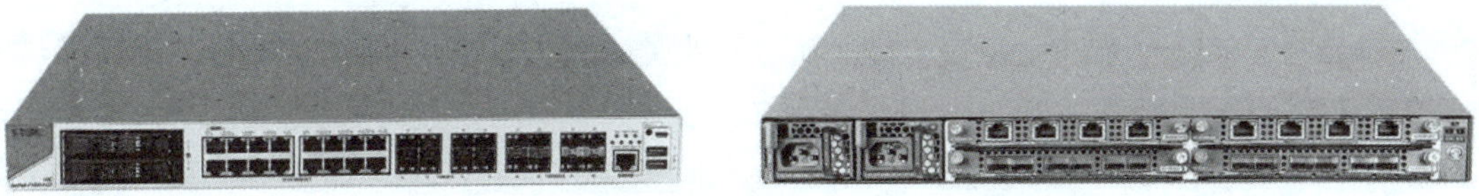

图6-2 华三(H3C)F1000-S-G3企业级防火墙

硬件防火墙采用专用网络芯片处理数据，一方面能够保证处理速度，另一方面减少了CPU的压力。此外，硬件防火墙还预装了专门的操作系统，从而避免了通用操作系统的安全漏洞带来的安全隐患。硬件防火墙是保障内部网络安全的一道重要屏障，具有高吞吐量、安全和速度兼顾的优点。

（2）软件防火墙

软件防火墙是能够安装在操作系统和硬件平台上的软件。软件防火墙通过在操作系统底层来实现网络管理和防御功能。例如，网络安全软件厂商面向个人用户推出的“个人防火墙”软件，就属于软件防火墙。只不过“个人防火墙”安装在用户电脑中，仅对个人主机进行防护，而不能保护整个网络。

2．按照功能技术分类

防火墙的防范方式和侧重点不同，采用的技术也有差别，可以分为包过滤防火墙、应用网关防火墙、状态检测防火墙、复合型防火墙。

- 包过滤防火墙：一般在路由器上实现，用以过滤用户定义的内容，不检查数据区，例如过滤某些IP地址。在符合防火墙规定标准之下，满足安全性能以及类型才可以进行信息的传递，而一些不安全的因素则会被防火墙过滤、阻挡。
- 应用网关防火墙：检查所有应用层的信息包，并将检查的内容信息放入决策过程，从而提高网络的安全性。
- 状态检测防火墙：在防火墙的核心部分建立状态连接表，将进出网络的数据当成一个个事件来处理。
- 复合型防火墙：把防病毒、内容过滤整合到防火墙里，检查整个数据包内容，根据需要建立连接状态表，网络层保护强、应用层控制细，是目前应用较为广泛的防火墙技术。

## 6.3.3 防火墙的主要参数

在了解有关防火墙的基本知识后，还需要对防火墙的性能参数有简单认知。

1．吞吐量

吞吐量是指在没有帧丢失的情况下，设备能够接收的最大速率，以比特/秒或字节/秒表示。由于防火墙对每个数据包的处理都要耗费资源，而作为内外网之间的唯一数据通道，如果防火墙吞吐量太小，就会成为网络瓶颈，给整个网络的传输效率带来负面影响。因此，评判防火墙性能高低，吞吐量大小是重要指标之一。

2. 并发连接数

并发连接数是指防火墙或代理服务器对其业务信息流的处理能力，是防火墙能够同时处理的点对点连接的最大数目，它反映出防火墙设备对多个连接的访问控制能力和连接状态跟踪能力。

3. 安全过滤带宽

安全过滤带宽是指防火墙在某种加密算法标准下的整体过滤性能。一般来说，防火墙总的吞吐量越大，其对应的安全过滤带宽越高。

## 6.4 信息安全的应用实践

### 6.4.1 个人隐私保护

在当前的互联网时代中，由于个人隐私具有商业价值，而且个人隐私泄露途径较多，因此应该从加强隐私保护意识和完善相关法律法规等方面加强个人隐私保护。

1. 个人隐私保护的方法

① 减少在社交平台暴露自己过多的真实信息，例如姓名、住址、工作单位和电话等。

② 不在非正规的站点注册个人信息。此类网站对个人信息保护能力很弱，容易被攻击导致信息泄露，更有甚者，一些别有用心的网站专门非法收集用户信息。

③ 尽量不要在公共场合的电脑上输入账号信息，更不要启用“记住账号密码”功能。

④ 包含个人信息的快递单、刷卡POS单、银行业务回执单等不要随意丢弃。建议对电话号码、地址、金额、流水单号、运单号等敏感信息进行消除。

⑤ 不要使用公共场所未加密的Wi-Fi，不要安装来路不明的App，更不要随意扫描二维码。

⑥ 不建议参与“注册就送礼包”“扫二维码送礼品”之类的活动。

⑦ 对于废旧电脑、手机、移动硬盘、U盘等电子设备，不建议直接处置。建议将里面的存储信息格式化后再覆盖无关数据，反复多次才能避免隐私信息被恢复。

⑧ 收到垃圾短信、营销或诈骗电话等要主动标记并联网上传，同时加入通信录黑名单。

⑨ 不使用GPS功能时，应及时关闭。

2. 清除本地Cookie的方法

Cookie是由HTTP服务器设置的，用于辨别用户身份而存储在用户本地终端上的数据。清除本地Cookie的方法如下。

① 打开Windows控制面板，单击“Internet选项”文字链接，弹出“Internet属性”对话框，如图6-3所示。

② 选择其中的“常规”选项卡，单击该选项卡中的“删除”按钮。此时弹出“删除浏览历史记录”对话框，如图6-4所示。

③ 根据需要，勾选其中的选项，最后单击“删除”按钮，即可清除历史记录和Cookie等隐私数据。

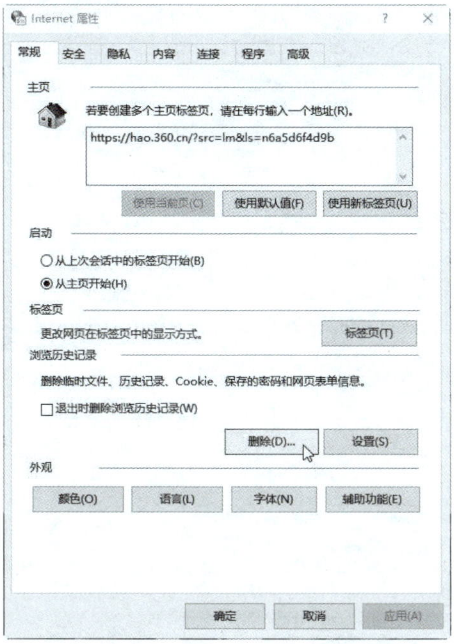


图6-3 “Internet属性”对话框

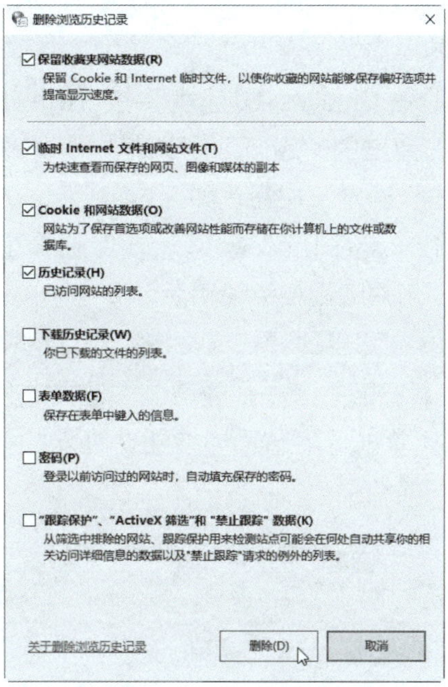


图6-4 “删除浏览历史记录”对话框

## 6.4.2 检测恶意软件

### 1．什么是恶意软件

恶意软件是指在计算机系统上执行恶意任务的病毒、蠕虫和木马等程序，通过破坏软件进程来实施控制。

早期恶意软件种类较少，主要集中在病毒和木马程序方面。伴随着计算机技术的发展，恶意软件的种类也在不断增加，单纯依据某个标准对恶意软件进行分类已经无法满足要求。目前，主要从恶意软件的传播机制和传播后所执行的动作进行分类。

传播机制：

① 感染现有程序软件，随后传播到其他系统；

② 利用软件漏洞允许恶意软件自我复制；

③ 骗取用户信任，绕过安全机制安装木马程序或网络钓鱼。

传播后所执行的动作：

① 破坏现有数据文件或操作系统文件，导致程序无法正常运行；

② 窃取服务，使得宿主计算机成为代理服务器；

③ 窃取用户口令或个人隐私信息；

④ 隐蔽自身存在，防止被检测出来。

### 2．恶意软件删除

目前，有许多第三方检测软件，这里以Windows 10自带的检测与删除软件向读者简单介绍其操作方法。

① 在Windows 10环境下按【Win+R】组合键，在弹出的“运行”对话框中，输入“mrt”后单击“确定”按钮，如图6-5所示。随后，弹出“Microsoft Windows恶意软件删除工具”对话框，用户阅读相关说明后，单击“下一步”按钮。

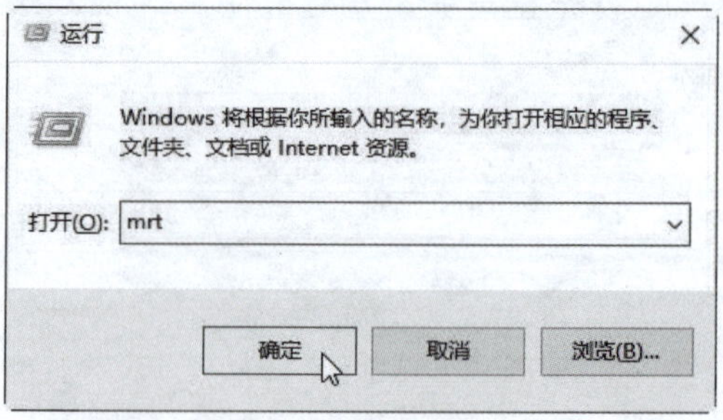


图6-5　“运行”对话框

② 在弹出的“扫描类型”对话框中，根据需要选择扫描类型，为节约扫描时间可选择“自定义扫描”选项，并通过“选择文件夹”确定检测范围，如图6-6所示。

③ 单击“下一页”按钮，进入扫描环节，如图6-7所示。经过一段时间的扫描，即可反馈扫描结果。

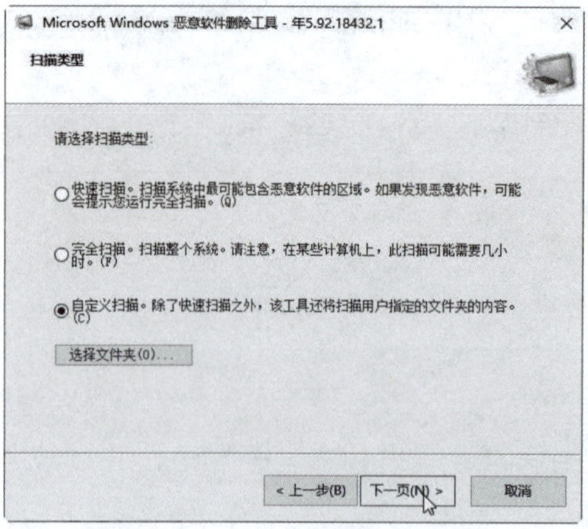


图6-6　“扫描类型”对话框

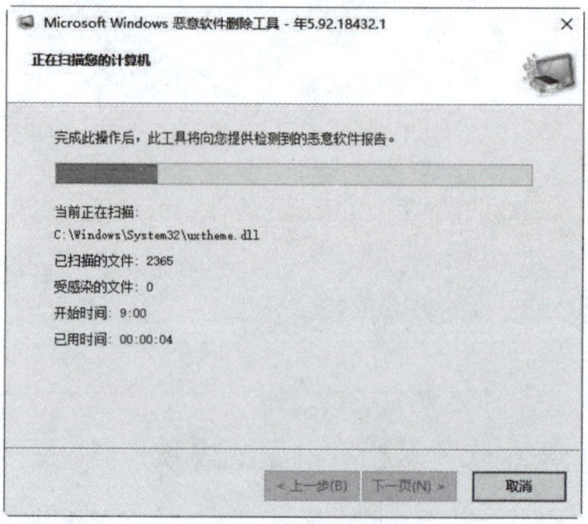


图6-7　扫描过程

至此，使用Windows 10系统内置的恶意软件删除工具即可轻松完成对本地电脑的检测与防护。

## 6.4.3　开启系统防火墙

Windows 10操作系统自带的防火墙功能非常强大，能够有效阻止外来恶意软件通过网络入侵计算机。在默认情况下，防火墙处于开启状态，大部分程序要通过防火墙时将会被阻止。这对于普通用户来讲，又多了一层安全屏障。用户可以通过以下操作来对防火墙的通信进行详细设置。

① 在Windows 10环境下，打开“控制面板”，单击“系统和安全”文字链接，如图6-8

所示。

② 在弹出的对话框中单击“Windows Defender防火墙”文字链接，进入“Windows Defender防火墙”窗口，如图6-9所示。

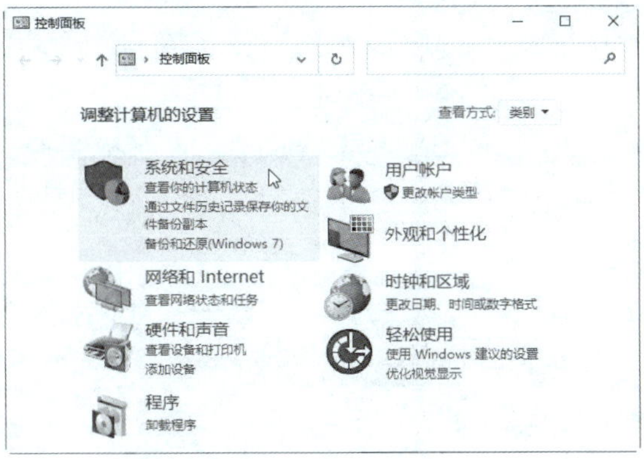


图6-8 “控制面板”窗口

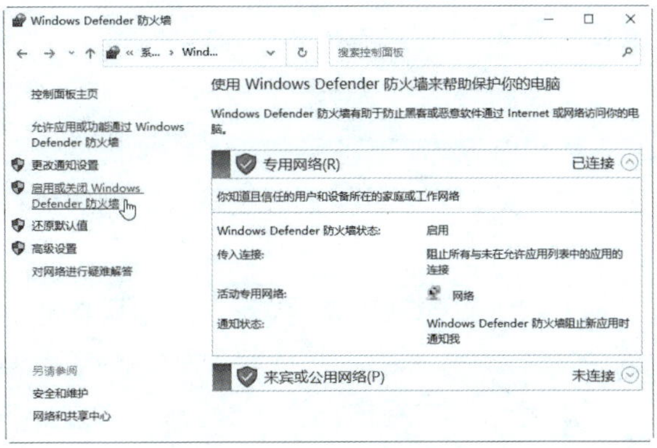


图6-9 “Windows Defender防火墙”窗口

③ 单击左侧的“启动或关闭Windows Defender防火墙”文字链接，进入详细设置页面，如图6-10所示。

根据需要，将“专用网络设置”和“公用网络设置”中有关启用防火墙设置开启即可。需要说明的是，如果勾选“阻止所有传入连接，包括位于允许应用列表中的应用”复选框，则表示当前防火墙为用户提供最大程度的保护，将阻止所有主动连接用户计算机的连接，但是仍然可以浏览网页，以及发送接收电子邮件和即时消息。

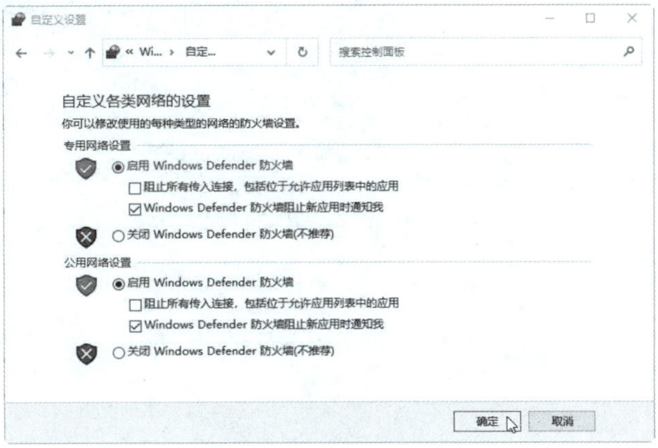


图6-10 开启或关闭防火墙

④ 如果用户需要针对某个应用进行防火墙设置，可以在图6-9所示的界面左侧，单击“允许应用或功能通过Windows Defender防火墙”文字链接，此时进入如图6-11所示的界面。用户可以根据需要勾选允许的应用和功能前的复选框，最后单击“确定”

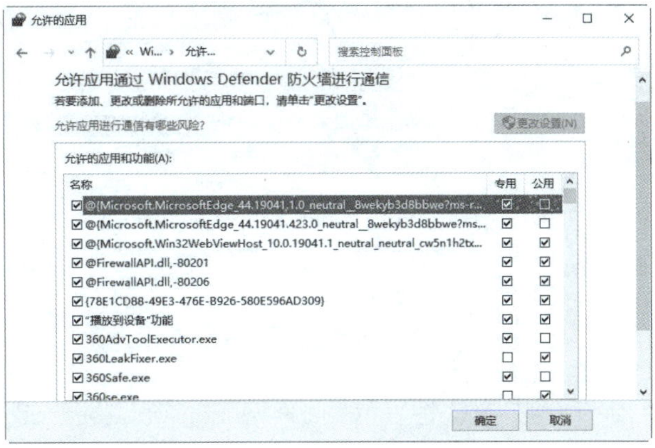


图6-11 允许的应用和功能列表

按钮即可。

## 6.4.4 远程协助(TeamViewer)

TeamViewer是一款专业做远程协助和远程访问的软件，可以轻松穿透防火墙进行内网连接，几乎适用于所有桌面和移动平台，包括Windows、macOS、Android及iOS，对于远程文件传输和桌面共享也非常实用方便。

这里假设用户的A电脑是工作单位的一台内网电脑，B电脑是家庭环境下的外网电脑，如果想要通过B电脑控制或查阅A电脑的资料，则可以通过TeamViewer工具来实现，具体操作如下：

① 访问TeamViewer官方网站（https://www.teamviewer.cn/cn/），下载“个人免费版”所对应的软件。然后，在A和B两台电脑上均安装该软件。

② 登录官方网站，使用电子邮件注册TeamViewer账户。

③ 在A电脑首次运行软件时，软件会自动生成伙伴ID和访问密码，如图6-12所示。

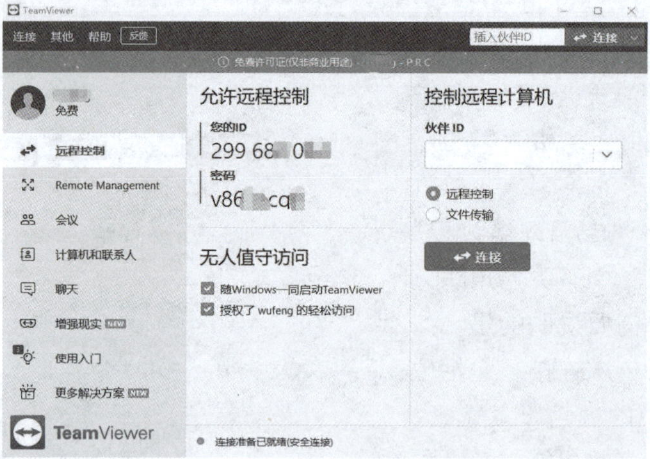


图6-12 A电脑的TeamViewer主界面

④ 在B电脑端登录并运行该软件后，在“伙伴ID”处输入A电脑的ID号，单击“连接”按钮，即可建立连接。

⑤ 连接建立成功后，为了信息传输安全，还需要输入A电脑端主界面中生成的随机密码。

至此，两台不在同一网段内的计算机就通过TeamViewer连接起来了，用户可以通过B端电脑，轻松访问和操作A端电脑中的所有文档。

## 6.4.5 第三方安全软件——火绒

火绒安全软件（https://www.huorong.cn/）是一款完全免费的安全防护工具软件，随着功能的不断完善，已经成为广大用户的首选安全防护类软件，个人用户可以免费下载使用。

该软件无缝融合了病毒查杀、系统防御、防火墙、设备管控等功能，默认配置即可保护终端近百个关键点，能够有效保护用户个人信息安全。软件主界面如图6-13所示。主要功能介绍如下：

- 病毒查杀：基于“通用脱壳”“行为沙盒”的纯本地反病毒引擎，不受断网环境影响，能准确指出样本为病毒的依据，误报率低、兼容性好。
- 防护中心：包含病毒防护、系统防护、网络防护和高级防护四个模块，涵盖文件实时监控、U盘保护、应用加固、软件安装拦截、网络入侵拦截等重要防护功能，能够有效阻断病毒、木马、流氓软件、恶意网站的入侵。
- 访问控制：能够自定义电脑的使用权限、限制访问指定网站、限制指定程序运行等，方便用户充分控制自己的电脑不被他人随意使用。
- 安全工具：提供实用的系统和网络管理方面的小工具，包含启动项管理、弹窗拦截、漏洞修复、文件粉碎等功能。

图6-13 火绒安全主界面

## 6.5 课堂思考

1. 什么是信息安全？
2. 举例说明大数据、云计算的应用中有哪些潜在的信息安全风险。
3. 对于个人信息安全，你认为应该在日常生活中注意什么？
4. 防火墙按照功能技术不同，分为哪几类？
5. 如何理解防火墙中并发连接数的概念？
6. 在电脑端和手机端分别安装TeamViewer，注册账号后，使用手机远程控制电脑。

Chapter 07

# 第7章　大数据

【本章导读】

随着互联网技术的发展，通信、金融、商业、医疗、农业等诸多领域存在着海量般的数据。面对如此规模庞大的数据，如何进行快速处理，并从中挖掘出有价值的信息来指导行业进行准确而快速的决策，是大数据技术产生的根本动力和重要背景。

目前大数据技术已经成为国家宏观调控、商业战略决策及服务业务、管理方式变革等重要技术手段，这也是当前时代背景下信息技术应用的主要方式。

【思维导图】

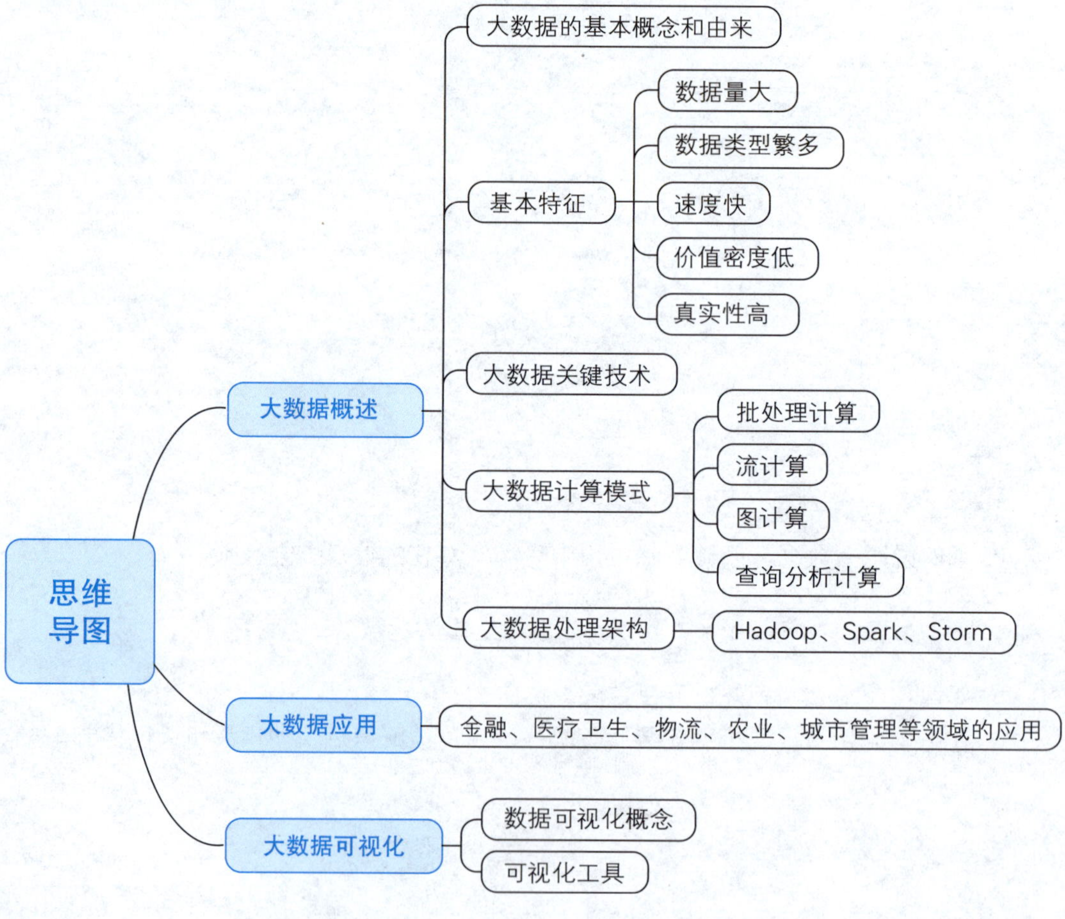

# 7.1 大数据概述

大数据已经渗透到社会的多个方面，为社会中的许多行业带来了变革，也让社会各领域拥有了广阔的发展空间。

## 7.1.1 什么是大数据

从最早的“结绳记事”，到现代科学的“数据建模”，数据的概念一直伴随着人类社会的进步，也承载了人类认识世界的全过程。直到以电子计算机为代表的现代信息技术出现以后，对数据的处理有了新的方法和手段，人类掌握数据、处理数据的能力才实现了质的跃升。

这里引用“智库百科”对大数据的解释：大数据是指无法在一定时间内用常规软件工具对其内容进行抓取、管理和处理的巨大数据集合。大数据技术是指从各种各样类型的数据中，快速获得有价值信息的能力。这些大数据技术包括数据挖掘、分布式文件系统、云计算平台等。

那么，对于生硬的定义概念而言，又该如何理解大数据中巨量数据的层级，以及为什么会有大数据概念产生呢？下面陆续进行阐述。

## 7.1.2 大数据的由来

### 1．信息化浪潮

大数据及其应用技术的产生并不是一蹴而就的，人类社会信息科技的发展为大数据的到来提供了坚实的技术支撑，而数据产生方式的巨大变化又是促进大数据时代到来的重要因素。

根据IBM前首席执行官郭士纳的观点，IT领域每隔15年就会迎来一次重大变革，如表7-1所示。

**表7-1 信息化浪潮**

| 信息化浪潮 | 发生时间 | 标志 | 解决的问题 | 代表企业 |
|---|---|---|---|---|
| 第一次信息化浪潮 | 1980年前后 | 个人计算机 | 信息处理 | Intel、AMD、IBM、苹果、微软、戴尔 |
| 第二次信息化浪潮 | 1995年前后 | 互联网 | 信息传输 | 谷歌、阿里巴巴、腾讯 |
| 第三次信息化浪潮 | 2010年前后 | 大数据、云计算、物联网 | 信息爆炸 | 亚马逊、谷歌、IBM、阿里云、VMware |

由表7-1可以看出，随着时间周期性的迭代，每次信息化浪潮都解决了数据方面的问题，也涌现出一批优秀企业。

### 2. 数据量规模大是大数据由来的基础

当前，社交网络、电子商务、微博、视频网站、App程序、影像医学、安全监控、股市、保险、通信等诸多领域，每天都在制造大量的数据，这些结构化和非结构化的数据描绘着现实世界。根据国际权威机构Statista的统计和预测，2020年全球数据产生量达到47ZB，而到2035年，这一数字将达到2142ZB，全球数据量即将迎来更大规模的爆发。

### 3. 社会需求增长高是大数据由来的内生动力

面对海量的数据信息，相关大数据技术也在日益增长的数据分析需求中增长。例如，20世纪90年代，谷歌开始运用算法分析用户的行为信息，以满足用户的个性化需求；21世纪20年代，大数据在疫情监测分析、人员管控、复工复产等多个方面需求量极大。

### 4. 存储、处理能力和带宽性能的提升是大数据由来的技术支撑条件

（1）存储

随着科学技术的不断进步，存储设备的制造工艺在不断提升，不仅容量大幅增加，读写速度也在不断提升，而价格却不断下降。例如，IBM在1956年生产的硬盘，容量只有5MB，体积有冰箱那么大，而且非常昂贵。如今容量为4TB的硬盘，大小只有3.5英寸，读写速度6.0GB/s，价格仅为600元左右。

（2）处理能力

CPU的处理能力也是促使数据量不断攀升的重要因素。随着CPU性能的逐年提升，大幅提高了处理数据的能力，使得我们可以更快地从海量数据中处理数据。

（3）带宽

世界上第一条光纤商用时，其数据传输速度为45Mbit/s。发展至今，我国4G网络规模全球第一，5G网络建设正在不断推进，全国5G共建共享基站超150万个。由此看来，当下的数据传输速度不再会遭遇网络发展初期瓶颈和制约。

## 7.1.3 大数据的基本特征

一般而言，当谈论大数据的时候，往往会提及大数据的五个特征，即“5V”：Volume、Variety、Velocity、Value、Veracity，如图7-1所示。

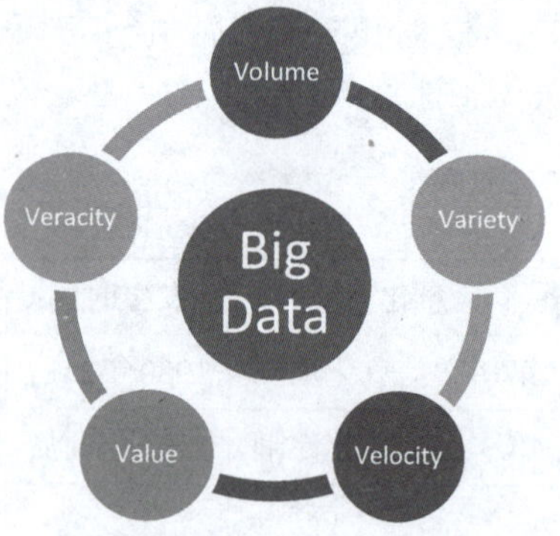

图7-1 大数据的基本特征

### 1. 数据量（Volume）大

大数据中数据的采集、存储和计算的量都非常大，起始计量单位只有达到PB的数据才可以被称为大数据。这里数据存储单位之间的换算关系如表7-2所示。

那么，这么大的数据量是从何而来的呢？其实，我们不知不觉已经生活在“数据爆炸”的时代。20世纪90年代初，网络浏览器尚未问世，只有42%的美国人有机会接触电脑。到20世纪90年代末，互联网热潮重新定义了我们的生活方式，报纸、商店、机票预

订、工作和娱乐都开始向新兴的万维网转移。进入21世纪，随着Web2.0和移动互联网的快速发展，人们已经随时随地可以通过微信、微博、抖音等平台发布各种信息，遍布工作和生活角落的物联网设备（摄像头、传感器）也每时每刻都在产生着大量的数据。

表7-2　存储单位之间的换算关系

| 单位 | 关系 | 单位 | 关系 |
| --- | --- | --- | --- |
| Byte(字节) | 1Byte=8 bit | TB(字节) | 1TB=1024 GB |
| KB(千字节) | 1KB=1024 Byte | PB(字节) | 1PB=1024 TB |
| MB(兆字节) | 1MB=1024 KB | EB(字节) | 1EB=1024 PB |
| GB(吉字节) | 1GB=1024 MB | ZB(字节) | 1ZB=1024 EB |

### 2. 数据类型（Variety）繁多

大数据的数据类型繁多。随着互联网、物联网、社交媒体、感知数据的发展，各行各业都在源源不断地生产着种类繁多的数据，例如交通大数据、医疗大数据、金融大数据、生物大数据等。无论大数据类型多么繁多，总体而言都可以分为结构化数据和非结构化数据。

- 结构化数据：指的是可以存储在关系数据库中的数据，数据以行为单位，一行数据表示一个实体的信息。例如，话费清单、人员信息统计表、销售统计等。
- 非结构化数据：指的是没有固定结构的数据。例如，图片、音频、视频、文档、网络日志、电子邮件、位置信息等。

在大数据中，结构化数据占10%，非结构化数据占90%，对于收集、处理和分析非结构化数据也是一项重大挑战。

### 3. 速度（Velocity）快

大数据的许多应用都需要基于数据给出实时分析结果，用于决策和生产实践。所以，数据处理和分析的速度通常要达到秒级响应，如果超时数据就会失去其作用和价值，因此时效性要求非常高。比如搜索引擎要求几分钟前的新闻能够被用户查询到，个性化推荐算法尽可能要求实时完成推荐。这些都是大数据区别于传统数据挖掘的显著特征。

### 4. 价值（Value）密度低

大数据中的数据价值密度远低于传统关系数据库中的数据。在大数据时代，海量信息无处不在，而很多有用的信息都是分散在海量数据之中的。

例如，如果不发生交通事故，每天连续拍摄的交通监控视频都是没有任何价值的，而当发生交通事故时，也只有记录该事故过程的一段视频有价值。如果想要获得这一段有价值的视频，不得不投入监控设备、网络设备和存储设备，来保存不间断的监控数据。

从这一例子中可以理解，大数据的价值密度是非常低的。如何结合业务逻辑并通过强大的机器算法来挖掘数据价值，是大数据时代最需要解决的问题。

#### 5. 真实性（Veracity）高

大数据中的内容是与真实世界中发生的事件息息相关的，研究大数据就是从庞大的网络数据中提取出能够解释和预测现实事件的过程。

### 7.1.4 大数据的关键技术

通常在谈到大数据时，往往指的是大数据和大数据技术这二者的综合概念。这里大数据技术可以理解为，伴随着数据本身的采集、存储、分析这一过程所衍生的相关技术。因此，从大数据采集到分析出结果的全流程角度，大数据技术主要包括数据采集和预处理、数据存储管理、数据处理分析这三方面的技术。

#### 1. 数据采集和预处理

数据无处不在，互联网、办公系统、监控探头、物联网传感器等平台都在产生数据。这些分散在各处的数据，需要相应的设备进行采集。而采集到的数据，因为来源众多、数据类型多样，又必须进行数据预处理这个过程。

这里常见的数据预处理技术为ETL（Extract-Transform-Load），用来描述将数据从来源端经过抽取、转换、加载至目的端的过程。

#### 2. 数据存储管理

数据经过预处理后，海量的数据就变成一个可用的状态，存放在文件系统或数据库系统中。那么，在存放这些海量的数据时，也会用到一些数据库管理技术。例如，使用分布式文件系统、数据仓库、云数据库等技术，实现对结构化、半结构化和非结构化海量数据的存储和管理。其中，大数据存储技术应同时满足以下要求：

① 存储设施应持久可靠；

② 能够提供可伸缩的访问接口供用户查询；

③ 对非结构化数据能够提供高效的查询、统计、更新等操作。

#### 3. 数据处理分析

对于大数据中的结构化数据，使用数据库BI（Business Intelligence，商业智能）工具进行分析即可，而对于非结构化数据，就需要创新分析技术。例如，语义分析技术、模式识别技术、机器学习等。

### 7.1.5 了解大数据的计算模式

在实际应用中，大数据要实现自身业务的落地前，还需要建立自身的大数据平台，去实现对数据价值的挖掘和应用。根据实际业务场景需求，不同类型的数据，需要不同的计算处理模式。

搭建大数据平台，目前行业当中的主流选择，集中在Hadoop（MapReduce）、Spark、Storm、Flink等几个框架上，其中使用的计算模式包括批处理计算、流计算、图计算、查询分析计算，如表7-3所示。

表7-3 大数据计算模式

| 大数据计算模式 | 解决的问题方向 | 代表产品 |
|---|---|---|
| 批处理计算 | 针对大规模数据的批量处理 | MapReduce、Spark等 |
| 流计算 | 针对流数据的实时计算 | Apache Storm、Flink、Puma、银河流数据处理平台等 |
| 图计算 | 针对大规模图结构数据的处理 | Pregel、GraphX、PowerGraph、Hama等 |
| 查询分析计算 | 针对大规模数据的存储管理和查询分析 | Dremel、Hive、Cassandra等 |

### 1．批处理计算

批处理计算主要解决的是大规模数据的批量处理，典型的批处理框架就是Apache Hadoop。Hadoop是首个在开源社区获得极大关注的大数据处理框架，其原生的MapReduce引擎，主要采取“分而治之”的分布式计算模式，即将计算任务分割成小块（多次），在不同节点的多台计算机上运行，从整体上节约计算时间，大大提高计算效率。

### 2．流计算

流计算是指面向流数据的计算。在大数据分析中，流数据也是一种重要的数据类型。这里流数据指的是一组顺序、大量、快速、连续到达的数据序列，由不同的数据源不断地持续生成。一般情况下，流数据可被视为一个随时间延续而无限增长的动态数据集合。例如，网络监控、传感器网络、网购数据、气象测控、游戏内玩家活动、社交网站信息、金融服务等应用场景均能产生流数据。

对于此类数据，必须采用实时计算的方式给出秒级响应，不能待数据存储在一起后再进行批量处理。流计算可以实时处理来自不同数据源的流数据，经过实时分析后给出分析结果。目前，适用于流计算的框架平台有Apache Storm、IBM StreamBase、银河流数据处理平台等。

### 3．图计算

图计算的“图”并不是指普通的图像和照片，而是用于表示对象之间关联关系的一种抽象数据结构，即使用“顶点”和“边”描述。图计算可以将不同来源、不同类型的数据融合到同一个图里进行分析，得到原本独立分析难以发现的结果，因此也成为社交网络、推荐系统、网络安全、文本检索和生物医疗等领域至关重要的数据分析和挖掘工具。

目前，谷歌公司的Pregel就是用于图计算的计算框架，其他代表产品还包括GraphX、Gelly等。

### 4．查询分析计算

查询分析计算是为解决对大规模数据的关联与查询分析而产生的一种计算模式。传统的数据查询分析以结构化数据为主，但大数据时代往往以半结构化和非结构化数据为主，结构化数据为辅。因此，大数据背景下的查询分析计算，是指对不同类型的数据进行内容检索、交叉对比、深度挖掘和综合分析的运算模式。

目前，大规模分析型数据处理在互联网公司乃至整个行业中都已经越来越广泛，针对超大规模的数据存储管理和查询分析，需要提供实时或准实时的响应，才能满足企业的需求。在此方面，谷歌公司的Dremel是一款交互式实时查询系统，能够做到几秒内完成对万亿张表的聚合查询。

### 7.1.6 大数据处理架构

鉴于大数据复杂的来源及数据结构类型，很难用特定的数据处理架构来完成各类复杂的运算任务。目前，典型的大数据处理架构有Hadoop、Spark和Storm。每种处理架构针对不同的数据结构类型，都有其独特的运算处理方式。

#### 1. Hadoop

Hadoop是一个由Apache基金会所开发的分布式系统基础架构。用户可以在不了解分布式底层细节的情况下，开发分布式程序。它可以充分利用集群的威力进行高速运算和存储。

#### 2. Spark

Spark是专为大规模数据处理而设计的快速通用的计算引擎。Spark批处理能力以更高内存占用为代价提供了无与伦比的速度优势。对于重视吞吐率而非延迟的工作负载，比较适合采用Spark处理架构作为解决方案。

#### 3. Storm

Storm是Twitter开源的分布式实时大数据处理框架，也是实时处理工作负载的最佳选择，被业界称为实时版Hadoop。应用场景有金融系统、预警系统、网站统计（实时销量、流量统计）、交通路况实时系统等。

## 7.2 大数据应用

经过多年的技术和产业发展，大数据领域内部更加细化，形成数据存储与计算、数据管理、数据流通、数据应用和数据安全五大核心领域，如图7-2所示。

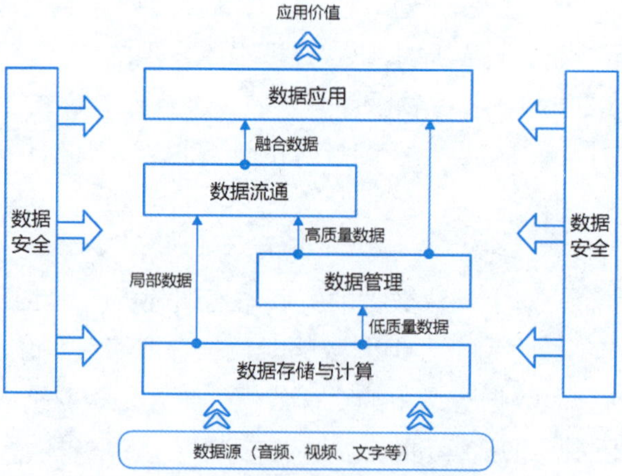


图7-2 大数据产业五大核心领域示意图

数据源通过数据存储与计算实现压缩存储和初步加工，通过数据管理提升数据质量，通过数据流通配置提供给其他相关主体，通过数据应用直接释放价值，并有数据安全技术进行全过程安全保障，其应用领域主要有以下几方面。

### 7.2.1 金融领域的应用

随着大数据技术应用的日趋深入，以及数据处理和分析能力不断提升，金融机构迎来全新的发展机遇。

1. 精准营销

通过大数据平台，整合客户内外部数据信息，使数据与客户一一对应，建立客户数据记录。结合客户的行为数据，利用画像技术对客户进行分类，进而筛选出优质客户，并最终实现营销转化率的提高和精准营销。

2. 风险控制

在大数据平台上通过对客户不同类型的行为数据进行整合，评估售前风险，摆脱金融机构仅靠客户信用数据和历史交易数据识别客户风险的限制。将客户的历史数据与当前的数据进行比对，判断是否存在交易欺诈，进而采取应对措施，提高风险控制的有效性。

3. 预警监管

金融机构可以通过大数据平台，综合分析金融企业的网络投诉率、违规记录、资金链等，进而发现洗钱、非法集资等潜在风险，并及时向监管部门反映。

### 7.2.2 医疗卫生领域的应用

大数据技术在医疗卫生行业的应用日益广泛。通过医疗大数据技术可以有效地处理医疗卫生行业不断增长的医疗数据，不仅大大提高了医疗数据的利用率和应用价值，同时拓展了医疗诊治的服务空间和服务水平。

1. 调配医疗资源

各级医疗大数据中心的建设汇集了海量的医疗数据，通过大数据技术宏观调控，调整各地医疗资源分配，同时为政府部门制定有关政策提供客观的依据。

2. 精准医疗

大数据技术在精准诊断、精准治疗、精准用药、精准预防环节中，通过基因测序确定存在问题的基因片段，使用靶向用药精准治疗，实现最佳诊疗方式。

3. 辅助医疗

通过大数据技术全面收集病人在医院的体征、影像、随访等数据，综合多学科数据辅助诊断和治疗，建立临床大数据知识库，辅助临床工作者诊断、治疗和用药。

4. 个性化医疗

大数据技术与移动互联网技术相结合，通过手机应用程序或可穿戴移动设备，实时获取个体的各项体征数据和指标，使用大数据统计和分析技术给个体予以提醒和指导，使个体实时了解自己的健康状况，及时就医诊疗。

## 7.2.3 物流领域的应用

在互联网迅速发展的时代下，物流和大数据相结合是发展的趋势。大数据可以根据市场环境变化形势进行数据采集与分析，帮助物流企业了解外部环境变化，及时做出面对市场需求的科学调整。

### 1．打造智慧物流

物流行业既需要保证时效性，又需要降低成本消耗。当海量的用户信息数据汇入大数据平台后，利用大数据技术可以更快、更及时、更准确地为物流企业分析并反馈有价值的外部环境数据信息。如图7-3所示，某平台通过大数据分析技术，实时显示某中心城市物流服务中心派往全国各地以及从全国各地派往该中心的派件数量、物流状态及对应资金流量等数据。管理人员可以根据实时数据显示结果，及时调派人力、运力资源，做到精准服务。

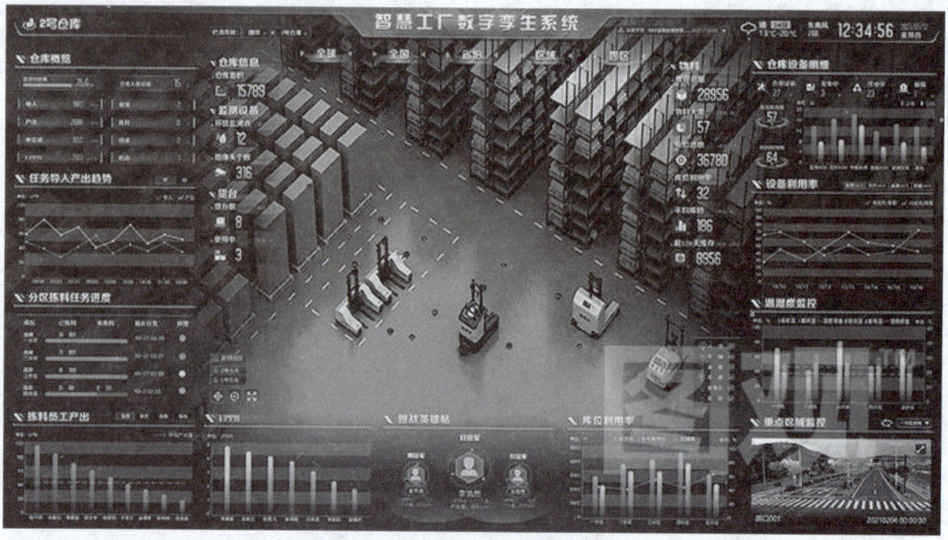


图7-3　智慧物流展示大屏

通过大数据技术打造的智慧物流有以下三方面特征：一是实现信息交互与共享，有效降低物流成本，提高物流效率；二是智能决策与执行，向自动化与程序化方向发展；三是以智能管理为核心优化管理模式，实现以最低的成本向客户提供高质量的物流服务。

### 2．改善物流企业质量

使用大数据技术能够分析用户的个人偏好、消费体验，以及与市场环境相关的基本定价、市场资源、市场动态、物流成本等信息。这些信息能够直观地告诉物流企业，如何针对用户需求改善服务质量，从而大大改善物流企业的质量。

### 3．共享物流合作

目前市场上大多物流企业也都与大数据平台进行信息共享。例如物流企业和抖音、电商相互合作助推产品销售，这种数据共享带来的互惠互利，更有利于保证提供高质量服务给用户，物流资源共享也帮助物流企业提高竞争力，为企业实现高速发展奠定坚实的基础。

## 7.2.4 农业领域的应用

传统农业生产环境中，劳动者无法及时准确获得气候、土壤、成熟度等各种数据。而将大数据技术引入农业领域后，可以精准地对每一个环节进行定位，服务于劳动者做出前瞻性的决策，做到“精准匹配，知天而做”，从而有效提高农业生产效益。

具体来讲，在农作物的生长过程中，对农作物的品种与土壤进行精准匹配，使用大数据对各种环境因素和农作物的长势进行实时监测，从而实现对整个农业生产环节进行精准化管理，提高产量。

目前，已经出现聚焦农业领域的信息系统。如图7-4所示，通过布置在田间地头的各类传感器获取真实信息，再通过大数据平台系统实现收集信息、传递信息、加工信息、统计信息、查询信息等诸多功能，从而实现全面的信息化管理目标。

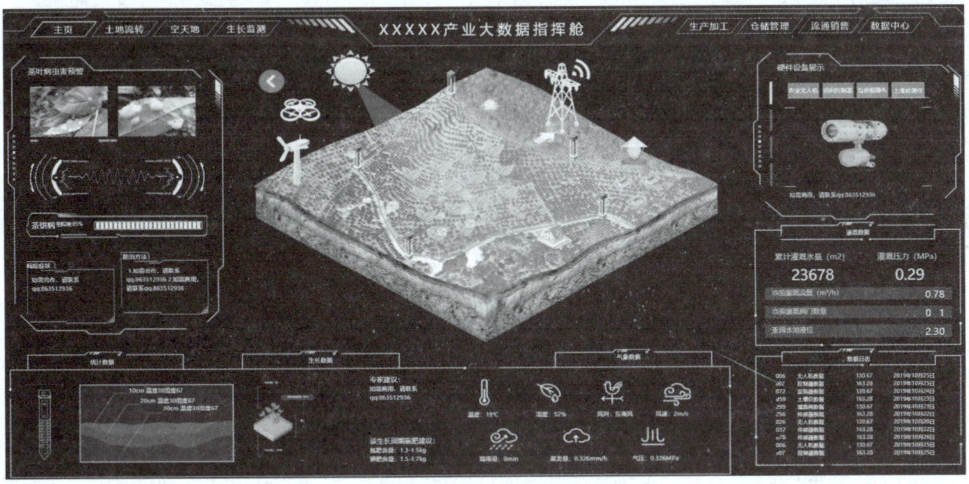


图7-4　农业大数据指挥舱

## 7.2.5 城市管理领域的应用

新时代背景下，大数据技术的发展为城市管理智慧化发展注入了全新的动力。城市管理智慧化是指在城市管理与治理中，运用先进的通信技术和信息化手段，获取城市管理的信息及数据，再通过信息数据的分析与处理，以此实现城市管理的顺畅模式。如图7-5所示，该平台通过数据分析技术显示某城市及周边区域水文气象信息的变化情况，为城市防洪、城市巡游等提供快速、科学的决策依据。

图7-5　智慧城市管理系统

### 1．分析技术的应用

运用大数据技术，收集城市管理过程中生成的治理数据、城市事故数据、天气数据等各类信息数据。借助云计算，通过对具体信息数据的处理、分析，能够预测相关事故发生时间信息，例如自然灾害等。根据这些预测信息，做好提前预防措施，减少灾害对人们生命、财产的损害，提升城市管理的水平。

### 2．视频识别技术的应用

以视频智能识别技术为主，借助大数据技术，录入相关的车牌号信息，辅助交通管理，使交通管理对相关车辆出行信息全面掌握，实现交通管理的人性化智能化模式，使交通管理工作更好地为人们服务，不断增强城市管理水平。

### 3．卫星遥感技术的应用

将卫星遥感技术与大数据技术相结合，对指定区域进行违章建筑的监管或对城市河道监管等，可进一步提高城市管理中的运行成效。

# 7.3　大数据可视化

由于大数据本身的复杂性、多样性，人类大脑无法从堆积如山的数据中发现核心问题，所以必须有一种直观呈现数据的方式来辅助解决问题。这时，数据可视化便应运而生。

## 7.3.1　什么是数据可视化

数据可视化是指将大型数据集中的数据以图形图像形式表示，并利用数据分析和开发工具发现其中未知信息的处理过程。如图7-6所示为重庆市某时段旅游数据分析平台所展示的各类相关信息，其中关键数据以色彩丰富的图形图像的形式更为直观、清晰地展示出来。

需要指出的是，数据的可视化展示借助于图形化手段，使得数据不再显得枯燥无味，但并不意味着其功能用途必须通过炫酷的方式效果才能实现。虽然数据可视化是数据分析过程中最为重要的环节，但目前在技术实现上不再具有挑战性，即已经进入比较成熟的阶段。

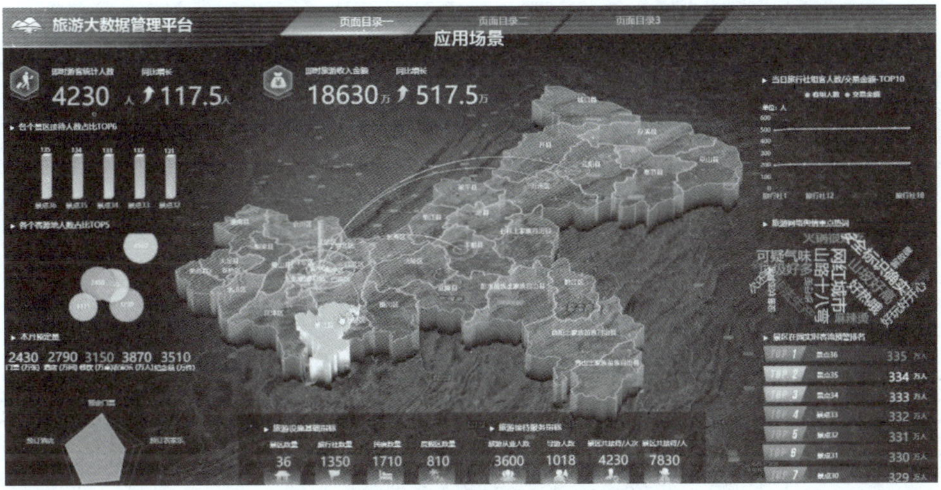


图7-6 旅游大数据可视化展示

目前，它的应用无论在金融、销售、物流、电力、交通、传媒，还是在医学、地理等领域都发挥着重要的作用，可帮助各领域人员发现问题、诊断问题、解决问题。

## 7.3.2 可视化工具

通过可视化工具分析处理后，数据的复杂度得以逐步降低到人脑可处理的范围。目前国内外数据可视化市场上已有不少成熟产品，厂商主要来自以下几类：

① 商业可视化产品的软件服务商：国内有四方伟业、帆软、SMARTBI、恒泰实达、数字冰雹等，国外有IBM Cognos、Oracle BIEE、Microsoft BI、Tableau等。

② 互联网巨头：百度图说、阿里云数加、网易有数等，其大数据平台可视化基本是自己设计开发的，同时售卖各种数据产品。

③ 互联网大数据服务商：友盟、海云数据、百分点等。

以上每款产品都有其自身特点和应用场景，下面介绍几款有代表性的产品。

### 1. DataV

DataV是阿里云的一款数据可视化产品，可以帮助非专业的工程师通过图形化的界面轻松搭建专业水准的可视化应用，满足业务监控、风险预警、地理信息分析等多种业务展示需求。

DataV提供指挥中心、地理分析、实时监控等多种场景模板，兼容MySQL数据库等多种数据类型。图7-7所示的是使用DataV展示的某学区分析图，人们所关注的各类信息以近乎完美的方式呈现了出来。

### 2. Ray Data

Ray Data是腾讯云大数据实时可视化交互系统（https://www.raykite.com/zh/），它能够实现数据实时图形可视化并实时交互效果，其应用场景十分丰富，如图7-8所示。

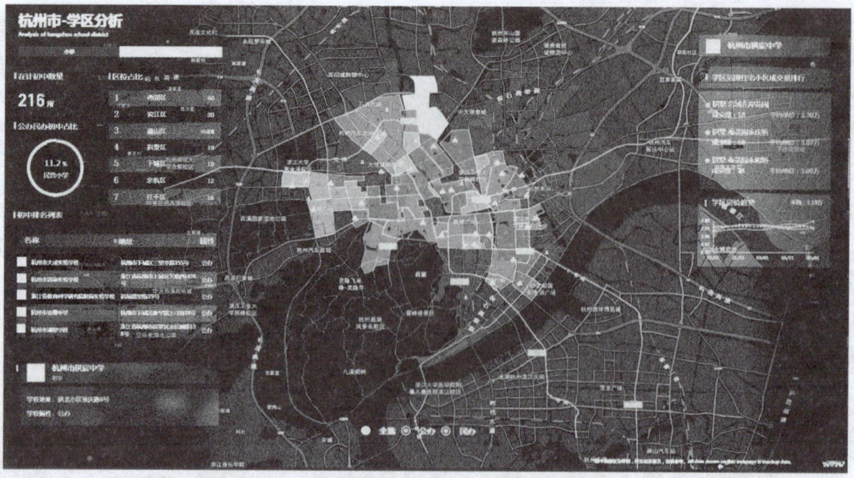


图7-7　使用DataV展示的某学区分析图

图7-8　使用Ray Data展示的智慧楼宇可视化效果

Ray Data采用独特的超高分辨率运算引擎，使图像不被压缩，同时结合其不同于传统可视化界面的表现形式，最终呈现具有视觉冲击和丰富细节的效果。其采用灵活的程序架构及模块化管理，只需用户提供数据源，无须二次开发，便可实现各类展示。

## 7.4　课堂思考

1. 什么是大数据？举例说明大数据在生活中给你带来了什么样的感受。
2. 简述大数据的由来。
3. 大数据有“5V”特征，分别是什么？
4. 举例说明大数据的具体应用。
5. 什么是数据可视化？它能够解决什么样的问题？

Chapter 08

# 第8章 云计算

## 【本章导读】

对于互联网来讲，计算处理能力是互联网技术的核心，但从商业角度考虑，中小型企业是难以独立承担不断增大的软、硬件投入所带来的成本消耗的，于是一种全新的、基于网络化架构的云计算概念便应运而生。云计算技术经过多年信息产业的发展，不但影响企业发展模式的变更，而且对个人的生活方式和消费模式也产生了重要影响。

## 【思维导图】

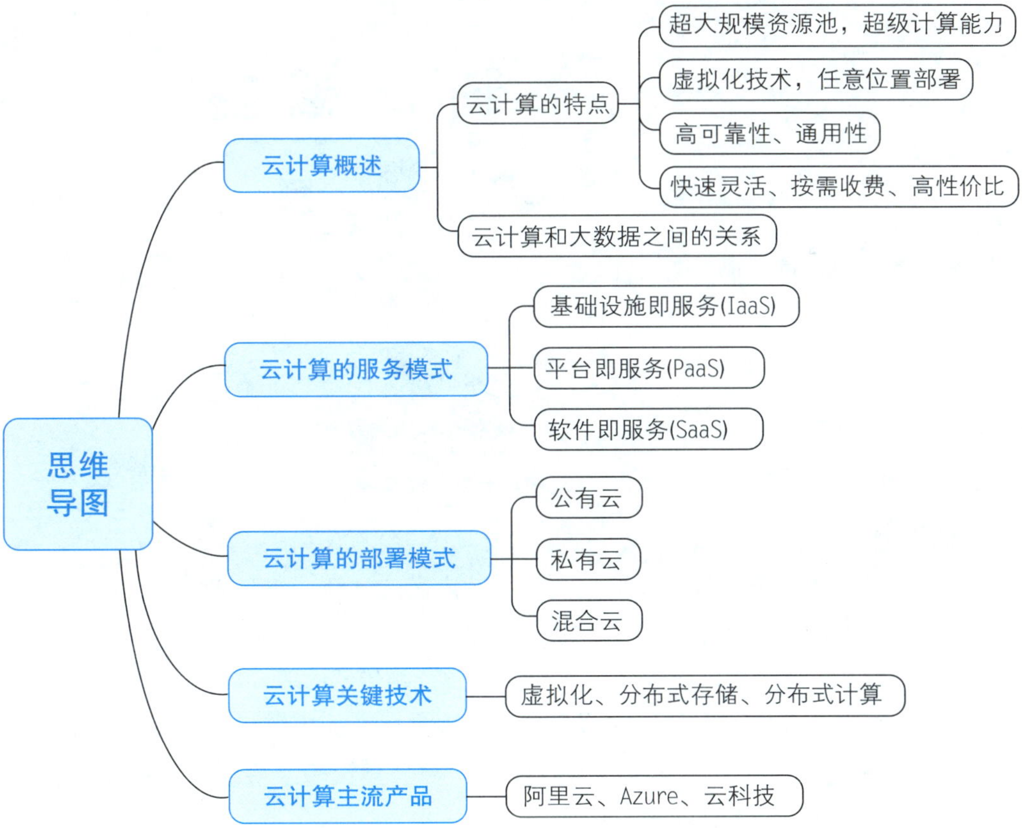

# 8.1 云计算概述

## 8.1.1 什么是云计算

由于近几年，硬件设备、网络带宽、分布式计算和并行计算及其他技术的快速发展，云计算作为一种技术和商业实现模式，倍受关注。这里给出两个大家普遍认可的云计算定义。

- 美国国家标准与技术实验室：云计算是一种通过互联网络实现无所不在、按需、便捷地访问共享资源池（包括网络、服务器、存储设备、应用程序和服务等）的计算模式。这些资源能够以最低的管理成本和最少的协助快速部署并发布。
- 中国工程院院士李德毅：云计算是一种基于互联网的、大众参与的计算模式，其计算资源（计算能力、存储能力、交互能力）是动态的、可伸缩且被虚拟化的，以服务的方式提供给有计算服务需求的用户。

由上述云计算概念可知，云计算的实质就是网络下的应用，用户不仅可以随时随地获取云上的资源，还可以按照自己的需求按量使用，其业务实现模型如图8-1所示。

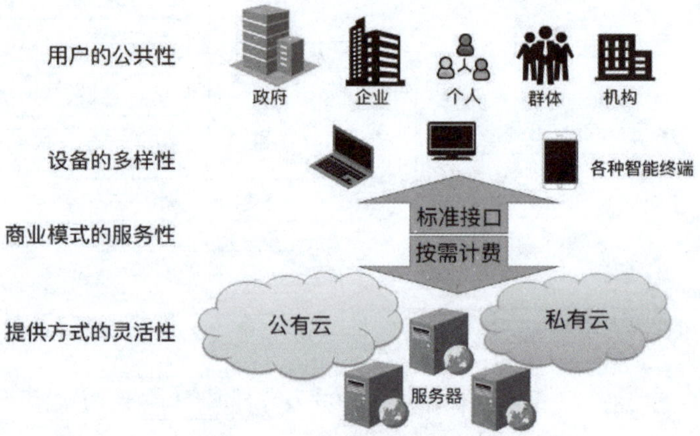


图8-1 云计算业务实现模型

由图8-1可以看到，云计算包含了多层含义：

① 用户的公共性。云计算面向的用户包括政府部门、企业、学术机构、个人等。

② 设备的多样性。云计算用于提供服务的设备是多样的，既包括各种规模的服务器、主机、存储设备，也包括诸如智能手机、计算机、智能传感器等。

③ 商业模式的服务性。云计算的服务属性体现为标准的接口和按需计费的商业模式。

④ 提供方式的灵活性。云计算既可以作为一种公用设施来提供社会服务（公有云），又可以作为企业信息化的计算平台（私有云）。

## 8.1.2　云计算的特点

从上述关于云计算的定义可以了解到，云计算与传统计算机系统相比，有以下特点。

① 拥有超大规模的资源池，能够赋予用户超级计算能力。

Google云计算已经拥有100多万台服务器，Amazon、IBM、微软、Yahoo等的“云”均拥有几十万台服务器。

② 利用虚拟化技术，支持用户在任意位置、使用各种终端获取应用服务。

用户请求的资源来自云端的资源池，而不是固定的有形的实体。应用在“云”中某处运行，用户无需了解、也不用担心应用运行的具体位置。只需要一台能连接互联网的终端，就可以通过网络服务来实现业务请求。

③ 高可靠性。“云”使用了数据多副本容错、计算节点同构可互换等措施来保障服务的高可靠性，使用云计算比使用本地计算机可靠。

④ 通用性。云计算不针对特定的应用，在“云”的支撑下可以构造出千变万化的应用，同一个“云”可以同时支撑不同的应用运行。

⑤ 快速灵活、弹性的资源分配和释放。“云”的规模可以动态伸缩，满足应用和用户规模增长的需要。

⑥ 自助服务，按需收费。用户可以自行完成计算资源的请求，而无需进行任何的人工干预，根据用户使用的资源类型进行收费。

⑦ 高性价比。“云”的自动化集中式管理使资源的利用率大幅提升，因此用户可以充分享受“云”的低成本优势。

## 8.1.3　云计算和大数据之间的关系

从云计算和大数据概念的诞生到现在，两者关系既密不可分，又千差万别。因此，我们不能把云计算和大数据割裂开来单独进行看待，这里以示意图形式总结了云计算和大数据之间的关系，如图8-2所示。

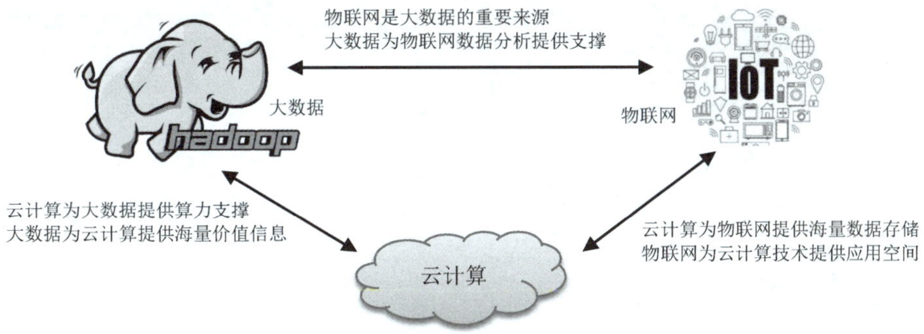


图8-2　云计算和大数据之间的关系

#### 1．云计算和大数据的区别

云计算侧重于整合和优化各种IT资源，并通过网络服务的形式廉价地提供给用户，其核心是提供应用计算服务。

大数据侧重于对海量数据的存储、处理和分析，从海量数据中发现有价值的信息，其核心是数据挖掘算法。

#### 2．云计算和大数据的联系

虽然大数据和云计算侧重点不同，但它们之间的关系并非独立无关的。相反，大数据和云计算在资源的需求和处理上，二者相辅相成，互相成就。

① 大数据为云计算在对实时更新的海量数据进行查询和分析过程中，提供有价值的信息，而云计算提供的计算资源服务，又支撑起大数据的不断挖掘。

② 大数据的挖掘以云计算作为平台，而从大数据中提取出价值信息和规律，又为云计算带来好处。

③ 云计算技术的进步，完善了大数据的分析，更有效地整合各种渠道的数据。云计算提供了相对于传统的基础架构更加灵活、简便的基础架构，对各类海量数据的分析变得可行和容易。

## 8.2 云计算的服务模式

目前，云计算的服务主要包括三种类型：IaaS（Infrastructure as a Service，基础设施即服务）、PaaS（Platform as a Service，平台即服务）和SaaS（Software as a Service，软件即服务）。目前，业界国外主流提供商如Google、Amazon、Microsoft、IBM、Cisco等在三种类型中都有相关商用产品，而国内厂家如世纪互联、百度、阿里巴巴、华为也都在积极推进相关应用。

### 8.2.1 基础设施即服务(IaaS)

基础设施即服务（IaaS）指的是用户无需花费高额成本购买基础设施，可通过租用方式使用云服务商提供的基础设施，如服务器、存储资源、网络资源，后期自己安装操作系统、管理应用程序。这种模式下用户节省了对基础设施的高成本投入。

这里以通俗的例子解释IaaS的含义：假如用户想吃一道松鼠鱼的菜，那么经过捕鱼、宰杀和烹饪一系列流程就可以吃到鱼了。这个从捕鱼开始的全过程，在IT行业中被称为“自主部署行为”，虽然可控性非常高，但成本支出较大。为了节约成本，人们希望用更加灵活的方式吃到鱼，于是直接让其他团队送食材过来，这样的方式称为IaaS。在这种服务模式中，买鱼的环节就类比在云服务中购买硬件服务（计算、存储和网络），自己只在这些硬件的基础上加工，从而达到节约企业硬件采购成本的目的。

## 8.2.2 平台即服务(PaaS)

平台即服务（PaaS）指的是云服务商提供基础设施服务的同时也提供平台软件层，包括操作系统、数据库、中间件和运行库，这种模式下用户只需负责管理应用软件即可，而且不论是在部署或者在运行的时候，用户都无需为服务器、操作系统、网络和存储等资源的管理操心，这些烦琐的工作都由PaaS供应商负责处理。

这里以通俗的例子解释PaaS的含义：在IaaS中，虽然食材“鱼”由服务商提供，但还是需要自己进行烹饪，而且自己做出的口味不见得好吃。与其这样，不如直接在口碑好的餐厅中，点一道松鼠鱼的外卖，而用户只需要准备简单用餐工具即可。那么，在这种服务模式下，不但硬件是由云服务提供的，甚至硬件平台上的产品也是封装好的，最终呈现给用户的是一个即开即用的产品，这就是PaaS。

## 8.2.3 软件即服务(SaaS)

软件即服务（SaaS）指的是云服务商将应用软件统一部署在自己的服务器上，用户只要接上网络通过浏览器就能直接使用在云端上的应用，而不需要顾虑类似安装等琐事，并且免去初期高昂的软硬件投入。

这里以通俗的例子解释SaaS的含义：假如用户连松鼠鱼外卖都不想点，直接去餐馆吃饭，这就是SaaS。需要说明的是，SaaS和PaaS的主要区别在于，SaaS模式只要进入餐馆就能吃到松鼠鱼，而PaaS模式还需要用户做一些餐前准备工作。由此可见，SaaS是将所有的服务整合打包后直接提供给最终用户，用户不需要具备任何IT技能就能使用该服务。

## 8.2.4 三种服务模式之间的关系

云计算最主要的三种服务模式之间的关系可以从两个角度去理解。

### 1．用户角度

IaaS的用户主要是面向具有专业知识的系统管理员。PaaS的用户主要是开发人员。SaaS的用户主要是普通用户。

### 2．技术角度

从技术角度来讲，三种服务模式有一定的继承关系，即SaaS基于PaaS，PaaS基于IaaS，但又不是简单的约束性继承，示意图如图8-3所示。

由图8-3可知，SaaS可以基于PaaS，也可以直接部署在IaaS之上，PaaS可以构建于IaaS之上，也可以直接部署在物理资源之上。

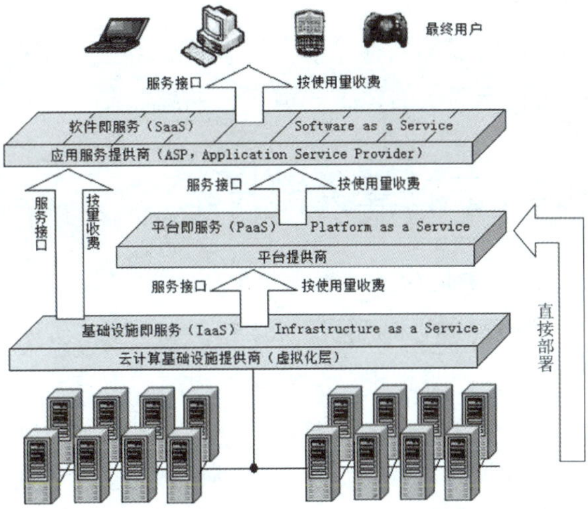


图8-3 云计算三种服务模式之间的关系

# 8.3 云计算的部署模式

根据云计算服务对象范围的不同，云计算主要有三种部署模式：一是公有云，二是私有云，三是混合云。

## 8.3.1 公有云

云供应商将虚拟化及云化技术部署在自己的数据中心里为用户提供服务。公有云的受众是整个互联网下的所有人，只要注册付费，任何人都可以使用其提供的云计算服务。在公有云中，所有的“租户”共享相同的硬件、网络和存储资源，用户不需要自己构建硬件、软件等基础设施和后期维护，便可以在任何时间、任何地方，以任何上网方式访问资源。目前，常见的公有云平台供应商有阿里云、腾讯云等。

## 8.3.2 私有云

私有云是指为一个企业或组织提供专用的云环境。通俗点讲，私有云就是云厂商根据用户需求将虚拟化和云化技术部署在用户自己数据中心里面，私有云的使用对象通常为政府机构、金融机构以及其他希望对环境拥有控制权的中大型组织。目前，比较常见的私有云平台有VMware vCloud Suite和微软的System Center。

## 8.3.3 混合云

混合云融合了公有云和私有云的优点，是近年来云计算的主要模式和发展方向。混合云强调基础设施是由两种或多种云组成的，但对外呈现的是一个整体。例如，某单位把重要数据（财务数据等）保存在自己的私有云里面，把不重要的信息放到公有云里，两种云组合形成一个整体，就是混合云。再例如，对于电子商务企业，平时业务量比较稳定，自己购买服务器搭建私有云运营，但到了过节促销的时候，业务量非常大，就从运营商的公有云租用服务器，来分担节日的高负荷。

# 8.4 云计算关键技术

### 1. 虚拟化

虚拟化技术是云计算中最关键、最核心的技术原动力。通过虚拟化的方式，可以在几分钟之内，虚拟出一个独立的虚拟机供用户使用。

虚拟化技术是指通过软件的方法重新定义划分信息技术资源，包括将单个资源划分成多个虚拟资源的裂分模式，也包括将多个资源整合成一个虚拟资源的聚合模式。通过虚拟化技术，实现IT资源的动态分配、灵活调度和跨域共享，从而提高IT资源的利用率。

虚拟化技术根据对象可分成存储虚拟化、计算虚拟化、网络虚拟化等，计算虚拟化又分为系统级虚拟化、应用级虚拟化和桌面虚拟化。

### 2. 分布式存储

云环境下，为了解决海量数据的可扩展存储问题，分布式存储技术应运而生。与集中式存储技术不同，分布式存储技术并不是将数据存储在某个或多个特定的节点上，而是通过使用互联网中每台设备上的磁盘空间，将这些分散的资源数据构成一个虚拟的存储设备，数据分散地存储在各个设备上。

### 3. 分布式计算

分布式计算是一种计算方法，将宏观的数据计算程序划分成多个子计算程序，分配给多台计算机进行处理，呈现显著的分布式计算特征。MapReduce为经典的分布式计算模型，是云计算环境下开展高效数据挖掘的有力支撑。

# 8.5 了解云计算的主流产品和应用

在全球数字经济背景下，云计算在互联网、政务、金融、交通、教育等领域有着快速发展。国内的阿里、腾讯、华为、中兴等企业也都相继提出自己的云计算战略。这里向读者简单介绍常见的云计算产品。

## 8.5.1 阿里云

阿里云创立于2009年，是全球领先的云计算及人工智能科技公司，为200多个国家和地区的企业、开发者和政府机构提供服务。阿里云致力于以在线公共服务的方式，提供安全、可靠的计算和数据处理能力，让计算和人工智能成为普惠科技。

根据Gartner数据报告，阿里云以26%的市场份额稳居亚太市场第一。在全球云计算市场中，阿里云份额达到9.5%，稳居全球第三。根据IDC报告，阿里云在中国公有云IaaS+PaaS市场保持第一，并保持连年环比增长势头。

阿里云的产品涵盖弹性计算、存储、数据库、安全、大数据、人工智能、视频服务、物联网、中间件等诸多方面，更多内容请读者访问阿里云官方网站https://www.aliyun.com/。阿里云的特色如下：

① 自主研发。飞天大数据平台是我国唯一自主研发的计算引擎，拥有EB级的大数据存储和分析能力、10K任务分布式部署和监控。

② 实践效果佳。阿里云的云计算产品利用领先的数据智能技术，解决交通拥堵等世界性难题，经过“双11”和“12306春运购票”等极限并发场景挑战与检验，实践效果佳。

③ 生态链完善。阿里云被广泛的生态伙伴所集成，全球合作伙伴数量超过1万家，服务客户超过10万家。在技术领域，阿里云是国际开源社区贡献最大的中国公司。

④ 安全度高。阿里云保护全国超过40%的网站，防护全国50%的大流量DDoS攻击，每

天成功抵挡50亿次攻击，全年帮助用户修复超过833万个高危漏洞。

### 8.5.2 微软的Azure

Microsoft Azure是微软基于云计算技术的公有云平台（https://azure.microsoft.com/zh-cn/），它可以被用来创建云中运行的应用或者通过基于云的特性来加强现有应用。其开放式的架构给开发者提供了Web应用、互联设备的应用、个人电脑、服务器，或者提供最优在线复杂解决方案的选择。其特点如下：

① 安全性。Azure采用一系列可靠的安全技术和实践，帮助Azure基础结构能够应对攻击，保护用户对Azure环境的访问，并通过加密通信和威胁管理来保障客户数据的安全。

② 灵活开放。Azure是一个开放的平台，包含了开源软件和系统在内的服务器操作系统、各类编程语言、框架、软件包、开发工具、数据库以及客户端设备。

③ 经济高效。基于每个单独的服务，按照不同配置、不同级别、不同系列，单独定价，以满足多样化的业务需求。按照使用时间单独计费，帮助用户节省运营成本，让用户专注核心业务。

### 8.5.3 亚马逊的云科技

自2006年初起，亚马逊开始在云中为各种规模的公司提供技术服务平台（https://www.amazonaws.cn/）。利用亚马逊云科技服务，软件开发人员可以轻松购买计算、存储、数据库和其他基于internet的服务来支持其应用程序。亚马逊云科技服务有以下优势：

① 前期无投资。使用亚马逊云科技，开发人员和企业不必花费时间和资金完成配置硬件环境的活动；相反，用户只需在需要时为所消耗的资源支付费用即可。

② 成本低。亚马逊云科技服务能降低前期IT人力成本，客户只需投入相当于传统基础设施成本几分之一的成本就能使用广泛分布、功能全面的平台。

③ 速度和灵敏性。使用亚马逊云科技服务，开发人员可以在几分钟内部署数百甚至数千个计算节点，而无需任何烦琐的流程，从而使软件开发团队能够更快、更频繁地进行创新。

## 8.6 课堂思考

1. 什么是云计算？它与大数据之间的关系是什么？
2. 云计算的三种服务模式是什么？它们分别侧重于哪些用户？
3. 简述云计算的部署模式。
4. 什么是虚拟化技术？

Chapter 09

# 第9章 物联网与现代通信技术

## 【本章导读】

利用现代通信技术将世间万物连接起来并对其实现智能化管理，是互联网技术的又一次飞跃，标志着无所不在的“物联网”通信时代已经来临。

随着终端数量的持续增多，以及物联网、大数据、云计算等技术的应用，对信息通信方式、效率和承载力都提出更加苛刻的要求与前所未有的需求。

## 【思维导图】

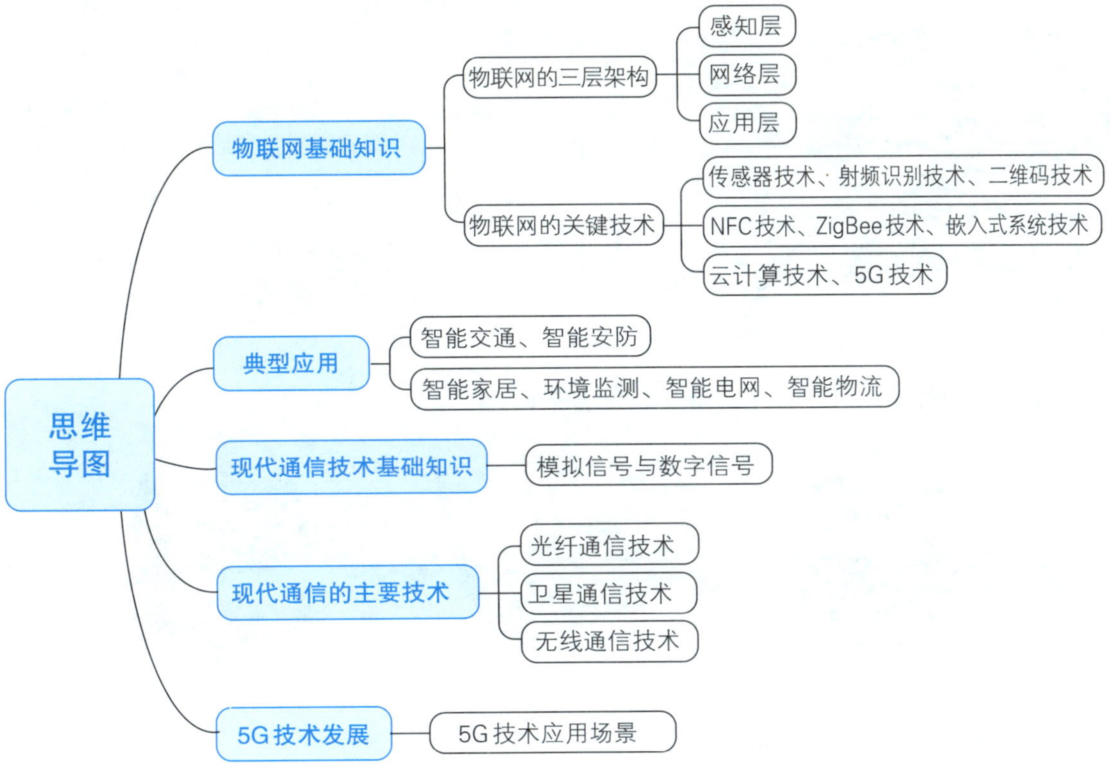

## 9.1 物联网基础知识

自进入大数据时代以来，物联网技术得到了十分迅猛的发展，已经对社会生产、生活方式产生了十分巨大的改变。

### 9.1.1 什么是物联网

物联网（Internet of Things，简称IOT）是指通过各种信息传感器、射频识别技术、全球定位系统、红外感应器、激光扫描器等各种装置与技术，实时采集声、光、热、电、生物、位置等各种信息，再通过网络接入的形式实现物与物、物与人的泛在连接，实现对物品和过程的智能化感知、识别和管理。物联网的发展是在计算机和互联网移动通信网络后的一次信息产业革命，也被称为传感网技术。

通俗地讲，物联网是通过万物连接的方式，利用一个较为微小的感应芯片，嵌入到物体中，让其智能化，从而完成人与物或者物与物之间的交流互联。

物联网是一个基于互联网、传统电信网等的信息承载体，它让所有能够被独立寻址的普通物理对象形成互联互通的网络。目前，物联网的应用十分广泛，市场上使用物联网技术的传感器和相关设备案例参考如图9-1～图9-6所示。

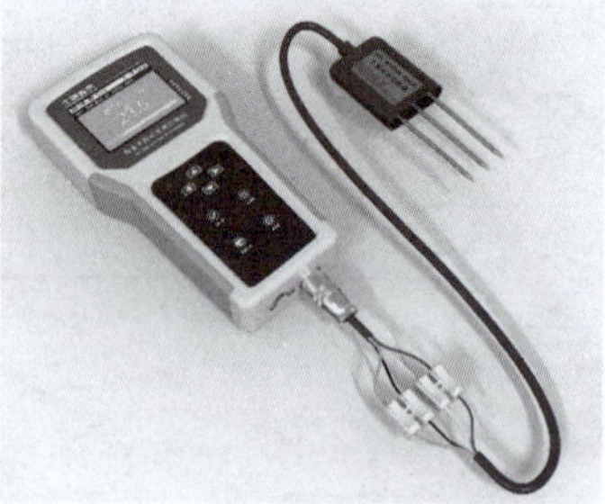

图9-1 手持式土壤传感器

图9-2 光电雨传感器

图9-3 指纹传感器

图9-4 烟感探测器

图9-5 ZigBee网关

图9-6 人脸识别终端

### 9.1.2 物联网的三层架构

物联网的应用对象千差万别，应用方式和服务对象又各不相同，因此物联网的组成结构也相对复杂。但按照物联网体系架构和功能可以划分为三层，分别为感知层、网络层和应用层，如图9-7所示。

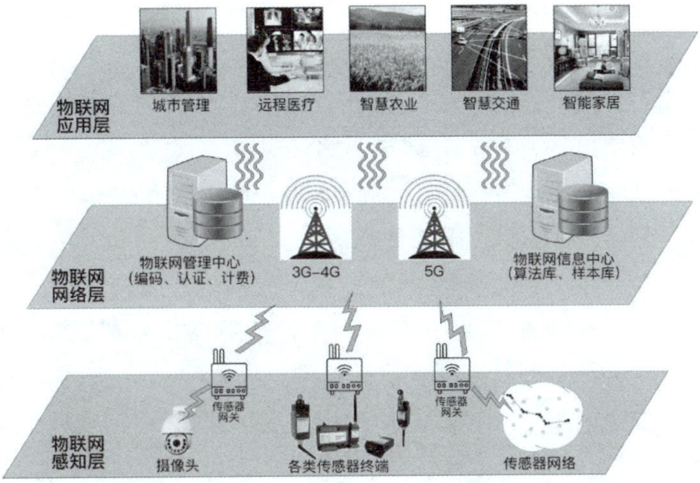


图9-7　物联网的三层架构

1．感知层

物联网的感知层是实现物联网全面感知的核心能力，负责的是信息采集和物与物之间的信息传输。在感知层，首先通过传感器、数码相机等设备，采集外部物理世界的数据，然后通过RFID、条码、蓝牙、红外等短距离传输技术传递数据。

在感知层，传感器是重点。国内传感器由于工艺和技术水平限制，目前还集中于民用，很多没有达到工业级水平。高精度传感器，无论是技术价值还是商业价值，都是非常高的，目前主要依赖于进口，在我国仍旧是稀缺技术。

2．网络层

网络层指的是利用无线和有线网络对采集的数据进行编码、认证和传输的过程，它是物联网的中间环节，用来实现物的连接。

物联网设备要求的连接无所不在，由于需要联网的设备种类繁多，需求各异，已有的通信技术在分别朝着高速率、低（微）功耗、复杂组网等方向发展，一些新的通信技术也应需而生。

3．应用层

物联网架构的应用层承载着用户业务和功能，是物联网发展的根本目标，大部分的系统都在这一层实现数据存储和主要的计算。

通俗地讲，应用层是把前端感知层得到的信息进行处理，并实现具体的应用，比如自动驾驶、环境监控、健康管理等实际应用。

## 9.1.3　物联网的关键技术

从物联网的体系架构可以看出，物联网技术涉及信息感知、获取、网络接入、数据传输、数据处理、数据存储、物联网应用平台等许多方面。针对每一层物联网结构，又延伸出许多技术，这里选取较为常见的关键技术加以介绍。

1．传感器技术

传感器是物联网针对自身内部及外部环境而进行感知的装置系统，通过它将采集到的信息上传到互联网上，并将这些信息进行分析、计算，再借助某些传输通道将其转换为电信号，从而使信息能够更好地传输、处理与存储。

近年来，科技的快速发展，使得传感器技术趋于智能化，这也成为一种主流趋势，由原本的传统传感器逐渐转变为嵌入式Web传感器。

无线传感技术是传感器节点以无线通信连接组成的无线网络系统，在多个传感器的感知协作下可以对某一域内的对象信息进行搜索。无线传感技术可以实现数据的采集量化，也能实现数据的处理融合，更能实现数据的传递应用。

因此，从某种角度上分析，传感器是物联网快速发展的一个标识。目前，传感器技术的主要发展方向包括测试技术与网络化测控、传感器网络组织结构与底层协议、传感器自我检测及控制等。

2．射频识别技术

射频识别系统（Radio Frequency Identification，简称RFID）一般由读写器、应答器（标签）、应用系统这三部分组成，它是一种使用射频信号来进行通信，以实现非接触式自动识别的技术。该技术通过利用射频信号空间的电磁或电感耦合，来对目标对象进行识别跟踪。在日常生活中该项技术通常被称为电子标签技术，用于某个物品的身份标识。

射频识别系统在零售行业、物流行业、医疗行业、制造行业、身份识别、防伪及交通行业等有着广泛的应用。例如，大型图书馆可以通过RFID技术解决获取数据的困扰，利用RFID标签可以有效获取读者阅读书籍的内容数据以及游客在博物馆等地的浏览情况，以便公共文化服务机构对用户的服务体验做出相关分析和调整。

3．二维码技术

二维码技术也是信息识别技术之一，由黑白图片组成，通过特定的规律组合成一个大的图形并在二维平面上进行展示，人们只需要扫描一下二维码便可以获知该物品的各项信息。二维码技术在互联网行业以及其他服务行业的应用已经非常成熟，而且到目前为止，普及度相对较高。

4．近距离无线通信技术

近距离无线通信技术（Near Field Communication，简称NFC）是由射频识别技术（RFID）演变而来的。这种技术在单一芯片上结合感应式读卡器、感应式卡片和点对点的功能，能在短距离内与兼容设备进行识别和数据交换。例如，配置了NFC功能的手机可以用作交通一卡通、信用卡、支付卡、门禁钥匙等应用场景。

5．ZigBee技术

ZigBee技术是一种近距离、低复杂度、低功耗、低速率、低成本的双向无线通信技术（IEEE 802.15.4）。主要用于距离短、功耗低且传输速率不高的各种电子设备之间进行数据传输以及周期性数据、间歇性数据和低反应时间数据传输的应用。

通常，ZigBee是Wi-Fi的完美补充，适用于智能照明、暖通空调控制、安全和能源管理等各种家庭自动化应用。

6. 嵌入式系统技术

物联网的物联源头是嵌入式系统。从诞生之日起，嵌入式系统就以“物联”为己任，具体表现为：嵌入到物理对象中，实现物理对象的智能化。目前的很多嵌入式系统，只要能提升系统设备的网络通信能力和加入智能信息处理的技术都可以应用于物联网。

7. 云计算技术

在物联网运行过程中，需要不断地接收外部数据，计算量成数倍增长，通过云计算就能顺利地开展大数据运算，提高效率。所以说，如果物联网失去云计算的服务，物联网的发展将大大受到制约。

8. 5G技术

5G是第五代移动通信技术的简称，指超高传输率、低延迟、支持大规模高密度高速度设备连接并具有高可靠性的新一代蜂窝移动通信技术。5G技术让智能的万物能够互联，实现了大规模机器间的相互通信，未来它将和大数据、云计算、人工智能等技术融合改变公共文化服务模式。

## 9.2 我国物联网发展的典型应用

### 9.2.1 智能交通的应用

物联网技术在城市道路交通方面的应用已经非常成熟，通过GPS、RFID、传感器、摄像头图像处理等装置，车辆可以完成自身环境和状态信息的采集，如图9-8所示。例如，在城市公交车上安装定位系统，乘客通过相关软件或信息系统，能够随时了解公交车的位置、数量等信息，让人们在选择出行方式时更加准确、便利，也大大提高了公共交通的利用率；在大城市停车位比较少，通过智能管理系统实现对停车位的管理和监督，人们在选择停车位时可以通过网页或手机的客户端，及时了解目的地的车位情况，选择最经济、最便捷的停车路线，从而提高城市车位利用率，满足人们的停车需求。

图9-8 车联网

### 9.2.2 智能安防的应用

物联网技术与安防监控行业相结合，会使安防系统中的“物”拥有“智慧”。视频监控是安防行业应用最广泛的技术手段之一，监控摄像机拥有数量和监控数据存储量非常大，通过物联网技术，将前端监控设备纳入智能平台管理，可以很方便地对摄像机视频丢失、失焦模糊等异常状态进行检测和报警，提高维护效率和系统的可靠性，如图9-9所示。

图9-9　视频物联网安全分析预警平台(海康威视)

## 9.2.3　智能家居的应用

物联网在智能家居方面有非常多的应用，例如智能空调、智能扫地机器人、智能健康设备等，这些智能家居已经深入人们的生活，大大改善了人们的生活质量。

### 1．小米IoT平台

小米IoT（Internet of Things）平台是小米面向消费类智能硬件领域开放合作的物联网平台。开发者借助小米物联网平台开放的资源、能力和产品智能化解决方案，能够以极低的成本快速提升产品的智能化水平，满足不同用户对智能产品的使用需求和体验要求。

### 2．智能插座

智能家居中的智能插座可以实现让用户通过手机客户端，对插座的开关进行智能控制，随时进行电源的开关，合理优化用电方式，还能够让用户及时了解一定时间范围内的家庭用电情况，避免用电浪费，如图9-10所示。

### 3．智能安防

在家中安装智能摄像头或智能警报系统，如图9-11所示，可以在家里出现特殊情况时，实现自动报警，或及时通知相关人员进行处理，避免造成用户的重大损失。

### 4．智能家电

用户可以通过移动终端等操控家里的空调，调节温度，让智能家居系统学习用户的日常使用习惯，智能判断用户需要的温度或设备启动时间，如图9-12所示。

图9-10　小米智能插座

图9-11　智能摄像头

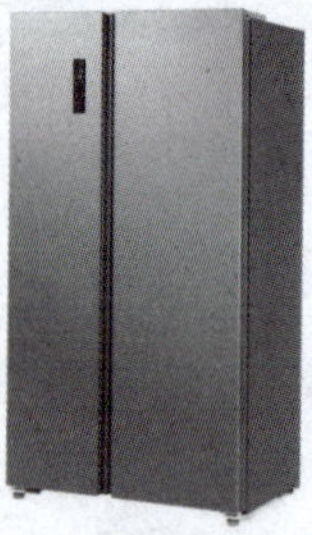

图9-12　米家互联网智能冰箱

## 9.2.4　环境监测的应用

通过物联网技术，可以实时了解大气、土壤、森林、水资源等环境方面的各项指标。

### 1．大气监测

大气监测工作是环境监测工作中的一项重要组成部分，要求相关监测人员对大气中存在的污染物进行定期观察和分析，以此来判断大气中污染物含量是否超标，如图9-13所示。

### 2．水质监测

水质监测工作涉及范围较广，其中包含对工业排水和天然水污染的监测，同时包括对没有污染水资源的监测工作，如图9-14所示。在水质监测工作中，不仅需要对水质质量问题进行分析和判断，还要对水资源中有毒物质更加全面地进行了解。

图9-13　大气监测

图9-14　水质监测

此外还有更多方面的应用，如使用物联网技术监测土壤的湿度和振动水平，以便发现和防止山体滑坡；监测滑雪胜地的天气和降雪量，以便进行天气跟踪和雪崩预防等，这里不再赘述。

## 9.2.5　智能电网的应用

社会经济的快速发展使电力能源成为人们生活与工作的基础能源，也是许多领域运营及发展的关键，但随着城市化建设的不断推进，我国的用电、供电压力也在不断增大，所以电力资源的稳定、安全输送成为电力领域重点关注的问题。

智能电网通过传感技术对传输的信息进行整合分析，并通过科学的统计与计算辅助电力运输。它能够在系统中对电网各个用电节点的用电状况进行监控，也可以实现智能电网客户用电的动态化监控，利用更加高效和便利的输配电模式为客户提供稳定且安全的电力资源。最为常见的是居民的智能电表，如图9-15所示。

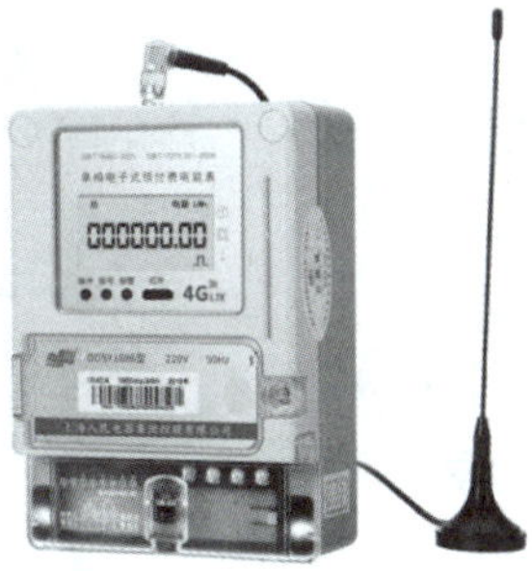

图9-15　物联网智能电表

## 9.2.6　智能物流的应用

物联网关键技术在物流领域中的应用也发挥着重大作用。物联网的各项特质都和物流有着密切联系，如物流商品中的信息标签，工作人员能够利用传感器设备与射频识别设备对物流商品进行扫描，之后利用网络通信技术将获得的信息数据传送到物流终端，所有的输送点都能够通过物流终端获取相应的信息，而客户也能够利用这一功能通过互联网来查询货物运输的位置信息，如图9-16所示。

图9-16　快递手持扫码枪

## 9.3　现代通信技术基础知识

在信息化得到广泛运用的社会环境下，现代通信技术已经被应用到许多领域当中，与人们的日常生活和生产劳动都有着密切的联系。

### 9.3.1　什么是通信

#### 1．通信

通信指的是人与人或人与自然之间通过某种行为或媒质进行的信息交流与传递。从广义上讲，通信是指信息的双方或多方无论采用何种方法，使用何种媒质，将信息从某方准确地传递到另一方的过程。例如，在当下信息社会用各种电子产品和网络交换信息，都属于通信的范畴。

#### 2．通信技术的发展

通信技术的发展大致可以分为3个阶段：第一阶段，人类通过飞鸽传书、烽火报警、身体语言、符号等方式进行信息传递；第二阶段，从莫尔斯发明的电报机到贝尔发明的电话机，再到后来的无线电设备，运用电磁波或无线电设备来传递信息；第三阶段，如今的电子信息通信阶段。

#### 3．模拟信号与数字信号

信号可以分为两大类：模拟信号和数字信号，如图9-17所示。模拟信号是指信号波形模拟着信息的变化而变化，其主要特征是幅度是连续的，可以取无限多个值。数字信号不仅在时间上是离散的，在幅度上也是离散的，只能取有限个数值的信号。二进制码就是一种数字信号。二进制码受噪声的影响小，易于由数字电路进行处理，所以得到了广泛的应用。

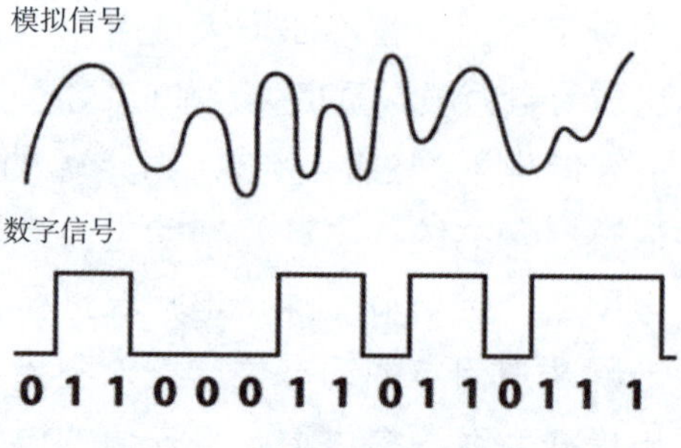


图9-17　模拟信号与数字信号

若需要在数字通信系统中传送模拟消息，则在发送段的信息源中应包括一个“模→数”转换装置，而在接收端的收信者中包括一个“数→模”转换装置。

模拟信号通信的缺点是：

① 保密性差，模拟通信尤其是微波通信和有线明线通信，很容易被窃听。

② 抗干扰能力弱，电信号在沿线路的传输过程中会受到外界的各种噪声干扰，噪声和信号混合后难以分开，从而使得通信质量下降。

数字信号通信的优点是：

① 保密性增加。传输时可以先进行加密处理，再进行传输。

② 抗干扰能力强。数字信号可以再生，从而消除噪声的积累。

③ 传输差错可以控制，从而改善了传输质量。

④ 便于使用现代技术对数字信息进行处理。

### 9.3.2　现代通信技术的发展趋势

现代通信技术在未来的应用及发展过程中，主体为光纤通信，辅助功能由卫星通信和无线通信来实现，最终将促使现代通信技术向着综合化、个性化和智能化的方向前进。

#### 1. 综合化

综合化指的是将电信网、计算机网和广播电视网通过技术改造，能够提供包括数据、语音、视频等综合多媒体通信业务。这也是现代通信技术发展过程中的一个重要趋势。将这些功能进行数据化以后，对于大规模生产通信设备具有重要意义，同时能够实现通信设备的集成化。

#### 2. 个性化

现阶段人们在进行通信的过程中，需要运用手机等终端设备向另一个终端设备进行拨号，如果想要联系的人没有携带终端设备，就无法进行有效沟通。而个性化通信的实现，能够促使人与人之间直接实现沟通，呼叫的对象是人而不是终端设备，从而实现无处不在的通信。

#### 3. 智能化

随着通信技术的不断提高，通信信道的容量和带宽得到极大改善，通信方式也能够越来越智能化，能够根据实际情况进行有效调整，可在单通道内完成双向的传输操作，不仅提高信道的吞吐量，而且利用率也能够得到有效提升。

## 9.4　现代通信的主要技术

### 9.4.1　光纤通信技术

#### 1. 什么是光纤通信技术

光纤通信技术是以光信号作为数据传播的载体，以光导纤维为传播介质的通信技术。光波是一种电磁波，具有极高的传播频率，基本不受外部电场电磁干扰。

#### 2. 光纤与光缆

光纤由纤芯、包层和涂覆层组成，如图9-18所示。纤芯由高度透明的材料制成，直径在几十微米以下。根据光的反射原理，信号在纤芯内不断反射进行远距离传输。纤芯外部是包层，它的折射率略小于纤芯，作用就是确保光纤电气绝缘，不需要担心接地问题。涂敷层的作用是保护光纤不受外界环境损坏。在涂敷层外，一般加有光纤保护套。

光缆由光纤、金属加强件、松管套和PE护套等几部分组成，根据需要还有防水层、缓冲层、绝缘金属导线等构件，如图9-19所示。市场上常见的光缆有4芯、6芯、12芯、24芯、48芯、72芯、96芯和144芯等多种类型。

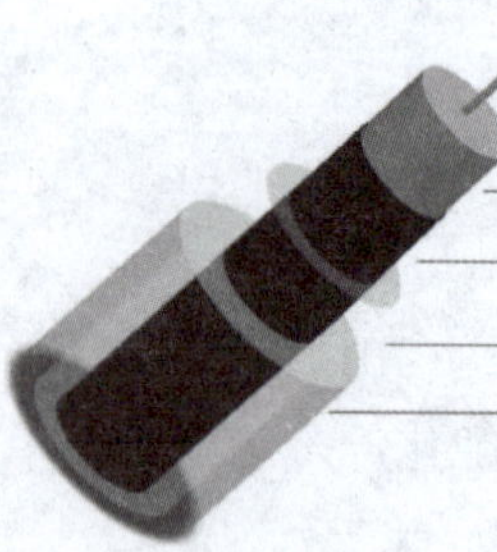


图9-18　光纤

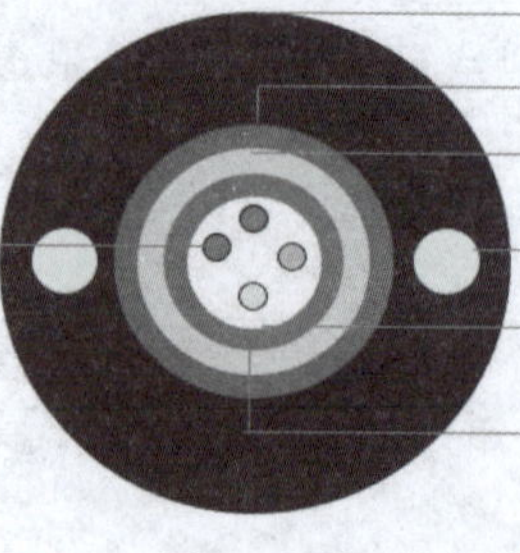


图9-19　4芯光缆

### 3．光纤通信的优点

光纤通信具有体积小、重量轻、传输速度快、信号稳定、电磁干扰抗性强等优势。目前，光纤通信在邮电通信、计算机网络等领域发展迅速，已经逐步代替传统电缆通信，成为通信网络中有线传输的重要组成部分，并将成为未来通信技术的主要方式。

## 9.4.2　卫星通信技术

卫星通信是目前普及程度较高的一种移动通信技术，被广泛应用于信息通信、航海、海空、电视广播等相关领域。

卫星通信技术指的是利用人造地球卫星作为中继站来转发无线电波，从而实现两个或多个地球站之间的通信，如图9-20所示。

卫星通信由两部分组成，包括地球站和通信卫星。同步卫星是最常用的一种通信卫星，火箭把卫星发射到距离赤道上空35860千米的高度，使卫星运行方向与地球自转方向相同，并使卫星的运转周期正好等于地球的自转周期，从而使卫星始终保持与地球同步运行，同步卫星天线最大覆盖面积可超过地球地表面积的1/3。

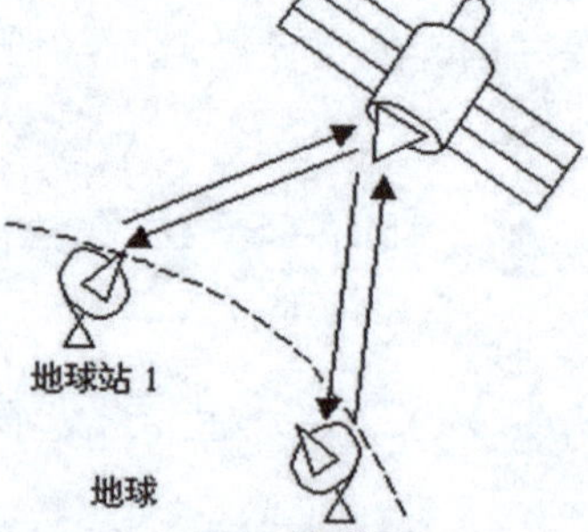


图9-20　卫星通信原理示意图

该项技术特点鲜明，优点是通信范围与容量大、具有较高的传输质量，能够实现全球通信，其缺点也是显而易见的，例如：传输延时较大、通信及时性较低等。目前，卫星通信在各个领域的应用仍具有重要意义，尤其是现在5G技术的发展给卫星通信技术更大的发展空间。

### 9.4.3 无线通信技术

1．蓝牙

蓝牙通信是一种能够实现语音和数据无线传输的技术，蓝牙的波段为2400MHz至2483.5 MHz，其具有成本低廉、功耗较低的优点，被广泛运用于移动设备中。

2．ZigBee无线通信

ZigBee无线通信技术的特点是通信速率低，可传播距离短，成本低，安全可靠。其主要应用于距离短、功耗低的通信环境。

3．无线局域网（WLAN）通信

WLAN技术弥补了有线局域网存在的缺点，成为无网线、无距离限制的通畅网络。WLAN的覆盖范围通常能达到100米，传输速度快、成本较低，在很大程度上解决了建筑内部网络布线问题。

4．第五代移动通信技术（5G）

5G是对现有无线接入技术（包括2G、3G、4G和Wi-Fi）的技术演进。对比前几代移动通信技术，5G技术网络延时不断降低，能够将网络延时控制在1毫秒以内，为各种实时应用，如智能驾驶、远程VR等技术的发展提供有效支持。此外，5G能够实现大规模设备的连接和低功耗，也为物联网技术推广提供有效的网络基础。

5．量子通信

量子通信技术是一种全新的现代通信技术，代表了现代通信技术未来的发展方向。该项技术的主要分支有量子时分通信技术、量子波分通信技术以及量子空分通信技术等。量子通信有极高的保密性和安全性、传输速度快、效率高、抗干扰能力强，而且没有电磁辐射。在未来的发展中，将从根本上解决金融、政务、国防、商业等领域的信息安全问题。

## 9.5 我国5G技术的发展概况

移动通信不仅深刻变革了人们的生活方式，而且成为社会经济数字化和信息化水平加速提升的新引擎。我国已经完成全国所有地级市、县城城区的5G网络覆盖。面向个人应用，我国5G连接终端用户已经超过7.5亿。产业各方面围绕超高清视频通话、AR、VR、AI、裸眼3D等领域深耕5G个人应用，不断提升用户体验。

1．5G赋能数字化产业转型升级

5G网络创新的场景化特征，大大提高移动通信网络在行业市场的应用空间，尤其是连接技术与行业数字化场景的融合将成为移动通信发展的新机遇。根据IDC预测，到2024年末全球物联网的连接量将接近650亿，是手机连接量的11.4倍，而其中以5G为代表的蜂窝物联网技术将发挥重要作用。

2．5G技术应用场景

（1）超高清视频传输

超高清视频的画面分辨率定义在4K及以上，而要传输这么大的数据，4K视频传输的传输速率至少为12Mb/s至40Mb/s，8K视频传输的传输速率至少为48Mb/s至160Mb/s。现有4G网络很难满足4K和8K的传输需求，只有5G网络能够满足视频传输需求。5G网络规模建成后广泛应用于大型赛事活动、事件直播、视频监控等实时展示领域。

（2）VR和AR

5G超宽带高速传输能力和超低时延能力，可以提高VR/AR渲染效果，增强互动体验，未来云端VR/AR有望成为5G的典型应用，并且在文化宣传、社交娱乐以及教育科普等行业领域得到长足发展。

（3）游戏领域

5G网络的大带宽、低时延，被认为将颠覆传统游戏行业，未来会出现大量的云端游戏。手游、PC游戏、主机游戏等游戏有望在5G时代被云端化。

（4）智慧城市

智慧城市的建设，需要探知城市每个角落，为城市决策提供数据支撑，实现应急等实时响应。相比GPS，5G网络可以实现室内外的连续精准定位，为公安等方面的案情追踪等类似业务提供支撑。5G将与物联网、AI等技术结合，从数据采集、移动传输等多方面助力智慧城市建设。

（5）铁路领域

在铁路行业，由于需要支持列车350千米每小时的高速移动性，并向500千米每小时演进，对无线网络的可靠性及高速条件下的性能提出了极高要求。5G的可靠性技术、高速技术，以及网络切片、毫米波等技术，匹配了铁路行业需求。

（6）医疗领域

5G网络高速率的特性，促进优质医疗资源下沉，能提高基层和社区医疗卫生机构应对疫情能力，减少传播风险；在5G智慧医院中，云端医护助理机器人、消毒清洁机器人、送药服务机器人和测温巡查机器人的应用，能提升病区隔离管控水平。

## 9.6 课堂思考

1. 简述物联网的基本概念，并举例说明生活中常见的物联网设备。
2. 物联网的三层架构分别是什么？举例说明每一层在生活中的具体应用。
3. 什么是ZigBee技术？
4. 什么是通信？简述通信技术大致的发展历程。
5. 什么是模拟信号？什么是数字信号？
6. 举例说明5G在日常生活中的应用。

Chapter 10

# 第10章　数字媒体与虚拟现实

## 【本章导读】

随着我国科学技术的发展，数字媒体技术对信息资源的传播有着举足轻重的影响力，而与虚拟现实技术的融合发展也成为新的发展趋势。目前，虚拟现实技术在国防科技、医疗诊治、高端制造、建筑施工、安全防范、车辆交通、地理测绘等众多行业领域应用前景十分广阔。

## 【思维导图】

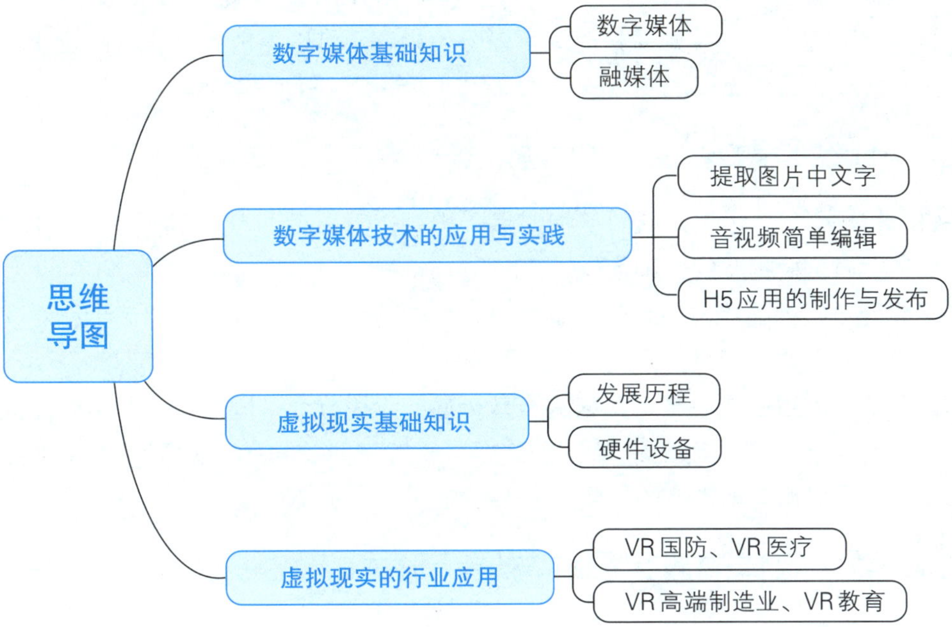

# 10.1 数字媒体基础知识

数字媒体在图像、音视频、动画等方面都具有强大的信息获取、处理和传播能力，对媒体传播领域有着巨大影响。

## 10.1.1 什么是数字媒体

### 1. 媒体

媒体又称媒介或媒质，指的是人们用来传递信息与获取信息的工具、渠道、载体、中介物或技术手段。媒体包含两个基本含义：一是存储、呈现、处理、传递信息的实体媒体，例如书籍、磁盘等；二是承载信息的逻辑媒体，例如文字、图形、符号、编码等。

### 2. 数字媒体

数字媒体指的是运用计算机二进制的形式，获取、记录、处理及传播信息的载体。通俗来讲，数字媒体技术就是运用数字化和网络化工具手段和方式方法进行开发设计、应用规划的技术。

由于数字媒体技术所涉及的技术大多是跨学科的，所以涵盖的知识体系也更为复杂，学科背景也更为宽广。数字媒体按时间可以分为内容不会随着时间变化的静止媒体（如文本、图片等）和内容随着时间变化的连续媒体（如音频、视频等）。

## 10.1.2 什么是融媒体

“融媒体”是一个理念，指的是把广播、电视、互联网的优势互为整合，使其功能、手段、价值得以全面提升的一种运作模式。

在互联网新媒体的冲击下，传统媒体面临生存危机，传统媒体的阅读者和阅读量在不断萎缩，国家的主要发声渠道被边缘化，于是融媒体的概念被提出。

建设融媒体的目的就是要把国家的声音传递给人民群众，同时要服务于人民群众。在融媒体建设方面，需要引入云计算、大数据、人工智能等技术，对系统支撑平台进行再造，使之能满足舆论阵地生产的需要。

## 10.1.3 数字媒体的应用领域与展示形式

### 1. 新闻领域

在新闻传播领域，移动端已经成为受众接收信息的首选渠道，而VR、H5、无人机等新技术的应用，改变了媒体生态格局。

数字化技术具有的超强链接与数据处理能力的优势，可以实时监控各媒体新闻数据，对旗下媒体发布报道的传播范围、转发频次、传播效果进行动态跟踪并分析，将以往置于后端的监测、分析等管理流程前移，实现全流程监管。

### 2．广告领域

在广告领域，由于数字媒体的兴起，大量具有互动性和交互体验的广告开始出现，其视觉语言的表达层次与表现能力再次凸显数字媒体技术的优势。目前，市场上流行的人机互动、场景对比等广告画面，都采用了数字技术合成，既带来了新鲜的视觉效果，又节约了成本，如图10-1所示。

### 3．影视制作领域

数字媒体技术对影视制作的贡献不仅在于其在拍摄、制作、剪辑等环节节约的成本，还包括在发行、上映等环节创造的利润，如图10-2所示。数字发行不仅成本极低、时间更快，而且能避免因胶片反复播放、拷贝带来的画质损耗。

图10-1 广告领域数字媒体技术的应用

图10-2 使用数字媒体技术对场景进行合成

### 4．教育领域

数字媒体技术在教育中的应用主要是多媒体影像教学，图文并茂的教学方式能够最大程度唤起学生的注意力，如图10-3所示。此外，远程教学视频的使用，使学生可以摆脱学习空间的束缚，使用到更多的教育资源。

图10-3 使用数字媒体技术实现虚拟场景教学

### 5．娱乐领域

随着互联网的普及，网络消费的需求不断攀升，数字媒体在其中发挥着重要作用，它颠覆了人们传统的交流与互动模式。例如，大量社交媒体的出现，在更大范围内提升了交流互动的效率，拉近了双方交流的时效性。

## 10.2 数字媒体技术的应用与实践

数字媒体技术所涵盖的行业和涉及的技术有很多，这里以常见的功能场景为例向读者介绍如何处理文字、音频和视频方面的使用技巧。

### 10.2.1 提取图片中文字

提取图片中文字是将图片中的文字（印刷文字或手写文字）转化为计算机可以编码的文字的过程。

### 1．在线提取文字

Super Tools（https://www.wdku.net/）是一个在线超级工具，包含在线文字识别、在线图片转换PDF、在线除水印等功能。用户只需上传带有文字的照片，按照系统提示即可完成文字提取工作。

### 2．本地提取文字

迅捷OCR文字识别软件是一款识别率高的图片转换文字软件。在本地安装客户端后，可以一键提取文字，如图10-4所示。

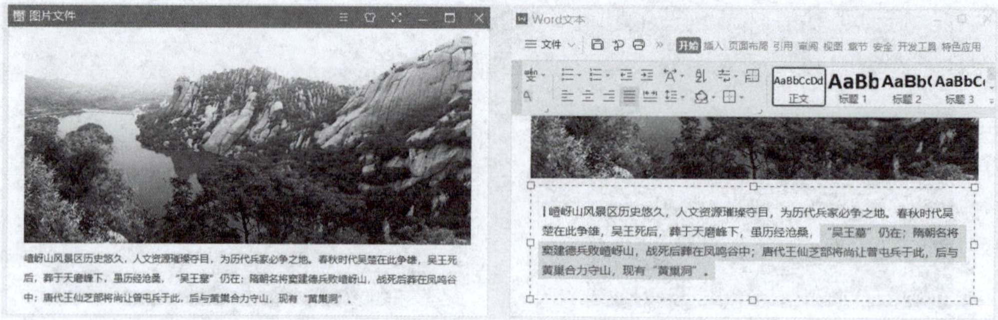


图10-4　迅捷OCR文字识别

### 3．小程序提取文字

使用微信端搜索小程序“图片文字识别Pro”，跟随程序提示即可完成文字提取，如图10-5所示。

## 10.2.2　音视频简单编辑

EV录屏（https://www.ieway.cn/）是一款免费无水印，集视频录制与直播功能于一身的桌面录屏软件，如图10-6所示。该软件支持全屏录制、选区录制等多种录制方式，满足微课、游戏录制等多重需求，输出的视频文件所需要的存储体积很小。

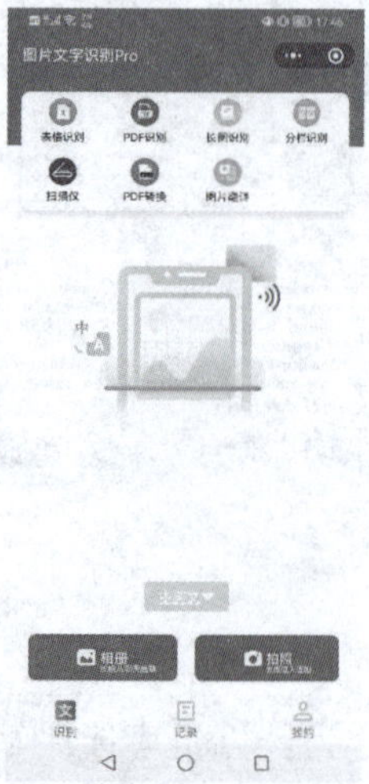


图10-5　小程序提取文字

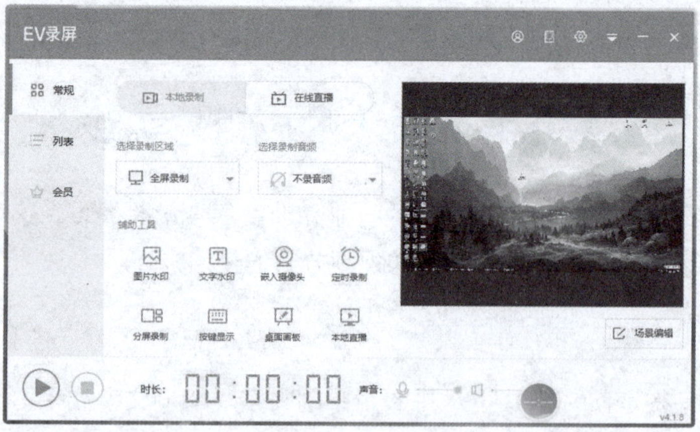


图10-6　EV录屏

使用时，只需单击软件左下角的“▶”按钮，即可进入屏幕录制环境，按下组合键【Ctrl+F2】可以退出录制。

对于录制完成的视频，在安装“EV 剪辑”软件环境下，可以对视频进行简单编辑，例如增加背景音乐、添加字幕等，如图 10-7 所示。编辑完成后，单击“导出视频”即可。

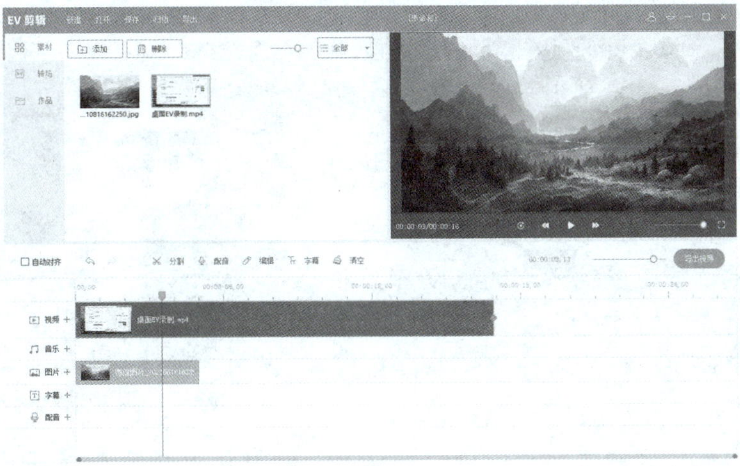


图 10-7　视频编辑

## 10.2.3　H5 应用的制作与发布

MAKA（https://www.maka.im/）是一款集在线设计和活动营销于一体的全平台工具。该工具主要使用 HTML5 相关技术，为用户提供海报图片、营销长页、问卷表单等内容的在线制作功能。其支持 PC、APP、小程序多端使用，用户可以根据自己的需要自由选择使用端进行创意制作，并快速分享到社交媒体。

用户注册登录后，平台为用户提供诸多模板，用户只需要选择自己喜欢的模板，进行简单的二次编辑即可完成，如图 10-8 所示。

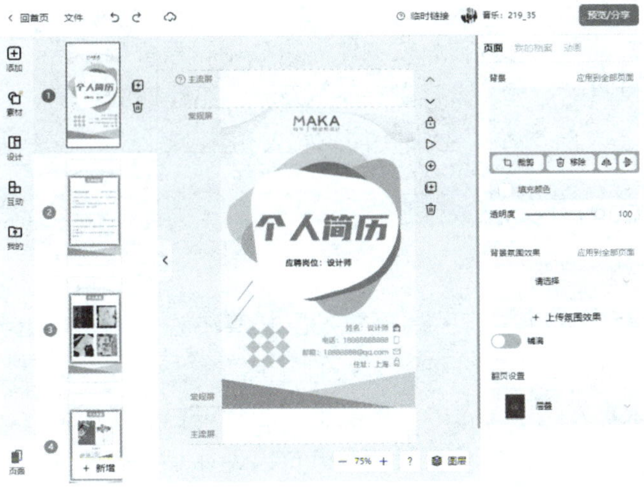


图 10-8　MAKA 创作界面

# 10.3 虚拟现实基础知识

## 10.3.1 什么是虚拟现实

虚拟现实（Virtual Reality，简称VR）技术是一种可以创建和体验虚拟世界的计算机仿真系统。它可以利用相应的软硬件生成一种多源信息融合的、交互式的三维动态视景和实体行为的模拟环境，让用户身临其境地感受虚拟多维环境。用户借助配套的输入、输出设备，可以与虚拟环境世界中的物体进行自然的交互，从而通过视觉、听觉、触觉和嗅觉等获得与真实世界相同的感受，如图10-9所示。

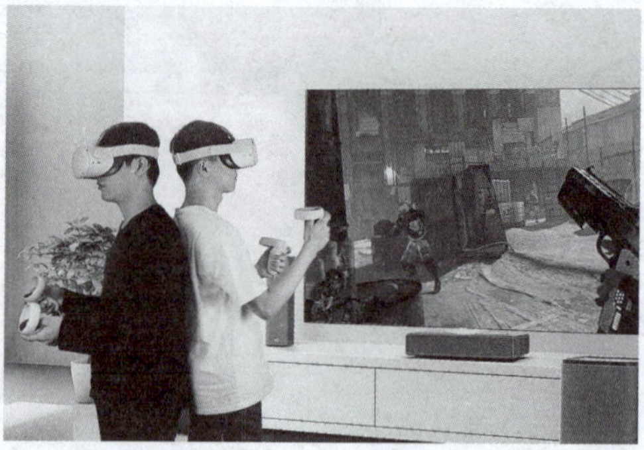

图10-9 VR游戏

这里的虚拟现实系统由应用软件、数据库、计算机以及输入/输出设备等组成，如图10-10所示。

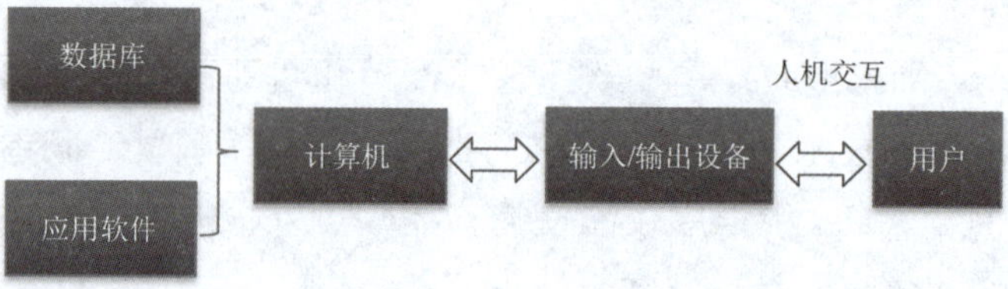


图10-10 虚拟现实系统组成

- 应用软件：除一般所需的软件支撑环境外，主要是提供一个产生虚拟环境的工具集或“外壳”。
- 数据库：提供地形地貌数据库或物体形象数据库等背景数据。
- 计算机：提供高速处理、大容量存储以及强网络连通的环境。
- 输入/输出设备：除基本的音视频系统外，还应包括跟踪系统、触觉系统等。

## 10.3.2 虚拟现实的发展历程

### 1．VR概念阶段

1932年，英格兰作家阿道司·赫背黎推出长篇小说《美丽新世界》，如图10-11所示。在该部小说中，他提到了一款可以为人们提供图像、气味、声音等感官体验的头戴式设备。虽然书中并未提及这款设备的具体名称，但从现在的视角来看，这就是一款典型的VR设备，它具备了VR技术所表述的关键要素，可以说VR概念逐步清晰了起来。

1935年，一位名叫斯坦利·温鲍姆的小说家在其小说《皮格马利翁的眼镜》中，描绘了一款能够让使用者实现视觉、嗅觉和触觉等全方位感官沉浸式体验的眼镜，如图10-12所示。虽然在当时的年代，计算机还并未问世，但作者梦幻般的奇思妙想同VR技术所要表达的虚拟场景可谓是异曲同工。

图10-11　《美丽新世界》

图10-12　《皮格马利翁的眼镜》

### 2. VR发展阶段

1968年，世界上第一台VR头戴式显示器——“达摩克利斯之剑”在“VR之父”伊凡·苏泽兰的手中诞生，如图10-13所示，小说中的眼镜第一次出现在现实生活中，VR技术的理念开始被正式引入应用。

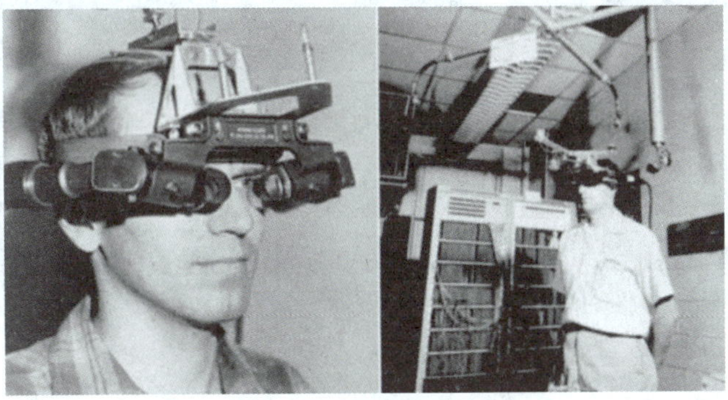

图10-13　达摩克利斯之剑

### 3. VR应用阶段

20世纪80年代初，随着计算机技术和计算机的逐步普及，VR有了更好的技术条件和发展空间。1984年杰伦·拉尼尔创立VPL公司并提出了“Virual Reality”一词，他将其定义为“利用计算机模拟出的一个使人完全沉浸其中的虚拟三维世界”，VR的概念由此第一次完整地出现在人们面前。

随后的几十年中，VR头部显示器走向产品化，迎来第一次热潮；2014年Facebook花费20亿美元收购VR头显商Oculus，被外界视为一场未来投资，轰动一时；2016年VR技术引发第二次热潮，在资本的狂热追逐下，中国VR/AR赛道也涌出一大批新生创业公司；2017年美国HaptX公司推出Gloves触觉手套，通过传感器反馈现实环境；2018年，VR浪潮迎来分水岭，向教育、医疗、培训等行业细分市场；2019年至当下，5G商用化赋予VR技术更多想象空间，渗透于各行各业的VR技术又迎来了更大的发展机遇。

### 10.3.3 常见硬件设备

#### 1．数字建模设备

在进行虚拟现实系统开发时，一般通过摄像技术、扫描技术采集真实场景的平面模型，再使用Photoshop、Maya和3ds Max来处理纹理和构建真实场景的三维模型。常见的硬件设备有三维扫描仪和全景相机。

（1）三维扫描仪

三维扫描仪是目前针对实际物体进行三维建模的重要工具，能够快速地将真实世界中的物体转换为计算机可以识别的数字信号，为实物数字化提供了一种有效手段。图10-14所示的是SCANTECH iReal 2E激光手持三维扫描仪，它采用新一代3D传感器及算法，数据采集速度高达1500000点每秒，单帧获取的特征丰富，拼接顺畅，扫描效率高。图10-15所示的是使用三维扫描仪扫描实物进行数字建模的过程。

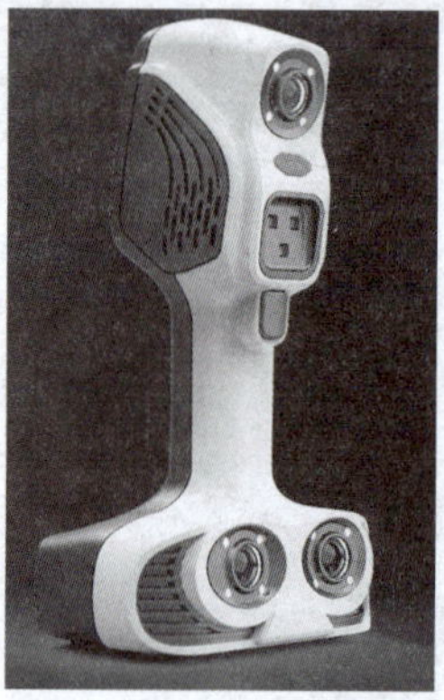

图10-14 三维扫描仪

图10-15 数字建模过程

（2）全景相机

全景相机是可以拍摄360°全方位画面的摄像器材，是流行的进行实景建模的设备。图10-16所示的是TECHE公司出品的TE720 PRO专业级全景相机，可以完成诸如室内装修体验、旅游景点观光等业务需求，如图10-17所示；图10-18所示的是工业级全景相机，主要用于街景的拍摄和采集，如图10-19所示。

图10-16 专业级全景相机

图10-17 室内装修体验

图10-18　工业级全景相机

图10-19　街景采集

### 2．三维显示设备

三维显示器指的是使用立体显示技术，捕捉和跟踪使用者头部动作，并将构建的虚拟图像呈现给用户的设备。

头戴式显示器又称为头显，如图10-20所示。头显是VR三维图像显示的观察设备，可以单独与主机相连，接收来自主机的图像信号，借助空间跟踪定位器可以进行虚拟现实输出效果观察。由于早期没有头显这个概念，所以根据外观产生了VR眼镜（见图10-21）这种叫法。

图10-20　头戴式显示器

图10-21　VR眼镜

### 3．交互设备

用于实现虚拟现实系统与使用者之间的交互设备。

（1）数据手套

数据手套配备弯曲传感器，能够把使用者的手部姿态实时传递给虚拟环境，而且能将虚拟物体的触感信息反馈给用户，是虚拟现实中常用的交互设备，如图10-22所示。

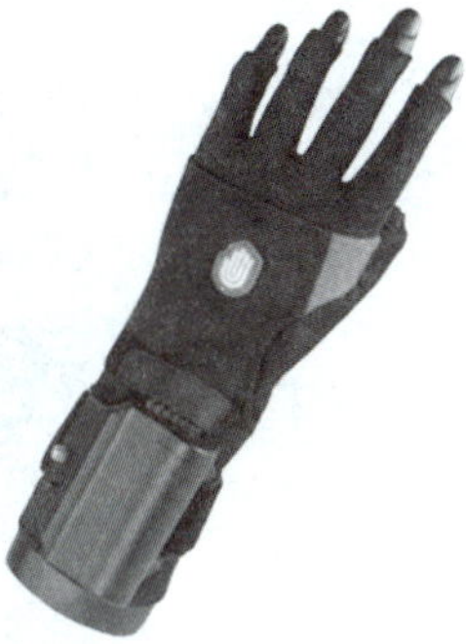

图10-22　数据手套

（2）操控手柄

操控手柄与数据手套类似，也是人机交互的主要设备之一。其外观类似头重脚轻的哑铃，设备顶端包含诸多的光敏传感器，使用者挥动操控手柄，直接使用肢体动作就可以与虚拟环境进行互动，如图10-23所示。

### 4．定位设备

通过定位设备，可以帮助头戴式设备和交互设备准确地追踪其位置，从而为更大范围的房间提供虚拟现实的支持，如图10-24所示。

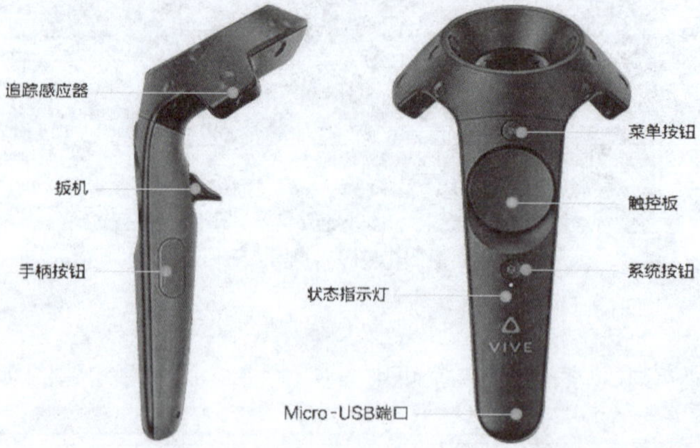


图10-23　操控手柄

图10-24　定位器

## 10.4　虚拟现实的行业应用

虚拟现实技术推动了生产力的发展，引领了新一轮的科技产业革命。大到航空航天的科技发展，小到衣食住行的日常生活，虚拟现实技术已经逐步和现实生活关联起来，实现了与各行各业的紧密融合。

### 10.4.1　VR国防

VR技术成果被率先应用于国防领域，如图10-25所示。使用VR技术可以为部队提供模拟训练和战备虚拟化场景，无需动用实际武器装备，便能在各种复杂的战场环境下进行诸种近于实战的军事训练与演习，积累作战经验。

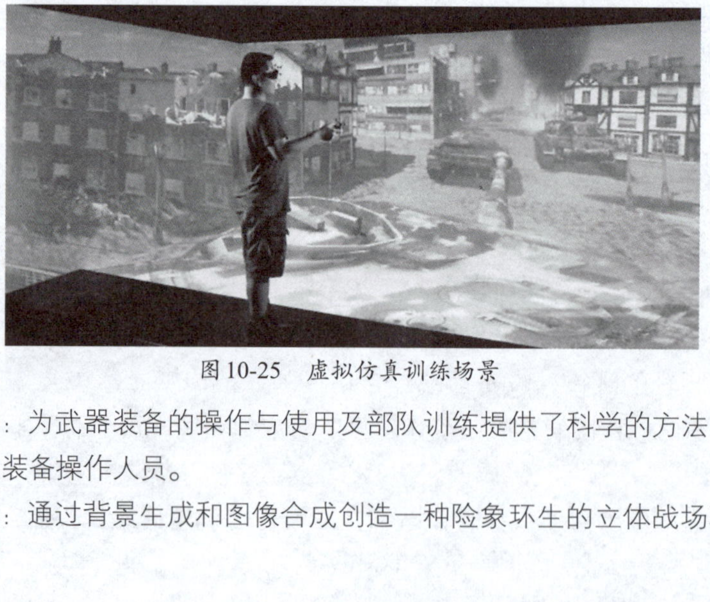

图10-25　虚拟仿真训练场景

- 武器仿真：为武器装备的操作与使用及部队训练提供了科学的方法，同时能够用于培训武器装备操作人员。
- 作战仿真：通过背景生成和图像合成创造一种险象环生的立体战场环境，使演练者增强受训者的临场感觉。

➢ 飞行训练：使用VR技术可缩短飞行训练时间、节省飞行训练费用，优化作战效能。

通过VR技术有助于虚拟军事演习向真实军事作战进行有序衔接和过渡，从而避免真枪实弹的实战演习带来的人员伤亡、生态破坏及经济消耗。

## 10.4.2　VR医疗

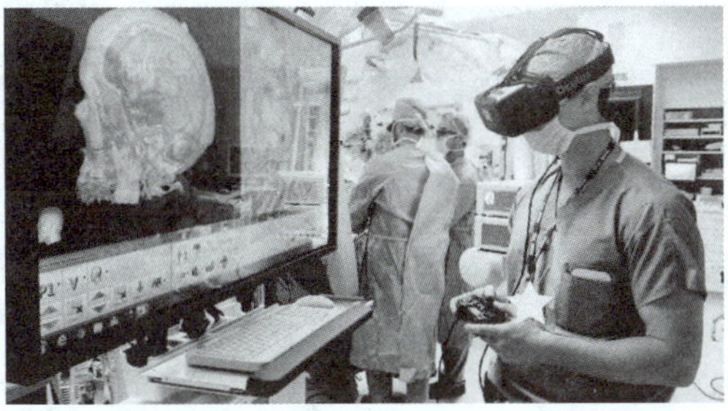

图10-26　VR手术

虚拟现实技术在医疗领域也有重要应用，可以模拟病患手术环境，并通过可视化的模拟手术进行多次反复的手术实验，寻求最佳的治疗方案，可以在保护患者的同时，以最低的成本在短时间内完成高素质医护人员的培养，如图10-26所示。

此外，在医疗应用中使用虚拟现实技术，通过心理暗示等手段进行心理康复训练，缓解疾病给病患带来的疼痛感，为病患营造出面对疾病的良好心态，也有辅助治疗的作用。

## 10.4.3　VR高端制造业

高端制造业是一个国家工业化过程中的必然产物，我国要实现由工业大国迈向工业强国的战略转型，就一定要大力发展全球领先的高端制造产业。VR技术的出现，为高端制造业领域提供了广阔的前景。

### 1．飞机设计与制造

在飞机设计与制造过程中，可以将CAE及有限元分析软件的计算结果（结构、流体动力、电磁场、声场、压电、力学等）以图表、曲线形式显示或输出，并在此基础上进行分析，实现数据分析的三维可视化，如图10-27所示。

### 2．工业设计

工业设计者之前通过手绘、三维建模等手段来表现产品的实际形态及效果，但因为无法直观表达出设计图，导致流程冗长。使用虚拟现实技术后，还可实时修改方案并呈现在虚拟现实环境中，方便评审者进行方案评估验证，如图10-28所示。

图10-27　飞机设计与制造

图10-28　工业设计

3. 石油化工

虚拟现实技术应用于石油化工行业，降低了特殊行业的高危性和不安全因素，为石油化工行业的工作效率提升和可持续发展奠定了基础，如图10-29所示。

图10-29　数字油田

## 10.4.4　VR教育

VR技术与教育领域的结合，改变了传统单调的“以教促学”的学习方式，学生在三维立体的虚拟仿真的学习环境中学习，更能激发自己的学习兴趣，如图10-30所示。

图10-30　多人大屏交互教学

在大型或综合性的训练，涉及高危、高能耗、高成本、不可逆操作或极端环境中，虚拟仿真实验教学中心能够实现真实实验不具备或者难以完成的教学功能。开展虚拟仿真教学将成为未来教学方向的主流。

# 10.5　课堂思考

1．什么是数字媒体？它与融媒体是什么关系？
2．简述数字媒体技术在日常生活中的应用。
3．使用手机拍摄一幅带有文字的照片，使用微信小程序的方式提取照片中的文字。
4．什么是虚拟现实？
5．简述虚拟现实的发展历程与行业应用。
6．简述虚拟现实系统中常见的硬件设备。

Chapter 11

# 第11章　人工智能与区块链

【本章导读】

人工智能已经成为引领社会深度变革的重要引擎，已不再是简单替代劳动强度大和低附加值的工作岗位，而是将全面促进企业创新，并为企业高质量和快速发展赋予新的动能。区块链技术同样被视为第四次工业革命的重要成果。虽然在发展的道路上，这些新技术都面临诸多问题与挑战，但这些问题和挑战将随着人们对人工智能和区块链认识的不断加深而转化为机遇。

【思维导图】

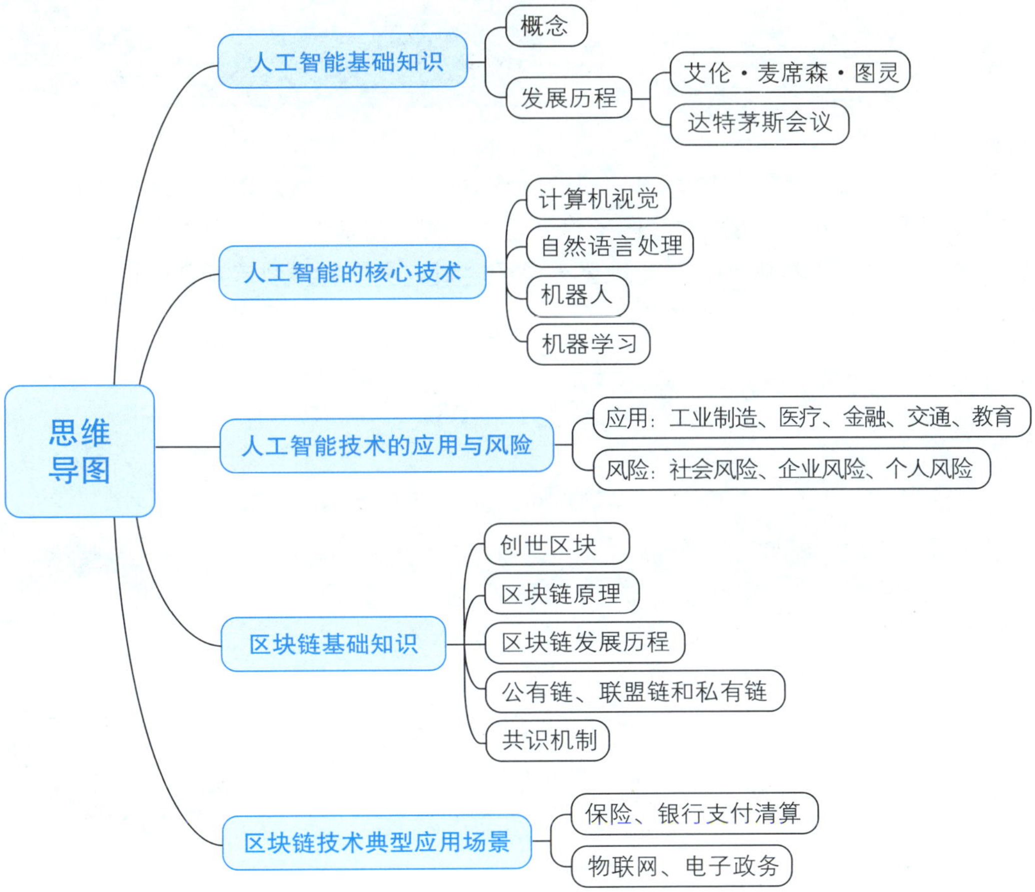

# 11.1 人工智能基础知识

## 11.1.1 什么是人工智能

人工智能是用机器模拟、实现或延伸人类的感知、思考、行为等智力与行为能力的技术科学，由人工智能理论、方法、技术及应用系统等几部分组成。它是在计算机、控制论、信息论、数学、心理学等多种学科相互融合的基础上发展起来的一门交叉学科。

作为引领未来的战略性前沿技术，人工智能是新一轮科技革命和产业变革的重要驱动力量，必将成为继机械化、自动化之后的又一个新技术领域。随着互联网的发展和计算机性能的不断提升，人工智能在强化学习、深度学习、机器学习等方面取得了巨大进步，形成了智能机器人、语言识别、模式识别、图像识别、专家系统、自然语言处理等诸多研究方向，如图11-1所示。

图11-1　人工智能（智能驾驶）

需要指出的是，人工智能作为一项全新的前沿技术，在提升人类生产和生活水平的同时，也会带来新的风险，这对一个国家治理能力、智能化水平也提出了全新的要求，比如人工智能是否会导致大量失业，智能机器人是否会对人类产生威胁等都需要进行认真研究和对待。

## 11.1.2 人工智能的发展历程

### 1．基础

人工智能最早源于1936年，英国数学家、逻辑学家艾伦·麦席森·图灵（Alan Mathison Turing）（见图11-2）在论文《理想计算机》中提出了图灵机模型，然后1956年在《计算机能思维吗》一文中提出机器能够思维的论述，为之后计算机的发明和信息论的出现，以及人工智能发展奠定了良好的基础。

图11-2　艾伦·麦席森·图灵

图灵在人工智能方面贡献诸多，其最著名的是提出了一种用于判定机器是否具有智能的试验方法，即图灵试验。至今，每年都有该试验的比赛。

### 2. 起源

图 11-3　麦卡锡

现代人工智能的起源公认的是1956年的达特茅斯会议。达特茅斯会议的主要参加者有麦卡锡（John McCarthy）、明斯基（Marvin Minskey）等科学家，会议围绕“机器模仿人类的学习以及其他方面变得智能”展开讨论，麦卡锡是第一个公开提出“人工智能（Artificial Intelligence，AI）”一词的科学家，并被誉为人工智能之父（见图11-3）。从此，人工智能成为一个独立的学科蓬勃发展。

### 3. 发展

（1）人工智能第一次发展热潮（1956～1966年）

代表性事件有：

1956年：Newell和Simon在定理证明工作中首先取得突破，开启了以计算机程序来模拟人类思维的道路。

1960年：McCarthy建立了人工智能程序设计语言LISP。

上述取得的成果使人工智能科学家们认为可以研究人类思维的普遍规律并用计算机模拟它的实现。

（2）人工智能第二次发展热潮（20世纪70年代中期至80年代末）

在1977年第五届国际人工智能联合会会议上，Feigenbaum教授系统地阐述了专家系统的思想并提出“知识工程”的概念。至此，人工智能的研究又有新的转折点，即从获取智能的基于能力的策略变成了基于知识的方法研究。此后，人工智能的发展进入平稳发展期。

（3）人工智能第三次发展热潮（20世纪90年代末至今）

代表性事件有：

1997年：IBM的深蓝机器人在国际象棋比赛中战胜世界冠军卡斯帕罗夫，引发了人类对人工智能的思考。

2016年：AlphaGo通过无监督学习战胜了围棋世界冠军柯洁，让人类对人工智能的期待提升到了前所未有的高度。

2021 年：上海举办了世界人工智能大会，汇聚顶级科学家和企业家围绕人工智能领域的技术前沿进行高端对话，推动全球科技创新协同，助力打造人工智能世界级产业集群。

2023年：以ChatGPT为代表的生成式人工智能的问世，加快了人们与人工智能的互动进程，将引领第四次科技革命。

## 11.2　人工智能的核心技术

人工智能的相关技术已经发展成了庞大的知识体系，目前较为成熟的领域有计算机视觉、自然语言处理、机器人和机器学习。这里就普适性的内容，向读者进行简单介绍。

## 11.2.1 计算机视觉

计算机视觉是运用计算机及相关设备对生物视觉的一种模拟，主要是对采集的图像或视频进行处理以获得图像或视频中的信息。

计算机视觉属于交叉学科，涉及计算机科学、信号处理、应用数学、统计学和神经生理学等学科。其实，在人们的日常生活中，已经能接触到计算机视觉系统的身影，例如人脸识别、车牌识别、自动驾驶、增强现实等，这些应用对交通、医疗、金融、商业等领域产生了巨大影响。如图11-4所示，闸机门禁系统通过采集人的脸部特征信息进行身份识别。

图11-4　人脸识别

## 11.2.2 自然语言处理

自然语言处理（NLP）是计算机科学领域与人工智能领域中的一个重要方向。自然语言处理是融合计算机科学、人工智能、语言学三者的综合性技术，自然语言处理技术涉及的研究范围主要包括文本朗读、语音合成、语音识别、自动分词、词性标注、句法分析、自然语言合成、问答系统和信息抽取等，主要技术分类结果如图11-5所示。

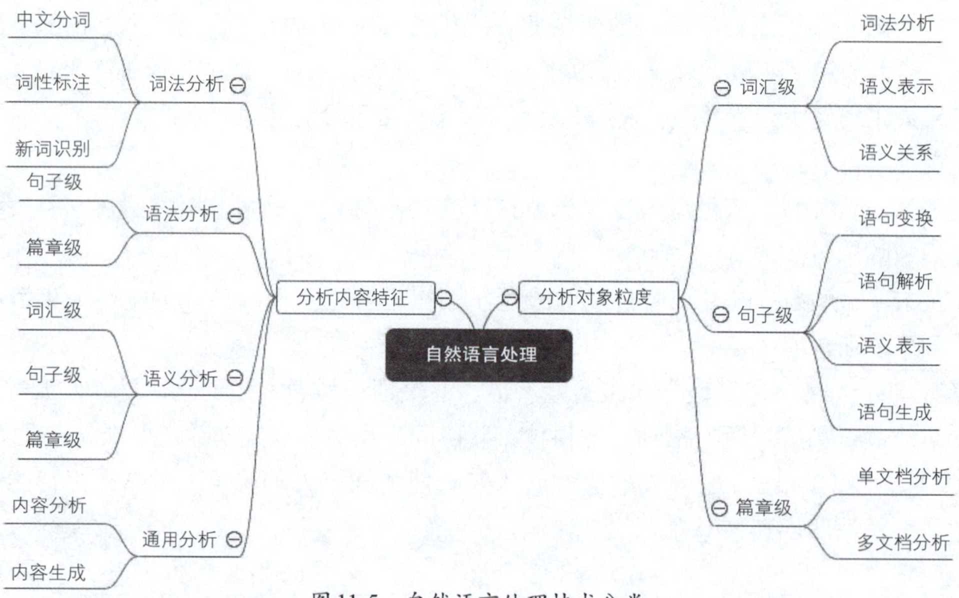


图11-5　自然语言处理技术分类

语音识别技术是自然语言处理的典型技术领域，它使人机对话设想成为现实。语音识别经过十几年的发展，取得了令人瞩目的成绩。语音识别技术的应用不再局限于通信行业，已经普及到医疗、工业、交通等各大行业。

### 11.2.3 机器人

机器人是集机械、电子、控制、计算机、传感器、人工智能等多学科及前沿技术于一体的高端智能化装备。机器人技术至今已经发展到第3代，它具有多种感知功能，可进行复杂的逻辑思维、判断决策及在作业环境中独立行动。

智能机器人通过融合多种传感器得到的信息，不仅能够有效地适应变化的环境，而且具有很强的自适应学习能力和自治功能。智能机器人涉及许多关键技术，而这些技术关系到智能机器人智能性的高低。这些关键技术包括以下方面。

1．多传感器信息耦合技术

多传感器信息耦合指的是通过综合来自多个传感器的感知数据，经过计算比对后产生更可靠、更全面的信息。

2．定位与路径规划技术

在机器人移动过程中，无论是局部实时避障还是全局路径规划，都需要精确定位机器人或目标物体当前的位置状态，再依靠路径优化算法，在机器人工作空间中找到一条由起点到终点的最优路径。

3．机器人视觉技术

机器人视觉系统的工作包括成像技术，即图像的获取、处理和分析。

4．智能控制技术

通过智能控制的方法提高机器人移动的速度及精度。

5．人机接口技术

人机接口技术主要研究如何使用户方便、自然地与机器人交流。

目前，在工业机器人方面，其机械结构更趋于标准化、模块化，已经从汽车制造和电子制造等传统应用领域转向新兴市场，例如高端设备、环保设备、新能源电池等，如图11-6所示为机器人快速高效进行装配作业的场景。与此同时，机器人也正在从传统工业领域走向更广泛的应用场景，如医疗服务、应急救援、极限作业、家政服务等。如图11-7所示为机器人同消防员协同救援的场景演示。

图11-6 工业机器人

图11-7 消防救援机器人

此外，在2023年5月特斯拉股东大会上，CEO埃隆·马斯克展示了Tesla Bot人形机器人项目Optimus的全新型号，如图11-8所示。人形机器人的出现，预示着未来机器人的一个发展方向，不仅功能上追求高度智能化，而且追求神形兼备。

图11-8　特斯拉推出的人形机器人Tesla Bot

### 11.2.4　机器学习

机器学习是人工智能的核心研究领域之一，是人工智能发展到一定阶段的产物，其最初的研究动机是为了让计算机系统具有人的学习能力以便实现人工智能。

目前对于机器学习尚未形成一个完整而标准的定义。美国工程院院士Mitchell教授给出的定义为“利用经验来改善计算机系统自身的性能”。通俗地讲，机器学习的目的就是致力于研究如何通过计算的手段，利用经验改善系统自身的性能，其根本任务是数据的智能分析与建模，进而从数据里挖掘有价值的信息。

## 11.3　人工智能技术的应用与风险

随着深度学习、自适应系统、自主学习技术的不断发展，人工智能技术不断向前推进，越来越多的企业开始尝试将人工智能技术应用到其核心业务中。

1．国外人工智能技术最新进展

（1）Meta发布自监督算法data2vec 2.0。通过整合语音、视觉和文本三种数据模态，可以在保持相同精度的情况下，将训练效率提高16倍。

（2）谷歌公布文字-图像生成模型Muse（缪斯）和MusicLM，可以实现由文字直接生成高保真音乐。

（3）Meta公布一款新的人工智能大语言模型LLaMA，能够支持研究人员在多项复杂任务中取得进展，如生成文本、进行对话、撰写总结性文件等。

2．国内人工智能技术最新进展

（1）百度推出全新一代知识增强大语言模型“文心一言”，能够与人对话互动，回答问题，协助创作。

（2）昆仑万维与国内领先的AI团队奇点智源联合研发的“天工”大语言模型开放使用，能实现通过自然语言与用户进行问答式交互，AI生成能力可满足文案创作、知识问答、代码编程、逻辑推演、数理推算等多元化需求。

（3）华为发布盘古大模型3.0，分为L0基础大模型、L1行业大模型、L2场景模型三层架构，专注于某个具体的应用场景或特定业务，赋能行业创新。

（4）中山大学研发“数字流式”系统DeepFundus，能够促进人工智能在临床方面的应用。

（5）阿里云自研大模型“通义千问”开放运行，企业可利用自身的行业知识和应用场景训练自己的企业大模型。

## 11.3.1 应用

### 1. 工业制造方面

人工智能有望实现制造业从半自动化生产到全自动化生产的转变。通过算法的革新，将工业制造过程中所有生产环节的数据打通，人与机器、机器与机器之间实现互联互通，既能够精细化操作，又能预测产品需求并调整产能。

### 2. 医疗方面

“人工智能+医疗”具体应用场景主要有医学影像、辅助诊疗、新药研发、可穿戴设备、急救室和医院管理、营养管理、病理学、生活方式管理和监督等。

### 3. 金融方面

人工智能在金融领域的应用主要集中在投资决策辅助、风控与智能支付3个环节，应用场景主要有智能客服、智能身份识别、智能营销、智能风控、智能投顾、智能量化交易等。

### 4. 交通方面

人工智能在交通领域的应用包括智能调度控制、无人驾驶、交通事故预测管理、智能车牌等。

### 5. 教育方面

在教育领域，通过图像识别，可以进行机器批改试卷、识题答题等；通过语音识别可以纠正、改进发音；通过人机交互可以进行在线答疑解惑等。

## 11.3.2 风险

作为引领未来的战略性技术，人工智能在经济发展方面提供了强大的动力，与此同时，也给社会带来了不同维度的风险。

### 1. 社会层面的风险

智能算法和机器人对传统工人的代替在解放人力劳动者的同时，直接带来了对就业的冲击。从事机械性、重复性工作的劳动者更容易被人工智能替代工作。这种情况的发展，会导致利益的分化与重构，新创造的社会财富会向资本方倾斜，低收入与受教育程度低的人群，将在新一轮社会资源分配中处于不利地位。

2．企业层面的风险

人工智能产品在问题溯源方面存在不可解释的环节，现行立法也未能明确界定人工智能的设计、生产、销售和使用环节各方主体责任。例如，人工智能医疗助理给出错误的医疗建议时，责任无法认定；自动驾驶汽车因独立智能决策导致事故时，进行侵权主体的责任划分存在困难。

3．个人层面的风险

人工智能算法并非客观世界的产物，算法偏见现象的出现不仅是技术问题，更是涉及算法处理的数据集质量的完整性、人类社会所固有的偏见，甚至文化差异等多方面问题。

总体来讲，人工智能技术除技术本身可能会发生问题外，在诸多应用过程中也存在一些负面效应。目前，全球相应的风险防控规则的制定相对滞后，但各国正在逐步构建起人工智能治理框架，以坚持科技造福人类，推动人工智能有序发展。

## 11.4 区块链基础知识

### 11.4.1 什么是区块链

区块链技术起源于化名为“中本聪”的学者在2008年发表的一篇关于一种点对点电子现金系统的论文中所表述的一种分布式记账技术架构。其技术原理被很多大型机构称为是彻底改变业务乃至机构运作方式的重大突破性技术。

区块链技术本质上是一种分布式账本技术，通过去中心化、高信任的方式集体维护一个可靠数据库。其分类方式、服务模式和应用需求的变化导致核心技术形态的多样性发展，其核心技术包括密码算法、P2P传输、共识机制、智能合约、数据存储等。

1．创世区块

区块链由多个相连的区块构成，每个区块记录了一段时间内网络中比特币的交易情况，可以将区块视为账簿中的账页，如图11-9所示。第一个被最早构建的区块称为创世区块，拥有一个唯一的ID标识号。除创世区块外，每个后续建立的区块均包含两个ID号，一

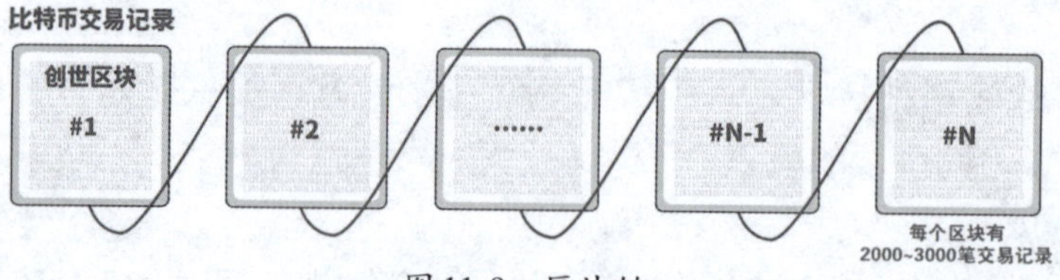


图11-9　区块链

个是该区块自身的 ID 号，另一个是前序区块的 ID 号。通过 ID 号间的前后指向关系，所有区块按序相连就构成了区块链。

区块链里的第一个区块由中本聪创建于 2009 年，它是区块链里面所有区块的共同祖先，这意味着从任意区块，按照链条向后回溯，最终都将到达创世区块。

### 2. 区块链的原理

区块链工作原理示意图如图 11-10 所示。

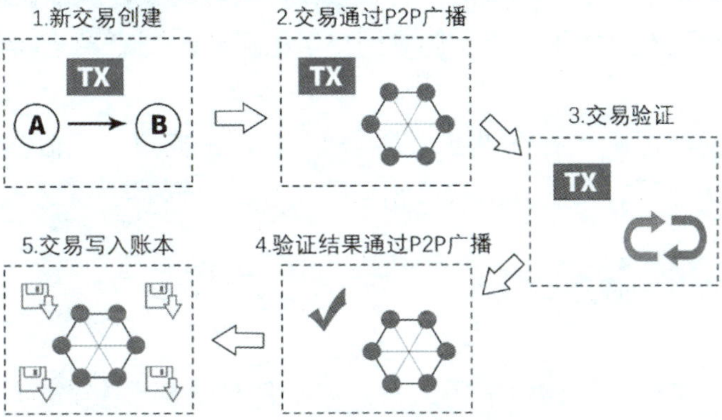


图 11-10　区块链工作原理示意图

① 网络中的某个所有者使用私钥对前一次交易和下一位所有者签署一个数字签名，创建一个新交易。

② 当新交易产生时，会通过 P2P 网络向全网所有节点进行广播。

③ 全网节点接收到新的交易数据后，根据共识算法（PoW）竞争优先记账权。

④ 得到优先记账权的节点将打包的新区块对全网进行广播。

⑤ 全网其他节点核对该区块记账的正确性，确认无误后将区块追加到已有区块链表中。

## 11.4.2　区块链的发展历程

虽然区块链技术在教育、医疗、金融、政务、电子存证、数字身份等各领域不断铺开，但从区块链的发展历程来看，还是经历了一个较长的过程，如图 11-11 所示。

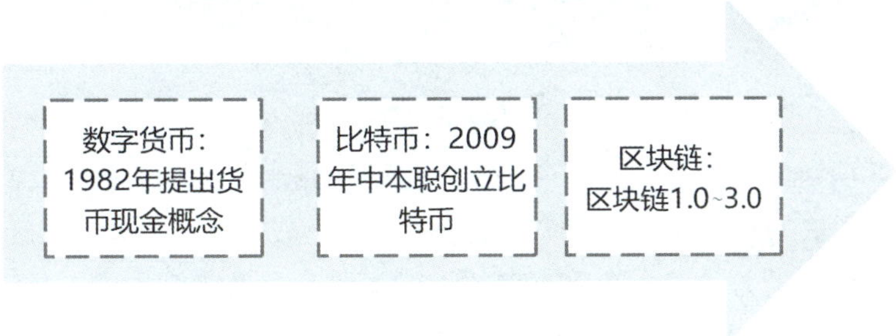


图 11-11　区块链发展历程示意图

#### 1．启蒙期

1982年，大卫·乔姆提出了货币现金的概念。随着时代的发展，在20世纪后期，出现了以银行信用卡为代表的电子货币，但当时的技术水平使得电子货币具有高成本、无匿名性、无通用性等弊端，这也迫使数字货币进一步发展。

#### 2．比特币发展期

2009年，中本聪提出一种被称为“比特币”的数字货币。在短短数年间，人们对比特币的投资进入疯狂期，比特币的单枚价格增长超百万倍。到2013年，由于比特币在中国市场的疯狂无序发展，政府开始干预，抑制了比特币的疯涨。到2021年年末，国内比特币算力已经趋近于零。

比特币的设计初衷是在不信任环境下进行数字货币的支付，对信任危机提出了一种新的解决思路。随着比特币的诞生，比特币创世区块和链接形式也随之形成，标志着区块链的诞生。

#### 3．区块链发展的3个阶段

（1）区块链1.0

区块链1.0阶段被称为可编程货币阶段。在此阶段，区块链作为比特币底层技术支撑，构建一种去中心化的数字支付系统，可以在互不信任的情况下使用比特币进行支付，有效地实现货币流通。

（2）区块链2.0

区块链2.0阶段被称为可编程金融阶段。在此阶段，人们受比特币交易的启发，开始将区块链应用到银行清算、股票、股权等其他金融领域。区块链技术的应用使金融行业摆脱了人工清算、复杂流程、标准不统一等带来的低效和高成本，使传统金融行业发生颠覆性改变。

（3）区块链3.0

区块链3.0阶段被称为可编程社会阶段。在此阶段，人们将区块链技术应用到各种有需求的领域。例如供应链溯源、物流、智慧医疗、智慧城市、人工智能等领域。同时，它也对未来互联网以及社会产生巨大影响。

### 11.4.3　公有链、联盟链和私有链

目前，按照准入机制可以将区块链分为3类：公有链、联盟链和私有链。

#### 1．公有链

公有链是一种完全开放的区块链，即任何人都可以加入或退出区块链网络，彼此之间不需要信任。加入区块链网络的节点可以得到从创世区块到当前区块上的所有数据，全部节点通过共识机制对新区块的产生以及对区块上记录的交易达成一致，共同维护区块链的稳定。

公有链以消耗算力的方式建立全网节点的信任关系，具备完全去中心化特点，但同时带来资源浪费、效率低下等问题。公有链多应用于需要监管、匿名化、自由的加密货币场景。

#### 2. 联盟链

联盟链是一种半开放式的区块链，只有授权节点才能接入网络，且每个成员的参与权各有不同。联盟链针对特定群体或机构，通过对节点授权的方式来设置准入门槛，使数据的产生和接触可控。

联盟链应用于彼此已经具有一定信任度的群体或机构。目前，全球主要的联盟链有超级账本、企业以太坊联盟和蚂蚁开放联盟链等。

#### 3. 私有链

私有链是对单独个人或组织开放的区块链，与联盟链相比中心化程度更高，其数据的产生、共识、维护过程完全由单个组织掌握，被该组织指定的成员仅具有账本的读取权限。私有链多应用于特定机构的内部数据管理与审计、医疗保险等领域。

### 11.4.4　共识机制

在区块链系统当中，为了保证每一笔交易在所有节点上的一致性，就需要共识机制来解决这个问题。目前主流的共识机制有四种：PoW、PoS、DPoS、PBFT。

#### 1. PoW机制

PoW是最经典的共识机制，也是中本聪提出的共识机制，其原理可以通俗地理解为算题。网络节点内，谁先把答案计算出来，谁就有优先记账权，而对获得优先记账权的节点给予一定激励。

#### 2. PoS机制

PoS通过计算全网节点的持有币量和持币时间来决定投票权和打包权。拥有打包权的节点打包交易后对全网广播，拥有投票权的节点投票决定最终向上链接的区块，根据每个节点持有币量和持币时间等比例降低计算随机数的难度。

#### 3. DPoS机制

DPoS是PoS的升级版，由全网普通节点投票选出一些代理节点进行交易验证和记账，代理节点完成共识后会获得一定数量的激励，不合格的代理节点会被投票替换。

#### 4. PBFT共识算法

PBFT广泛用于联盟链，是一种能容忍全网1/3节点出现错误或异常的分布式系统共识算法。该算法依赖节点对同一信息的多次重复确认，从而达到全网共识。

## 11.5　区块链技术的典型应用场景

### 11.5.1　保险行业中的应用

降低和管控风险是保险的最终目的，而区块链技术对保险行业是一种创新技术，在保险理赔方面有很大的应用潜力。

利用区块链实现分布式存储数据，从而建立可靠的数据库。系统参与者可以共同维护数据，且该数据按照时间先后被记录、不可篡改，如图11-12所示。区块链形成的数据库降低了信用风险，提高了保险认证效率，实现准确、快速理赔。

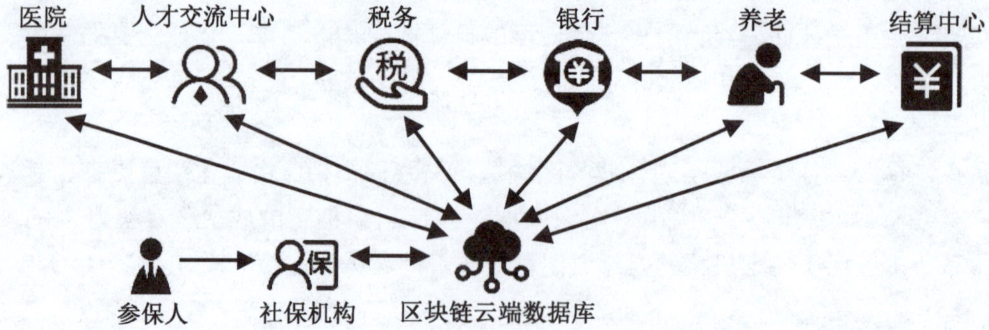


图11-12　区块链在保险行业数据库模型示意图

## 11.5.2　银行支付清算中的应用

当前，无论是票据支付还是电子支付，都主要通过央行支付清算系统进行交易。在票据支付清算中，因为现阶段的支付清算体系主要依赖证明材料，所以存在效率低、成本高的问题。

区块链技术去中心化、非对称加密和可追溯性等特性，为解决支付清算体系存在的问题提供了新思路。分布式记账为大数据库，将相关信息记录存储于分布式账本中，利用非对称加密算法，公钥加密、私钥解密，每个人用自己所拥有的私钥只能获取个人信息。

时间戳又将所有交易信息联接起来，保证信息真实性，个人机构无法篡改信息。点对点的去中心化使各个节点参与到交易中，每个节点既是参与者又是监督者，由此增加了信息透明度，保障了各节点权益，降低了交易成本。

## 11.5.3　物联网领域中的应用

随着物联网技术的广泛应用，全球的物联网终端设备已经接近300亿台，这也带来了巨大的数据基础设施维护成本。将区块链技术应用于物联网领域，也为其提供了新的发展方向。

例如，建立基于区块链的租赁模型，实现分时租赁服务，其模型如图11-13所示。在物联网内的不同类型的物联网锁与租赁终端设备绑定，通过物联协议与区块链网关相连接，物联网关作为区块链节点对这些锁进行控制。当使用者需要租赁服务时，智能合约将提供多中心化的分时租赁服务，整个租赁过程不需要业务运营后台，数据库可信度高，整个系统运行安全可靠，在租赁状态时，参与者都可溯源，便于安全监管防控。

## 11.5.4　电子政务中的应用

利用区块链的去中心化、数据安全记录不可篡改等特点，实现对数据的记录和追踪，

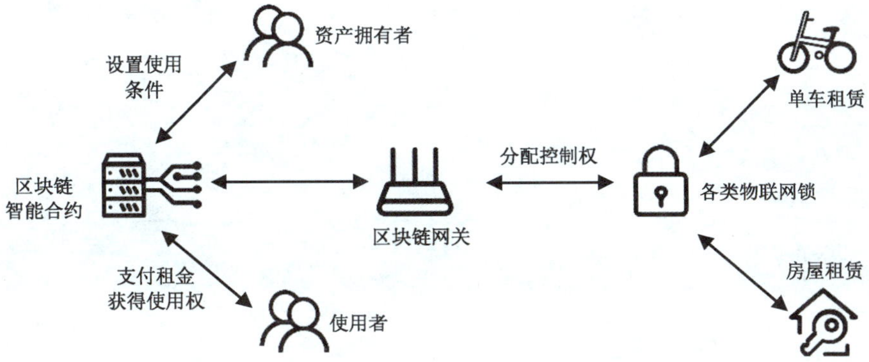


图11-13　基于区块链技术的物联网租赁模型

能缩短行政办公周期，对于提升政府公共服务管理水平和政府办公效率具有重要的意义。

目前，在电子政务管理中，区块链技术应用广泛，例如可信度高的数据库可以提高行政许可、注册登记、税收缴纳等办事效率；分布式系统可以降低网络攻击；在专项资金管理中，可以确保资金专款专用，及时跟踪资金去向和使用情况，提高资金使用效率。

## 11.6　课堂思考

1．什么是人工智能？简述人工智能的发展历程。

2．人工智能的核心技术有哪些？

3．列举人工智能在生活中的常见应用。

4．在互联网上查找资料，谈一谈你对人工智能带来的风险有何看法。

5．什么是区块链？简述区块链的发展历程。

6．公有链与私有链的区别是什么？

Chapter 12

# 第12章　大学生应用技巧

## 【本章导读】

WPS Office是集文字处理、电子表格、电子文档演示为一体的信息化办公平台，秉承兼容、开放、高效、安全的原则，拥有强大的文档处理能力，符合现代中文办公的需求。本章结合大学生学习生活中遇到的问题，以拓展内容的形式，向读者介绍WPS Office使用方法和应用技巧。

## 【思维导图】

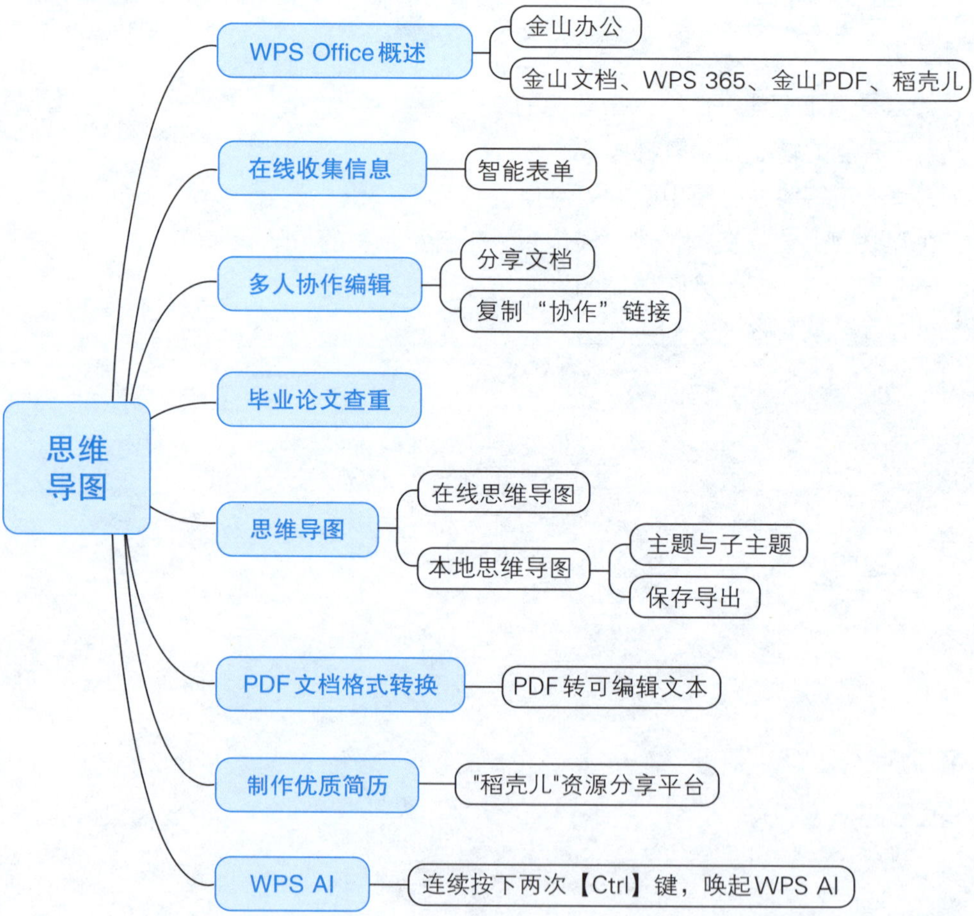

# 12.1 WPS Office概述

## 12.1.1 了解金山办公

金山办公是一家办公软件产品工具研发运营商，主要产品为WPS Office。WPS Office是我国自主知识产权的民族软件代表，可以实现办公软件最常用的文字、表格、演示和PDF阅读等多种功能，覆盖Windows、Linux、Android、iOS等多个平台。自1988年诞生以来，WPS Office产品不断变革、创新、拓展，已经成为国内办公软件的首选。

访问金山办公官方网站（https://www.wps.cn/）下载WPS Office软件，安装并打开软件后对应不同文档类型的工作主界面如图12-1、图12-2和图12-3所示。

从软件界面布局可以感受到，WPS Office与Microsoft Office有许多相似之处，几乎所有在Microsoft Office中的功能均能在WPS Office中找到。不同的是，WPS Office使用起来更符合中国人的使用习惯，其特有的便捷服务（需要会员登录）更能提升办公效率。

图12-1 WPS Office文字文档编辑主界面

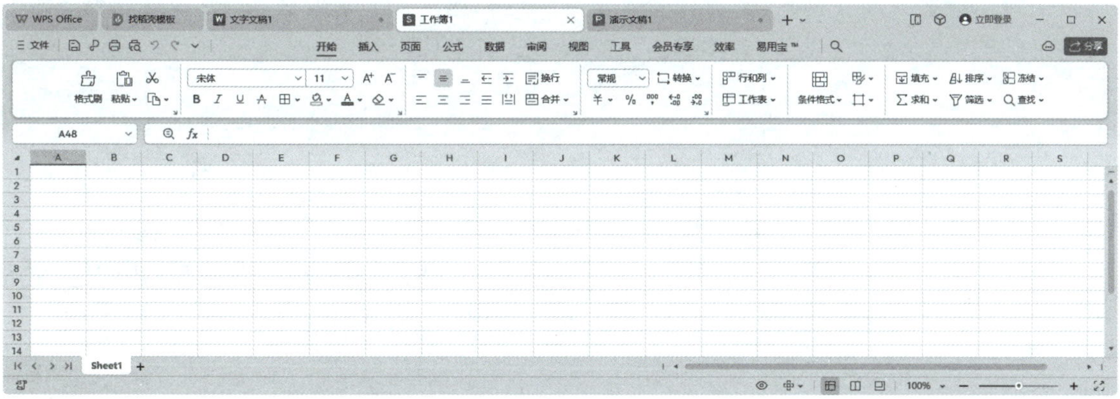

图12-2 WPS Office表格文档编辑主界面

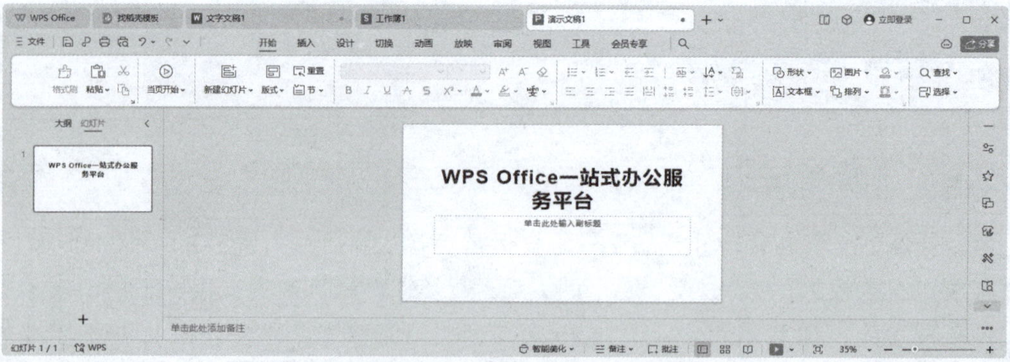

图 12-3　WPS Office演示文档编辑主界面

### 12.1.2　金山办公其他应用与服务

金山办公除WPS Office外，还有其他应用与服务来丰富其生态链，这里进行简要介绍。

1. 金山文档

金山文档是一款在线Office服务，它整合了智能文档、智能表格、演示文档、日历、会议、通信录等功能。用户不需要下载安装WPS Office软件，只需要登录账号后，就可以在浏览器或微信小程序中在线编辑文档。

2. WPS 365

WPS 365是金山办公面向政府、企业及其他组织的数字办公平台，不仅包括WPS Office、在线文档、企业云盘等内容创作与管理工具，还提供金山会议、金山电子签等协同办公软件，侧重整个组织高效协作和安全管控。WPS 365根据企业规模和使用场景推出了多个版本，包括体验版、商业基础版、商业应用版、商业标准版和商业高级版。

3. 金山PDF

金山PDF是一款针对PDF文件的阅读和编辑工具。功能包括对PDF文档进行多种批注、表单填写、转换、编辑文本和图片、划词翻译等。

4. 稻壳儿

稻壳儿是金山办公旗下WPS办公资源分享平台，已经作为重要模块嵌入WPS Office，主要为WPS用户提供文档模板、表格模板、PPT模板、图片素材和文库资源等内容。

## 12.2　在线收集信息

在校园学习生活中，经常遇到收集人员信息的场景，例如统计班级同学联系方式、宿舍号等。如果采用让大家提交文档后汇总的方式，不仅时间周期长，而且容易出错。使用金山智能表单功能就能实现在线收集信息并进行整理，具体操作如下。

① 打开WPS Office，使用个人账号登录。

② 单击左侧“新建”按钮，选择“在线智能文档”中的“智能表单”，如图12-4所示。

③ 进入“智能表单”界面，在此界面左侧列表中，软件已经内置多种应用场景的模板，如果没有合适场景模板，可以单击“新建空白”按钮，自定义创建表单。

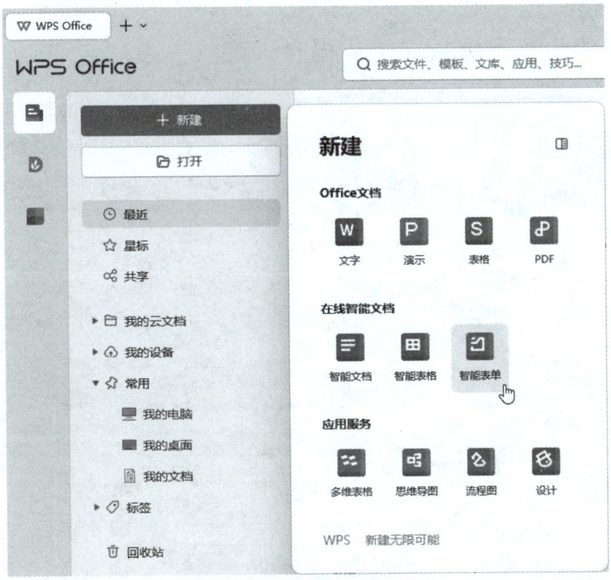


图12-4　新建“智能表单”

④ 在界面左侧列表的“校园常用”类别下选择类似的模板，用于统计班级同学宿舍号等信息。随后，进入编辑状态，如图12-5所示。

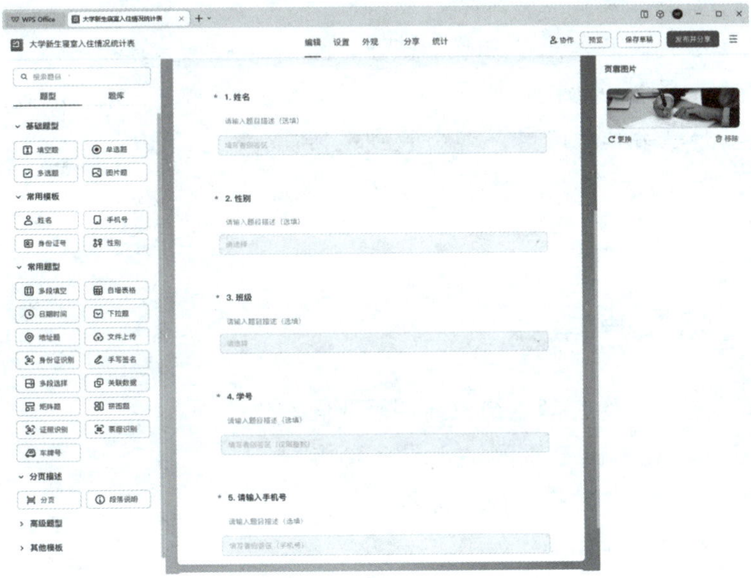

图12-5　编辑智能表单

⑤ 根据实际需要，编辑表单内容，完成后单击页面右上角的“发布并分享”按钮，将软件生成的链接分享给同学。等待同学在线信息填写完成后，发布此智能表单的用户再次登录软件，即可查看统计结果。

## 12.3　多人协作编辑

当需要多人分工协作共同编辑一个文档时，可以一键开启WPS的协作模式，具体操作如下。

① 打开WPS Office，使用个人账号登录。打开需要多人共同编辑的文档（文字、表格和演示文稿均可），在界面右上角单击“分享”按钮，并且选择“和他人一起编辑”复选按钮，如图12-6所示。

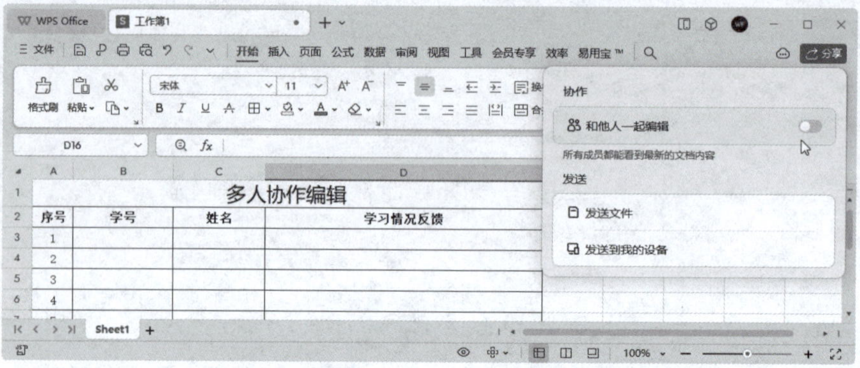


图12-6　开启“协作模式”

② 随后，当前文档被上传至云端，并开启“协作模式”，再次单击界面右上角“分享”按钮，可以将云端文档地址复制到剪贴板中，如图12-7所示。

③ 将此链接分享给其他成员，成员收到链接后单击进入，就可以一同编辑文档，从而实现多人协作编辑文档的需求。

图12-7　复制链接

## 12.4　毕业论文查重

毕业论文查重是大学生在学业结束前期需要面临的一项重要任务，市场上的查重网站也是多种多样的，WPS可以帮助同学一站式完成论文查重工作，并且对查重内容进行标注，具体操作如下。

① 打开WPS Office，使用个人账号登录，并打开撰写好的论文文档。

② 在页面顶部工具栏中选择“会员专享”选项卡，选择其中的“论文查重”选项，如图12-8所示。

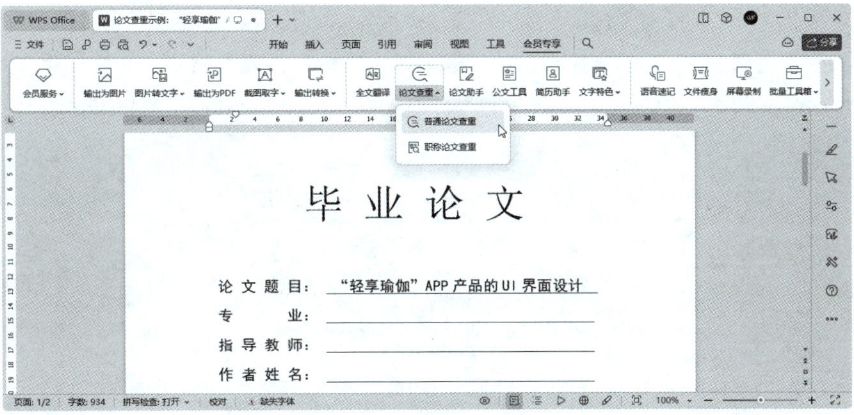

图12-8 论文查重

③ 此时，弹出“论文查重”对话框，根据提示选择查重引擎，输入论文标题和论文作者，如图12-9所示。单击“开始查重”按钮后，会自动识别出文中共有多少字符，并计算出需要支付的金额。

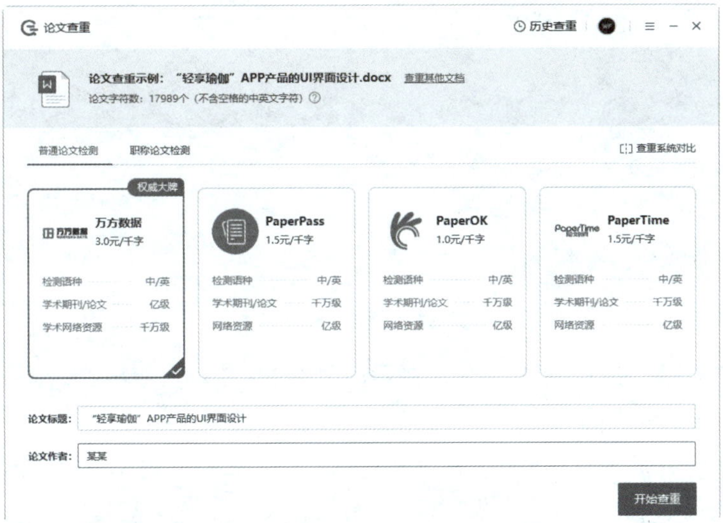

图12-9 “论文查重”对话框

④ 系统经过论文检测会显示当前论文的重复率。单击“使用WPS修改”按钮，跳转至WPS修改界面即可进行修改。

## 12.5 使用思维导图梳理课程知识点

日常复习功课时，对知识点的梳理尤为重要，WPS的思维导图应用服务可以帮助用户更高效清晰地梳理知识点内容，并辅助用户在原有知识点基础上添加自己对知识点的认知。具体操作如下。

① 打开WPS Office，使用个人账号登录，打开任意文本文档。

②在页面顶部工具栏中选择“插入”选项卡，单击“思维导图”按钮，若选择“在线思维导图”则进入云端应用的编辑状态，若选择“本地思维导图”则进入由第三方“亿图软件”提供的文档服务。这里选择“本地思维导图”选项，如图12-10所示。

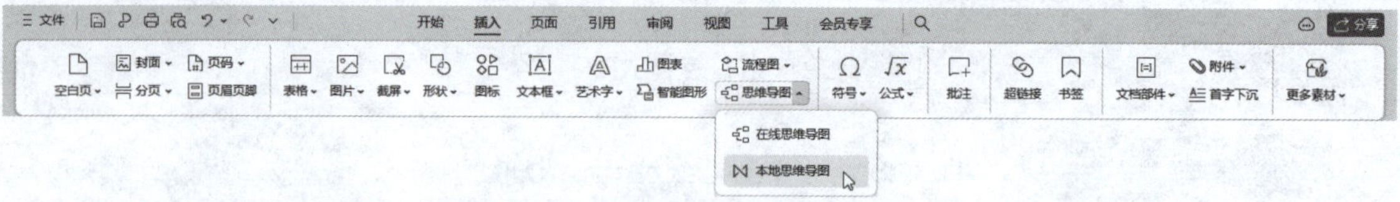


图12-10　插入“本地思维导图”

③随后，打开新建“思维导图”界面，如图12-11所示。根据需要选择适合的框架结构。这里选择“单向导图”选项，进入编辑状态。

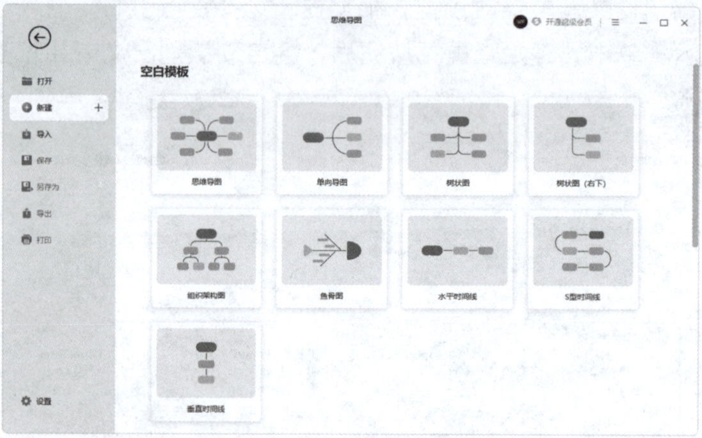


图12-11　新建“思维导图”

④双击“文字框”进入编辑状态，在悬浮的编辑框中可以修改文字的内容、大小、样式、颜色、边框等信息，如图12-12所示。

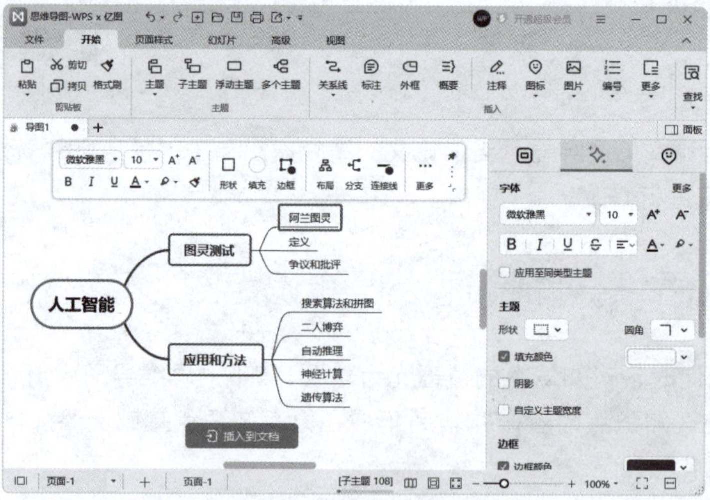


图12-12　编辑思维导图

⑤ 右键选择某个结点，在弹出的菜单中选择“插入”→“子主题”选项，如图12-13所示，则可以创建分支内容。通过这种父子主题的基本框架设置，可以让自己的思路更加清晰、有条理。最后，在界面底部单击“插入到文档”按钮，即可将制作的思维导图以图片形式插入到文档中，如图12-14所示。再次双击图片，则返回思维导图的编辑状态。

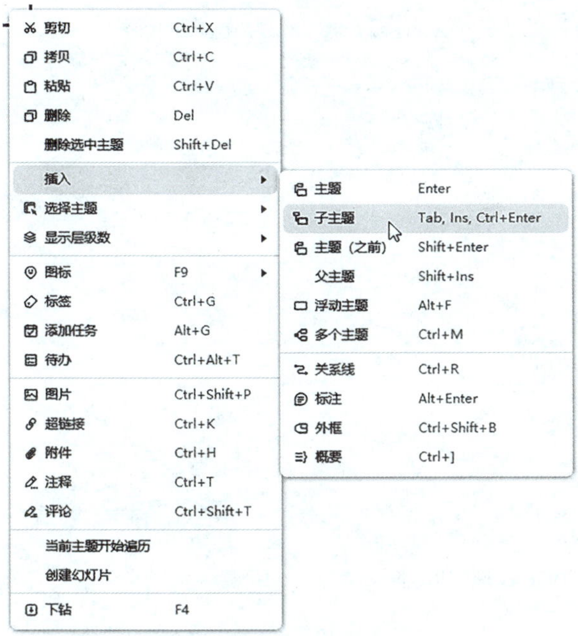


图12-13 插入“子主题”

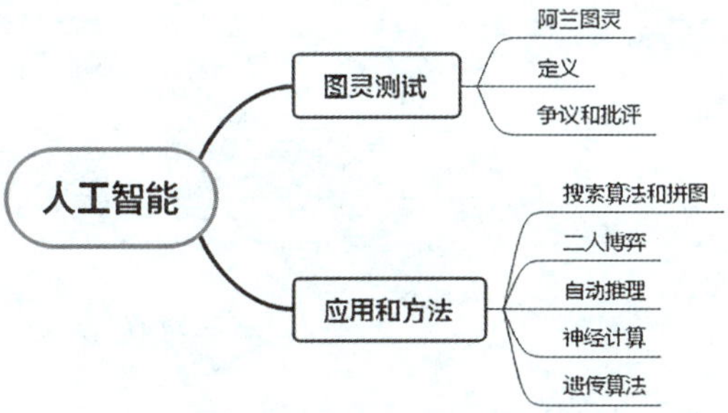


图12-14 制作完成的思维导图

## 12.6 PDF文档格式转换

在学习和工作中，经常遇到需要将PDF文档转换为可编辑的文本文档进行保存的场景。WPS中的格式转换功能就能解决此类问题，具体操作如下。

① 打开WPS Office，使用个人账号登录，打开任意PDF文档，如图12-15所示。

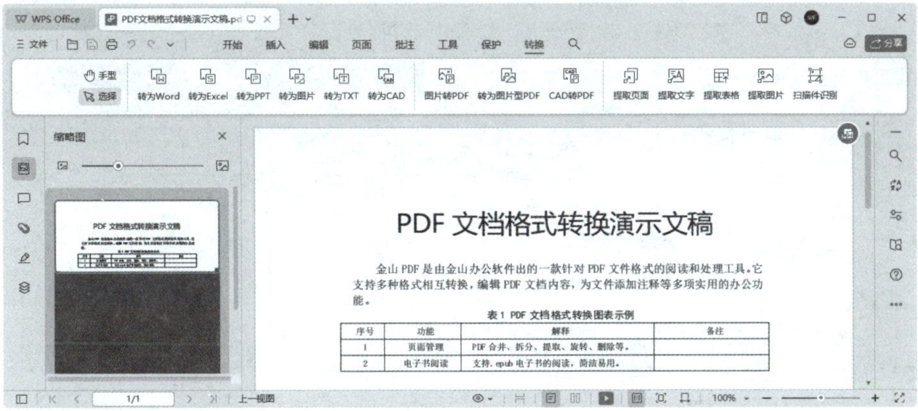


图12-15 打开PDF文档

② 在页面顶部工具栏中选择“转换”选项卡，单击“转为Word”按钮。

③ 弹出如图12-16所示的对话框。在对话框中，若需要转换更多的文件，点击“添加文件”按钮来添加其他文档。

④ 设置完成后，单击“开始转换”按钮，即可实现格式间的转换。

图12-16 “金山PDF转换”对话框

## 12.7 快速制作优质简历

求职简历是大学生在毕业季都会面临制作的包含个人信息的文档。这里使用WPS中的“稻壳儿”资源分享平台，可以帮助用户快速制作优质简历，具体操作如下。

① 打开WPS Office，使用个人账号登录，打开“稻壳儿”首页，在左侧模板分类中选择“文字”类别，如图12-17所示。

② 在右侧详细内容区域，根据自己的喜好选择一个合适的模板，并进入编辑状态。

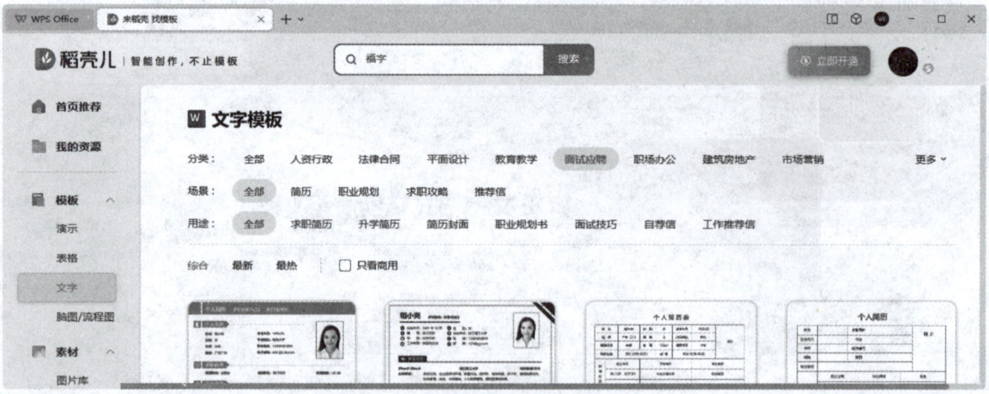


图12-17 “稻壳儿”资源分享平台

③ 基于模板内容，结合自身情况，完善修改简历，如图12-18所示。最后，在页面右上角单击“生成简历”按钮，即可将简历保存到本地（需开通会员）。

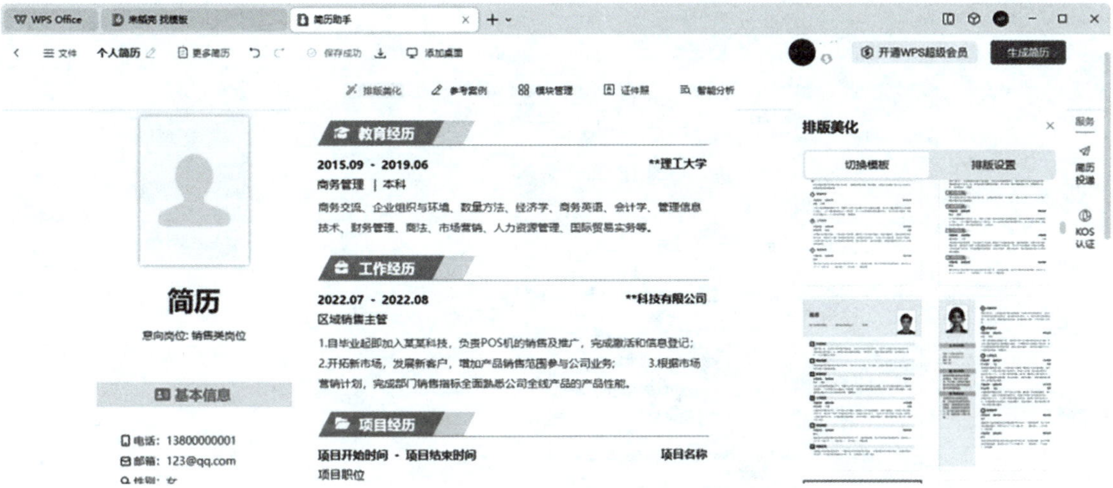

图12-18 编辑简历内容

## 12.8 WPS AI应用

WPS的人工智能应用已经集成到最新版本的WPS Office中，用户可以直接激活AI功能，应用于文字创作、幻灯片演示和表格数据处理方面，更多的AI应用将陆续面向全体用户开放。这里以文字AI应用加以演示，更多AI应用请读者自行体验。

① 打开WPS Office，使用个人账号登录，创建空白文字文档。

② 在页面顶部工具栏中选择“WPS AI”按钮，或者连续按下两次【Ctrl】键，唤起WPS AI，如图12-19所示。

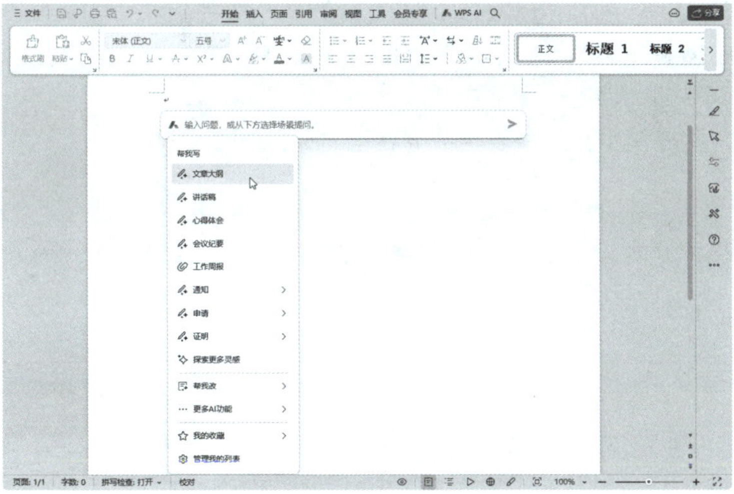

图12-19 唤起WPS AI

③ 跟随提示，在文本框区域填写相关主题，如图12-20所示。单击“➤”图标按钮，WPS AI将自动生成一份大纲，如图12-21所示。最后，用户可以对此大纲或文章内容再次润色或改写。

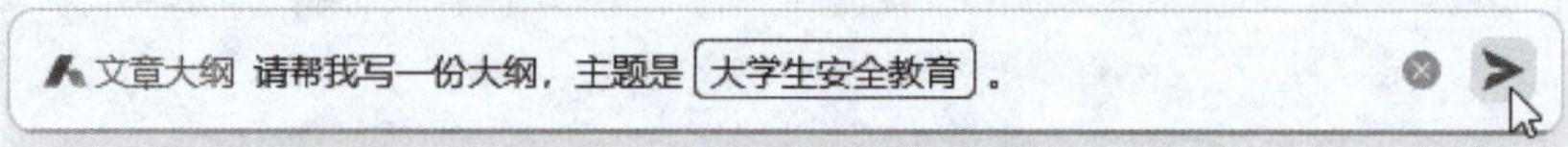


图12-20　录入关键词

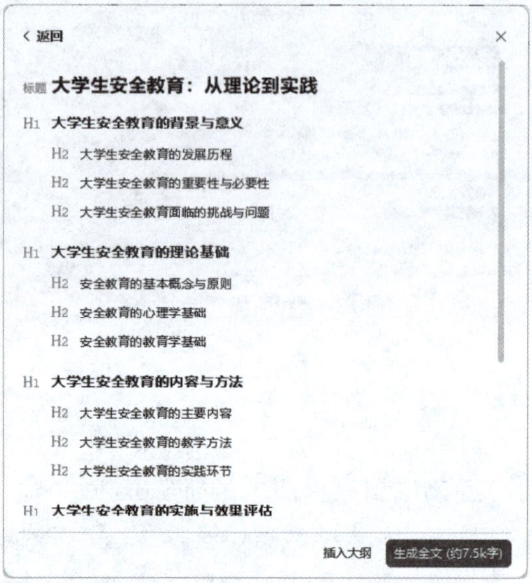


图12-21　WPS AI生成的文章大纲

## 12.9　课堂思考

1. 体验WPS Office与Microsoft Office之间的功能差别。
2. 使用智能表单功能发起一次班级社团参与情况的统计。
3. 使用思维导图梳理本学期学习和生活多方面成绩。
4. 体验WPS AI在演示文稿和表格数据处理方面的功能。

Chapter 13

# 第13章　人工智能应用实践

## 【本章导读】

近年来人工智能迅速融入社会科学、数字经济、数字人文等方面，给人类带来更多的机遇和挑战。本章结合人工智能在工作、生活中的典型应用场景，向读者介绍一些具体的应用平台，旨在使读者掌握有关人工智能应用的基本技能，从思想上正确认识和理解智能时代现状，进一步提升人工智能素养。

## 【思维导图】

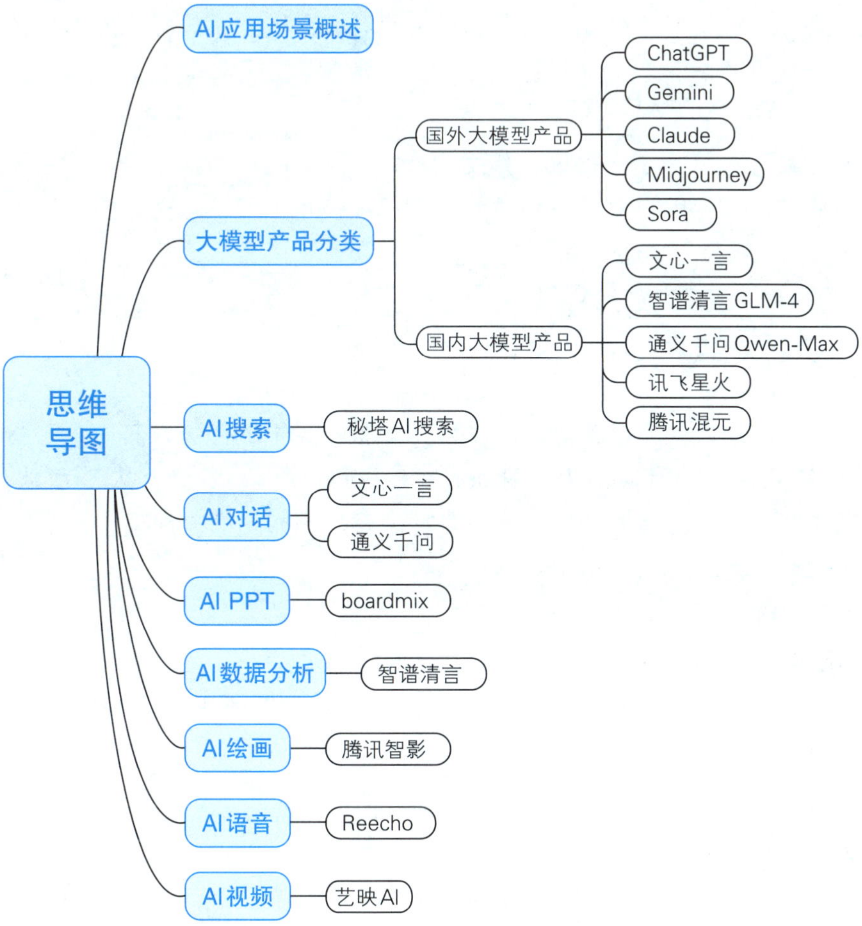

## 13.1 AI应用场景概述

近年来，国内的人工智能（AI）行业发展迅速，从多项鼓励政策的出台，到提出“人工智能+”行动，整个社会环境都在加速着人工智能与其他产业的融合发展。

从人工智能产业链分析来看，上游主要涉及硬件设备和数据设备；中游主要涉及通用技术、算法模型、开发平台等；下游则是应用产品，如教育、医疗、交通、娱乐等场景下的实际应用，这些应用领域也从侧面展现了AI技术的多样性和实用性。

- 教育：AI用于个性化学习体验、自动化任务管理、智能内容创作和语音助手。
- 医疗：AI用于疾病检测、癌症识别和药物发现。
- 金融：AI增强了金融机构打击欺诈交易的能力。
- 交通：AI用于自动驾驶和驾驶员辅助系统。
- 气候变化：AI用于改进气候预测，帮助减缓气候变化。
- 网络安全：AI用于强化网络安全态势，提供实时威胁检测和响应。
- 农业：AI用于识别土壤缺陷和养分不足。
- 机器人：AI驱动的机器人用于各种应用，如医院、工厂和仓库的货物搬运。
- 电子商务：AI用于优化推荐引擎策略，改善客户互动，预防欺诈，并优化在线购物体验。
- 社交媒体：AI用于内容推荐和用户行为分析。

总的来说，AI应用的发展势头强劲，不仅在技术上取得显著进步，而且在多个领域实现了实际应用，推动了产业升级和转型。

## 13.2 大模型产品分类

当前，国内外大模型领域呈现出多样化和激烈竞争的态势，其中人工智能应用的发展主要集中在AIGC（Artificial Intelligence Generative Content，人工智能生成内容）领域，即用自然语言让AI帮助使用者创作各种内容，例如图像、视频、音乐、文字等。

### 1．国外大模型产品

（1）ChatGPT

由OpenAI开发的大模型，是目前最强大的大模型之一，擅长各种语言之间的翻译、机器阅读和总结等，目前版本是GPT-4o。这个模型的“o”代表“omni”，意味着它具备全方位的功能。

（2）Gemini

由Google研发的大模型，前身为Bard，它能够处理和分析包括多篇长文档及数小时视频和音频在内的上亿字符信息，实现细致入微的信息检索和推理，目前版本为Gemini

1.5。

(3) Claude

由Anthropic研发的大模型，它在分析预测、创造细腻内容、生成代码等方面，展现出接近人类的理解和流畅度，成为通用智能领域的先锋。

(4) Midjourney

由Midjourney实验室开发的人工智能程序，可以实现文字生图和图生图，目前版本为Midjourney 6.0。

(5) Sora

由OpenAI研发的文本到视频生成模型，可以根据给定的一段描述或一张静态图片，生成包含多个角色、不同类型的动作和背景细节的复杂场景，最终生成类似于电影的高清数字视频。

2. 国内大模型产品

(1) 文心一言

由百度公司推出的新一代知识增强大模型，它通过百度智能云提供服务，从数万亿数据和知识中融合学习，能够与人对话互动、协助创作，具有跨领域的知识和语言理解能力。

(2) 智谱清言GLM-4

基于智谱AI公司推出的新一代基座模型GLM-4而创建，是一款经过精心训练的AI助手，适用于需要获取多领域知识、信息检索和文本生成的用户。

(3) 通义千问Qwen-Max

由阿里云推出的一个千亿级别的超大规模语言模型，支持中文、英文等不同语言输入，能够在用户自然语言输入的基础上，通过自然语言理解和语义分析，理解用户意图，在不同领域、任务内为用户提供服务和帮助。

通义千问Qwen-Max、智谱清言GLM-4和文心一言，在语言和知识等基础能力维度上可比肩GPT-4o。

(4) 讯飞星火

由科大讯飞推出的新一代认知大模型，具备强大的语义理解和生成能力，能够基于自然对话方式理解并执行任务，实现了在文本生成、语言理解、知识问答、逻辑推理、数学能力、代码能力、多模态能力七大核心能力上的全面提升。

(5) 腾讯混元

由腾讯公司研发的通用大模型，具备强大的中文理解和创作能力、逻辑推理能力以及任务执行能力，已经在智能问答、内容创作、数据分析、代码助手等多个场景广泛应用。

综上所述，这些大模型产品覆盖了从基础的统计学习方法到复杂的自然语言处理和图像识别等多个领域，展示了人工智能技术的多样性和应用的广泛性。

为了更加丰富地展示应用场景，尽可能多地向读者介绍人工智能产品的具体应用，下面介绍的每款人工智能平台只选取某一项功能进行介绍，更多功能应用请读者自行学习体验。

## 13.3 AI搜索

秘塔AI搜索是一款人工智能搜索引擎，其核心技术是基于大模型MetaLLM而开发的，MetaLLM在理解复杂语义关系和捕捉用户搜索意图方面表现出色，特别是在中文语料训练领域获得了广泛认可。

与其他传统搜索引擎不同，秘塔AI搜索能够提供无广告的搜索环境和结构化的搜索结果展示，它还引入了图形化工具来帮助用户更好地理解和记忆内容，从而提高了搜索效率和准确度。可以说，秘塔AI搜索的出现是中国AI搜索领域的一个标志性事件，预示着AI搜索市场即将迎来一个崭新的时代。

① 访问秘塔AI搜索官方网站（https://metaso.cn/），注册并登录后可免费使用，如图13-1所示。

图13-1　秘塔AI搜索

② 在搜索栏中输入任意检索内容，这里输入“国内人工智能发展历程”文字，在搜索范围下拉菜单中选择“全网”，单击Enter键，待检索完成后，检索结果以整理后的文字内容和结构化思维导图形式展示在读者面前，如图13-2所示。

③ 秘塔AI搜索还为每条检索出的信息提供来源追溯。在检索出的结果正文中单击带有序号的图标，用户可以轻松溯源验证信息的出处和可靠性。此外，搜索结果还整合与搜

索主题相关的辅助信息，包括相关事件名称、事件时间和事件概述等内容，以表格的形式呈现，让用户更全面理解搜索主题。

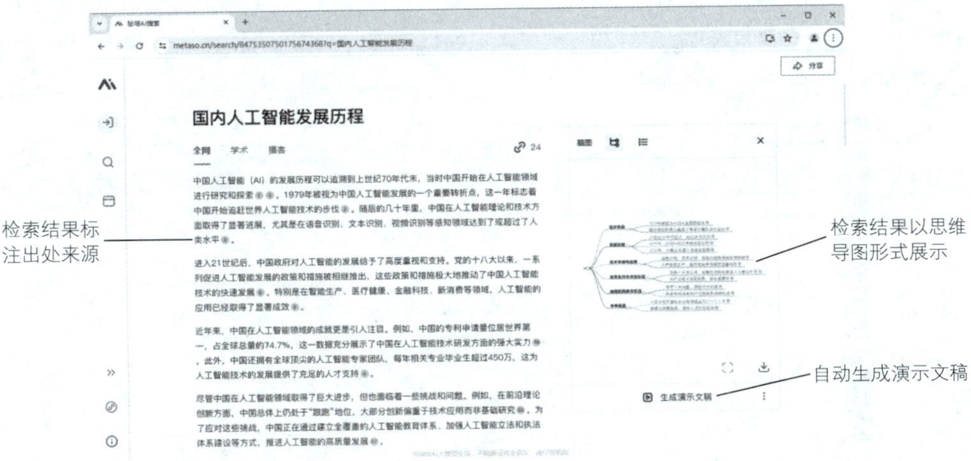


图 13-2　秘塔 AI 搜索结果

## 13.4　AI 对话

当前，许多人工智能产品都是基于大模型的，均能够实现与人进行对话互动、回答问题、绘制图画等，帮助用户获取信息和灵感。

### 1．文心一言

文心一言具备深度语义理解和生成能力，在中文理解、语言表达能力以及语言逻辑能力等关键指标上都达到了领先水平。

① 访问文心一言官方网站（https://yiyan.baidu.com/），注册并登录后可直接使用。

② 在主界面的输入框中输入问题，这里输入“向大学一年级学生提几条学习和生活建议”，单击 Enter 键后，即可生成结果，如图 13-3 所示。

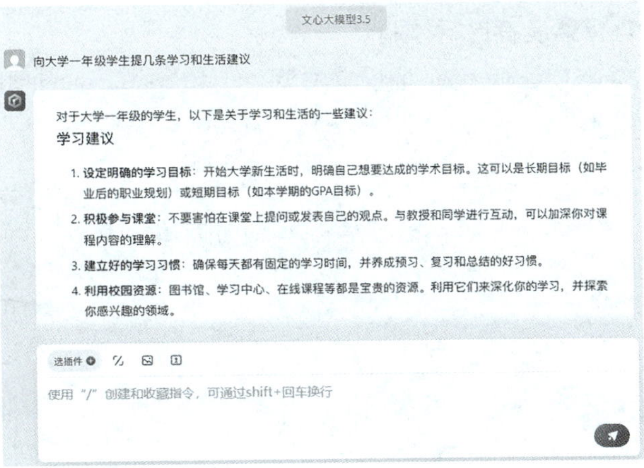


图 13-3　使用文心一言进行智能对话

### 2．通义千问

通义千问具备多种功能，能够基于用户的自然语言输入提供不同领域和任务的服务与帮助，例如角色扮演对话，创作公文、剧本、诗歌等，还可提供多种语言翻译服务。

① 访问通义千问官方网站（https://tongyi.aliyun.com/qianwen/），注册后可直接使用。

② 在界面下方的输入框中，输入需要询问的问题。为了更加聚焦问题的内容，建议在提出问题时给出一个角色设定，例如“你擅长解答计算机专业相关知识，请为我解答以下问题：在CSS3中如何清除浮动?”，单击Enter键后，即可生成结果，如图13-4所示。

此外，在输入框中直接输入“/”或“Ctrl+/”可唤起指令中心，能够为用户提供便捷指令的提示模板，方便用户提问。

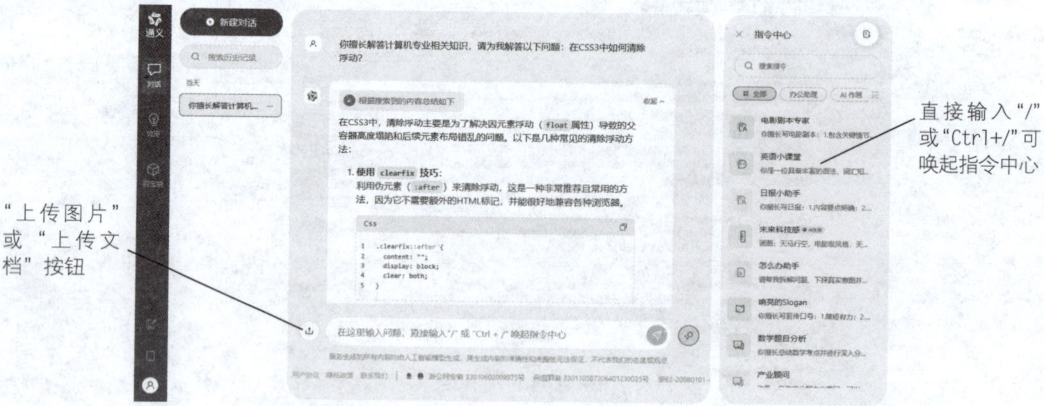


图13-4　使用通义千问回答专业问题

## 13.5　AI PPT

以常用的boardmix为例进行介绍，boardmix是一款多功能的在线协作工具，它通过AI技术赋能，为用户提供了丰富的应用场景和高效的协作体验，例如AI生成PPT、AI生成思维导图、AI生成模板、AI写作助手等。这里以AI生成PPT为例介绍其使用方法，更多的AI功能请读者自行体验。

① 访问boardmix官方网站（https://boardmix.cn/ai-powerpoint/），注册并登录后可直接使用。

② 成功登录后，进入工作台主界面，如图13-5所示。在“快速开始”栏目中选择“演示文稿”选项。随后，进入演示文稿编辑模式。

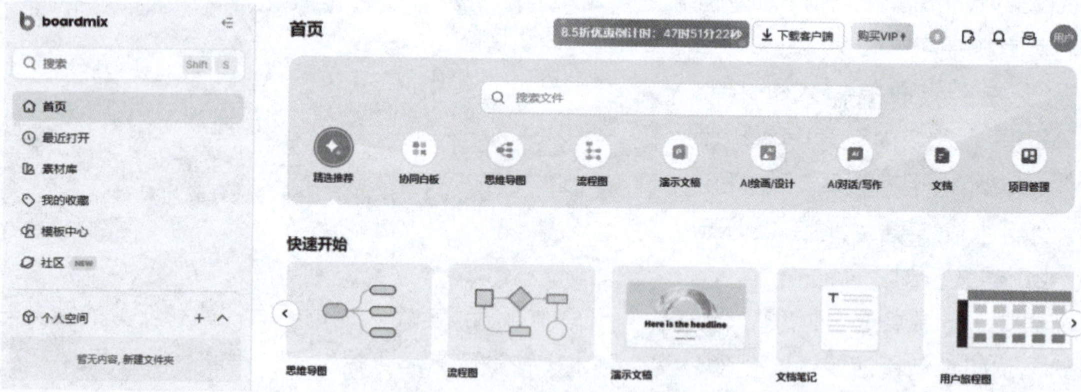


图13-5　boardmix工作台主界面

③ 在界面左侧选择“AI生成大纲”选项，在右侧文本框中输入演示文稿的主题，这里输入“大学生校园安全教育”关键词，单击Enter键，即可生成演示文稿目录大纲，如图13-6所示。

④ 单击“开始生成演示文稿”按钮，然后选择喜好的演示文稿主题模板，最后单击“开始生成”按钮，稍后即可看到生成的PPT内容。

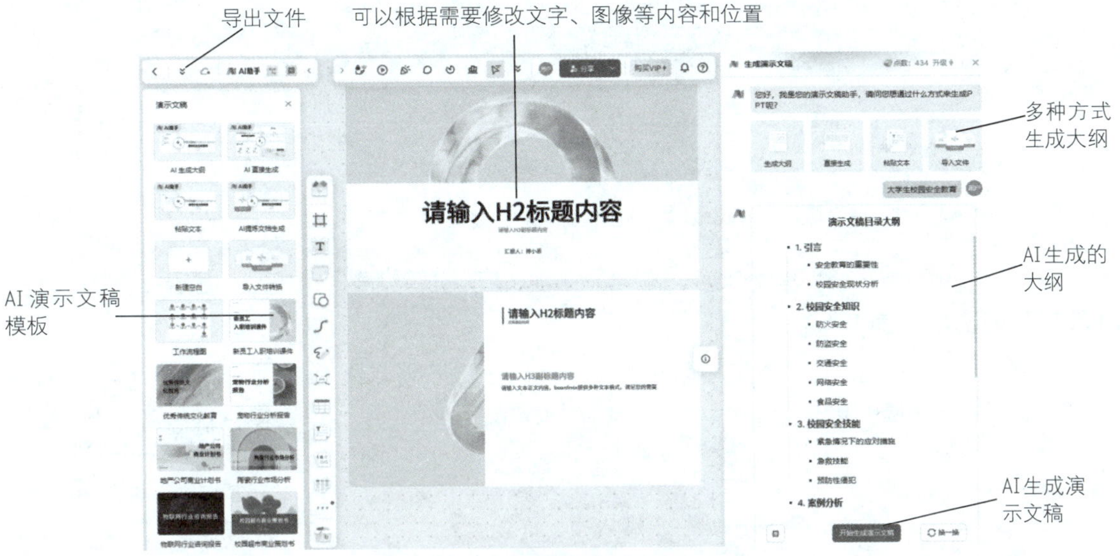


图13-6 AI生成大纲

在AI生成PPT方面，还有许多其他的应用产品，例如AiPPT（https://www.aippt.cn/）、爱设计PPT（https://ppt.isheji.com/）、讯飞智文（https://zhiwen.xfyun.cn/）等，请读者自行体验。

## 13.6 AI数据分析

AI数据分析是利用人工智能技术对提供的数据进行分析，挖掘数据中的关联性和趋势，从而帮助用户做出更精准的决策。

智谱清言的AI数据分析功能在处理复杂数据查询和分析任务时表现出色，通过其先进的技术和模型，不仅提高了数据处理的效率，还扩展了数据分析的应用范围。

① 访问智谱清言官方网站（https://chatglm.cn/），注册并登录后可直接使用。

② 成功登录后，在左侧功能列表区选择“数据分析”，此时右侧窗口显示数据分析的环境界面。

③ 将拟分析的数据文档“AI数据分析.xlsx”直接拖放到当前页面，并在文本框中输入需要提问的问题，如图13-7所示。需要说明的是，最多能够上传10个文件，且每个文件大小不超过20M。

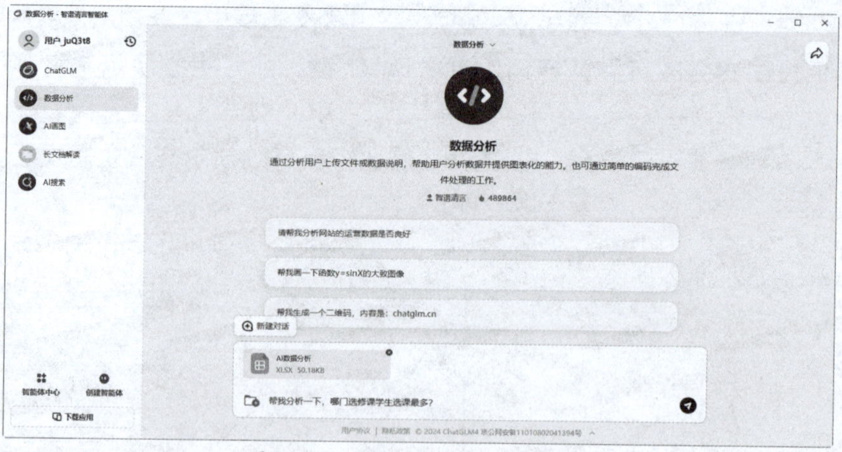

图13-7　使用智谱清言分析数据

④ 单击Enter键，稍等片刻后，在当前界面显示问题结果，如图13-8所示。经验证，AI数据分析结果正确。

⑤ 继续追加提问内容，在文本框中输入“人工智能课程最高分和最低分分别是多少?”，单击Enter键，即可显示结果，如图13-9所示。经验证，AI数据分析结果正确。

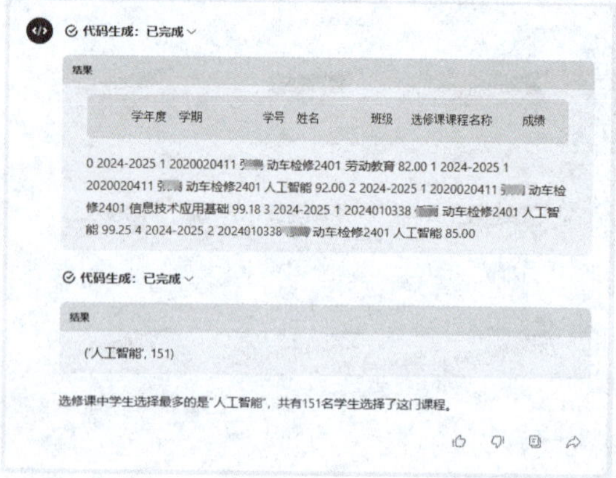

图13-8　数据分析结果(1)

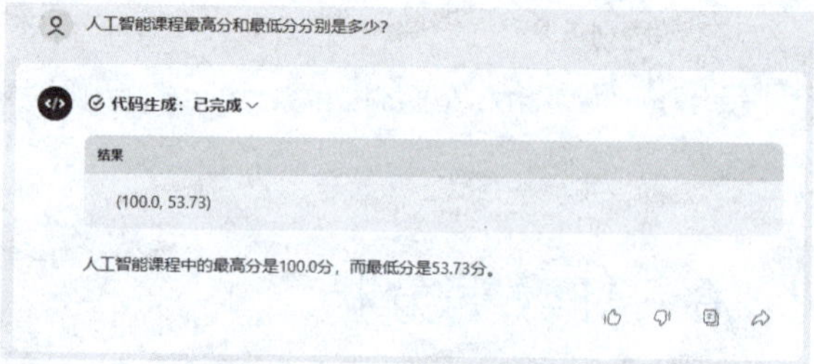

图13-9　数据分析结果(2)

## 13.7　AI绘画

在AI绘画领域，国内有许多平台和软件可以选择，从业余爱好者到专业艺术家都可以使用，用户可以根据自己的需求选择合适的工具进行创作。

腾讯智影是腾讯公司推出的一款AI绘画工具，适用于各种创意和专业用途，支持中文的关键词描述，能够满足多种场景的绘图需求。

① 访问腾讯智影官方网站（https://zenvideo.qq.com/image/create），注册并登录后可直接使用。

② 成功登录后，在界面的“画面描述”文本框内对拟生成的图像进行文字描述。这里输入“一头逼真的鲸鱼在蓝天白云中游弋的场景，以自然风格呈现，高度详细，皮肤纹理自然真实，2K分辨率”。

③ 根据需要选择模型主题、画面比例、预设效果等参数，最后单击“生成绘画”按钮，等待片刻后，在右侧窗口即显示AI生成的图像，如图13-10所示。至于其他使用AI技术修图、图生图等功能，请读者自行体验。

图13-10 AI生成的图像

此外，还有其他AI绘画的工具向读者推荐，例如MewX AI（https://www.mewx.art/）、Dreamina（https://dreamina.jianying.com/ai-tool/home）和无界AI（https://www.wujieai.com/）、创可贴AI画匠（https://aiart.chuangkit.com/matrix）等。

## 13.8 AI语音

AI语音的应用场景非常广泛，例如有声内容配音、视频制作、游戏配音、语音助手等，通过人工智能生成的语音能够为各种应用带来出众的语音交互体验。

Reecho（睿声）是一个先进的AI语音合成与克隆平台，依靠自研的AI语音大模型，能够基于文本生成极具拟真度和表现力的人声音频。

① 访问Reecho官方网站（https://www.reecho.cn/），注册并登录后可直接使用。

② 成功登录后，在页面左侧功能列表区选择“角色管理”选项，在页面右侧单击“添加角色”按钮。然后，根据平台提示完善角色信息，并将一段大于2秒的样本语言（不含背景声音的纯人声语音）上传到平台内，如图13-11所示，此时就完成角色的添加。

③ 若用户暂没有高质量的样本语音，平台还提供“声音社区”栏目，用户可以在社区中直接使用其他用户分享的声音角色。在图13-11所示的页面中，选择左侧功能列表中的

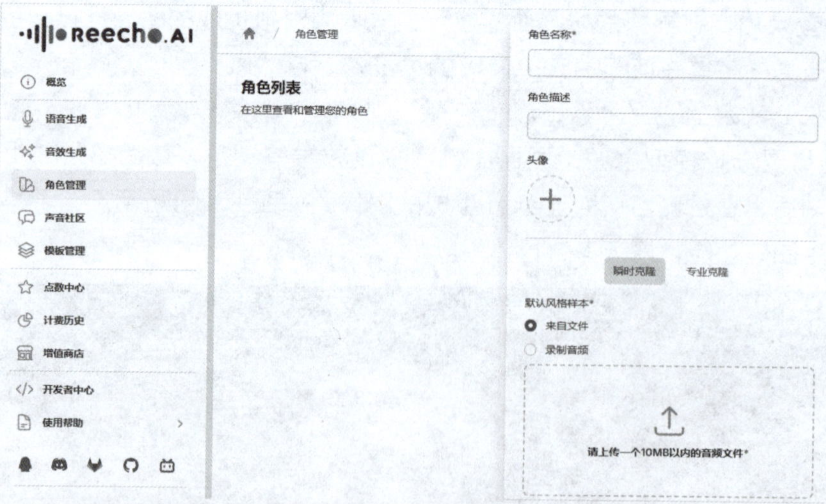


图13-11　添加角色

“声音社区”选项，在新页面中，选择满意的声音角色，单击“添加到列表”按钮，如图13-12所示。

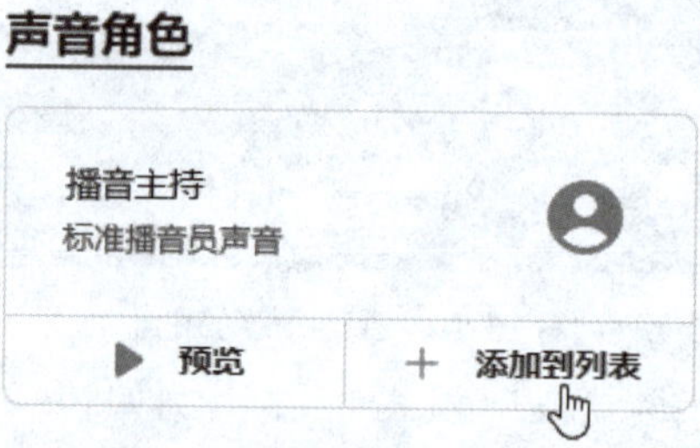


图13-12　添加声音角色

④ 添加完成后，在图13-11所示的页面中，选择左侧功能列表中的“语音生成”选项，指定刚才已经添加的声音角色，并在下方文本框内，输入拟生成语音的文字内容，这里输入“大家好，我第一次接触人工智能生成语音，感到非常兴奋！”。最后，单击“开始生成”按钮，等待片刻后即可生成语音。对于Reecho的其他功能，请读者自行体验。

## 13.9　AI视频

在提高内容创作效率和降低成本方面，AI视频生成技术已经成为视频制作领域的一个重要趋势，此类平台能够帮助用户将文本、图片或其他静态内容转换成动态视频。

艺映AI是一个AI视频创作平台，该平台由MewXAI团队开发，提供包括文生视频、图生视频等功能，适合多种应用场景。

① 访问艺映AI官方网站（https://www.artink.art/），注册并登录后可直接使用。

② 成功登录后，在页面左侧功能列表区选择“文生视频”选项，进入对应的操作页面。

③ 根据需要设置视频参数，并在文本框中输入拟生成视频的文本描述，单击“开始生成”按钮，等待片刻后，即可生成对应的视频，如图13-13所示。

对于艺映AI其他“图生视频”“视频转视频”等功能，请读者自行体验。

图13-13　AI生成的视频

细分AI视频领域，还有AI数字人、AI视频后期、AI字幕翻译、AI换脸等诸多应用场景，这里不再一一列举相应的应用平台，请读者自行搜索体验。

## 13.10　课堂思考

1. 请列举3种国内大模型产品，并简要说明每种大模型产品的特点。

2. 查阅互联网资料，简要阐述人工智能在学习生活、医疗健康、娱乐休闲、智能家居和金融服务等方面的作用。

3. AI和自动化技术的发展可能会替代某些工作岗位，讲一讲你对这种变化有何看法。

# 参考文献

[1]聂长浪，贺秋芳，李久仲.计算机应用基础教程[M].3版.北京：中国水利水电出版社，2019.
[2]刘洋，施卫华，曹永胜.大学计算机应用基础实践教程[M].北京：清华大学出版社,2023.
[3]胡云冰，何桂兰，陈潇潇，等.人工智能导论[M].北京：电子工业出版社，2021.
[4]安俊秀，靳宇倡，等.云计算与大数据技术应用[M].北京：机械工业出版社，2019.
[5]杨庆，陈钧.虚拟现实技术及应用[M].北京：冶金工业出版社，2022.
[6]华为区块链技术开发团队.区块链技术及应用[M].2版.北京：清华大学出版社，2021.